航空交通设施选址与运营基础理论

孙小倩　许逸凡　戴伟斌

［德］Sebastian Wandelt　　著

U0244492

北京航空航天大学出版社

内 容 简 介

随着经济全球化和信息化的加速,航空运输业在客货物流、优化产业结构等方面的作用愈发凸显。在航空客货运输需求迅速增长的同时,空中交通运行环境日益复杂多变,精细化、数字化运行的要求迫切,如何合理安排生产调度是全行业持续发展所面临的重大挑战。本书对航空公司网络科学规划、资源统筹规划、航班平稳运行展开研究,内容包括两部分,第一部分在宏观战略层面介绍了交通网络枢纽选址建模及优化问题;第二部分在战术层面介绍了全规划周期的航空公司计划排班及不正常航班运行恢复问题,为复杂环境下航空公司一体化规划和运行管理决策提供了科学且高效的解决方案。

本书可供高等院校交通信息工程相关专业的本科生、研究生使用,也可供民航领域的专业人士参考。

图书在版编目(CIP)数据

航空交通设施选址与运营基础理论 / 孙小倩等著
. -- 北京 : 北京航空航天大学出版社,2024.5
ISBN 978 - 7 - 5124 - 4413 - 3

Ⅰ. ①航… Ⅱ. ①孙… Ⅲ. ①民用机场-建筑设计②民用机场-机场管理-运营管理 Ⅳ. ①TU248.6②F560.81

中国国家版本馆 CIP 数据核字(2024)第 103245 号

航空交通设施选址与运营基础理论
孙小倩 许逸凡 戴伟斌 著
[德]Sebastian Wandelt
策划编辑 董宜斌 责任编辑 王 瑛 刘桂艳

*

北京航空航天大学出版社出版发行

北京市海淀区学院路 37 号(邮编 100191) http://www.buaapress.com.cn
发行部电话:(010)82317024 传真:(010)82328026
读者信箱:copyrights@buaacm.com.cn 邮购电话:(010)82316936
北京富资园科技发展有限公司印装 各地书店经销

*

开本 710×1 000 1/16 印张 17 字数 382 千字
2024 年 5 月第 1 版 2024 年 5 月第 1 次印刷
ISBN 978 - 7 - 5124 - 4413 - 3 定价 99.00 元

前　　言

随着经济全球化和信息化的加速,航空运输业在客货物流、优化产业结构等方面的作用愈发凸显。在航空客货运输需求迅速增长的同时,空中交通运行环境日益复杂多变,精细化、数字化运行的要求迫切,如何合理安排生产调度是全行业持续发展所面临的重大挑战。其中,航空公司作为运输生产的主体,承担着调配航线、机队和人员资源,促进不同地区间旅客、货物运输的重要职责,航线网络是其提供服务的基础骨架,而航班计划则是航空运输产品的血肉。民航"十三五"规划中也将"强化枢纽机场和干支线机场功能"作为交通领域的一个建设要点;同时民航强国和智慧民航的建设纲要明确指出需通过数字化转型,大幅提高航空公司客货处理效率和经营优势,打造具备国际竞争力的大型网络型航空公司,这对航空公司在枢纽航线网络设计和复杂环境下的航班计划运行优化提出了关键性要求。

航空交通复杂系统的枢纽航线网络设计与运行管理优化作为生产决策极为重要的一环,起着合理配置资源,降低运营成本,保证运行平稳的重要作用。如何借助信息化手段实现交通网络设计优化、供需关系匹配、运行平稳等智能化运营管理,是航空公司亟待解决的问题。本书对航空公司网络科学规划、资源统筹规划、航班平稳运行等迫切需求展开研究,内容包括两部分,第一部分在宏观战略层面研究了交通网络枢纽选址建模及优化问题,以"全面基准对比—高效算法设计—实际选址验证"的研究思路,探究并解决现实情境下的航空交通网络枢纽选址问题,突破传统算法在可拓展性和通用性上的局限。第二部分围绕全规划周期的航空公司计划排班及不正常航班运行恢复,以"战略供需匹配—战术鲁棒增强—运行失效响应"为总体思路,开展航空公司计划运行一体化优化研究,并在实际航空公司运行场景和案例分析中对模型和算法等相关研究成果进行评估和验证,进而为复杂环境下航空公司的一体化规划和运行管理决策提供科学且高效的解决方案。

本书适用于高等院校交通信息工程领域的本科生、研究生,也可供民航领域的专业人士参考。

本书的编写得到了国家自然科学基金委员会(项目编号 U2233214 和 62250710166)的资助,在此表示感谢。

著　者
2024 年 2 月

目　　录

第一部分

1

第二部分

第一部分

第1章 绪 论

1.1 研究背景

随着经济全球化和信息化的加速,航空运输业也得到了快速发展,航空旅客运输量逐年快速增长[1](见图1-1)。2019年,全球民航业共运输旅客达45亿人次,相比2018年增长了3.6%[2]。我国民航业在20世纪90年代后也经历了迅猛发展,截至2019年,我国共有定期航班航线5 521条,国内航线运输总周转量达到829亿吨公里,运输旅客6.5亿人次[3]。与此同时,我国航空运输网络中某些机场的枢纽特性也愈发明显。2016年全国旅客吞吐量1 000万人次以上的运输机场达到28个,吞吐量占全国比例79.1%,其中北京、上海、广州三大城市机场旅客吞吐量占境内全部机场吞吐量的26.2%[4];2019年货邮吞吐量1万吨以上的运输机场59个,吞吐量占全国比例为98.4%,其中北京、上海、广州三大城市机场货邮吞吐量占境内全部机场货邮吞吐量的46.5%。枢纽机场在全国航空运输网络中发挥着越来越重要的作用。

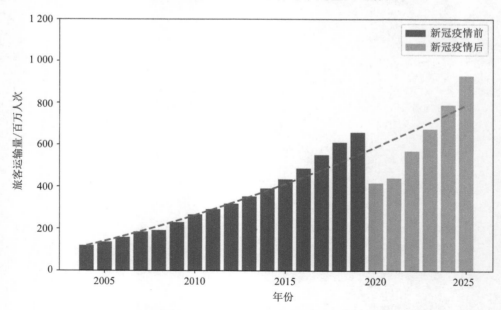

图1-1 中国民航旅客年运输量历史统计及预测,虚线为二次拟合趋势线

2019 年年底新冠疫情暴发后,民航业因其在疫情传播方面的媒介作用和不确定出行管控措施而遭受了重大打击。根据国际航协的统计数据[5],2020 年旅客运输量较疫情前下降 60%(境内和跨境航空客运量分别下降 75.6% 和 48.8%)。疫情影响下的国内外民航业经历了大幅度的需求波动和商业模式的转变后,逐步探索后疫情时代的运营和管理策略,境内航班的运营率先得到恢复,而国际航班的运营也预计在 2025 年恢复至疫情前水平[6]。我国民航"十四五"规划中则将未来五年划分为两个阶段,2022 年之前为恢复和积蓄期,促进行业恢复增长;之后至 2025 年为增长和释放期,扩大国内市场,恢复国际市场[7]。因此,民航业在未来仍将迎来蓬勃的发展机遇期。

近年来,高速铁路的快速发展对民航产生了深远的影响,截至 2021 年,其路网建设营业里程达到了四万公里,"八纵八横"铁路网加密形成[51]。高速铁路的列车运行速度高达 350 km/h,高铁和民航的主要竞争运输距离为 500~1 350 km[30],中短途航线如郑州至西安受到严重影响甚至停航。2019 年全国机场旅客吞吐量比上年增长 6.9%,与之相比,2019 年全国铁路旅客发送量达 36.60 亿人次,比上年增长 8.4%[31],这充分体现了铁路运输的发展势头。因此,航空网络的规划设计与运营管理需要考虑其他交通方式的影响与相互作用,特别是考虑多种交通模态的枢纽选址问题,并准确估计市场竞争的复杂态势与旅客的选择行为,这些是航空公司高效分配其舱位资源的关键,并应进一步研究动态博弈下的航班计划制定优化问题。

在航空客货需求迅猛增长的同时,航班运行环境日益复杂多变,对航空公司精细化、数智化运营的要求越来越高,如何合理安排生产调度是全行业持续发展所面临的重大挑战。根据民航统计年报,我国民航在 2010—2017 年期间不正常航班数量增长明显(见图 1-2),极大影响了航空公司的运营效率。其中,航空公司作为运输生产的主体,承担着调配航线、机队和人员资源等的重要职责,航线网络是其提供服务的基础骨架,而航班计划则是航空运输产品的血肉[8]。民航"十三五"规划中将"强化枢纽机场和干

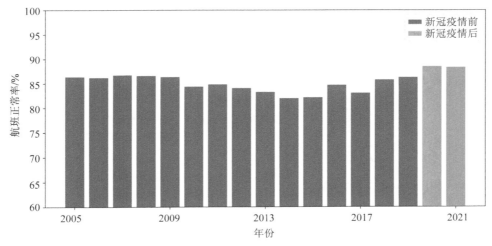

图 1-2　中国民航年航班正常率统计

支线机场功能"作为交通领域的一个建设要点,同时民航强国和智慧民航的建设纲要明确指出需通过数字化转型,大幅提高航空公司客货处理效率和经营优势,打造具备国际竞争力的大型网络型航空公司[9]。因此,对航空公司在战略阶段的枢纽航线网络设计和战术阶段的航班计划运行优化方面提出了关键性的要求。

为提高运行效率,实现供需平衡、计划鲁棒及调配灵活这三大类目标,航空公司应面向复杂环境,科学高效地解决一系列不同规划周期的计划、排班与运行管理问题,实现降本增效。这类复杂工程管理问题被统称为航空公司计划运行优化问题,自20世纪70年代以来得到了学术界特别是运筹学界的广泛关注。如图1-3所示,航空公司运营优化问题主要包括:航线网络设计(Airline Network Design,AND)、航班计划制定(Schedule Design Problem,SDP)、机型指派(Fleet Assignment Problem,FAP)、飞机编排(Aircraft Routing Problem,ARP)、机组排班(Crew Scheduling Problem,CSP)及不正常航班恢复(Airline Recovery Problem)问题[55]。这六类子问题紧密结合、相互依赖,需顺序依次求解以制定完整航空公司计划并及时响应运行扰动。其中,机组排班问题可细分为机组任务环指派(Crew Pairing)与机组人员排班(Crew Rostering)子问题;而不正常航班恢复则细分为飞机计划恢复、机组恢复和旅客恢复子问题。

① 航线网络设计

　　-枢纽选址;　　　　　　　-网络结构

② 航班计划制定
　　航班频率制定与起飞时刻规划
　　-可选/必选航班;　　　　-起飞时刻调整

③ 机型指派
　　选择航班执飞机型
　　-航班覆盖;　　　　　　-机队运行成本

④ 飞机编排
　　选择飞机执飞航班路径
　　-A类维修定检;　　　　-飞机初始位置

⑤ 机组排班
　　指派机组执勤期
　　-执勤期及过夜规定;　　-最少过站时间

⑥ 不正常航班恢复

　　-飞机恢复;-机组恢复;-旅客恢复

图1-3　航空公司规划设计与运营管理

受制于严格的民航规章制度和有限的信息化水平,上述问题过往通常由调度及航线管理人员手工编制求解,工作量巨大且效率较低。一方面,随着航空公司规模的扩大,单纯依靠人工排班已无法满足航空公司对实时性、鲁棒性和经济性的要求。尤其在危险天气、交通管制等突发情况发生且排班计划急需变动时,人工排班无法在短时间内给出可行甚至高质量的方案。另一方面,欧美在 20 世纪 70 年代逐步解除在定价和航线开设等方面的管制,随之而来的激烈竞争促使航空公司不断开发相关的信息化管理软件以提高效益。相较而言,我国民航信息化起步较晚,虽然近年来在机组排班和不正常航班恢复等领域信息化取得了长足的进步,但总体而言还不具备提供全链条、完整的信息化解决方案的能力,因此各大航空公司大都采用了 Sabre、Jeppesen、IBS 等公司的相关计划编排软件。这些软件除了使用成本高昂外,也受限于国内外航空业环境的差异而不能很好地适用于国内航班计划编排。此外,由于运行优化问题涵盖飞机、机组、旅客等多种资源,对应各部分的规划周期不尽相同,求解难度高,因此业界通常将其分为多个子问题分步顺序求解,从而忽视了不同子问题之间的耦合关系,由此得到的排班计划往往并非最优方案。在这一背景下,一体化求解两个或多个航空公司运营子问题(如:航班计划制定与机型指派、机型指派与飞机维修编排等)已成为改善航司计划运行决策,提高利润的必要手段。解决上述问题有助于航空公司制定精准把握供需关系的航班计划,提高航班计划和旅客中转的鲁棒性、应对突发不正常航班时的灵活性;同时借助平衡求解质量、可拓展性与适用性的高效求解算法,以解决具有高复杂度的大规模航空公司运行优化问题。

1. 在战略阶段的枢纽航线网络设计方面

基础枢纽选址问题标准模型对航空网络进行了较大的简化。O'Kelly 于 1987 年提出了第一个枢纽选址问题模型——单配置 p 枢纽中位问题的二次模型[10]。其中,输入参数只包括每个节点间的运输需求和单位运输成本,以及在枢纽节点间运输的成本折扣,每个节点在任何时候都只能使用一个枢纽(单配置)。同时,由于在目标函数中使用了二次项,该模型是一个非凸问题,从而导致其求解难度增大。因此,Campbell 于 1994 年对其线性化,并提出了新的多配置 p 枢纽中位问题[11],并给出了枢纽网络全连接的假设,即每对枢纽节点之间都存在直连边,每个 OD 对间的运输路径都会遵循“出发节点—枢纽—枢纽—目的地节点”的结构,采用一个四维变量来表示每个 OD 对间可能采用的路径,对应的单配置模型可通过增加单配置约束得到。同时,Campbell 也提出了其他几类标准的枢纽选址问题:非容量约束枢纽选址问题、p-枢纽中心问题和枢纽覆盖问题等。与 O'Kelly 的模型相比,Campbell 的模型进行了线性化,但 $O(n^4)$ 的变量数和 $O(n^3)$ 的约束数使得求解复杂度大大增加(n 为网络中节点的个数)。因此,Ernst 与 Krishnamoorthy 于 1996 年提出了一个新的线性单配置模型[12],采用一个三维变量对网络中的流量分布进行决策,使得模型的变量数目减少到了 $O(n^3)$。

这些早期的枢纽选址问题标准模型对航空网络进行了大量的简化和假设,比如模型的目标函数只考虑了运输成本(某些模型可能会加上枢纽的建设成本)、全连接枢纽网络(任意两个枢纽节点之间均可以直连)、枢纽节点和枢纽边没有容量约束(两者均可通过任意大的运输流量)、枢纽节点和枢纽边均完全可靠、节点间的运输需求等参数,它们都是确定的。这些简化和假设降低了模型的求解复杂度,但却使得模型与实际的航空网络相差甚远,从而只能为航空网络规划提供粗略的政策建议[13]。后续研究针对上述缺陷提出了考虑更多因素的枢纽选址变体模型,如考虑连边成本[14]或运输时间[15]、非全连接枢纽网络[16-19]、容量约束[20-22]、枢纽节点可靠性条件[23-25]和输入参数的不确定性[19,26-29]等。但是,这些变体模型大多只在标准模型的基础上添加比较少的约束或因素,依然与实际航空网络结构具有一定的差距。

除了某些特殊情况外,枢纽选址问题的计算复杂度都是 NP 难[13]。因此,针对各类枢纽选址问题模型,需要设计或采用合适的求解算法。这些算法大体上可以分为精确算法和启发式算法:前者可通过理论证明的方式来保证所得解的最优性,但一般需要较长的求解时间,代表性算法有混合整数规划与线性规划[32-33]、Benders 分解算法[14,34-35]、Lagrangian 松弛算法[36-38]等;而后者不能保证得到最优解,但一般可以快速给出近最优的可行解,从而有着较好的可拓展性(适用于大规模算例),代表性算法有禁忌搜索[39-40]、遗传算法[33,41-42]、变邻域搜索算法[43-44]等。这些常用的求解算法存在两个问题:

① 大多数算法对某些较为复杂的枢纽选址问题(如非全连接问题)的求解很难被拓展到大规模算例中。同时,由于该问题解空间的规模和固定成本/可变成本间的交互,因此很难设计一个有效的启发式算法。

② 大多数算法在不同类型枢纽选址问题上的通用性不足,个别算法即使对某个问题显示出其可拓展性,但若要将其应用到其他类枢纽选址问题的求解中,也需要进行大量的修改和调整。

因此,具备可拓展性和通用性的求解算法对枢纽选址问题尤为重要。

2. 在战术阶段的航班计划运行优化方面

首先,航空公司的运营核心是将市场需求与运力资源合理匹配。在民航市场化趋势的推动下,航空公司之间的竞争日益激烈。其中,三大航空公司(国航、东航、南航)在 2005—2015 年的航班投放总量增长超过 134 万班,而前十大枢纽繁忙机场也成为竞争的焦点,各航空公司的市场份额均有所下降[49]。此外,高速铁路和低成本航空的出现,给整个民航市场带来了新的冲击与机遇。春秋航空作为典型的低成本航空公司,以平均低于全服务型航空公司 30% 的成本优势逼迫了全服务型航空公司的降价(部分航空公司平均票价下降幅度达到 6%)[50]。

其次,由于航空公司在制定航班计划时往往为增加收益而追求高飞机利用率,航班过站时间设置不合理,突发恶劣天气和空管流量限制等突发事件可能导致计划中断、航班延误或取消,进而带来旅客行程中断和经济损失。因此,航空公司在制定航班计划时,应根据历史数据,充分考虑各类不正常突发事件,针对航班链式延误传播的复杂场景,合理预留过站时间与航班交换机会,降低因航空公司自身原因造成航班延误传播的可能性,提高航班计划鲁棒性。

最后,由于航空在长距离运输方面的优势,以及飞行过程中机组人员与旅客的密接,当出现突发公共卫生安全事件时,民航运输在疫情长距离传播和机上感染中都扮演了媒介作用[54]。然而,随着民航业在后疫情时代的逐步恢复,新冠病毒繁多的变种毒株及其传染特征的异质性对航空运输的持续和安全运行带来了巨大的挑战。航空公司在出现运行扰动时,需要在运行调配方面具备快速调整计划、降低不正常航班影响的能力。除了基于已有恢复手段和策略以应对由天气、空管、航空公司等因素引起的常见不正常航班外,航空公司还应当针对新出现的不正常中断场景,革新运营模式及中断管理决策支持机制。例如,在突发公共卫生安全事件的场景下,如何快速调整航班、机组与旅客计划,控制疫情及大流行病在飞机上的扩散蔓延。

1.2　研究意义

近年来,我国民航业发展迅猛,枢纽机场在航空运输中发挥着越来越重要的作用。然而,我国航线网络结构依然主要停留在城市直连航线的层面,重布线而轻织网,有网络无枢纽,因此为航空网络选择枢纽并构建枢纽-辐射网络就显得愈发重要。与此同时,航空业作为典型重资产低利润率的行业,我国三大航空公司在 2019 年的净利润率仅为 3% 左右,因此通过科学智能的航空运输管理实现降本增效是航空公司持续发展的重要保证。航空公司的枢纽航线网络设计与运行管理优化,作为其生产决策极为重要的一环,起着合理配置资源、降低运营成本、保证运行平稳的重要作用。如何借助信息化手段实现交通网络设计优化、供需关系匹配、运行平稳等智能化运营管理,是航空公司亟待解决的问题。本书的研究意义主要体现在以下几个方面:

① 填补了枢纽选址问题解决方案实验基准方面的空白。考虑了已有研究的各类约束和因素,如单配置/多配置、容量约束/非容量约束、枢纽网络全连接/非全连接、p 枢纽中位问题/建设成本问题等,总结了已有文献的十二类标准枢纽选址问题,并对常用求解算法进行归纳,包括五个精确算法和三个启发式算法,并为枢纽选址问题模型与算法的后续研究提供了实验基准。

② 针对大部分常用算法对复杂枢纽选址问题求解的不足,提出了迭代网络设计算法(HUBBI)。该算法创新性地提出了枢纽性(Hubbiness)的概念,有助于获得两枢纽解和后续的枢纽网络拓展,算法中的树拓展和环拓展两个操作及逐步拓展枢纽网络的求解框架也为其他枢纽选址问题的求解提供了新思路,并对复杂枢纽选址问题可拓展性求解与多模态枢纽选址问题求解提供了核心算法支撑。

③ 针对大多数常用求解算法可拓展性或通用性不足的问题,提出了一个基于压缩的高效求解算法(EHLC)。该算法的"压缩—求解—重写—再求解"框架可以很容易地被应用于各类枢纽选址问题的求解,在保证求解质量的同时大幅缩短了求解时间。该算法的提出在枢纽选址问题求解的可拓展性(求解更大的网络)和通用性(求解不同类的问题)两方面突破了传统算法的局限性,同时为通过大规模实际交通算例求解更完备的枢纽选址问题提供了基础理论支持。

④ 将枢纽选址问题应用到实际的航空-铁路多模态交通问题中,并考虑了枢纽容

量约束、连边容量约束、枢纽级别、直连边、运输成本和时间、换乘成本和不确定运输需求等因素,从而提出了更加完备和贴近实际的交通网络枢纽选址模型,弥补了以往研究关于模型简化过多的不足。该模型在包含我国 346 个城市的航空-铁路数据集上的算例结果也为我国航线网络的规划提供了参考,进而为基于枢纽辐射-网络的航空-铁路多模态交通网络布局提供理论支撑,有助于优化交通网络设计、提高飞机和航线的利用效率。

⑤ 针对综合式航班计划制定解空间过大及航空公司竞争性关系机理复杂的问题,构建了战略规划层面的竞争性一体化计划制定模型及动态博弈框架,统筹匹配运力资源与旅客需求,根据市场需求及竞争态势灵活制定航班计划;同时采用前景理论建立巢式离散选择模型,在关键约束和目标函数线性化的基础上设计了结合对偶稳定列生成和大邻域搜索的混合求解算法,该算法在大规模问题中的求解速度及求解质量相较于传统分支定界算法有显著的提高;对国内航空市场展开案例分析,揭示了低成本航空和高速铁路对航空市场的深远影响。

⑥ 针对战术规划层面飞机排班调整中航班链式延误传播与旅客中转难以实现鲁棒协同优化的问题,提出了两类复杂度不同的航空公司一体化鲁棒优化模型,以综合增量式航班计划制定、机型指派和飞机维修编排决策,并统筹考虑航班延误传播及期望延误下的旅客衔接错失等要素,基于增量式计划设计问题解空间结构与期望传播延误计算的非线性特征,设计了结合变邻域搜索和列生成方法的综合求解算法,以借助全局对偶信息改进求解质量。通过国内航空公司的实际算例,验证了综合求解算法相比传统分解算法在求解效率上的优越性,以及模型在降低延误风险、提高航空公司收益方面的能力。

⑦ 针对流行性疾病传播背景下机组与旅客机上感染易引起航空公司运力短缺与旅客出行意愿下降的问题,提出重大突发公共卫生安全事件下综合飞机、机组和旅客的航空公司一体化不正常航班恢复问题,精细化调控配置综合恢复方案,基于 Wasserstein 距离模糊集的分布式鲁棒优化方法,构建了考虑机组与旅客间疫情传播不确定性风险的优化模型,并设计了对应的分支切割算法和大邻域搜索算法,以有效添加可行割并加速收敛。基于美国实际航班和疫情数据集的实际应用验证表明,所提出的模型在提高运行效率和降低感染风险方面较传统机组隔离运行模式有显著改善。

1.3 学术思路

本书的第一部分面向航空公司网络科学规划、资源统筹规划、航班平稳运行的迫切需求,首先在宏观战略层面研究了交通网络枢纽选址建模与优化问题,以"全面基准对比—高效算法设计—实际选址验证"的研究思路,突破传统求解算法在可拓展性和通用性上的局限。具体研究内容包括以下四个方面:

① 对枢纽选址问题模型与算法进行调研综述,通过考虑已有研究的各类约束/因

素,总结了十二类标准枢纽选址问题。同时,对已有研究中常见的枢纽选址问题求解算法进行归纳,选择了五个精确算法和三个启发式算法,并利用各个算法对上述十二个枢纽选址问题进行编码求解。从求解时间、上下界收敛情况、内存使用量、最优解的模块结构、算法的最有效和解的不确定性等方面,对各模型算法的实验结果进行比较分析。

②　鉴于大部分常用算法对较为复杂枢纽选址问题求解的不足,提出一个基于网络设计的启发式迭代求解算法(HUBBI)。该算法预先为网络中的每对节点计算枢纽性,并基于此为问题得到双枢纽解,并指导后续的迭代网络设计过程。通过树拓展和环拓展两个操作,枢纽网络一步步拓展到需要的规模,并最终通过变邻域搜索算法来获得进一步优化的解。

③　针对大多数常用求解算法可拓展性或通用性不足的问题,提出一个基于压缩的高效求解算法(EHLC)。该算法通过压缩操作将原网络转换为具有相似拓扑结构和运输需求特性的更小规模网络,并对压缩的枢纽选址问题进行求解。通过将所得解重写回原网络,得到的关键节点信息可作为原问题的初始解,并通过再求解过程对其进一步改进。

④　将枢纽选址问题应用到实际的多模态交通算例中,并考虑枢纽容量约束、连边容量约束、枢纽级别、直连边、运输成本和时间、换乘成本和不确定运输需求等多种实际因素,分别提出单配置和多配置空铁多模态枢纽选址模型。求解算法采用了 Benders 分解算法、变邻域搜索算法(VNS)、迭代网络设计算法(HUBBI)和高效压缩求解算法(EHLC)。为了求解多配置模型,对迭代网络设计算法进行改造,并基于本问题的特性提出两个重计算策略(MMHUBBI 与 MMHUBBI - DIRECT)来进一步提升求解质量。

本书的第二个部分围绕全规划周期的航空公司计划排班及不正常航班运行恢复,以“战略供需匹配—战术鲁棒增强—运行失效响应”为总体思路,开展航空公司计划运行一体化优化研究,并在实际航空公司运行场景和案例分析中对模型和算法等相关研究成果进行评估和验证,进而为复杂环境下航空公司一体化规划和运行管理决策提供科学且高效的解决方案。具体研究内容将从三个方面展开:

①　在“战略供需匹配”方面:面向航空公司间的动态竞争博弈,以综合航班计划制定与机型指派为主干,结合考虑风险偏好的旅客离散选择模型,构建单一航空公司的一体化计划制定模型;建立多航空公司参与的 Bertrand 博弈框架并构建航空公司长期战略航班计划,分析纳什均衡下的航空公司运营策略与社会效益,定量研究低成本航空与高速铁路在提升服务水平、降低出行成本方面的影响,并针对模型特点设计可扩展性较高的混合求解算法。

②　在“战术鲁棒增强”方面:随着战术规划阶段旅客需求与运行中断风险的不确定性降低,整合增量式航班计划制定、机型指派与飞机维修编排,设计面向航班链式延误传播的一体化飞机排班优化模型,研究历史运行数据驱动下的航班延误传播与旅客错失中转机理,并基于稳定鲁棒性指标,构建中期战术规划下的飞机编排计划,根据解空间结构设计结合精确与启发式方法的综合求解算法。

③　在“运行失效响应”方面:以实时性大规模不正常航班恢复为导向,面向公共卫

生安全事件的新型中断场景,设计了基于感染概率分布不确定性的鲁棒不正常航班恢复,建立了降低机上感染风险与多模态级联失效风险的优化模型,在此基础上,重点提出应对感染概率不确定性的分布式鲁棒优化方法,并针对问题特点和实时性要求设计高效分解算法。

1.4 总体框架

本书按照"航空网络枢纽选址优化"与"航空公司计划运行优化"两个部分对航空网络枢纽选址与运行优化问题进行研究,总体框架如图1-4所示。

第一部分包含第1~5章。

第1章阐述了本书的研究背景和意义,对枢纽选址问题模型与算法的国内外研究现状进行调研综述,阐明了本书的主要研究内容、研究思路和总体框架。

第2章针对"使用特定算法在特定网络下对特定枢纽选址问题进行求解是否可行?"的问题,对枢纽选址问题模型与算法进行调研综述,选择12类标准枢纽选址问题和8个常用算法(5个精确算法和3个启发式算法),并利用各个算法对上述12个枢纽选址问题尽可能多地进行编码求解,随后针对各个评估参数对模型和算法进行比较分析。

第3章针对常用求解算法对复杂枢纽选址问题求解可拓展性不足的问题,提出一个基于网络设计的启发式迭代求解算法(HUBBI)。针对非全连接枢纽选址问题对该算法的流程进行介绍,利用强化 Benders 分解算法作为比较,以验证 HUBBI 算法"更短求解时间和高质量解"的目标。

第4章针对常用求解算法可拓展性或通用性不足的问题,提出一个基于压缩的高效求解算法(EHLC)。将该算法应用到6类标准枢纽选址问题的求解中,并使用多个非压缩算法作比较,最后验证其"提高求解速度,保证解质量,并应用于更多枢纽选址问题"的目标。

第5章考虑对涉及多种实际因素的交通枢纽选址问题(特别是多模态枢纽选址问题)的研究不足,以及该类问题在大规模实际交通网络算例中的应用仍待研究的问题,提出单配置/多配置空铁多模态枢纽选址问题模型,将枢纽选址问题应用到实际的多模态交通算例中。利用现有算法和本研究提出的两个新算法对模型进行求解,使用包含346个节点的中国交通数据集来评估模型和算法的性能,并分析若干参数取值对网络拓扑结构的影响。

第二部分包含第6~10章。

第6章阐述了航空公司计划运行优化典型问题,主要包括航班计划指定子问题、机型指派子问题、飞机维修编排子问题、机组排班子问题、突发事件下的不正常航班恢复子问题等,并对应有代表性的模型对各类子问题进行分析,突出其建模要点与差异性。

第7章解决了面向动态竞争博弈的一体化航班计划设计问题,充分考虑了市场竞

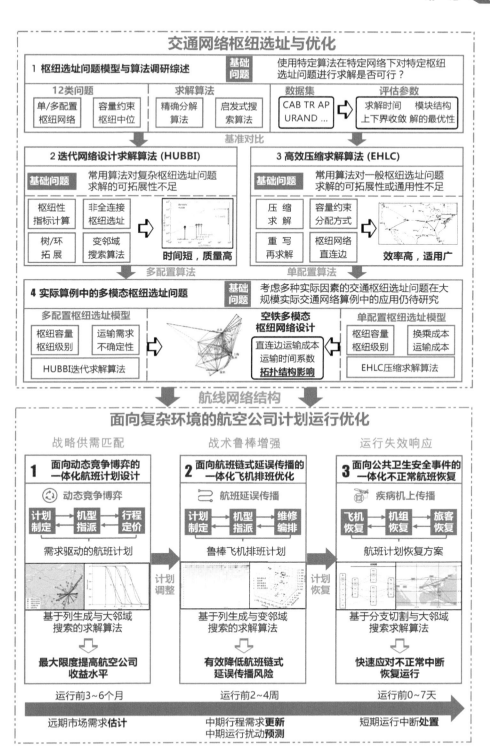

图 1 - 4　本书总体框架图

争,制定综合式航班计划,实现战略供需匹配。为有效求解这一高度非线性的优化问题,提出了若干线性化手段,设计了结合列生成和大邻域搜索的混合求解算法,并在我国实际航空、高速铁路数据集上进行了实证分析。

第 8 章解决了面向航班链式延误传播的一体化飞机排班优化问题,结合了增量式航班计划设计、机型指派和鲁棒飞机维修编排三类子问题,以实现战术鲁棒增强。设计了结合变邻域搜索与列生成的启发式求解算法,在我国航空公司的算例数据上验证了模型及算法的有效性。

第 9 章面向公共卫生安全事件,解决了一体化不正常航班恢复问题,提供应对机上感染、机场关闭、飞机故障等多种不正常情景下的精细化恢复方案。该模型在结合了飞机恢复、机组恢复及旅客恢复子问题的基础上采用基于 Wasserstein 距离的模糊集对机上疫情不确定性传播风险进行刻画,并设计了结合分支切割及大邻域搜索的算法,在美国实际疫情感染数据和航班计划数据上进行了实证分析,进而共同实现了航空公司运行失效响应这一研究思路,为航空公司的不正常航班中断恢复提供了新方法。

最后,第 10 章总结了航空网络枢纽选址优化与航空公司计划运行优化研究的主要工作,并对未来的研究方向做了展望。

第 2 章　枢纽选址问题模型与算法

枢纽选址问题主要通过对枢纽设施选址和节点配置进行决策以优化网络[56],通过切换/排序/收集和合并/分装等手段,枢纽设施对出发地和目的地之间的流量进行收集,并利用规模经济效应来降低总运输成本。该问题属于典型的跨学科问题,涵盖了交通[57-59]和通信[60-61]等多个领域。几十年来,针对该类问题的大量研究被发表在运筹学、交通运输、通信工程和网络科学等领域的期刊上。同时,也有许多综述文章对该类问题的研究进行了归纳和评价[13, 62-67]。

然而,除了某些特殊情况外,大多数枢纽选址问题都是 NP 难,无论是精确算法还是启发式算法,都为解决方案的设计和改进留出了空间。枢纽选址问题在运筹学与计算机科学领域均引发了大量的相关研究。一些基本的枢纽选址问题可以在几百个节点的算例中求解,比如,使用变邻域搜索算法求解单配置 p 枢纽中位问题[43]或者用分支定界法与蚁群算法来求解单配置 p 枢纽中心问题[68];其他类问题则很难在大规模数据集下进行求解。"在特定规模网络下对特定枢纽选址问题进行求解是否可行"依然是一个难题。其根本原因是,某个枢纽选址问题可以用高度调优的启发式算法近似最优地解决,但这并不意味着在同样规模的算例下对其他枢纽选址问题可以采用类似方法。

本章的主要目的是填补基本枢纽选址问题求解算法可拓展性方面的空白,并对枢纽选址问题模型与算法的后续研究提供一个实验基准。本章选择了 12 个问题[11]:4 个非容量约束全连接问题(USApHMPC,UMApHMPC,USAHLPC,UMAHLPC),4 个非容量约束非全连接问题(USApHMPI,UMApHMPI,USAHLPI,UMAHLPI)和4 个容量约束全连接问题(CSApHMPC,CMApHMPC,CSAHLPC,CMAHLPC)。各缩写词的解释详见表 2-1,这 12 个问题的模型详见本书 2.2 节。对于每个枢纽选址问题,本章用求解算法进行了实现,表 2-2 总结了已实现的求解算法。对于某些问题-算法的组合,本章参考类似问题的相同算法进行求解。考虑到本章中枢纽选址问题的数量和现有研究中提供的大量实现细节,特别是Benders分解和Lagrangian松弛等算法

表 2-1　本章中各类枢纽选址问题的标签

容量约束	节点配置	问题类型	枢纽网络
非容量约束 (Uncapacitated,U)	单配置 (Single allocation,SA)	p 枢纽中位问题 (p - hub median problem,pHMP)	全连接 (Complete,C)
容量约束 (Capacitated,C)	多配置 (Multiple allocation,MA)	建设成本枢纽选址问题 (Setup - cost hub location problem,HLP)	非全连接 (Incomplete,I)

注:例如 USApHMPC 表示有着全连接枢纽网络的非容量约束、单配置、p 枢纽中位问题。

的难度及变邻域搜索和禁忌搜索等的算法细节,本章首次突破了已有研究在模型、算法和实验方面的比较规模[69-70]。

本章安排如下:2.1节介绍了枢纽选址问题的基本模型[10];2.2节对12个枢纽选址问题模型进行公式化;2.3节介绍了常用求解算法(包括精确算法与启发式算法);2.4节对上述模型和算法进行实验评估与分析;2.5节对本章进行了总结。

表2-2 本章中实现的各类枢纽选址问题和求解算法

问题类型	CPLEX $O(n^3)$	CPLEX $O(n^4)$	BD $O(n^4)$	LR $O(n^4)$	RG $O(n^2)$	GVNS	GA	TS
USApHMPC	x	x	x	x	x	x	x	x
USApHMPI	x	x				x	x	
CSApHMPC	x	x		x	x	x	x	
UMApHMPC	x	x	x	x			x	
UMApHMPI	x	x	x					
CMApHMPC	x	x	x	x				
USAHLPC	x	x	x	x	x	x	x	x
USAHLPI	x	x				x	x	
CSAHLPC	x	x		x	x	x	x	
UMAHLPC	x	x	x	x			x	
UMAHLPI	x	x	x					
CMAHLPC	x	x	x	x				

注:包括五类精确算法和三类启发式算法。其中,CPLEX,BD,LR,RG,GVNS,GA和TS分别为优化求解工具CPLEX,Benders分解(Benders Decomposition),Lagrangian松弛(Lagrangian Relaxation),行生成(Row Generation),变邻域搜索(General Variable Neighborhood Search),遗传算法(Genetic Algorithm)和禁忌搜索(Tabu Search)。精确算法后面的$O(n^k)$表示算法是基于变量量级为$O(n^k)$的模型来设计实现的。符号"x"表示一个算法被实现以求解对应的问题。

2.1 枢纽选址问题的基本模型

本节介绍枢纽选址问题的基本模型[10]:枢纽是一类特殊的中心设施,它被设计用来转运节点间的交通流。如图2-1(a)所示,枢纽选址问题来源于航空交通的一个基本问题:给定机场集合V及任意一对机场$i,j \in V$间的运输需求w_{ij}和单位运输成本c_{ij},如何用最低成本满足所有运输需求?为解决这个问题,一个最简单的方案便是在每对机场间直接运输,总成本为$\sum_{i \in V}\sum_{j \in V} c_{ij}w_{ij}$,如图2-1(b)所示。但在现实问题中,由于航线的建设成本等因素,在每对机场间都建立直连航线的方案实际成本过高。

因此,需要考虑其他的解决方案。设想两个场景:机场间的大批量运输和小批量运输,一般情况下,前者的单位运输成本会远比后者低,即前者相比后者存在一个单位运输成本的折扣(规模经济效应),即基于枢纽-辐射(hub - spoke)结构的运输方案,如图 2 - 1(c)所示,可在网络中选择若干机场作为枢纽节点,其他机场则为辐射节点,并将辐射节点配置给合适的枢纽。由于规模经济效应,枢纽节点间的运输成本存在折扣($\alpha < 1$)。如图 2 - 1(d)中机场 SFO 和 MIA 之间的运输,则可能发生 $c_{\mathrm{SFO,LAX}} + \alpha c_{\mathrm{LAX,HOU}} + c_{\mathrm{HOU,MIA}} < c_{\mathrm{SFO,MIA}}$ 的情况。因此,基于枢纽-辐射结构的运输网络所需的总成本可能远低于其直连网络。除此之外,更稀疏的航线(节点间的连边)减少了额外的建设成本。因此,便可得到枢纽选址问题的一个基本模型,其目标为设计枢纽选址、辐射节点配置和运输路径规划的方案,以达到总成本最低的目的。

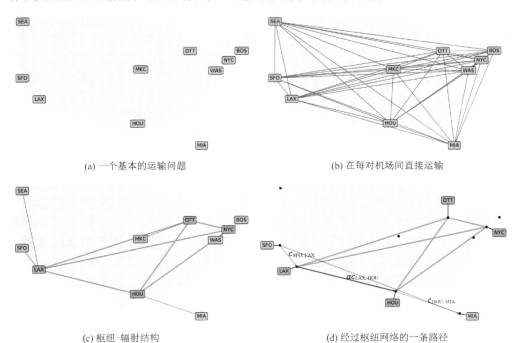

(a) 一个基本的运输问题 (b) 在每对机场间直接运输

(c) 枢纽-辐射结构 (d) 经过枢纽网络的一条路径

注:(a) 一个基本的运输问题:给定机场集合 V 及任意一对机场 $i,j \in V$ 间的运输需求 w_{ij} 和单位运输成本 c_{ij},如何用最低成本满足所有运输需求?(b) 最简单的方案,即在每对机场间直接运输,总成本为 $\sum_{i \in V} \sum_{j \in V} c_{ij} w_{ij}$。(c) 另一种方案:枢纽-辐射(hub - spoke)结构。红色为枢纽节点,其他为辐射节点,后者被配置给前者。(d) 由于规模效应,枢纽节点间的运输成本存在折扣($\alpha < 1$),因此有可能 $c_{\mathrm{SFO,LAX}} + \alpha c_{\mathrm{LAX,HOU}} + c_{\mathrm{HOU,MIA}} < c_{\mathrm{SFO,MIA}}$。

图 2 - 1 枢纽选址问题

基于这一目标,O'Kelly 于 1987 年提出了第一个枢纽选址问题模型——单配置 p 枢纽中位问题的二次模型[10]。该模型以一个二维的 0 - 1 变量 X_{ik} 来表示枢纽的选址及节点的配置情况,如果 $X_{ik} = 1$ 则表示节点 i 被配置给枢纽 k,而如果 $X_{kk} = 1$ 则表示节点 k 为枢纽节点,而目标函数则是在确定节点配置后的总运输成本。虽然二维变量大大降低了模型的空间复杂度,但该模型在目标函数中采用了二次项 $X_{ik} X_{jm}$ 来表示枢纽间运输成本,从而使得该问题变成一个非凸问题,仍然导致模型求解难度的增大。因此,Campbell 于 1994 年对其线性化的同时提出了新的多配置 p 枢纽中位问题的公式化表述[11]。由于每个 OD 对间的运输路径都遵循着“出发节点—枢纽—枢纽—目的地节点”的结构,所以采用一个四维变量 X_{ijkm} 表示每条路径的使用情况。而对应的单配置模型可以通过增加单配置约束而得到。相比 O'Kelly 的模型,Campbell 的模型进行了线性化,但 $O(n^4)$ 的变量数和 $O(n^3)$ 的约束数使得问题求解的复杂度大大增加,其中 n 为网络中节点的个数。因此,Ernst 与 Krishnamoorthy 于 1996 年提出一个新的线性单配置模型[12]。这里,采用一个三维变量 Y_{km}^i 表示从节点 i 出发,依次经过枢纽 k 与 m 的总运输流量,使得模型的变量数目减少到 $O(n^3)$。除了上述基本的 p 枢纽中位问题外,其他几类标准的枢纽选址问题模型也相继被提出[11]:非容量约束枢纽选址问题(在表 2-1 中,为避免混淆,使用“建设成本枢纽选址问题”来表示)、p-枢纽中心问题及枢纽覆盖问题等。

2.2 枢纽选址问题的变体模型

本节将对 12 个枢纽选址问题的模型进行公式化。如 2.1 节所介绍,标准枢纽选址问题包括(单配置/多配置)p 枢纽中位问题、非容量约束枢纽选址问题(即表 2-1 中的“建设成本枢纽选址问题”)、p-枢纽中心问题及枢纽覆盖问题等[13]。在过去的几十年中,枢纽选址问题的其他变体模型也相继出现,例如容量约束枢纽选址问题、连续枢纽选址问题、多目标枢纽选址问题、可靠性枢纽选址问题等[13,62-67]。本节聚焦以下两类(12 个)枢纽选址问题:① p 枢纽中位问题(枢纽的个数由给定的数值 p 来约束);② 建设成本枢纽选址问题(枢纽的个数由枢纽的建设成本来约束)。为了简便表示,在表 2-1 中采用相应的标签来表示这些问题。以下问题都曾在已有研究中被公式化:第 2.2.1 小节的 USApHMPC,第 2.2.2 小节的 UMApHMPC,第 2.2.3 小节中的 USApHMPI 和 UMApHMPI,第 2.2.4 小节中的 CSApHMPC 和 CMApHMPC,以及第 2.2.5 小节中的建设成本枢纽选址问题(USAHLPC,CSAHLPC,USAHLPI,UMAHLPI,UMAHLPC 和 CMAHLPC)。

2.2.1 枢纽网络全连接的非容量约束的单配置 p 枢纽中位问题

在 USApHMPC 中,任意一对枢纽节点间都存在连边,而每个节点都被配置给一个枢纽。令 $G=(V, E)$ 为一个网络,其中 V 与 E 分别为节点和连边的集合。节点的个数为 n 而枢纽的个数为 p。对于每个节点对 (i, j),用 c_{ij} 和 w_{ij} 分别表示单位运输成本和运输需求。令 $O_i = \sum_{j \in V} w_{ij}$ 为从节点 i 出发的所有运输需求,$D_i = \sum_{j \in V} w_{ji}$ 为以节点 i 为目的地的所有运输需求[71]。USApHMPC 有一个二次的模型[10]和两个线性模型($O(n^4)$ 变量的模型[11]与 $O(n^3)$ 变量的模型[12])。本小节对 $O(n^3)$ 变量的模型进行介绍[12]：

$$\min \sum_{i \in V} \sum_{k \in V} Y_{ik}(\delta_1 O_i c_{ik} + \delta_2 D_i c_{ki}) + \sum_{i \in V} \sum_{k \in V} \sum_{m \in V} \alpha c_{km} X_{km}^i \qquad (2.1)$$

$$\text{subject to} \sum_{k \in V} Y_{ik} = 1, \ \forall i \in V \qquad (2.2)$$

$$\sum_{k \in V} Y_{kk} = p \qquad (2.3)$$

$$Y_{ik} \leqslant Y_{kk}, \ \forall i, k \in V \qquad (2.4)$$

$$\sum_{m \in V, m \neq k} X_{km}^i - \sum_{m \in V, m \neq k} X_{mk}^i = O_i Y_{ik} - \sum_{j \in V} w_{ij} Y_{jk}, \ \forall i, k \in V \qquad (2.5)$$

$$\sum_{m \in V} X_{km}^i = Y_{ik} O_i, \ \forall i, k \in V \qquad (2.6)$$

$$Y_{ik} \in \{0, 1\}, \ \forall i, k \in V \qquad (2.7)$$

$$X_{km}^i \geqslant 0, \ \forall i, k, m \in V \qquad (2.8)$$

目标函数式(2.1)为所有运输成本之和,参数 $\alpha < 1, \delta_1 > \alpha, \delta_2 > \alpha$ 分别是在枢纽节点间、从辐射节点到枢纽节点和从枢纽节点到辐射节点运输成本的折扣系数。变量 X_{km}^i 表示从节点 i 出发经过枢纽边 (k, m) 的流,变量 Y_{ik} 用来表示节点的配置情况,当且仅当节点 i 被配置给枢纽 k 时 $Y_{ik} = 1$。式(2.2)和式(2.4)确保了每个节点都只能被配置给一个枢纽,且只能被配置给枢纽。式(2.3)保证了枢纽的个数为 p。式(2.5)确保了从每个节点 i 出发到枢纽 k 的流平衡。式(2.6)保证了只有枢纽节点可以被用于转运。文献[12]中的原模型并不包含这一约束,从而可能导致不可行解,即对于某辐射节点产生 $X_{km}^i > 0$。比如,给定两个枢纽节点 h_1, h_2,一个初始节点 i 和另一个辐射节点 k,如果 $c_{kh_1} + c_{kh_2} < c_{h_1 h_2}$,没有约束式(2.6)的原模型可能输出包含 $X_{ih_1 k} > 0$ 和 $X_{ikh_2} > 0$ 的解。当运行某些初期实验并比较 $O(n^3)$ 模型与 $O(n^4)$ 模型的解时,可能存在这个问题,但并不一定在所有情况中均出现。

2.2.2 枢纽网络全连接的非容量约束的多配置 p 枢纽中位问题

在 UMApHMPC 中,每个辐射节点可以为每个目的地节点使用不同的枢纽。该问题已有两个线性模型,分别包含 $O(n^3)$ 变量[72]与 $O(n^4)$ 变量[11]。本小节介绍 $O(n^3)$ 变量的模型。其中,变量 Y_k 被来表示枢纽的选址,即当且仅当节点 k 是一个枢纽节点时,$Y_k = 1$;而若节点 k 是一个辐射节点,$Y_k = 0$。另外,变量 X_{km}^{1i} 表示从节点 i 出发经过枢纽边 (k, m) 的流,X_{mj}^{2i} 表示从节点 i 出发并从枢纽 m 到达目的地节点 j 的流,U_{ik} 表示从节点 i 出发并经过枢纽 k 的流。基于上述变量,UMApHMPC 可以进行如下公式化：

$$\min \sum_{i \in V} \Big(\sum_{k \in V} \delta_1 c_{ik} U_{ik} + \sum_{k \in V} \sum_{m \in V} \alpha c_{km} X_{km}^{1i} + \sum_{m \in V} \sum_{j \in V} \delta_2 c_{mj} X_{mj}^{2i} \Big) \qquad (2.9)$$

$$\text{subject to} \sum_{k \in V} Y_k = p \qquad (2.10)$$

$$\sum_{k \in V} U_{ik} = O_i \quad \forall i \in V \qquad (2.11)$$

$$\sum_{m \in V} X_{mj}^{2i} = w_{ij} \quad \forall i, j \in V \tag{2.12}$$

$$\sum_{m \in V} X_{km}^{1i} - \sum_{m \in V} X_{mk}^{1i} + \sum_{j \in V} X_{mj}^{2i} - U_{ik} = 0 \quad \forall i, k \in V \tag{2.13}$$

$$U_{ik} \leqslant O_i Y_k \quad \forall i, k \in V \tag{2.14}$$

$$X_{mj}^{2i} \leqslant w_{ij} Y_m \quad \forall i, j, m \in V \tag{2.15}$$

$$\sum_{i \in V} \sum_{m \in V} X_{km}^{1i} \leqslant \sum_{i \in V} O_i Y_k \quad \forall k \in V \tag{2.16}$$

$$\sum_{i \in V} \sum_{k \in V} X_{km}^{1i} \leqslant \sum_{i \in V} O_i Y_m \quad \forall m \in V \tag{2.17}$$

$$Y_k \in \{0, 1\} \quad \forall k \in V \tag{2.18}$$

$$X_{km}^{1i} \geqslant 0 \quad \forall i, k, m \in V \tag{2.19}$$

$$X_{mj}^{2i} \geqslant 0 \quad \forall i, j, m \in V \tag{2.20}$$

$$U_{ik} \geqslant 0 \quad \forall i, k \in V \tag{2.21}$$

目标函数式(2.9)表示所有 OD 对的运输成本之和,式(2.10)保证了所有枢纽的个数为 p,式(2.11)和式(2.12)分别对从节点 i 出发的流和每对点 (i, j) 之间的流进行约束,式(2.13)保证了从节点 i 出发并经过每个枢纽 k 的流平衡约束,式(2.14)~式(2.17)确保了只有枢纽可以被用于转运。注意到新添加的约束式(2.16)和式(2.17),在文献[72]中的原模型并没有这些约束,从而可能导致不可行解,比如对某些 k 和 m 有 $X_{km}^{1i} > 0$。

2.2.3 枢纽网络非全连接的非容量约束的单/多配置 p 枢纽中位问题

在 USApHMPI 与 UMApHMPI 中,只有一部分的枢纽节点对会被连接。因此,除了枢纽节点的选择和辐射节点的配置外,枢纽间的连边也需要由模型确定。令 Z_{km}($\forall k, m < k \in V$)为枢纽边的决策变量,即当且仅当枢纽 k 与枢纽 m 被连接时,Z_{km} 被设置为 1,而其他情况则为 0。基于此,有 q 条枢纽边的 USApHMPI 的模型即为 USApHMPC 的模型加上以下约束[16]:

$$\sum_{k \in V} \sum_{m \in V, m < k} Z_{km} = q \tag{2.22}$$

$$Z_{km} \leqslant Y_{kk} \quad \forall k, m < k \in V \tag{2.23}$$

$$Z_{km} \leqslant Y_{mm} \quad \forall k, m < k \in V \tag{2.24}$$

$$X_{km}^i + X_{mk}^i \leqslant O_i Z_{km} \quad \forall i, j, k, m < k \in V \tag{2.25}$$

$$Z_{km} \in \{0, 1\} \quad \forall k, m < k \in V \tag{2.26}$$

类似地,有 q 条枢纽边的 UMApHMPI 的模型即为 UMApHMPC 的模型加上以下约束[17]:

$$\sum_{k \in V} \sum_{m \in V, m < k} Z_{km} = q \tag{2.27}$$

$$Z_{km} \leqslant Y_k \quad \forall k, m < k \in V \tag{2.28}$$

$$Z_{km} \leqslant Y_m \quad \forall k, m < k \in V \tag{2.29}$$

$$\sum_{i \in V} X_{mj}^{2i} \leqslant D_j Y_m \quad \forall\, m\,,\, j \in V \tag{2.30}$$

$$\sum_{i \in V} X_{km}^{1i} \leqslant MZ_{km} \quad \forall\, k\,,\, m < k \in V \tag{2.31}$$

$$\sum_{i \in V} X_{km}^{1i} \leqslant MZ_{mk} \quad \forall\, k\,,\, m > k \in V \tag{2.32}$$

$$Z_{km} \in \{0\,,\,1\} \quad \forall\, k\,,\, \mathrm{m} < \mathrm{k} \in V \tag{2.33}$$

式(2.22)与式(2.27)保证了枢纽间的连边总数为 q，式(2.23)和式(2.24)与式(2.28)和式(2.29)表示枢纽边只可以在枢纽节点之间建设，式(2.25)为流平衡约束，式(2.30)表示交通流只可以通过已建设枢纽节点进行转运，式(2.31)和式(2.32)表示只有建设好的枢纽边可以被通过，其中 M 是一个足够大的常数。

2.2.4　枢纽网络全连接的容量约束的单/多配置 p 枢纽中位问题

在 CSApHMPC 和 CMApHMPC 中，每个枢纽节点都有一个容量约束，即通过该枢纽的总流量不能超过其容量。这里使用 λ_i 来表示节点 i 的容量，在 USApHMPC 模型(式(2.1)～式(2.8))的基础上，CSApHMPC 的容量约束表示如下[73]：

$$\sum_{i \in V} O_i Y_{ik} \leqslant \lambda_k Y_{kk} \quad \forall\, k \in V \tag{2.34}$$

类似地，CMApHMPC 的模型即为 UMApHMPC 的模型(式(2.9)～式(2.21))加上以下约束[20]：

$$\sum_{i \in V} \sum_{m \in V} X_{km}^{1i} \leqslant \lambda_k Y_k \quad \forall\, k \in V \tag{2.35}$$

式(2.34)和式(2.35)保证了每个枢纽的容量约束被满足。

2.2.5　建设成本枢纽选址问题

在建设成本枢纽选址问题中，枢纽的个数由枢纽的建设成本来限制。因此，在目标函数中有一个新的项来表示建设成本，而 p 枢纽约束则被移除。此外，USAHLPI 与 UMAHLPI 中枢纽边的个数也由相应的建设成本来限制。

1. 单配置问题

假设在节点 i 上建设枢纽的成本为 f_i，那么 USAHLPC 与 CSAHLPC 的目标函数如下：

$$\min \sum_{i \in V} \sum_{k \in V} Y_{ik}(\delta_1 O_i c_{ik} + \delta_2 D_i c_{ki}) + \sum_{i \in V} \sum_{k \in V} \sum_{m \in V} \alpha c_{km} X_{km}^i + \sum_{k \in V} f_k Y_{kk} \tag{2.36}$$

令 g_{km} 为在枢纽对 $(k\,,\,m)$ 间建设枢纽边的成本，则 USAHLPI 的目标函数如下：

$$\min \sum_{i \in V} \sum_{k \in V} Y_{ik}(\delta_1 O_i c_{ik} + \delta_2 D_i c_{ki}) + \sum_{i \in V} \sum_{k \in V} \sum_{m \in V} \alpha c_{km} X_{km}^i + \\ \sum_{k \in V} f_k Y_{kk} + \sum_{k \in V} \sum_{m \in V,\, m < k} g_{km} Z_{km} \tag{2.37}$$

2. 多配置问题

类似的，UMAHLPC 与 CMAHLPC 的目标函数如下：

$$\min \sum_{i \in V} \Big(\sum_{k \in V} \delta_1 c_{ik} Z_{ik} + \sum_{k \in V} \sum_{m \in V} \alpha c_{km} X_{km}^{1i} + \sum_{m \in V} \sum_{j \in V} \delta_2 c_{mj} X_{mj}^{2i} \Big) + \sum_{k \in V} f_k Y_k \quad (2.38)$$

对于 UMAHLPI 的目标函数,则添加建设枢纽边的成本:

$$\min \sum_{i \in V} \Big(\sum_{k \in V} \delta_1 c_{ik} Z_{ik} + \sum_{k \in V} \sum_{m \in V} \alpha c_{km} X_{km}^{1i} + \sum_{m \in V} \sum_{j \in V} \delta_2 c_{mj} X_{mj}^{2i} \Big) +$$
$$\sum_{k \in V} f_k Y_k + \sum_{k \in V} \sum_{m \in V, m<k} g_{km} Z_{km} \quad (2.39)$$

为了保证本研究的可行性,考虑到模型和算法重新实现的工作量,本研究选择了以上 12 个标准的枢纽选址问题。除此之外,文献中也有许多关于其他类型枢纽选址问题的研究,比如多线枢纽网络[74]、可靠性问题[25,61,75-76]、鲁棒问题[19,77]、枢纽覆盖问题[78-79]、r 配置 p 枢纽中位问题[44,80]、中转次数约束的非全连接枢纽网络问题[14]、p 枢纽中心问题[81-84]等,未来工作可考虑将本研究工作拓展到这些类型问题中。

2.3　常用求解算法

近几十年来,学者们提出了大量的算法以求解枢纽选址问题,可以归纳为两大类求解算法:① 精确算法为目标函数同时提供上下界的值,当算法收敛时,可以保证所得到解的最优性,包括 Benders 分解[34-35,89-91]、Lagrangian 松弛(与构造解上界的方法一起)[87,92-93]、分支定价[37,94]、分支切割[89,95-96]等;② 启发式算法,通过贪心策略或其他策略来生成解的上界,包括遗传算法[33,41,97-98]、变邻域搜索算法[43-44]、禁忌搜索[39,78]、基于簇的方法[99]、其他进化算法[100]、战略振荡方法[101]及其他启发式算法[102-103]。为每个标准枢纽选址问题重新实现所有的求解算法需要的工作量过大,因此,本研究仅对文献中较常用且被用于求解多于一种枢纽选址问题的算法进行实现。本节将对所选算法进行总结,讨论它们在不同枢纽选址问题中的变化,并介绍实现的细节和对于某些策略的选择。

2.3.1　精确算法

表 2-3 归纳了本章中实现和评估的五种精确算法:基于 $O(n^3)$ 模型的混合整数规划(CPLEX)、基于 $O(n^4)$ 模型的混合整数规划(CPLEX)、Benders 分解、Lagrangian 松弛(与构造解上界的方法一起)及基于欧几里得距离的行生成算法。这里,$O(n^t)$ 表示 CPLEX、Benders 分解、Lagrangian 松弛和行生成算法所基于的模型中变量的数量级。"自实现"表示没有在已有研究中找到求解该问题的对应算法,因此,只能通过归纳类似的问题和算法来设计求解算法。本小节将对混合整数规划和求解工具 CPLEX 的设置进行描述,并对 Benders 分解、Lagrangian 松弛和基于欧几里得距离行生成算法的过程进行介绍。

1. 混合整数规划

绝大部分的枢纽选址问题都可以转化为混合整数规划与线性规划问题,因此采用这些规划问题的标准求解方法[104-106]。一方面,在提出一个较为复杂的枢纽选址问题模型后,往往无法立刻为其设计出一套合适的求解算法,但为了探究该模型的性质和表现,有必要对一些实际案例进行求解。此时,可以使用混合整数规划或线性规划的求解器(如 CPLEX)来求解[32,65,107]。另一方面,当为某个模型提出新算法时,为了检验新算法的性能,需要将其与已有算法进行对比分析。而某些模型并没有合适的算法可以用来比较,此时可以使用规划问题求解器得出的解[33,41,108]。

表 2-3 12 类枢纽选址问题与用来求解的精确算法

问题类型	CPLEX $O(n^3)$	CPLEX $O(n^4)$	BD $O(n^4)$	LR $O(n^4)$	RG $O(n^2)$
USApHMPC	[12]	[11]	[85]	[36]	[86]
USApHMPI	[16]	自实现①	自实现②		
CSApHMPC	[73]	[87]		[87]	[86]
UMApHMPC	[72]	[11]	[34]	[25]	
UMApHMPI	[17]	[14]	[14]		
CMApHMPC	[20]	[11]	自实现②	自实现③	
USAHLPC	[88]	[11]	[85]	[36]	[86]
USAHLPI	[16]	自实现①	自实现②		
CSAHLPC	[73]	[87]		[87]	[86]
UMAHLPC	[72]	[11]	[34]	[25]	
UMAHLPI	[17]	[14]	[14]		
CMAHLPC	[20]	[11]	自实现②	自实现③	

注:①本问题的 $O(n^4)$ 变量模型来源于参考文献[16]和参考文献[11]的启发和相应的修改。
②本问题的 Benders 分解过程来源于参考文献[34]和参考文献[14]的启发与相应的修改。
③本问题的 Lagrangian 松弛过程来源于参考文献[25]与相应的修改。
"自实现"表示研究者没有在文献中找到求解该问题的对应算法,因此,只能通过归纳类似的问题和算法来设计求解算法。$O(n^t)$ 表示 CPLEX、Benders 分解、Lagrangian 松弛和行生成算法所基于的模型中变量的数量级。

基于 $O(n^3)$ 变量的 12 个枢纽选址问题模型(2.2 节),可以采用混合整数规划求解工具,比如 CPLEX 来直接求解。如表 2-3 所列,为了进一步分析模型公式(有不同量级的变量)在求解时间上的影响,本研究也为每个问题实现了一个四维模型($O(n^4)$ 量级变量),并使用 CPLEX 来求解。为了与其他方法进行公平比较,CPLEX 被设置成单线程运算。此外,CPLEX 也被用于求解其他方法的一些子问题,比如 Lagrangian 松弛求解 CSApHMPC、CMApHMPC、CSAHLPC、CMAHLPC 过程中的上界问题,由 CPLEX 基于一个输入的枢纽集合来求解;Benders 分解求解 UMApHMPI、CMApHMPC、UMAHLPI、CMAHLPC 过程中的主问题和对偶子问题也用 CPLEX 来直接求解。由于这些子问题的计算复杂度远低于原问题,即使 CPLEX 被这些精确算法多次调用,总的求解时间依然可能远少于用 CPLEX 直接求解原问题。

2. Benders 分解算法

Benders 分解是一类用于求解大规模规划问题的高效算法,该算法将原问题分解成一个主问题(Master Problem,MP)和一个子问题(Sub Problem,SP)。在每次迭代中,通过求解子问题的对偶问题(Dual Sub Problem,DSP),新的约束(称为"Benders割")被生成并添加到主问题中,而随之得到解的上下界。当上下界的值相等或者足够接近时,算法终止,所得解可以被保证是最优的。近几十年来,Benders 分解被用于求解各类枢纽选址问题,比如鲁棒枢纽选址问题[19]等。本章使用 Benders 分解来求解 USApHMPC[85]、UMApHMPC[34]、UMApHMPI[14]、USAHLPC[85]、UMAHLPC[34]、UMAHLPI[14]、USApHMPI、USAHLPI、CMApHMPC 与 CMAHLPC。前 6 个问题的算法细节来源于已有研究,而后 4 个问题的算法细节由作者自行设计并实现,以上所有的 Benders 分解算法都是基于 $O(n^4)$ 变量的模型来构造的。本小节针对 CMAp-HMPC[20] 来介绍 Benders 分解的具体步骤,该算法在其他问题中的构造可以基于这些步骤进行一些修改来得到。

在 CMApHMPC 中,每个枢纽节点都有一个容量约束,即通过该节点的流量不得超过该限制。具有 $O(n^3)$ 变量的 CMApHMPC 模型参见第 2.2.4 小节,除了这个模型外,还存在如下 $O(n^4)$ 变量的模型[20]:

$$\min \sum_{i \in V} \sum_{j \in V} \sum_{k \in V} \sum_{m \in V} (\delta_1 c_{ik} + \alpha c_{km} + \delta_2 c_{mj}) w_{ij} X_{ijkm} \tag{2.40}$$

$$\text{subject to} \sum_{k \in V} Y_k = p \tag{2.41}$$

$$\sum_{k \in V} \sum_{m \in V} X_{ijkm} = 1 \quad \forall i,j \in V \tag{2.42}$$

$$\sum_{m \in V} X_{ijkm} + \sum_{m \in V, m \neq k} X_{ijmk} \leqslant Y_k \quad \forall i,j,k \in V \tag{2.43}$$

$$\sum_{i \in V} \sum_{j \in V} w_{ij} \sum_{m \in V} X_{ijkm} \leqslant \lambda_k Y_k \quad \forall k \in V \tag{2.44}$$

$$Y_k \in \{0,1\} \quad \forall k \in V \tag{2.45}$$

$$X_{ijkm} \in [0,1] \quad \forall i,j,k,m \in V \tag{2.46}$$

其中,$X_{ijkm} \in [0,1]$ 表示 OD 对 (i,j) 通过枢纽节点 k 和 m 的运输需求的比例。将变量 Y_k 设置为固定值 $\hat{Y}_k$,Benders 分解的子问题(SP)便可生成,如下所示:

$$\min \sum_{i \in V} \sum_{j \in V} \sum_{k \in V} \sum_{m \in V} (\delta_1 c_{ik} + \alpha c_{km} + \delta_2 c_{mj}) w_{ij} X_{ijkm} \tag{2.47}$$

$$\text{subject to} \sum_{k \in V} \sum_{m \in V} X_{ijkm} = 1 \quad \forall i,j \in V \tag{2.48}$$

$$\sum_{m \in V} X_{ijkm} + \sum_{m \in V, m \neq k} X_{ijmk} \leqslant \hat{Y}_k \quad \forall i,j,k \in V \tag{2.49}$$

$$\sum_{i \in V} \sum_{j \in V} w_{ij} \sum_{m \in V} X_{ijkm} \leqslant \lambda_k \hat{Y}_k \quad \forall k \in V \tag{2.50}$$

$$X_{ijkm} \in [0,1] \quad \forall i,j,k,m \in V \tag{2.51}$$

用 $\sigma_{ij} \in R$,$\pi_{ijk} \geqslant 0$ 与 $\eta_k \geqslant 0$ 作为式(2.48)～式(2.50)的对偶变量,则可得到对偶子问题(DSP)如下:

$$\max \sum_{i \in V} \sum_{j \in V} \left(\sigma_{ij} - \sum_{k \in V} \hat{Y}_k \pi_{ijk} \right) - \sum_{k \in V} \lambda_k \hat{Y}_k \eta_k \tag{2.52}$$

$$\text{subject to } \sigma_{ij} - \pi_{ijk} - \pi_{ijm} - w_{ij} \eta_k \leqslant (\delta_1 c_{ik} + \alpha c_{km} + \delta_2 c_{mj}) w_{ij} \quad \forall i, j, k, m \neq k \in V \tag{2.53}$$

$$\sigma_{ij} - \pi_{ijk} - w_{ij} \eta_k \leqslant (\delta_1 c_{ik} + \delta_2 c_{kj}) w_{ij} \quad \forall i, j, k \in V \tag{2.54}$$

$$\sigma_{ij} \in R \quad \forall i, j \in V \tag{2.55}$$

$$\pi_{ijk} \geqslant 0 \quad \forall i, j, k \in V \tag{2.56}$$

$$\eta_k \geqslant 0 \quad \forall k \in V \tag{2.57}$$

在求解对偶子问题后,所得的解被用于构造如下的 Benders 割:

$$\theta \geqslant \hat{\sigma}_{ij} - \sum_{k \in V} \hat{\pi}_{ijk} Y_k - \sum_{k \in V} \lambda_k \hat{\eta}_k Y_k \tag{2.58}$$

在每次迭代中,新生成的 Benders 割被添加到如下的主问题(MP)中:

$$\min \theta \tag{2.59}$$

$$\text{subject to } \theta \geqslant 0 \tag{2.60}$$

$$\sum_{k \in V} Y_k = p \tag{2.61}$$

$$\sum_{k \in V} Y_k \lambda_k \geqslant \sum_{i \in V} O_i \tag{2.62}$$

$$Y_k \in \{0, 1\} \quad \forall k \in V \tag{2.63}$$

这里,约束条件式(2.62)用来保证问题的可行性,即所有枢纽节点的容量之和不能低于总的运输需求。Benders 分解算法求解 CMApHMPC 的全部过程概括如下[34]:

① 令 UB=$+\infty$ 与 LB=0。

② 如果 LB=UB,终止算法,得到原问题的最优解。

③ 解决主问题,并得到目标函数的值 $\hat{z}_{MP}$ 和变量 $\hat{Y}_k$ 的值。

④ 令 LB=$\max$(LB, $\hat{z}_{MP}$),更新对偶子问题中 $\hat{Y}_k$ 的值。

⑤ 解决新的对偶子问题,并得到目标函数的值 $\hat{z}_{DSP}$ 和变量 β_{ij}, η_m, σ_{im}, γ_k 的值。

⑥ 将新的 Benders 割式(2.58)添加到主问题中,令 UB=$\min$(UB, $\hat{z}_{DSP}$)。

⑦ 回到步骤②。

基于上述 Benders 分解算法求解 CMApHMPC 的过程,很容易实现求解 CMAHLPC 的 Benders 分解算法,只需要将枢纽的建设成本,即 $\sum_{k \in V} f_k Y_k$ 添加到主问题的目标函数和上界值(UB)当中。此外,需要移除 p 枢纽约束。基于参考文献[14],求解 USApHMPI 和 USAHLPI 的 Benders 分解算法可通过一些调整来实现。求解其他类型枢纽选址问题的 Benders 分解算法见表 2-3。

3. Lagrangian 松弛算法

Lagrangian 松弛算法是一类将复杂的有约束问题近似为简单松弛问题的算法,该松弛问题可以通过 Lagrangian 乘子来构造。通过在每次迭代中求解松弛问题,可以得到原问题解的下界。通过一个附加的方法(针对每类枢纽选址问题进行特定构造),并参考来源于下界的信息,便可得到原问题解的上界。在算法的运行过程中,Lagrangian 乘子的值在每次迭代中都被更新,而所得到的上下界也同时在收敛。当上下界的值相等或足够接近时,算法终止。Lagrangian 松弛算法被用于求解许多类枢纽选址问题,本章将对 USApHMPC[36],CSApHMPC[87],UMApHMPC[25],USAHLPC[36],CSAHLPC[87],UMAHLPC[25],CMApHMPC 和 CMAHLPC 的 Lagrangian 松弛算法进行代码实现。前 6 个问题的算法都基于相关文献,而后两个问题的算法流程则由作者自行设计实现,以上所有的 Lagrangian 松弛算法都是基于 $O(n^4)$ 变量的模型构造。下面针对 CMApHMPC 来介绍 Lagrangian 松弛算法的具体步骤,该算法在其他问题中的构造可以基于这些步骤进行修改得到。

在 CMApHMPC 中,本研究依然使用 $O(n^4)$ 变量的模型来实现 Lagrangian 松弛算法。令 $\beta_{ijk}(i,j,k \in V)$ 与 $\eta_k(k \in V)$ 表示式(2.43)和式(2.44)的 Lagrangian 乘子,便可得到如下的松弛问题:

$$\min \sum_{i \in V} \sum_{j \in V} \sum_{k \in V} \sum_{m \in V} (\delta_1 c_{ik} + \alpha c_{km} + \delta_2 c_{mj}) w_{ij} X_{ijkm}$$

$$+ \sum_{i \in V} \sum_{j \in V} \sum_{k \in V} \beta_{ijk} \Big(\sum_{m \in V} X_{ijkm} + \sum_{m \in V, m \neq k} X_{ijmk} - Y_k \Big)$$

$$+ \sum_{k \in V} \eta_k \Big(\sum_{i \in V} \sum_{j \in V} w_{ij} \sum_{m \in V} X_{ijkm} - \lambda_k Y_k \Big) \tag{2.64}$$

$$\text{subject to} \sum_{k \in V} Y_k = p \tag{2.65}$$

$$\sum_{k \in V} \sum_{m \in V} X_{ijkm} = 1 \quad \forall i, j \in V \tag{2.66}$$

$$Y_k \in \{0, 1\} \quad \forall k \in V \tag{2.67}$$

$$X_{ijkm} \in [0, 1] \quad \forall i, j, k, m \in V \tag{2.68}$$

可以看出,以上问题可以被分解成两个独立的子问题,即基于变量 Y_k 的子问题 1 与基于变量 X_{ijkm} 的子问题 2。

(1) 子问题 1

$$\min - \sum_{i \in V} \sum_{j \in V} \sum_{k \in V} \beta_{ijk} Y_k - \sum_{k \in V} \eta_k \lambda_k Y_k \tag{2.69}$$

$$\text{subject to} \sum_{k \in V} Y_k = p \tag{2.70}$$

$$Y_k \in \{0, 1\} \quad \forall k \in V \tag{2.71}$$

为了保证解的可行性,即所有枢纽的总容量不小于网络中所有节点的总运输需求,并提升算法的收敛速度,以下约束被添加到子问题 1 中:

$$\sum_{i \in V} O_i \leqslant \lambda_k Y_k \quad \forall k \in V \tag{2.72}$$

(2) 子问题 2

$$\min \sum_{i \in V} \sum_{j \in V} \sum_{k \in V} \sum_{m \in V} [(\delta_1 c_{ik} + \alpha c_{km} + \delta_2 c_{mj} + \eta_k) w_{ij} + \beta_{ijk} + (\beta_{ijm} \text{ if } k \neq m, 0 \text{ else})] X_{ijkm}$$

$$\tag{2.73}$$

$$\text{subject to} \sum_{k \in V} \sum_{m \in V} X_{ijkm} = 1 \quad \forall i, j \in V \tag{2.74}$$

$$X_{ijkm} \in [0, 1] \quad \forall i, j, k, m \in V \tag{2.75}$$

子问题 2 可以通过以下方法来求解：为每个 OD 对单独寻找有着最小

$\sum_{k \in V} \sum_{m \in V} [(\delta_1 c_{ik} + \alpha c_{km} + \delta_2 c_{mj} + \eta_k) w_{ij} + \beta_{ijk} + (\beta_{ijm} \text{ if } k \neq m, 0 \text{ else})]$ 值的节点对 $(k,$

$m)$，这也是本研究不采用 $O(n^3)$ 变量模型来实现 Lagrangian 松弛算法的原因（在该模型框架下很难将松弛问题分解成每个 OD 对的独立子问题）。

通过使用 z_{sub1} 和 z_{sub2} 来分别表示子问题 1 与子问题 2 解的目标函数值，则原问题解的下界便等于 $z_{\text{sub1}} + z_{\text{sub2}}$。此外，子问题 1 的解给出了包含 p 个枢纽的集合 H，通过将下列约束添加到 CMApHMPC 的 $O(n^3)$ 变量模型中，可以得到原问题的一个可行解（即上界）。

$$Y_k = 1 \quad \forall k \in H \tag{2.76}$$

使用 $\hat{Y}_k$ 和 $\hat{X}_{ijkm}$ 来分别表示子问题 1 与子问题 2 解的变量值，Lagrangian 乘子 β_{ijk} 和 η_k 需要进行如下更新，以在下个迭代中得到更好的解：

$$\beta_{ijk}^{r+1} = \beta_{ijk}^r + \frac{\gamma^r (UB^r - LB^r) \left(\sum_{m \in V} \hat{X}_{ijkm} + \sum_{m \in V, m \neq k} \hat{X}_{ijmk} - \hat{Y}_k \right)}{\sum_{i \in V} \sum_{j \in V} \sum_{k \in V} \left(\sum_{m \in V} \hat{X}_{ijkm} + \sum_{m \in V, m \neq k} \hat{X}_{ijmk} - \hat{Y}_k \right)^2} \tag{2.77}$$

$$\eta_k^{r+1} = \eta_k^r + \frac{\gamma^r (UB^r - LB^r) \left(\sum_{i \in V} \sum_{j \in V} w_{ij} \sum_{m \in V} \hat{X}_{ijkm} - \lambda_k \hat{Y}_k \right)}{\sum_{k \in V} \left(\sum_{i \in V} \sum_{j \in V} w_{ij} \sum_{m \in V} \hat{X}_{ijkm} - \lambda_k \hat{Y}_k \right)^2} \tag{2.78}$$

这里 γ^r 表示当前为第 r 次迭代。

综上，Lagrangian 松弛算法求解 CMApHMPC 的全部过程概括如下[36]：

① 令 $r=0$，$UB^r=+\infty$，$LB^r=0$，$\beta_{ijk}^r=0$，$\eta_k^r=0$，$\forall i, j, k \in V$ 及 $\gamma^r=6$。

② 如果 LB=UB，终止算法，得到原问题的最优解。

③ 解决子问题 1 与子问题 2，得到目标函数值 $\hat{z}_{\text{sub1}}$，$\hat{z}_{\text{sub2}}$ 与变量的值 $\hat{Y}_k$，$\hat{X}_{ijkm}$。

④ 求解添加额外约束的 CMApHMPC，即式（2.9）～式（2.21），式（2.35）与式（2.76），得到目标函数值 $z_{\text{constrain}}$。

⑤ 令 LB=max(LB, $\hat{z}_{\text{sub1}} + \hat{z}_{\text{sub2}}$) 与 UB=min(UB, $z_{\text{constrain}}$)。

⑥ 通过式（2.77）和式（2.78）来更新 Lagrangian 乘子的值。

⑦ 令 $r=r+1$ 并回到步骤②。

基于上述 Lagrangian 松弛算法求解 CMApHMPC 的步骤，求解 CMAHLPC 的 Lagrangian 松弛算法很容易被代码实现，只需将枢纽的建设成本，即 $\sum_{k \in V} f_k Y_k$ 添加到子问题 1 与上界问题的目标函数中。此外，p 枢纽约束需要被移除。求解其他类型枢纽选址问题的 Lagrangian 松弛算法如表 2-3 所列。

4. 基于欧几里得距离的行生成算法

某些数据集有着特定的性质，而在这些数据集上求解特定类型枢纽选址问题时，一些具有针对性的高效算法往往表现优异。通过利用数据集中的性质，可以更快地求解问题。参考文献[86]提出了一种在欧几里得距离数据集下求解单配置枢纽选址问题的行生成算法。基于这一性质，他们使用 $O(n^2)$ 变量和线性约束来为一些单配置枢纽选址问题建模，并使用一个行生成算法来进一步缩短求解时间。该算法为最多到 200 个节点的算例提供了最优解。本研究实现了该算法求解 USApHMPC，CSApHMPC，USAHLPC 和 CSAHLPC 的代码[86]，即枢纽网络全连接的所有单配置问题。注意到只有当潜在枢纽节点间的单位运输成本为欧几里得距离时，该算法的最优性才可以被保证。

下面将介绍该算法求解 USApHMPC 的流程，基于欧几里得距离的行生成算法基于 $O(n^2)$ 变量的二次模型[10]如下所示：

$$\min \sum_{i \in V} \sum_{k \in V} Y_{ik}(\delta_1 c_{ik} O_i + \delta_2 c_{ki} D_i) + \sum_{i \in V} \sum_{j \in V} \sum_{k \in V} \sum_{m \in V} \alpha c_{km} w_{ij} Y_{ik} Y_{jm} \tag{2.79}$$

$$\text{subject to} \sum_{k \in V} Y_{ik} = 1 \quad \forall i \in V \tag{2.80}$$

$$\sum_{k \in V} Y_{kk} = p \tag{2.81}$$

$$Y_{ik} \leqslant Y_{kk} \quad \forall i, k \in V \tag{2.82}$$

$$Y_{ik} \in \{0, 1\} \quad \forall i, k \in V \tag{2.83}$$

目标函数中的第二项（即在枢纽网络中的运输成本）可以用 $\sum_{i \in V} \sum_{j \in V} w_{ij} T_{ij}$ 和以下约束来替换：

$$T_{ij} \geqslant \sum_{k \in V} \sum_{m \in V} \alpha c_{km} w_{ij} Y_{ik} Y_{jm} \quad \forall i, j \in V \tag{2.84}$$

$$T_{ij} \geqslant 0 \quad \forall i, j \in V \tag{2.85}$$

本算法的关键点是用式(2.86)来替换式(2.84)：

$$T_{ij} \geqslant \sum_{k \in V} \alpha \lambda_k^{hl} Y_{ik} - \sum_{m \in V} \lambda_m^{hl} Y_{jm} \quad \forall i, j, h, l \in V, h \neq l \tag{2.86}$$

式(2.86)中，$\lambda_k^{hl} = \dfrac{\alpha c_{hl}}{2} + \dfrac{\alpha(c_{kl}^2 - c_{kh}^2)}{2 c_{hl}}$，而上述替换的等价性已被证明[86]。由于在式(2.86)中存在 $O(n^4)$ 个约束，当求解大规模问题时，大量约束不能被直接添加到问题中（否则问题的复杂度太大，很难求解）。因此，采用行生成算法。用 P 来表示没有式(2.86)的问题，用 R-P 和 P($\hat{H}$) 来分别表示 P 的线性松弛问题和 P 的限制问题（其中枢纽节点只能从集合 $\hat{H} \subset V$ 中选择），则该行生成算法的流程如下所示[86]：

① 解决添加了式(2.86)类型约束的 R-P，其中 $i=h$ 和 $j=l$，得到一个解 $\hat{Y}$, $\hat{T}$。

② 用 $\hat{H}$ 来表示所有满足 $\hat{Y}_{kk} > 0$ 的节点 k 的集合，将所有在 R-P 中的式(2.86)类型的约束添加到 P($\hat{H}$) 中并求解，将所得的变量 Y 的值标记为 $\bar{Y}_{ik}$。

③ 对于每个 OD 对 $(i,j) \in V^2$，找到满足 $\overline{Y}_{ih} = \overline{Y}_{jl} = 1$ 的所有 h,l。如果 $h \neq l$，检查式(2.86)是否满足，如果不满足，则将其添加到 R-P。

④ 如果本次迭代由新的式(2.86)类型约束被添加，则重新求解 R-P 并回到步骤②；否则，终止算法。

上述流程可以被直接应用到 CSApHMPC，USAHLPC 和 CSAHLPC。

2.3.2　启发式算法

表 2-4 对本章中选择的启发式算法进行了概括，其中包括三种常用启发式算法，即变邻域搜索（General Variable Neighborhood Search，GVNS）、遗传算法（Genetic Algorithms，GA）与禁忌搜索（Tabu Search，TS）。标签"自实现"表示已有文献没有求解该问题的对应算法。因此，只能通过归纳类似的问题和算法来设计算法流程，详情见表 2-4 的表注。三个算法的实现流程细节将在接下来进的内容中行介绍。

表 2-4　各类枢纽选址问题及其相应的启发式求解算法

问题类型	GVNS	GA	TS
USApHMPC	[43]	[109]	[40]
USApHMPI	[110]	自实现①	
CSApHMPC	[111]	[41]	
UMApHMPC		[97]	
USAHLPC	[43]	[112]	[40]
USAHLPI	[110]	自实现②	
CSAHLPC	[111]	[113]	
UMAHLPC		[97]	

注：① 本问题的遗传算法流程来源于参考文献[109]的启发与进一步修改。
　　② 本问题的变邻域搜索算法流程来源于参考文献[112]的启发与进一步修改。

1. 变邻域搜索算法

变邻域搜索（General Variable Neighborhood Search，GVNS）是一类可用于求解多种问题的高效启发式算法[114]，它在求解单配置枢纽选址问题中表现出色[43]。从一个初始解出发，该算法包含两个阶段来进行搜索，即下降阶段与扰动阶段[44]。在前一个阶段，通过搜索并改变当前解的邻域，算法向局部最优值收敛；而在后一个阶段，算法通过一个随机的扰动来从局部最优值中跳出。

下面将介绍使用 GVNS 来求解 USApHMPC 的流程[43]。基于这个流程，GVNS 求解其他类型枢纽选址问题所需要的调整将在之后介绍。这里首先对参考文献[43]中提出的几个局部搜索算子进行介绍：

① 辐射重配置（Allocate）：本算子只改变辐射节点的配置，而保持其他状态不变。

如图 2 - 2(b)所示,算法尝试将每个辐射节点重新配置给每个其他的枢纽。最后,选择对降低总成本贡献最大的辐射-枢纽组合。

② 备选枢纽(Alternate):本算子只改变枢纽节点的选择。在运行该算子之前,算法对所有节点进行分簇,即所有被配置给同一枢纽的节点都被分在同一个簇中。如图 2 - 2(c)所示,对每个簇,算法尝试将其中的枢纽与簇中的每个辐射节点相替换。最后,选择对降低总成本贡献最大的辐射-枢纽组合。

③ 枢纽重选址(Locate):本算子被用于提高解的多样性。如图 2 - 2(d)所示,对于每个簇,算法尝试将其中的枢纽与簇外的每个辐射节点替换,而在该簇中的所有节点都被重新配置给最近的枢纽节点。

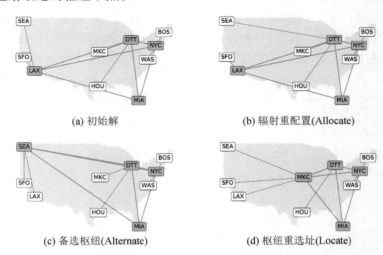

(a) 初始解 (b) 辐射重配置(Allocate)

(c) 备选枢纽(Alternate) (d) 枢纽重选址(Locate)

图 2 - 2　GVNS 求解 USApHMPC 过程中的常用局部搜索算子

GVNS 的下降阶段将基于以上三个算子来运行,而为了避免算法陷入局部最优点,还需要添加一个扰动算子。这个算子随机地将一个枢纽与一个辐射节点交换,而所有被配置给这个枢纽的节点将被重新配置给最近的枢纽。

基于上述的所有算子,USApHMPC 求解算法有三种结构的 GVNS:序列 GVNS(Sequential GVNS, Seq - GVNS)、嵌套 GVNS(Nested GVNS, Nest - GVNS)及混合 GVNS(Mixed GVNS, Mix - GVNS)[43]。Seq - GVNS 按照序列依次运行每个局部搜索算子,它所需运行时间最短但只能搜索到最少的邻域解;Nest - GVNS 将所有算子以一种嵌套的结构组合起来,它能搜索到大量的邻域解但会耗费很长的时间;因此,本研究选择第三种策略 Mix - GVNS,它可以平衡运行时间和邻域解的规模。如算法 2 - 1所示,算子"枢纽重选址(Locate)"被用于嵌套的层次,而在"枢纽重选址(Locate)"的每次迭代中,其他两个算子"辐射重配置(Allocate)"与"备选枢纽(Alternate)"依次地探索每个邻域。当问题的解不能在固定次数的连续迭代内获得进一步优化时,算法终止。为了将 GVNS 应用到其他几类枢纽选址问题的求解中,需要进行以下几点修改:

① 对于 USApHMPI，算法还需要对枢纽边的连接进行决策，因此，这里进行了以下三点修改：a）当生成新解时，在枢纽选址和节点配置之外，算法也对枢纽边进行决策；b）当将枢纽节点和辐射节点进行替换时，枢纽边的对应节点也要相应地进行替换；c）提出一个新的算子"重连接（Reconnect）"以进行枢纽边的邻域搜索。算法尝试将一个已连接的枢纽边和一个未连接的枢纽对进行替换，如果整个枢纽网络依然连通，即任意枢纽对之间都存在路径相连，则称本次操作为"可行"，最终，选择降低总成本幅度最大的可行解。

② 对于 CSApHMPC，容量约束在生成初始解和搜索邻域时也被纳入考虑。每个枢纽节点都被配置给自己，而它们所剩余的容量也随之被更新。对于每个辐射节点 i，只有那些剩余容量不小于该节点的出流量 $\left(O_i = \sum\limits_{j \in V} w_{ij}\right)$ 的枢纽才可被选为配置的备选枢纽。

③ 对于建设成本枢纽选址问题（USAHLPC，USAHLPI 和 CSAHLPC），枢纽的个数不固定。因此，设计了两个新的邻域搜索算子，即"删除枢纽（Remove Hub）"与"添加枢纽（Add Hub）"。前一个算子尝试对每个枢纽进行删除，后一个算子尝试在每个辐射节点上建设一个新枢纽，依次执行降低总成本的操作。

算法 2 - 1　Mix - GVNS 求解 USApHMPC 的伪代码

输入：初始解 Initial_Assignment.

输出：最终解 Assignment.

1：令 Assignment = Initial_Assignment 和 best_obj = obj(Assignment).

2：令 iteration_number = 0 和 nonimprove_number = 0.

3：**while** iteration_number < iteration_max 和 nonimprove_number < nonimprove_max **do**

4：　　令 Assignment_shake = Shake(Assignment).

5：　　令 Assignment_c0 = Assignment_shake 和 obj_c0 = obj(Assignment_c0).

6：　　**for** Assignment_shake 的枢纽重选址（Locate）邻域中的每个解 Assignment_c **do**

7：　　　　令 j = 1 和 obj_c1 = obj(Assignment_c).

8：　　　　**while** j < 3 **do**

9：　　　　　　**if** j == 1 **then**

10：　　　　　　　令 Assignment_c，obj_c = Allocate(Assignment_c).

11：　　　　　　**end if**

12：　　　　　　**if** j == 2 **then**

13：　　　　　　　令 Assignment_c，obj_c = Alternate(Assignment_c).

14：　　　　　　**end if**

15：　　　　　　令 j = j + 1.

16：　　　　　　**if** obj_c＜obj_c1 **then**

17：　　　　　　　令 obj_c1 = obj_c 和 j = 1.

18：　　　　　　**end if**

19：　　　　**end while**

20：　　　　**if** obj_c1＜obj_c0 **then**

21：　　　　　令 obj_c0 = obj_c1，Assignment_c0 = Assignment_c 和 nonimprove_number = 0.

```
22:          else
23:              ⇨ nonimprove_number = nonimprove_number + 1.
24:          end if
25:          ⇨ iteration_number = iteration_number + 1.
26:      end for
27:      if obj_c0＜best_obj then
28:          ⇨ best_obj = obj_c0 和 Assignment = Assignment_c0.
29:      end if
30: end while
```

2. 遗传算法

遗传算法(Genetic Algorithms，GA)是一类概率优化算法。该算法从一个初始解种群出发，有着更高适应度(一个度量解质量的参数)的个体将有更高的可能性被选为下一代的父母。在演化足够多的代数之后，通常可以得到有着很高适应度的个体，即高质量的解。本小节对求解 USApHMPC[109]，CSApHMPC[41]，UMApHMPC[97]，USAHLPC[112]，CSAHLPC[113]，UMAHLPC[97]，USApHMPI 和 USAHLPI 的遗传算法进行实现。前 6 个问题的算法都是基于已有研究，而后两个问题的算法由作者自行设计并进行代码实现。

下面将介绍使用 GA 来求解 USApHMPI 的流程。基于这个流程，GA 求解其他类枢纽选址问题所需的改动将在之后介绍。在 USApHMPI 中，每个解都可以被编码为三个染色体，即枢纽集合(Hub)、节点配置(Allocation)与枢纽边(Link)。若 $Y_{kk}=1$，则 $k \in$ Hub；若 $Y_{ik}=1$，则 Allocation$[i]=k$；若 $Z_{km}=1$，则 $(k, m) \in$ Link。GA 的流程可被归纳如下[109, 112]：

① 初始化：给定种群的大小 pn，算法随机生成 pn 个初始解。每个解中随机选择 p 个节点作为枢纽，而每个辐射节点都被配置给最近的枢纽节点。为了决定 q 条枢纽边的连接情况，本研究提出以下策略：a) 为 p 的枢纽节点生成最小生成树；b) 将不在最小生成树中的距离最短的 $q-p+1$ 个枢纽节点对连接起来。随后，计算目标函数值，而该解的适应度便是目标函数值的倒数。

② 选择：在每一代中，算法需要选择父母个体以生成新的子代，有着更高适应度的解将有更大可能性被选择。因此，这里使用轮盘法(roulette wheel)来进行选择。

③ 交叉：给定一对父母个体，算法在 Hub 与 Allocation 中随机选择两个交叉点，并进行剪切。通过对交叉点两边染色体编码的交换，可以得到新的枢纽集合与节点配置情况。为了保证子代解的可行性，每个被配置给辐射节点(即不在新枢纽集合的节点)的节点需要被重新配置给最近的枢纽。为子代连接枢纽边的流程分为两个阶段，即为枢纽节点生成最小生成树及连接剩余的枢纽边。假设 Links$_{\text{parent}}^{1}$ 与 Links$_{\text{parent}}^{2}$ 是父母个体的枢纽边集合，在这两个步骤中，Links$_{\text{parent}}^{1}$ $\bigcup$ Links$_{\text{parent}}^{2}$ 中的边将有更高的优先级被选中。只有在 Links$_{\text{parent}}^{1}$ $\bigcup$ Links$_{\text{parent}}^{2}$ 中没有合适枢纽边的情况下，其他的边才会被考虑。

④ 变异：为了保持种群基因的多样性，GA 也需要一个变异操作。本研究考虑两

个变异策略：a）随机交换两个辐射节点的枢纽配置；b）将一个随机选择的辐射节点随机重配置给另一个随机选择的枢纽。

每次迭代之后，算法基于精英主义来淘汰质量差的解。在演化足够多的代数之后，GA 通常能够给出高质量的解。上述是 GA 求解 USApHMPI 的流程，而为了求解 USAHLPI，枢纽节点和枢纽边的个数都不再固定。因此，本研究使用一个 0 - 1 列表 BH 来对枢纽节点集合进行编码[112]，即 $BH[k] = Y_{kk}$。通过使用参考文献[112]所提出的策略，初始解中枢纽节点和枢纽边的个数被随机确定，而所有其他的步骤都与 USApHMPI 类似。

3. 禁忌搜索算法

当使用启发式算法求解规划问题时，算法很容易陷入局部最优解而无法跳出。为了解决这一问题，GVNS 使用一个扰动算子，而 GA 则尝试保持种群的多样性。此外，还有另一种启发式算法也尝试解决此问题——禁忌搜索（Tabu Search，TS）。通过使用一个或多个禁忌列表，TS 尝试避免回到之前遇到过的局部最优点。即使到达了一个局部最优点，该算法也会继续探索可行的解空间。TS 被用于求解 USApHMPC[39-40] 与 USAHLPC[40]。下面将对 TS 求解 USAHLPC 的流程进行介绍[40]。

算法 2 - 2 总结了 TS 求解 USAHLPC 的流程。从只有一个枢纽节点的情况出发，该算法对越来越多枢纽节点的情况进行迭代探索。如果当前得到的解比已知最优的解要差，则算法终止。而在内循环中，对于 p 个枢纽的情况，执行"禁忌选址（TabuLoc）"的流程。该流程通过交换每个枢纽节点与每个不在禁忌选址列表中的辐射节点，来探索邻域解（见算法 2 - 3）。而得到的可接受解（见算法 2 - 3 的第 5 条）被作为初始解输入到流程"禁忌配置（TabuAlloc）"中（见算法 2 - 4）。而在流程"禁忌配置（TabuAlloc）"中，辐射节点的每个非禁忌重配置选项都被进一步探索，最终最优解将被记录并输出。

TS 求解 USAHLPC 的细节可见参考文献[40]。对于 USApHMPC，由于枢纽节点的个数 p 给定，这里只需要探索算法 2 - 2 中 p 个枢纽的情况。

算法 2 - 2　禁忌搜索算法求解 USAHLPC 的流程

输入：每对节点（i，j）间的单位运输成本 c_{ij} 与运输需求 w_{ij}。

输出：最终的解 Best_Solu.

1：令 $p = 1$ 和 Best_Solu = ∞ .

2：**while** True **do**

3：　　执行算法 2 - 3 中的"禁忌选址（TabuLoc）"流程，并得到当前解 Current_Solu.

4：　　**if** Current_Solu < Best_Solu **then**

5：　　　　令 Best_Solu = Current_Solu.

6：　　**else**

7：　　　　**break**

8：　　**end if**

9：**end while**

算法 2 - 3　求解 USAHLPC 过程中"禁忌选址（TabuLoc）"的流程

输入：每对节点（i, j）间的单位运输成本 c_{ij} 与运输需求 w_{ij}。

输出：最终的解 Best_Solu.

1：选择有着最大运输需求的 p 个节点作为枢纽，将每个辐射节点配置给最近的枢纽。将当前解记录为 Best_Solu。令 iteration_number = 0 并生成空的禁忌选址列表。

2：**while** iteration_number < loc_iteration_max **do**

3：　　**for** 每个非禁忌的枢纽节点和辐射节点间的替换 **do**

4：　　　　将每个辐射节点配置给最近的枢纽，并将当前解记录为 Current_Solu.

5：　　　　**if** Obj(Current_Solu) < $(1 + \lambda)$Obj(Best_Solu) **then**

6：　　　　　　执行算法 2 - 4 中的"禁忌配置（TabuAlloc）"流程。

7：　　　　**end if**

8：　　**end for**

9：　　执行最好的非禁忌枢纽交换操作，如果当前解更优，则更新 Best_Solu。

10：　　更新禁忌选址列表。

11：**end while**

算法 2 - 4　求解 USAHLPC 过程中"禁忌配置（TabuAlloc）"的流程

输入：当前解 Current_Solu.

输出：最终解 Best_Solu.

1：将当前解记录为 Best_Solu，令 iteration_number = 0，并生成空的禁忌配置列表。

2：**while** iteration_number < alloc_iteration_max **do**

3：　　**for** 每个辐射节点的非禁忌重配置 **do**

4：　　　　计算并将当前解记录为 Current_Solu.

5：　　**end for**

6：　　执行最优的非禁忌辐射节点重配置，如果当前解更优，则更新 Best_Solu。

7：　　更近禁忌配置列表。

8：**end while**

2.4　实验评估和性能分析

为了评估不同算法在各类枢纽选址问题上的性能，本研究使用四个公开的数据集和两个自行构造的数据集作为算例。CAB100（Civil Aeronautics Board）数据集来源于美国 100 个城市间的航空运输数据（由 O'Kelly[①] 提供，在本书中，使用 CAB 作为 CAB100 的缩写）。TR（Turkish Postal）数据集由土耳其邮政系统中 81 个城市间的距离和运输需求数据构成[115]。AP（Australia Post）数据体提供了澳大利亚 200 个邮编区的坐标及其相应的运输需求[12]。需要注意的是，本章中 AP 数据集的节点自流量被设置成零。URAND1000 数据集是在参考文献[43]中随机生成的包含 1 000 个节点的

---

① https://www.researchgate.net/project/Studies-in-Hub-Location-and-Network-Design。

数据集。为了评估算法在更大网络中的可拓展性,本研究生成了两个更大规模的数据集:① WORLDAP 数据集,基于全球 2 602 个机场及其相应的运输需求来构造,其数据来源于 Sabre 机场数据(Sabre Airport Data Intelligence)[116]的机场信息和其他的票务信息;② RAND5000 数据集,基于在 1×1 平面上均匀随机生成的 5 000 个节点,而节点间的运输需求也均匀随机地分布在区间[0, 1]内。基于以上数据集,为了生成小规模的数据集,选取 CAB、TR 和 AP 的前 n 个节点以构建 CABn、TRn 与 APn 数据集[14],建设成本枢纽选址问题需要每个枢纽的建设成本数据。另外,对于容量约束枢纽选址问题,也需要每个节点的容量数据。因此,这里使用参考文献[20]中提出的公式来计算这些参数:

$$f_k = \left(1 - \frac{3c_{kh}}{5\max_{i \in V} c_{ih}}\right)\left(\sum_{i \in V, j \in V}(\delta_1 c_{ih} + \delta_2 c_{hj} - \alpha c_{ij})\right)/p, \ \forall k \in V \quad (2.87)$$

$$\lambda_k = \left(\frac{n}{p} + \frac{3c_{kh}O_k}{5\max_{i \in V}\max_{i \in V}O_i}\right)O_k, \ \forall k \in V \quad (2.88)$$

这里,h 是距离全网络中心最近的节点。对于 USAHLPI 和 UMAHLPI,本研究使用以下公式来计算枢纽边的建设成本:

$$g_{km} = \frac{\sum\limits_{i \in V}\sum\limits_{j \in V} w_{ij} c_{km}}{n^2} \quad (2.89)$$

不同算法求解各枢纽选址问题的实现细节可参见表 2-3 与表 2-4。对于精确算法,本节比较了 CPLEX($O(n^3)$ 变量模型与 $O(n^4)$ 变量模型),Benders 分解(BD),Lagrangian 松弛(LR),以及基于欧几里得距离的行生成(RG);而启发式算法则包括遗传算法(GA),变邻域搜索算法(GVNS),以及禁忌搜索(TS)。由于 GA 与 GVNS 均为不确定性算法,所以本研究在不同的随机种子下将其运行了多次。所有算法均由 Python 3 语言实现,并使用单线程来运行以保证公平性。所有实验均在一台 2x E5 - 2640v4 CPU、总共 40 核和 430 GB RAM 的服务器上运行。

2.4.1　精确算法:求解时间

第一组实验对精确算法的求解时间进行评估。各精确算法在时间限制为 12 小时的情况下对规模为{10, 15, 20,⋯,75, 80}的 CAB、TR 和 AP 的子数据集进行求解,其中包含三个 α 值(CABn 和 TRn 为 $\alpha \in \{0.3, 0.5, 0.7\}$,而 APn 为 $\alpha \in \{0.75, 1.15, 1.55\}$)和七个 p 值($p \in \{2, 3, 4,\cdots,7, 8\}$)。如果某个算法无法在该时间限制内以 0.01% 的解间隙(gap)终止,则该次求解为非最优。图 2-3 中给出了在 $p=4$ 的情况下,所有精确算法在限制时间内达到最优的实例,给出了每个网络规模与算法的最小/中位/最大时间,所得结果总结如下:

① 所有 12 个问题均可在 1 小时内为至少 40~45 个节点的网络得到最优解。某些问题,特别是单配置、非容量约束或全连接枢纽网络的问题,最好的算法可在 1 小时内求解 80 个节点的算例规模。

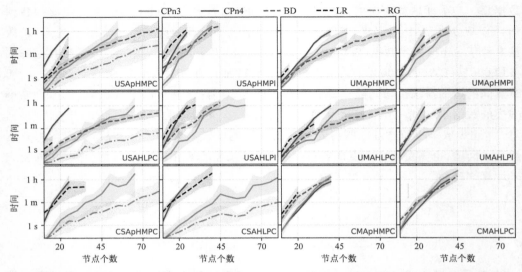

注:只有当给定规模的所有实例都在 12 小时内得到最优解时,才会画出对应的数据点。彩色线段表示求解时间的中位值,而阴影区域则是所有求解时间的分布。

图 2-3　求解 CABn/TRn/APn($10 \leqslant n \leqslant 80, p=4$)的时间

② 对于全连接枢纽网络单配置问题,RG 明显优于其他算法,主要原因是基于其二维模型。即使是 80 个节点的数据集,RG 也可以在几分钟内得到最优解。这个发现值得深思,因为 RG 一般只在欧几里得距离的数据下保证最优性。TR 数据集并非此结构,而 RG 依然为所有实例提供了最优解。

③ 在很多问题中,CPn3 可以与 BD 竞争,因为后者是基于四维模型实现的。而在 50 个节点以上的情况下,BD 才逐步展现其优势,特别是在全连接枢纽网络问题中。

④ 对于多配置问题,各个精确算法的求解时间十分相近,尤其是对于容量约束的多配置问题,算法可拓展性的差别几乎可以忽略不计。

⑤ LR 对于大部分问题的表现都很差,它经常在比较大的解间隙下陷入停滞,而不能 进一步收敛。实际上,LR 是一把双刃剑,它在某些情况下可以很快地得到解,但在其他一些情况下,求解结果差强人意。由于图中只对得到最优解的情况进行了可视化,所以 LR 的曲线很少超过 25~30 个节点。

⑥ 每个子图中,CPn4 不同参数下的求解时间差异(阴影区域的范围)在所有精确算法中是最小的。给定一个问题和网络规模,很容易预测其求解时间。另一方面,CPn3 的求解时间差异很大,从而导致很难预测它到底需要多长时间来求解。而 RG 和 BD 的求解时间差异都相对较小。

2.4.2　精确算法:上下界收敛

接下来,本小节将求解过程分解为上下界的收敛过程,以进一步分析上一小节的实验结果,其结果如图 2-4 所示。每个子图代表一个算法和问题的组合,而数据点则表示对求解时间 0-1 归一化后的解的间隙(0=开始,1=结束)。为了去除运行时间非

常短的实验所造成的误差,因此仅选取只有那些求解时间超过一分钟的实例。解间隙基于最终解的值来计算,其中只有最优解会被展示。实线表示解间隙的中位值,阴影区域则展示了 $20\%\sim80\%$ 的置信区间。这些图可用于判断优化过程是否在下界、上界或两者的收敛中陷入停滞。值得注意的是,这里展示的结果是考虑了所有 p 值而非图 $2-3$ 中的 $p=4$。所得结果总结如下:

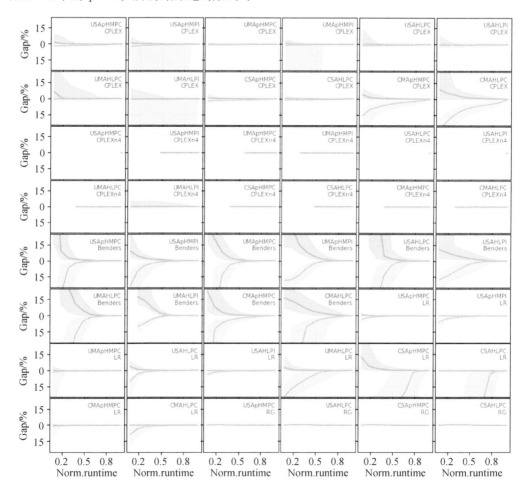

注:在归一化的求解时间下(0＝开始,1＝结束),实线表示解间隙的中位值,阴影区域则展示了 20% 到 80% 的置信区间。"CPLEX"和"CPLEXn4"分别表示 $O(n^3)$ 与 $O(n^4)$ 模型下的 CPLEX 求解工具,即 CPn3 与 CPn4。在初始阶段花费大量时间后,CPn4 显示了第一个解间隙。

图 2-4 不同精确算法在不同枢纽选址问题中上下界的收敛

① 除了一些特例之外,上下界的收敛可以被归纳为算法的一种性质,而不同问题对其影响并不大。

② 对于除容量约束多配置问题外的所有问题,CPn3 解间隙的中位值都很快收敛到很小的值。对于非全连接枢纽网络问题,解间隙可以变得异常大,就像 80% 置信区

间所展示的那样。除了这些情况外,解的下界很快收敛到1%。

③ CPn4 需要花费大量时间来得到第一个可行解,因此在近半的归一化时间内无法给出结果。

④ BD 的解间隙直到一半的时间仍然很大,甚至大于 CPn3。这个发现需要引起一定的注意,因为在很多问题下,CPn3 和 BD 有着相近的求解时间。

⑤ 在讨论 LR 的结果之前,需要强调的是,在某些情况下,LR 收敛得很快。比如,LR 对每个非容量约束单配置问题都收敛得很快。而对于容量约束问题和全连接枢纽网络多配置问题,LR 花费了大量时间(50%~60%)来对下界进行收敛,而在之后,LR 的下界突然收敛到很小的值。LR 上界收敛的过程正常。

⑥ RG 的上下界对所有问题都很快地收敛。

2.4.3　精确算法:内存使用情况

接下来,将从另一个角度,即内存使用情况,来分析算法的可拓展性,其结果如图 2-5 所示,总结了精确算法求解 CABn($10 \leqslant n \leqslant 60$)数据集下各类枢纽选址问题的最大使用内存,而曲线表示了每个问题每个数据规模下内存使用量的中位值。所得结果总结如下:

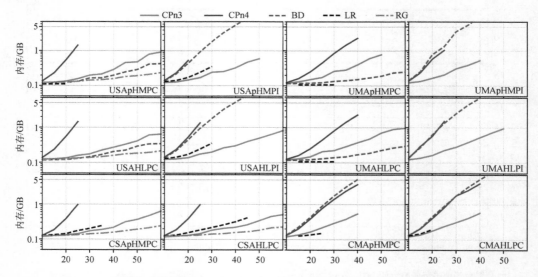

图 2-5　精确算法求解 CABn($10 \leqslant n \leqslant 60$)数据集下各类枢纽选址问题的最大使用内存,只有当得到最优解时,所对应的数据点才会被画出

① 算法的内存使用量是分析其可拓展性的一个重要参数。以 USAHLPI 为例,在图 2-3 中 CPn3 和 BD 有着相近的求解时间,而 BD 所需要的内存相比之下大几个数量级;对于 40 个节点的情况,CPn3 需要 300 MB,而 BD 需要 5 GB。因此,可用内存的情况对某些求解算法来说是一个主要的限制条件。

② 在所有精确算法中,CPn4 有着最大的内存使用量,尤其是在全连接枢纽网络问

题中。这个发现具有一定的实际意义,即在某些情况下,CPn4 可能由于内存限制不能使用,即使可以接受它的求解时间。

③ BD 的求解时间取决于问题的种类。对于全连接枢纽网络问题,BD 的内存使用远低于 CPn4;而对于非全连接枢纽网络问题,其内存使用可能比 CPn4 还要高。原因是在全连接枢纽网络问题中,BD 的对偶子问题(DSP)可以很容易被一个启发式算法求解[85],而在非全连接枢纽网络问题中,该问题需要用 CPLEX 基于 $O(n^4)$ 的变量来求解。

④ CPn3 与 LR 有着相近的内存使用情况;而对于非全连接枢纽网络问题和容量约束问题,它们的内存使用远低于其他算法。

⑤ RG 需要的内存最低,这要归因于其二维的模型。

2.4.4 精确算法:最优解模块分析

在上述实验给出大量最优解之后,本研究基于最优配置提出一个重要问题:不同问题间的最优枢纽集合有多相似? 图 2-6 对 TR40 数据集的部分结果进行了可视化,参数(α,p 等)对每个问题都是相同的(其中,建设成本和容量也都是基于 p 值计算出来的)。可以发现,当枢纽的数量远低于网络中节点的数量时,所得的枢纽集合十分相似。这个事实也在参考文献中被提到过,比如,可以使用 p 中位问题(p - median problem)的解来作为更复杂问题的初始解[117]。

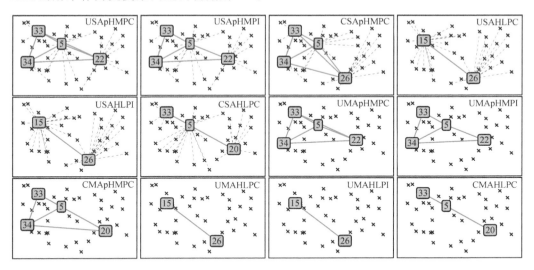

注:枢纽节点由其编码表示,辐射节点由小叉来表示,红线表示枢纽边,蓝线表示接入边。

图 2-6 TR40 数据集在 $\alpha=0.3$ 与 $p=4$ 情况下的最优配置

因此,本小节对 12 个枢纽选址问题解进行了相似性分析(以相同的输入参数组合进行分组,比如数据集、网络规模、α、p)。为每对结果计算 Jaccard 相似性指数,其定义为 $J(A,B)=\dfrac{|A\cap B|}{A\cup B}$,其中 A 与 B 分别为两个解的枢纽节点集合。如果 $J(A,B)$

＝1，则两个枢纽集合完全相同，数值越低表示区别越大，而 $J(A，B)＝0$ 表示完全不相同。图 2－7 展示了相同参数下枢纽集合的 Jaccard 相似性指数在所有实例中的平均值所生成的热力图。对角线上的数值均为 1.0，因为它们都是针对相同的问题对。在这个热力图中，可以发现两个明显的簇：一个是 p 枢纽中位问题，而另一个是建设成本枢纽选址问题。在每个簇中，该指数的值多数大于 0.6，这表示每对实例中大约 $\frac{2}{3}$（或者更多）的枢纽节点是相同的。而对应的系统树图则在热力图上方与左侧，它将相似的模块进行了进一步聚合。全连接枢纽网络问题和其对应的非全连接枢纽网络问题表现出极大的相似性，其 Jaccard 指数至少有 0.8。这对于求解算法实现有着很大的现实意义：在给出了第 2.4.1 小节和第 2.4.3 小节中实验结果的可拓展性之后，可以推导出一个简易的识别策略链，如图 2－8 所示。非全连接枢纽网络单配置问题可以基于其全连接枢纽问题的解来进行求解，而后者可以通过 RG 很快得到。多配置问题可以基于 CSApHMPC，而后者依然可以通过 RG 很快求解。一个特例是 UMAHLPI，它与 USAHLPC 之间有着平均 0.9 的 Jaccard 指数。因此，可以通过使用 BD 求解 UMAHLPC 来为 UMAHLPI 准备一个好的初始解。

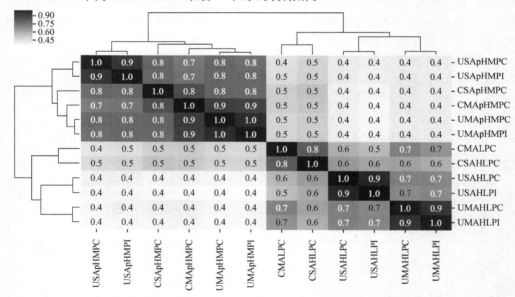

注：图中的数值表示相同参数下枢纽集合的 Jaccard 相似性指数在所有实例中的平均值，数值 1 表示完全相同，而数值 0 表示完全不同。

图 2－7　不同枢纽选址问题间枢纽集合的相关性

注：可以通过求解第一行（简单）问题来为第二行（复杂）问题的求解提供初始解，以降低后者的求解复杂度。

图 2－8　通过分析 Jaccard 相似性指数和问题可拓展性所得到的策略

2.4.5 启发式算法:最优性与增速

上文对精确算法的性能进行了评估,然而,由于求解时间和内存使用的双重限制,某些复杂的枢纽选址问题很难在大规模网络中由精确算法进行求解。因此,启发式算法应运而生。本小节将在 CABn,TRn($\alpha \in \{0.3, 0.7\}$,$p=4$)与 APn($\alpha = 0.75$,$p=4$)数据集中对启发式算法(GA,GVNS 与 TS)的性能进行比较,这里 $10 \leqslant n \leqslant 80$。每个启发式算法得到最优解的算例比例与相比最快精确算法的增速如图 2-9 所示。该增速由下式定义:

$$\text{Speedup} = \frac{T_{\text{exact}}}{T_{\text{heuristic}}} \qquad (2.90)$$

式中,T_{exact} 和 $T_{\text{heuristic}}$ 分别表示精确算法的最短求解时间及启发式算法得到最优解所需的求解时间。由于本研究考虑了解的最优性,对于每个特定的枢纽选址问题和网络规模 n,只有当 CABn、TRn 和 APn 都由精确算法得到最优解时,图 2-9 中才给出对应的结果。该图中包含 16 张子图,而每个对应一个(问题类型,求解算法)组合。需要注意的是,每个子图都有两个 y 轴(左边为最优解算例比例,右边为相比最快精确算法的增速)且右侧的 y 轴为指数刻度,而 x 轴为网络中节点的个数。从图 2-9 中可以发现:

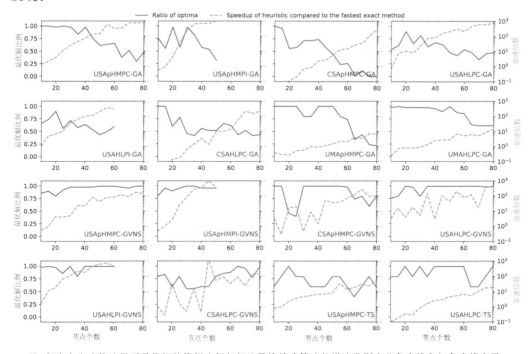

注:每个启发式算法得到最优解的算例比例与相比最快精确算法的增速分别由蓝色实线和红色虚线表示。

图 2-9 启发式算法(GA,GVNS 与 TS)在 CABn,TRn($\alpha \in \{0.3, 0.7\}$,$p=4$)与 APn($\alpha = 0.75$,$p=4$)数据集中求解各枢纽选址问题的表现,这里 $10 \leqslant n \leqslant 80$

① 可以观察到一个很显著的趋势,即随着网络节点数的增多,启发式算法相比最快精确算法的增速也越来越高。该趋势几乎在所有情况下都成立,无论是 GA,GVNS 或 TS,这表明了启发式算法相比精确算法有着更低的算法复杂度。

② 随着网络规模的增大,GA 所获得最优解的比例越来越低,但网络规模对 GVNS 和 TS 获得最优解的比例并没有很大影响。

③ 三个启发式算法对几乎所有实例都给出了可接受的最优解比例,即使是 $n=80$ 的情况,启发式算法依然有很大希望在 10 次运行中找到最优解。一般来说,GVNS 得到的解质量要高于 GA 和 TS。

2.4.6 启发式算法:解的不确定性

如 2.3 节中介绍的,在 GA 与 GVNS 的求解过程中存在随机性,比如 GVNS 通过扰动操作随机生成邻域解,而 GA 为交叉和变异步骤随机选取父母个体。因此,一个重要的问题就是:当求解不同数据集下的不同枢纽选址问题时,GA 和 GVNS 的解间隙会如何变化?

图 2-10 对 GA 和 GVNS 在不同随机种子下所得解间隙的分布进行了展示,所用的实例为 TR 和 CAB100($\alpha \in \{0.3, 0.7\}$,$p \in \{4, 8\}$),以及 AP,URAND1000,WORLDAP 和 RAND5000($\alpha=0.75$,$p \in \{4, 8\}$)。所得结果如下:

① 一般来说,当网络规模增大时,GVNS 将得到质量差异更大的解。原因是当用 GVNS 求解大规模问题时,初始解和后续搜索过程中的不确定性对最终解产生了很大的影响。

② GA 在大规模网络下的不确定性也会增大。当增大网络规模时,总的解空间随之增大,但 GA 的种群规模却保持不变,这导致了最终解更大的随机性。

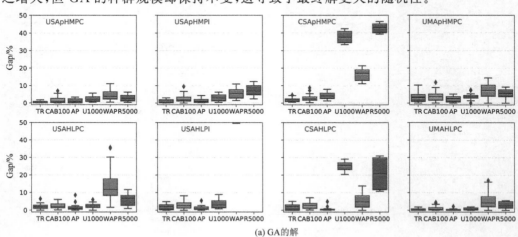

(a) GA的解

注:所用实例为 TR 和 CAB100($\alpha \in \{0.3, 0.7\}$,$p \in \{4, 8\}$),以及 AP,URAND1000,WORLDAP 和 RAND5000($\alpha=0.75$,$p \in \{4, 8\}$),每类枢纽选址问题的结果在每个子图中展示。

图 2-10　GA 和 GVNS 在不同随机种子下所得解间隙的分布

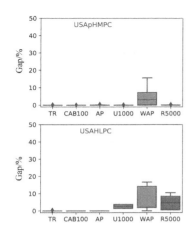
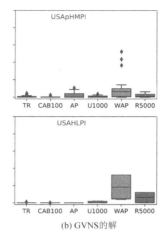
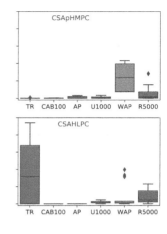

(b) GVNS 的解

图 2 - 10　GA 和 GVNS 在不同随机种子下所得解间隙的分布(续)

③ 通过比较 GA 和 GVNS,后者为几乎所有实例提供了更好的解,除了 GVNS 外并没有实现的 UMApHMPC 和 UMAHLPC,这表明了 GVNS 在求解单配置问题中的优势。

2.5　小　结

本章进行了枢纽选址问题最大规模的实验基准分析,包括了 12 类标准枢纽选址问题(单/多配置、p 枢纽中位问题/建设成本问题、容量/非容量约束、全连接/非全连接枢纽网络的组合),并对常用精确算法(CPLEX,Benders 分解、Lagrangian 松弛欧几里得距离下的行生成)和启发式算法(遗传算法、变邻域搜索和禁忌搜索)进行了实现。需要强调的是,本研究并非传统意义上的文献综述[13, 66],实质上更是一个实验基准,有助于后续研究工作的协同性和可复现性。本章的主要结论如下:

① CPLEX 的求解时间很容易受到模型的影响。在大多数情况下,CPn3 所需求解时间都远少于 CPn4,但实际上求解时间的差异大小主要取决于枢纽选址问题的类型:单配置问题的时间差异远大于多配置的求解时间,原因在于多配置问题中每个节点可为不同的 OD 对使用不同的枢纽,当使用 $O(n^3)$ 量级的变量时,多配置问题的约束将非常松,从而导致其比单配置问题更慢的收敛速度;而当求解两个容量约束多配置问题(CMApHMPC 和 CMAHLPC)时,CPn4 有着比 CPn3 更好的表现。在这些实验中,CPn3 收敛得非常慢,虽然每次迭代的时间都很短,但它需要的迭代次数非常多;而 CPn4 却在少数次长的迭代后终止。

② LR 在很多实验中表现很差。由于其上下界都收敛很慢,所以在有限时间内 LR 并不能给出最优解,尤其是当求解多配置问题时,LR 都不能及时收敛。

③ 所有 BD 都基于 $O(n^4)$ 模型来实现,因此在小规模数据集中求解某些枢纽选址问题时,BD 比 CPn3 需要更长的时间。这表明在小网络规模情况下,基于更多变量实现的某些高效算法反而表现不如基于更少变量的简单求解方法。但是,当进一步增大网络规模时,BD 展现了其求解效率。与 CPn4 相比,BD 如预期那样表现良好。

④ RG 为所有数据集给出了最优解,尽管 TR 数据集并非欧几里得距离。对该算法的后续实验表明,RG 在求解非容量约束问题时表现非常好,即使在扭曲的距离矩阵下依然如此;而对于容量约束问题,RG 的解与最优解之间存在较大的间隙,随着枢纽个数的增多,间隙随之变大。

⑤ CPn3 收敛很快,而大部分时间都被花在解间隙最后 1% 的部分,且主要是针对下界;CPn4 需要很长时间来给出第一个可行解;BD 平均需要一半的求解时间来收敛到 1% 的解间隙;RG 对所有实验都收敛得很快。

⑥ 除了求解时间,本研究也对精确算法的内存使用进行了比较分析,以探究其可拓展性。结果表明,内存使用量是选择算法的重要限制参数。BD 求解非全连接枢纽网络问题时需要大量的内存,对某些情况,CPn3 可在相似时间内求解问题却只需要远少于 BD 的内存。当节点个数为 60~80 个时,这个因素需要被着重考虑。

⑦ 本研究对不同枢纽选址问题间枢纽节点集的相似度进行了识别,并发现了有两个明显的分簇:p 枢纽中位问题与建设成本问题。在每个簇中,问题间的 Jaccard 指数都不小于 0.6,这表明在相同参数下,不同问题间大约三分之二的枢纽是完全相同的。基于这些结果,推荐了识别策略,通过求解较简单问题来为较复杂问题设计初始枢纽集合,该策略也能很容易地被应用到启发式算法中。

⑧ 随着网络规模的增大,启发式算法相比精确算法的求解速度有着越来越大的优势,无论是 GA,GVNS 或 TS,这表明了启发式算法有着显著更低的算法复杂度。

⑨ 本研究还对 GA 与 GVNS 的不确定性进行了分析,随着网络规模的增大,两者的不确定性都越来越大,而后者在单配置问题中展现了相对前者的明显优势。

第3章 迭代网络设计求解算法(HUBBI)

第2章对几种常用的精确算法与启发式算法求解12类标准枢纽选址问题的性能进行了实验基准分析。可以看出,大部分常用的算法对某些较为复杂的枢纽选址问题(如非全连接问题等)求解的可拓展性都存在不足。因此,本章将提出一个基于网络设计的启发式迭代求解算法,以求解较为复杂的枢纽选址问题。本章将基于一类非全连接枢纽网络的多配置 p 枢纽选址问题来介绍算法,该问题模型由参考文献[14]提出,其目标函数包含所有类型连边的固定建设成本和所有需求的运输成本。此外,在某些辐射节点对间可以建设直连边,使其不需要经过枢纽的转运。为求解该问题,参考文献[14]设计了一个具有 Pareto 最优割的强化 Benders 分解算法,但是该算法并不能很好地应用到大规模网络中:本研究对该算法的复现表明,其需要 230 小时来求解 80 个节点下的问题,并且其求解时间以 n^6 的速度快速增长,其中 n 为网络中节点个数。同时,由于该问题解空间的规模和建设成本、运输成本间的相互影响,很难为此问题设计一个有效的传统启发式算法。

本章提出并实现了一个全新的启发式算法 HUBBI。它预先为网络中的每对节点计算名为"枢纽性(Hubbiness)"的参数,随后使用一个迭代网络设计的步骤来为非全连接枢纽选址问题快速生成高质量解。其简要过程如下:给定固定的枢纽个数 p,算法首先为每对节点计算"枢纽性(hubbiness)",即当只有这两个节点是枢纽时近似总成本的倒数,有着最高枢纽性的一对节点被用于构造初始网络。随后,通过每次增加一个枢纽的方式,算法迭代拓展枢纽网络,直到达到 p 个枢纽。最后,该流程所得解被作为初始解输入变邻域搜索算法(Variable Neighborhood Search,VNS)中,通过搜索其邻域来进一步优化解的质量。在本研究的实验中,采用了不同规模的通用数据集(CAB,AP,TR,USA423 和 URAND),本算法为其中超过 90% 的情况给出了最优解,而且除了一例之外,其他所有的情况中解间隙都小于 1%。此外,HUBBI 算法所用的求解时间和内存也远低于强化 Benders 分解算法。因此,本工作为高效求解大规模现实(复杂)枢纽选址问题并给出高质量解提供核心算法支持[110]。

本章安排如下:3.1 节将对本章所针对的非全连接枢纽选址问题的模型公式进行介绍;HUBBI 算法的流程将在 3.2 节中提出;3.3 节给出了五个代表性数据集(CAB,AP,TR,USA423 和 URAND)的实验结果;3.4 节将对本章进行总结。

3.1 非全连接网络的枢纽选址问题

本节中的枢纽选址问题基于参考文献[14],其中包含四类连边:直连边、收集边、枢纽边和分发边,本研究分别用符号 0,1,2,3 来表示。直连边为两个辐射节点间的直接运输需求服务;收集边表示从辐射节点到枢纽节点的边;枢纽边在两个枢纽间建设;而分发边表示从枢纽节点到辐射节点的边,收集边和分发边统称接入边。由于枢纽节点间非全连接且每个辐射节点都可以被配置给多个枢纽,该模型可以衍生出大量拓扑结构。基于表 3-1 中的参数和表 3-2 中的决策变量,该非全连接网络多配置枢纽选址问题可进行如下建模:

$$\min \sum_{k \in V} f_k^H z_k + \sum_{i,j \in V, j \neq i} \tilde{c}_{ij}^0 y_{ij}^0 + \sum_{i,k \in V, k \neq i} \tilde{c}_{ik}^1 y_{ik}^1 + \sum_{k,m \in V, m \neq k} \tilde{c}_{km}^2 y_{km}^2 + \sum_{j,m \in V, m \neq j} \tilde{c}_{mj}^3 y_{mj}^3 +$$

$$\sum_{i,j \in V, j \neq i} w_{ij} \left(\sum_{k \in V, k \neq i} \hat{c}_{ik}^1 h_{ijk} + \sum_{k,m \in V, j \neq k, m \neq i, k \neq m} \hat{c}_{km}^2 x_{ijkm} + \sum_{m \in V, m \neq j} \hat{c}_{mj}^3 t_{ijm} \right) \quad (3.1)$$

$$\text{s. t.} \quad \sum_{m \in V, m \neq j} t_{ijm} + \sum_{k \in V, k \neq j} x_{ijkj} + h_{ijj} + y_{ij}^0 = 1, \quad \forall i,j \in V, i \neq j \quad (3.2)$$

$$h_{ijm} + \sum_{k \in V, k \neq j, k \neq m} x_{ijkm} = \sum_{k \in V, k \neq i, k \neq m} x_{ijmk} + t_{ijm}, \quad \forall i,j,m \in V, i \neq j, i \neq m, j \neq m$$

$$(3.3)$$

$$t_{iji} + \sum_{m \in V, m \neq i} x_{ijim} = z_i, \quad \forall i,j \in V, i \neq j \quad (3.4)$$

$$h_{ijk} + \sum_{m \in V, m \neq k, m \neq j} x_{ijmk} \leqslant z_k, \quad \forall i,j,k \in V, i \neq j, i \neq k, j \neq k \quad (3.5)$$

$$h_{ijj} + \sum_{k \in V, k \neq j} x_{ijkj} = z_j, \quad \forall i,j \in V, i \neq j \quad (3.6)$$

$$h_{ijk} \leqslant y_{ik}^1, \quad \forall i,j,k \in V, i \neq j, k \neq i \quad (3.7)$$

$$x_{ijkm} \leqslant y_{km}^2, \quad \forall i,j,k,m \in V, i \neq j, k \neq j, m \neq i, k \neq m \quad (3.8)$$

$$t_{ijm} \leqslant y_{mj}^3, \quad \forall i,j,m \in V, i \neq j, m \neq j \quad (3.9)$$

$$\sum_{k \in V} z_k = p \quad (3.10)$$

式中,$\tilde{c}_{ij}^0 = c_{ij}(f^0 + A_{ij} + b^0 w_{ij})$,$\tilde{c}_{ik}^1 = c_{ik}(f^1 + A_{ik})$,$\tilde{c}_{km}^2 = c_{km}(f^2 + A_{km})$,$\tilde{c}_{mj}^3 = c_{mj}(f^3 + A_{mj})$,$\hat{c}_{ik}^1 = c_{ik} b^1$,$\hat{c}_{km}^2 = c_{km} b^2$,$\hat{c}_{mj}^3 = c_{mj} b^3$。目标函数式(3.1)包含三个部分(枢纽建设成本、连边建设成本和运输成本),约束式(3.2)保证了每个 OD 对都需要选取四种连边之一来服务其目的地节点 j,约束式(3.3)为每个 OD 对通过每个枢纽节点 m 的流平衡方程,约束式(3.4)~式(3.6)确保了枢纽节点只可以被枢纽边和接入边所连接,约束式(3.7)~式(3.9)为流的可行路径提供了基础设施建设(即连边的建设),最后约束式(3.10)限制了枢纽个数为 p。

表 3-1　非全连接网络枢纽选址问题中的参数

参　数	描　述
V	节点的集合（$\lvert V \rvert = n$）
w_{ij}	节点 i 到节点 j 间的运输需求（$i,j \in V$，$i \neq j$）
c_{ij}	节点 i 到节点 j 间的距离（$i,j \in V$，$i \neq j$）
f^0, f^1, f^2, f^3	建立四类连边的每单位距离固定成本
b^0, b^1, b^2, b^3	在四类连边上单位需求单位距离所需的运输成本
A_{ij}	四类连边上单位距离所需要的特定固定成本（$i,j \in V$，$i \neq j$）
f_k^H	在节点 k 上建立枢纽的固定成本（$k \in V$）

表 3-2　非全连接网络枢纽选址问题中的决策变量

变　量	定义域	描　述
z_k	$\{0,1\}$	决定是否在节点 k 上建设枢纽（$k \in V$）
y_{ij}^0	$\{0,1\}$	决定是否在节点对 (i,j) 间建设直连边（$i,j \in V$，$i \neq j$）
y_{ik}^1	$\{0,1\}$	决定是否在节点对 (i,k) 间建设收集接入边（$i,k \in V$，$i \neq k$）
y_{km}^2	$\{0,1\}$	决定是否在节点对 (k,m) 间建设枢纽边（$k,m \in V$，$k \neq m$）
y_{mj}^3	$\{0,1\}$	决定是否在节点对 (m,j) 间建设分发接入边（$m,j \in V$，$m \neq j$）
h_{ijk}	$[0,1]$	从节点 i 出发到节点 j 并通过收集接入边 $i-k$ 的流量比例 $i,j,k \in V$，$i \neq j$，$k \neq i$
x_{ijkm}	$[0,1]$	从节点 i 出发到节点 j 并通过枢纽边 k,m 的流量比例 $i,j,k,m \in V$，$i \neq j$，$k \neq m$
t_{ijm}	$[0,1]$	从节点 i 出发到节点 j 并通过分发接入边 m,j 的流量比例 $i,j,m \in V$，$i \neq j$，$m \neq j$

该模型在 CAB 数据集（包含 25 个节点）的一个最优解如图 3-1 所示。其中,有

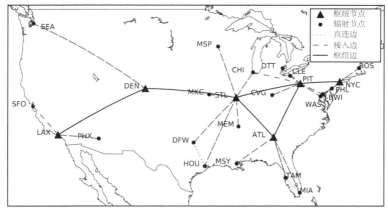

注:黑色三角形和圆点分别为枢纽节点和辐射节点,黑色实线、蓝色虚线和红色虚线分别为枢纽边、接入边和直连边。枢纽建设成本为 $f_k^H = 1.0 \times 10^7$,连边建设固定成本为 $f = [2\,500, 3\,000, 3\,500, 3\,000]$,运输成本为 $b = [0.08, 0.04, 0.03, 0.04]$。

图 3-1　非全连接网络枢纽选址问题的一个解

六个枢纽(LAX、DEN、STL、ATL、PIT 和 NYC),绝大多数辐射节点被配置给单个枢纽,除了 CHI 和 WAS 外。两对辐射节点间建立了直连边:(DFW,HOU)和(TAM,MIA)。当一对辐射节点间建设了直连边时,它们之间的运输需求便只能由该直连边来满足;否则,模型需要为其选择一条包含收集边、分发边和一或多条枢纽边的路径来运输。

3.2　迭代网络设计

本节将对迭代网络设计算法(HUBBI)的具体过程进行介绍[110]。该算法包含三个步骤:第一步基于枢纽性(Hubbiness)的值来选择最有价值的一对枢纽。枢纽性的定义和计算在第 3.2.1 小节中介绍,这一参数可以用于构造两枢纽情况的解并指导后续的网络拓展过程。第二步,提出了一个迭代网络设计算法,逐步将枢纽的个数增加到 p (详见第 3.2.2 小节),设计了两个搜索算子——树拓展和环拓展来重构并拓展之前的解,进而得到 p 枢纽情况的初始解。第三步,通过使用变邻域搜索(VNS)算法来探索当前解的邻域,以进一步提高解的质量(详见第 3.2.3 小节)。该算法的总体流程可见算法 3-1,该算法的名称为 HUBBI,因为它是基于枢纽性(Hubbiness)来选择初始节点对并使用其指导后续的流程。

算法 3-1　迭代网络设计求解算法 HUBBI 的总体流程

输入:包含 n 个节点和 p 个枢纽的非全连接复杂枢纽选址问题。

输出:最终的解,包含枢纽选址和各种连边情况。

▷ 第一步:为 $p = 2$ 的情况构造初始解(详情请见第 3.2.1 小节)

1:为网络中每对节点计算枢纽性 HUBBI。

2:选择有着最高枢纽性 HUBBI^{km} 的节点对 (k,m),令 $k-m$ 和 $m-k$ 为唯二的枢纽边,基于 HUBBI^{km} 的计算过程配置接入边和直连边。

▷ 第二步:迭代的为越来越大的 p 值设计网络和优化解(详情请见第 3.2.2 小节)

3:令 $p^c = 2$.

4:while $p^c < p$ do

5:　　为当前解执行算子"树拓展"(见第 3.2.2 小节)。

6:　　为当前解执行算子"环拓展"(见第 3.2.2 小节)。

7:　　令 $p^c = p^c + 1$.

8:end while

▷第三步:拓展搜索当前解的邻域

9:为当前解执行 VNS(见第 3.2.3 小节)。

3.2.1　枢纽性(Hubbiness)

本研究提出一个新的参数以评估网络中节点对的质量,命名为"枢纽性"(Hubbiness)。对于给定的节点对 (k,m),其枢纽性的值 hubbi^{km} 是当 k 和 m 为网络中唯一两个枢纽时总成本近似值的倒数,下面结合算法 3－2 描述其具体的计算过程。

算法 3－2　枢纽性的计算

输入:包含 n 个节点的网络,节点集为 V,一对节点 (k,m)。

输出:节点对 (k,m) 枢纽性的值。

1:在节点 k 和 m 建立枢纽并建立枢纽边 $k-m,m-k$。

2:将所有直连边和接入边全连接。

3:计算当前配置下的总成本并作为基准。

4:贪婪地对当前的直连边执行"移除"操作。

5:贪婪地对当前的接入边执行"移除"操作。

6:贪婪地对当前的接入边执行"替换"操作。

7:最后的总成本由 TC^{km} 表示。

8:节点对 (k,m) 枢纽性的值为 $HUBBI^{km} = \dfrac{1}{TC^{km}}$。

该算法模拟在节点 k 和节点 m 上建立枢纽并建设直连边和接入边。从一个全连接的配置出发,本研究设计了一个贪婪搜索算法。首先,基于运输需求对直连边进行升序排列(算法更可能在运输需求较大的非枢纽节点对之间建立直连边),对每条直连边,若移除后总成本降低,则执行移除操作;其次,基于距离对接入边进行降序排列(非枢纽节点与远距离枢纽相连的可能性较小),对每条接入边,若移除后总成本降低,则执行移除操作;最后,该算法尝试贪婪地将每条接入边的枢纽端点替换为其他尚未连接的枢纽节点(备选枢纽基于与该非枢纽节点的距离来进行升序排列)。定义节点对 (k,m) 的枢纽性如下:

$$HUBBI^{km} = \frac{1}{TC^{km}} \tag{3.11}$$

式中,TC^{km} 是所得最终配置下的总成本。枢纽性最高的节点对及其对应的最终配置被作为 $p=2$ 情况下的解。比如,图 3－2 中展示了枢纽性最高的 n 个节点对(见图 3－2(a))和 $p \in \{2,3,4,5,6\}$ 情况下的最优解(见图 3－2(b)～图 3－2(f))。

(a) 枢纽性最高的 n 对节点　　　　　　(b) $p=2$ 时的最优解

注:黑色实三角和圆点分别为枢纽节点和辐射节点,黑色实线、蓝色虚线和红色虚线分别为枢纽边、接入边和直连边。枢纽建设成本为 $f_k^H = 1.0 \times 10^7$,连边建设固定成本为 $f = [2\,500, 3\,000, 3\,500, 3\,000]$,运输成本为 $b = [0.08, 0.04, 0.03, 0.04]$。

图 3－2　枢纽性最高的 n 个节点对(a)和当 $p \in \{2,3,4,5,6\}$ 时的最优解(b～f)

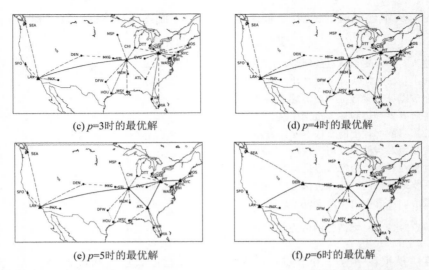

(c) p=3时的最优解　　　　　　　　　　(d) p=4时的最优解

(e) p=5时的最优解　　　　　　　　　　(f) p=6时的最优解

图 3 - 2　枢纽性最高的 n 个节点对(a)和当 $p \in \{2, 3, 4, 5, 6\}$ 时的最优解(b～f)(续)

3.2.2　网络设计模块

本小节通过两个网络设计模块——树拓展(Tree-Extension)和环拓展(Cycle-Extension)来得到 $p > 2$ 情况的初始解。

1．树拓展(Tree-Extension)

这里首先介绍树拓展的步骤。给定包含 p 个枢纽的网络,树拓展会用一个辐射节点替换其中一个枢纽,并另外新建一个枢纽,以在枢纽网络上高效建立分支。下面将结合算法 3 - 3 和算法 3 - 4 来对其具体过程进行描述。

算法 3 - 3　从 p 个枢纽到 $p+1$ 个枢纽的树拓展

输入:包含 n 个节点的网络,节点集为 V,枢纽节点的集合 $\mathcal{H}^0$($|\mathcal{H}^0| = p$),四种连边的集合 $\mathcal{L}^0$,初始的总成本 $\mathrm{Obj}^0 = \inf$。

输出:新的枢纽节点集合 $\mathcal{H}$,新的四种连边的集合 $\mathcal{L}$ 最终的总成本 Obj。

1：令 $\mathcal{H} = \mathcal{H}^0, \mathcal{L} = \mathcal{L}^0, \mathrm{Obj} = \mathrm{Obj}^0$。令 $\mathcal{L}^2$ 代表 $\mathcal{L}^0$ 中枢纽边的集合。令 $\mathcal{H} = 0$。

2：for 每条枢纽边 $l \in \mathcal{L}^2$ do

3：　for 每个枢纽节点 $h_1 \in l$ do

4：　　for 每个枢纽节点 $h_2 \in l$ do

5：　　　if $(h_1, h_2) \in \mathcal{G}$ then

6：　　　　令 $\mathcal{G} = \mathcal{G} \bigcup \{(h_1, h_2)\}$。

7：　　　基于相对 h_1 枢纽性偏差对非枢纽节点进行升序排列,并得到包含前 cn 个节点的集合 $N_{h_1}^{cn}$。令 $N_{h_1}^{cn} = \{h_1\} \bigcup N_{h_1}^{cn}$。

8：　　　令 N_{h_2} 代表非枢纽节点的集合。

9：　　　for $s_1 \in N_{h_1}^{cn}$ do

10：　　　　if $h_1 == h_2$ then

11：　　　　　令 $h_2 = s_1$。

12：   end if

13：   for $s_2 \in N_{h2}$ do

14：   基于当前的 $\mathcal{H}^0$, $\mathcal{L}^0$, 执行如下操作：

15：   交换节点 h_1 和节点 s_1 的角色，即令 s_1 成为一个新枢纽并令 h_1 成为非枢纽节点，在 s_1 与节点 h_1 的所有邻接枢纽节点以及所有和 h_1 相连的非枢纽节点之间建立连边。

16：   在节点 s_2 建立一个新的枢纽，在枢纽 h_2 和 s_2 之间建立双向的枢纽边，将所有非枢纽节点与枢纽 s_2 相连，在节点 h_1 和所有其他非枢纽节点之间建立直连边。

17：   计算当前配置下的总成本并作为基准。

18：   贪婪地对当前的直连边执行"移除"操作。

19：   贪婪地对当前的接入边执行"移除"操作。

20：   贪婪地对当前的接入边执行"替换"操作。

21：   执行树闭合操作。

22：   当前的总成本、枢纽节点集和枢纽边集由 Obj^0, $\mathcal{H}^0$ 和 $\mathcal{L}^0$ 表示。

23：   if $\text{Obj}^0 < \text{Obj}$ then

24：   令 $\text{Obj} = \text{Obj}^0$, $\mathcal{H} = \mathcal{H}^0$ 以及 $\mathcal{L} = \mathcal{L}^0$。

25：   end if

26：   回到步骤 8 状态下的 Obj^0, $\mathcal{H}^0$ 和 $\mathcal{L}^0$。

27：   end for

28：   end for

29：   end if

30：   end for

31：   end for

32：end for

算法 3 - 4　树闭合：树拓展的一个子操作

输入：四种连边的集合 $\mathcal{L}^0$，新的枢纽 s_2，不与枢纽 s_2 连接的枢纽节点的集合有 $\mathcal{H}^{s_2}$，当前总成本 Obj^0。

输出：更新后的四种连边的集合 $\mathcal{L}$，最终的总成本 Obj。

1：令 $\mathcal{L} = \mathcal{L}^0$, $\text{Obj} = \text{Obj}^0$。

2：for 每个枢纽节点 $h \in \mathcal{H}^{s_2}$ do

3：   在枢纽 s_2 和 h 之间模拟建设双向枢纽边，更新后的四种连边的集合由 $\mathcal{L}^0$ 表示。

4：   计算当前配置下的总成本 Obj^0。

5：   if $\text{Obj}^0 < \text{Obj}$ then

6：   令 $\text{Obj} = \text{Obj}^0$, $\mathcal{L} = \mathcal{L}^0$.

7：   end if

8：   if 存在有反向枢纽边的枢纽环 then

9：   令 Cy 代表有反向枢纽边的枢纽环的集合。

10：   for 每个枢纽环 cycle $\in Cy$ do

11：   模拟移除 cycle 的所有反向枢纽边。更新后的四种连边的集合由 $\mathcal{L}^0$ 表示。

12：   计算当前配置下的总成本 Obj^0。

13：   if $\text{Obj}^0 < \text{Obj}$ then

```
14:                    令 Obj = Obj°, 𝓛 = 𝓛°.
15:            end if
16:        end for
17:    end if
18: end for
```

令 Nei^h 表示枢纽 h 邻接枢纽的集合,随后基于相对 h 的枢纽性偏差(该参数的定义参见式(3.12))对所有非枢纽节点进行升序排列,并选择其中靠前的 cn 个节点加上节点 h 自身组成一个集合 N_h^{cn},实验表明当 $cn=\sqrt{n}$ 时便足以得到高质量的解。

$$\mathrm{Dev}^{sh} = \sum_{X \in \mathrm{Nei}h} \| \mathrm{HUBBI}^{sX} - \mathrm{HUBBI}^{hX} \| \tag{3.12}$$

图 3-3 展示了树拓展过程中枢纽网络的变化。

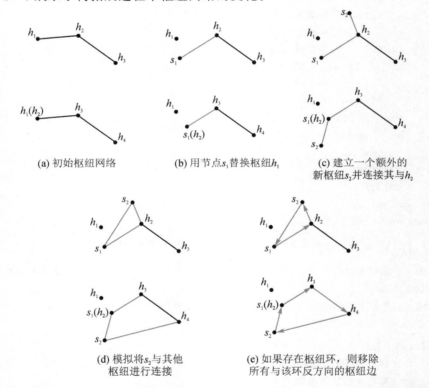

(a) 初始枢纽网络　(b) 用节点 s_1 替换枢纽 h_1　(c) 建立一个额外的新枢纽 s_2 并连接其与 h_2

(d) 模拟将 s_2 与其他枢纽进行连接　(e) 如果存在枢纽环,则移除所有与该环反方向的枢纽边

注:上面 6 幅子图表示 $h_1 \neq h_2$ 的情况;而下面 4 幅子图表示 $h_1 = h_2$ 的情况,黑色边和红色边分别是初始就有的边和新建的枢纽边。本研究在原 p 枢纽网络的所有枢纽边上执行上述操作。

图 3-3　树拓展的过程

① 在图 3-3(a)的初始网络中,对于每个枢纽边 l,算法都选择两个枢纽节点 h_1 和 h_2(这两个节点有可能是相同的)。

② 如果节点对 (h_1, h_2) 没有出现过(出现过的节点会被记录在集合 $\mathscr{G}$ 中),对于 $N_{h_1}^{cn}$ 中的每个节点 s_1 和每个非枢纽节点 s_2,该算法将枢纽 h_1 和节点 s_1 的角色互换(如图 3-3(b)),并在节点 s_2 上新建一个枢纽,建立新的枢纽边 s_2—h_2,h_2— s_2(见

图 3 - 3(c))，并对直连边和接入边进行初始化。

③ 随后，从这个初始网络出发，本研究设计了一个贪婪搜索算法：基于运输需求对直连边进行升序排列（在运输需求小的非枢纽节点对之间建立直连边的可能性较小），对每条直连边，若移除后总成本降低，则执行移除操作；基于距离对接入边进行降序排列（非枢纽节点与远距离枢纽相连的可能性较小），对每条接入边，若移除后总成本降低，则执行移除操作；尝试将每条接入边的枢纽端点替换为其他尚未连接的枢纽节点（备选枢纽基于和该非枢纽节点的距离来进行升序排列）。

④ 当为一对节点计算枢纽性时，两个枢纽节点之间只有两条（单向的）枢纽边，而超过两条枢纽边的情况变得更加复杂。另外，在上述操作中，枢纽间只建有双向边。如果建立枢纽边的固定成本非常高，在枢纽网络中建设单向的环会是一个更好的选择（如图 3 - 4(b)）。因此，本研究提出了树拓展的一个子操作，命名为"树闭合"（Tree-Close），见算法 3 - 4。在将新枢纽 s_2 和枢纽 h_2 相连后，该算法在枢纽 s_2 和其他枢纽间贪婪地连边，前提是可以降低总成本（见图 3 - 3(d)）。

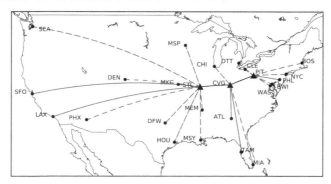

(a) 两条双向枢纽边(包含四条单向枢纽边)

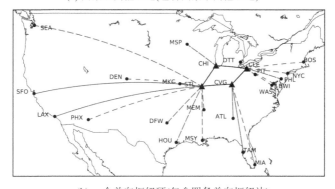

(b) 一个单向枢纽环(包含四条单向枢纽边)

注：在从(a)到(b)的网络设计应用树闭合，以及在从(b)到(c)和从(c)到(d)的网络设计中应用环拓展。枢纽建设成本为 $f_k^H = 0$，连边建设固定成本为 $f = [8\,000, 50\,000, 400\,000, 50\,000]$，运输成本为 $b = [0.8, 0.04, 0.01, 0.04]$。

图 3 - 4　树闭合与环拓展间的比较（$p \in \{3, 4, 5, 6\}$）

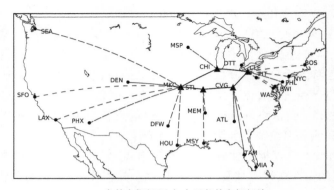

(c) 一个单向枢纽环(包含五条单向枢纽边)

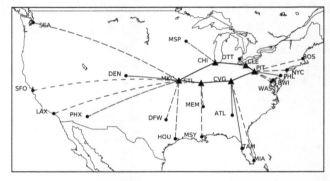

(d) 一个单向枢纽环(包含六条单向枢纽边)

图 3 - 4　树闭合与环拓展间的比较($p \in \{3,4,5,6\}$)(续)

⑤ 一旦发现有反向枢纽边的枢纽环,该算法模拟移除其所有的反向枢纽边,从而生成了一个单向枢纽环(见图 3 - 3(e))。如果总成本降低,执行移除反向枢纽边的操作。在搜索完所有的单向环之后,所得最优解便被作为树闭合操作的解。

2. 环拓展(Cycle-Extension)

树拓展主要通过枢纽间的双向连边来拓展枢纽网络。虽然其子操作树闭合考虑了单向枢纽环的情况,但它只针对由树新生成一个环的特殊情况,而不能涵盖从一个小环拓展到大环的过程。因此,本研究提出了另一个操作"环拓展"(Cycle-Extension)。接下来结合图 3 - 5 介绍环拓展的步骤。

① 在图 3 - 5(a)的初始枢纽网络中,每个枢纽边 $h_1 - h_2$ 上,该算法选择其每个端点(比如 h_1)。对于集合 $N_{h_1}^{cn}$ 中的每个节点(比如 s_1),模拟用节点 s_1 来替换枢纽 h_1(见图 3 - 5(b))。

② 对于每个枢纽节点 s_2,模拟在 s_2 新建一个枢纽,并用枢纽路径 $s_1 - s_2 - h_2$ 来替换连边 $s_1 - h_2$(见图 3 - 5(c))。

③ 随后该算法对直连边和接入边执行与枢纽性计算过程相似的贪婪搜索算法:基于运输需求对直连边进行升序排列(在运输需求小的非枢纽节点对之间建立直连边的

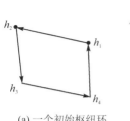 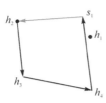 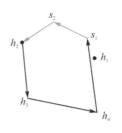 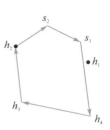

(a) 一个初始枢纽环　(b) 枢纽节点h_1被　　(c) 新枢纽s_2被建立，边　　(d) 对所有枢纽边转向
　　　　　　　　　辐射节点s_1替换　　　s_1-h_2被路s_1-s_2-h_2所替换

注：黑色边和红色边分别是初始就有的边和新建的枢纽边。算法在原 p 枢纽网络的所有枢纽边上执行
上述操作。当增加枢纽个数时，最优解中枢纽边的方向可能会逆转，因此算法在子图（d）中对所有枢纽
边进行转向，并确认总成本是否降低。

图 3-5　环拓展的过程

可能性较小），对每条直连边，若移除后总成本降低，则执行移除操作；基于距离对接入
边进行降序排列（非枢纽节点与远距离枢纽相连的可能性较小），对每条接入边，若移除
后总成本降低，则执行移除操作；尝试贪婪地将每条接入边枢纽端点替换为其他尚未连
接的枢纽节点（备选枢纽基于和该非枢纽节点的距离来进行升序排列）。

④ 注意到在增加枢纽个数的同时，最优解中枢纽边的方向可能改变。因此，该算
法尝试将所有枢纽边进行转向并更新总成本（见图 3-5（d））。

⑤ 在探索完树拓展和环拓展的所有情况后，总成本最低解便被作为这一步的最
终解。

树闭合与环拓展对网络构造方面有着不同的影响。CAB 数据集上 $p\in\{3,4,5,6\}$
几个情况的最优解如图 3-4 所示。树闭合被用于从双向枢纽树上生成新的单向环（见
图 3-4（b）），而环拓展则被用于将一个小环拓展为一个大环（见图 3-4（c）和图 3-4
（d））。

3.2.3　变邻域搜索

通过迭代网络设计算法已经可以得到高质量解，实验中所得解与最优解间隙的中
位数和最大值分别为 0.37% 和超过 3%。为了在此基础上进一步提升解的质量，本研
究使用变邻域搜索（Variable Neighborhood Search，VNS）来探索更好的解。根据参考
文献[43]，求解枢纽选址问题有三种 VNS 的策略：序列策略（Sequential strategy，Seq-
VNS），嵌套策略（Nested strategy，Nest-VNS）和混合策略（Mixed strategy，Mix-
VNS）。Seq-VNS 需要最短的运行时间但探索最少的邻域；Nest-VNS 探索大范围的邻
域但其运行时间是不可接受的；Mix-VNS 在邻域规模和运行时间之间达到了一个平
衡，因此本研究采用 Mix-VNS。下面结合算法 3-5 来描述这一步的具体过程。

算法 3-5　变邻域搜索算法

输入：所有节点的集合 V，所有枢纽节点的集合 $\mathcal{H}^0$，四种连边的集合 $\mathcal{L}^0$，当前总成本 Obj^0，
节点对间的单位运输成本 Cost^0_{ij}，运输路径 $\text{Path}^0_{ij}(i,j\in V)$，最大迭代次数 $\text{iter}_{\max}$，解不被

改进情况下的最大迭代次数 iter_{impr}，$r=1$，$\text{flag}=0$。

输出：新的枢纽集 $\mathscr{H}$，最终的总成本 Obj。

1：令 $\mathscr{H}=\mathscr{H}^0$，$\mathscr{L}=\mathscr{L}^0$，$\text{Obj}=\text{Obj}^0$，$\text{Cost}_{ij}=\text{Cost}^0_{ij}$，$\text{Path}_{ij}=\text{Path}^0_{ij}$。

2：**while** $r<\text{iter}_{max}$ **do**

3：　　令 $\text{Spokes}=V\backslash\mathscr{H}^0$。

4：　　**for** 每个枢纽节点 $h\in\mathscr{H}^0$ **do**

5：　　　**for** 每个非枢纽节点 $i\in\text{Spokes}$ **do**

6：　　　　用节点 i 来替换枢纽 h。令 $\mathscr{H}^c$ 和 $\mathscr{L}^c$ 作为更新后的枢纽节点集和四种连边的集。

7：　　　　计算更新的 Obj^c，Cost^c_{ij} 和 $\text{Path}^c_{ij}(i,j\in V)$。

8：　　　　令 $j=1$。

9：　　　　**while** $j<4$ **do**

10：　　　　　**if** $j==1$ **then**

11：　　　　　　贪婪地对当前直连边执行"移除"和"添加"操作。

12：　　　　　**end if**

13：　　　　　**if** $j==2$ **then**

14：　　　　　　贪婪地对当前接入边执行"移除"、"添加"和"替换"操作。

15：　　　　　**end if**

16：　　　　　**if** $j==3$ **then**

17：　　　　　　贪婪地对当前枢纽边执行"移除"、"添加"和"替换"操作。

18：　　　　　**end if**

19：　　　　　令 $j=j+1$。令 Obj^n，$\mathscr{L}^n$，Cost^n_{ij} 和 $\text{Path}^n_{ij}(i,j\in V)$ 分别代表当前的总成本、四种连边的集合、运输成本和运输路径。

20：　　　　　**if** $\text{Obj}^n<\text{Obj}^c$ **then**

21：　　　　　　令 $\text{Obj}^c=\text{Obj}^n$，$\mathscr{L}^c=\mathscr{L}^n$，$\text{Cost}^c_{ij}=\text{Cost}^n_{ij}$，$\text{Path}^c_{ij}=\text{Path}^n_{ij}$ 以及 $j=1$。

22：　　　　　**end if**

23：　　　　**end while**

24：　　　　**if** $\text{Obj}^c<\text{Obj}$ **then**

25：　　　　　令 $\mathscr{H}=\mathscr{H}^c$，$\mathscr{L}=\mathscr{L}^c$，$\text{Obj}=\text{Obj}^c$，$\text{Cost}_{ij}=\text{Cost}^c_{ij}$，$\text{Path}_{ij}=\text{Path}^c_{ij}$ 以及 $\text{flag}=0$。

26：　　　　**else**

27：　　　　　令 $\text{flag}=\text{flag}+1$。

28：　　　　**end if**

29：　　　　**if** $\text{flag}\geq\text{iter}_{imp}$ **then**

30：　　　　　**return**

31：　　　　**end if**

32：　　　　回到步骤 3 状态下的 Obj^0，$\mathscr{H}^0$ 和 $\mathscr{L}^0$。

33：　　　**end for**

34：　　**end for**

35：　　令 $\mathscr{H}^0=\mathscr{H}$ 和 $\mathscr{L}^0=\mathscr{L}$。

36：**end while**

对于枢纽集合为 $\mathcal{H}^0$ 的初始解，本研究在嵌套层生成与 $\mathcal{H}$ 只有一个枢纽不同的所有枢纽集合，这些枢纽集被称为邻域。随后，其他局部搜索（移除/添加直连边、移除/添加/替换接入边、移除/添加/替换枢纽边）被贪婪地应用到每个邻域，并在每步更新当前得到的最优解。如果在给定数量的连续迭代中没有得到更优的解，则算法终止。

3.3　实验评估和分析

为了评估 HUBBI 算法的性能，若干常用的数据集被用作实例：由 O'Kelly 提供的包含 100 个节点的 CAB100 数据集，有着 81 个节点的 TR 数据集[115]，有着 200 个节点的 AP 数据集[12]，有着 423 个节点的 USA423 数据集[80]，以及有着 100 和 200 个节点的 URAND 数据集[68]。受参考文献[14]启发，本研究从 CAB100、TR81 和 USA423 数据集中选择前 n 个节点来生成小规模网络，而所有小规模 AP 数据集通过网上的公开代码来生成。本研究使用 Python+CPLEX 来实现目前最快的精确算法（强化 Benders 分解算法）以作为一个比较基准。此外，本研究也尝试用 VNS 和 LocalSolver 来求解一些实例，但结果很差。

所有实验都在一个 40 线程、450 GB RAM、Fedora 24 系统的服务器上运行，为了公平比较，所有程序都使用单线程。对于特定固定成本参数 A_{ij}，本研究使用参考文献[14]作者所提供的如下数据：

$$A_{ij} = \begin{cases} 1, & \text{如果 } c_{ij} < 1.149\,8 \times 1\,500 \\ 2, & \text{否则} \end{cases} \tag{3.13}$$

3.3.1　旧的启发式算法的不足

第一组实验对邻域结构中几个标准搜索策略（即修改直连边，修改接入边，修改枢纽边）及变邻域搜索（VNS，第 3.2.3 小节）进行了比较。枢纽个数为 $p=5$ 的 CAB25 数据集被用作实例。枢纽节点建设成本为 $f_k^H = 10^7 (k \in V)$，枢纽边建设成本和运输成本分别为 $f = [2\,500, 3\,000, 3\,500, 3\,000]$ 和 $b = [0.08, 0.04, 0.03, 0.04]$。随机生成 20 个初始枢纽集，所有辐射节点被与最近的枢纽节点连接，并且没有初始直连边。每个局部搜索策略都被单独运行，所得局部最优解的间隙（y 轴）和枢纽集合与最优集合的间隙（x 轴）如图 3-6 所示，另外汇总的结果如表 3-3 所列。虽然修改直连边/接入边的算子所需运行时间最短，但它们所得解质量却最差。VNS 所得解间隙的中位值为 1.84%，最小值为 0.57%，而其最大间隙 8.18% 表明了 VNS 对初始解的依赖。

如表 3-4 所列，研究者在 CAB25 数据集上测试了强化 Benders 分解、VNS 和 HUBBI 的性能。结果表明 HUBBI 在解质量和求解时间两方面都超越了 VNS。

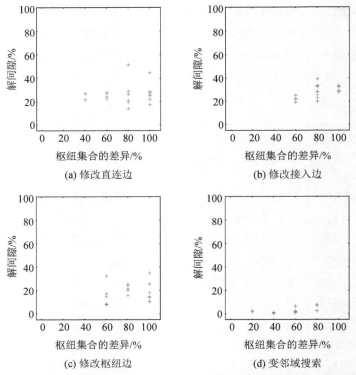

图 3-6 在 CAB25 数据集和 $p=5$ 情况下,通过三种局部搜索和变邻域搜索
所得解的间隙(y 轴)和枢纽集合与最优集合的间隙(x 轴)

表 3-3 在 CAB25 数据集和 $p=5$ 情况下,通过三种局部搜索和
变邻域搜索所得解间隙和求解时间

算 子	解间隙 最大值/%	解间隙 最小值/%	解间隙 平均值/%	解间隙 中位值/%	求解时间 中位值/s
修改直连边	51.56	14.09	26.26	25.28	0.03
修改接入边	39.18	19.44	28.05	28.16	0.05
修改枢纽边	35.19	7.96	17.93	15.99	0.35
变邻域搜索	8.18	0.57	2.58	1.84	26.2

表 3-4 强化 Benders 分解、VNS 和 HUBBI 在 CAB25 数据集上的性能

数据集	p	最优解	Benders 求解时间/s	VNS 最大 解间隙/%	VNS 平均 解间隙/%	VNS 最小 解间隙/%	VNS 平均 求解时间/s	HUBBI 解间隙/%	HUBBI 求解时间/s
CAB25	2	511 711 559	238.0	3.26	1.13	0.01	3.76	0.00	1.1
CAB25	3	477 904 481	367.5	5.76	1.45	0.02	6.68	0.00	6.2
CAB25	4	468 438 577	586.9	6.29	1.80	0.55	14.23	0.00	11.1
CAB25	5	461 450 560	628.1	8.18	2.58	0.57	26.20	0.00	16.5

3.3.2 HUBBI 与强化 Benders 分解算法性能比较

HUBBI 算法在 CAB,AP($n \in \{25,30,40,50,60,70,80\}$)和 TR 数据集($n \in \{25, 30,40,50,60,70,81\}$)上所得解间隙如图 3 - 7 所示,这里 n 为节点个数。$n = 25,30$ 情况,使用两组连边固定建设成本和运输成本$(f,b) \in \{([2\ 500,3\ 000,3\ 500,3\ 000], [0.08,0.04,0.03,0.04]),([1\ 000,1\ 000,1\ 000,1\ 000],[0.1,0.04,0.02,0.04])\}$(如表 3 - 5 所列);对于$n \geqslant 40$的情况,由于 Benders 分解需要太长求解时间,只有第二组成本被使用。所有情况下枢纽节点建设成本为$f_k^H = 10^7 (k \in V)$。枢纽节点个数被设置为 $p = 2,3,4,5$。HUBBI 所得解间隙基于强化 Benders 分解的最优解来计算,在每个网络规模下,三个数据集上的结果都单独显示。HUBBI 为几乎所有情况($10^7/10^8$)都提供了高质量解(解间隙小于 1%),并为 90% 以上的情况给出了最优解。解间隙的中位值几乎等于零。有趣的是,HUBBI 所得解间隙即使在大规模网络上依然保持很小的值,这使得研究者可以使用该算法在现实案例中计算高质量解。

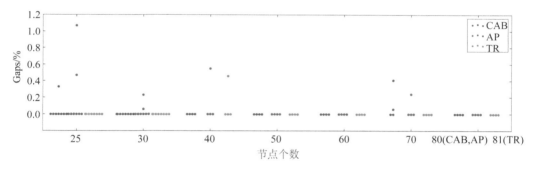

注:除了 25 个节点的一个情况外,所有其他解间隙都小于 1%。

图 3 - 7 HUBBI 算法在 CAB,AP($n \in \{25,30,40,50,60,70,80\}$)和 TR 数据集($n \in \{25,30,40,50,60,70,81\}$)上所得解间隙

表 3 - 5 连边建设成本和运输成本

实　　例	枢纽节点建设成本(f_k^H)	连边建设成本$[f^0,f^1,f^2,f^3]$	运输成本$[b^0,b^1,b^2,b^3]$
1	1.0×10^7	$[2\ 500,3\ 000,3\ 500,3\ 000]$	$[0.08,0.04,0.03,0.04]$
2	1.0×10^7	$[1\ 000,1\ 000,1\ 000,1\ 000]$	$[0.10,0.04,0.02,0.04]$

接下来,本研究对 HUBBI 和强化 Benders 分解[14]的求解时间进行比较。这里,连边建设成本$f = [1\ 000,1\ 000,1\ 000,1\ 000]$和运输成本$b = [0.10,0.04,0.02,0.04]$被使用,所得结果如图 3 - 8 所示。每个子图分别显示了$p \in \{2,3,4,5\}$情况下两个算法的求解时间,注意到 y 轴为指数刻度。结果显示,HUBBI 比强化 Benders 分解快 2~3 个数量级,其中最大的一个数据集,强化 Benders 分解需要大约 230 个小时得到结果,而 HUBBI 则只需要 20 分钟。此外,本小节还在每个子图中为两个算法的求解时间画出了拟合曲线,对应的拟合函数和 R^2 如表 3 - 6 所列。可以看出,强化 Benders 分解算

法的计算复杂度为 $O(n^6)$，而 HUBBI 则只需要大约 $O(n^4)$，这使得 HUBBI 可以被用于求解更大规模的枢纽选址问题。

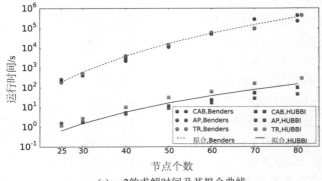

(a) $p=2$ 的求解时间及其拟合曲线

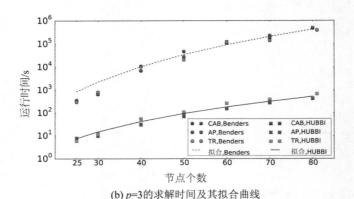

(b) $p=3$ 的求解时间及其拟合曲线

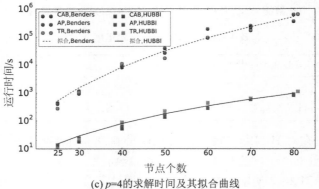

(c) $p=4$ 的求解时间及其拟合曲线

注：在每个子图中，CAB，AP 和 TR 数据集的求解时间分别由蓝色、绿色和红色图形表示，
强化 Benders 分解和 HUBBI 分别用圆圈和方块来表示，黑色曲线为两个算法的拟合曲线。

图 3-8 HUBBI 算法和强化 Benders 分解算法在 CAB,AP($n \in \{25,30,40,50,60,70,80\}$)和
TR 数据集($n \in \{25,30,40,50,60,70,81\}$)上求解时间的比较

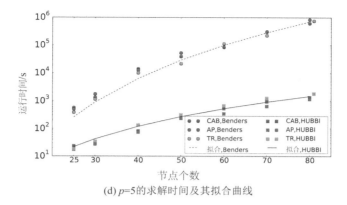

(d) $p=5$ 的求解时间及其拟合曲线

图 3 - 8 HUBBI 算法和强化 Benders 分解算法在 CAB,AP($n\in\{25,30,40,50,60,70,80\}$)和
TR 数据集($n\in\{25,30,40,50,60,70,81\}$)上求解时间的比较(续)

表 3 - 6 强化 Benders 分解和 HUBBI 算法求解时间的拟合函数

枢纽个数 p	强化 Benders 分解		HUBBI	
	拟合函数	R^2	拟合函数	R^2
2	$T_{\text{Benders}}=1.69\times10^{-7}\times n^{6.48}$	0.873	$T_{\text{HUBBI}}=1.99\times10^{-7}\times n^{4.66}$	0.561
3	$T_{\text{Benders}}=2.86\times10^{-5}\times n^{5.35}$	0.961	$T_{\text{HUBBI}}=6.65\times10^{-5}\times n^{3.62}$	0.929
4	$T_{\text{Benders}}=2.71\times10^{-6}\times n^{5.93}$	0.926	$T_{\text{HUBBI}}=1.53\times10^{-4}\times n^{3.58}$	0.976
5	$T_{\text{Benders}}=8.13\times10^{-8}\times n^{6.80}$	0.977	$T_{\text{HUBBI}}=1.87\times10^{-4}\times n^{3.63}$	0.920

注:这里求解时间和节点个数分别用 T 和 n 来表示。

本小节最后对两个算法的内存使用情况进行比较。图 3 - 9(a)为 $p=2$ 时不同规模网络下内存使用情况,HUBBI 的内存增长速度远低于强化 Benders 分解,对于 80 个节点左右的情况,前者使用后者大约 1% 的内存。图 3 - 9(b)显示了 TR81 数据集 $p=5$ 情况下两个算法的内存使用量的演化过程。

3.3.3 特殊实例 HUBBI 性能分析

虽然 HUBBI 为几乎所有实例都给出了近最优解,但对表现不佳的实例进行进一步检查依然是有意义的。如图 3 - 10 所示,一个 AP25 数据集上 p=4 的实例所得解间隙为 1.07%,其连边建设成本为 $f=[1\ 000,1\ 000,1\ 000,1\ 000]$,运输成本为 $b=[0.10,0.04,0.02,0.04]$,枢纽节点建设成本为 $f_k^H=10^7$。这里将强化 Benders 分解算法和 HUBBI 算法在 AP25 数据集 $p\in\{3,4,5\}$ 的解进行可视化。当 $p=3$ 时(见图 3 - 10(a)),最优解中有一个枢纽环 6→17→13。当枢纽个数从 $p=3$ 增加到 $p=4$ 时,最优解中枢纽网络完全改变(见图 3 - 10(b)),新的最优枢纽集合为 $[8,1,15,18]$。而 HUBBI 运行环拓展并没有找到该集合:当旧的枢纽 17 被新枢纽 22 替换后,另一个

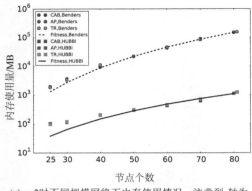
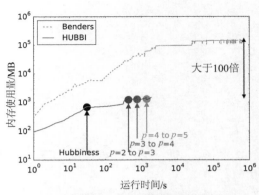

(a) $p=2$ 时不同规模网络下内存使用情况，注意到 y 轴为指数刻度，两个算法的拟合曲线也被分别显示，对应的拟合函数分别为 $M_{Benders}=2.77\times10^{-3}\times n^{4.06}(R_{Benders}^2=0.999\ 3)$ 和 $M_{HUBBI}=3.59\times10^{-3}\times n^{2.88}(R_{HUBBI}^2=0.972\ 8)$

(b) TR81数据集 $p=5$ 情况下的内存使用的演化过程，注意到 x 轴和 y 轴都是指数刻度。从左到右的4个时间点分别为枢纽性计算、从 $p=2$ 到 $p=3$、从 $p=3$ 到 $p=4$ 和从 $p=4$ 到 $p=5$ 的网络拓展完成

注：连边建设成本为 $f=[1\ 000,1\ 000,1\ 000,1\ 000]$，运输成本为 $b=[0.10,0.04,0.02,0.04]$，枢纽节点建设成本为 $f_k^H=10^7$。

图 3-9　$p=2$ 时不同规模网络下内存使用情况和 TR81 数据集 $p=5$ 情况下内存使用的演化过程

新枢纽 15 被建设（见图 3-10(e)），所得解间隙为 1.07%。有趣的是，当枢纽个数进一步增加时，HUBBI 基于 $p=4$ 的非最优解却得到了 $p=5$ 的最优解（见图 3-10(f)）。这显示了迭代网络规划的局限，但也显示了其优点。

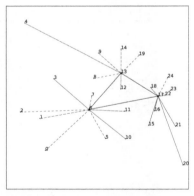
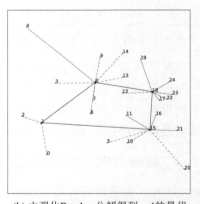

(a) 由强化Benders分解得到 $p=3$ 的最优解，包含单向枢纽环6→17→13

(b) 由强化Benders分解得到 $p=4$ 的最优解，包含单向枢纽环8→1→15→18

连边建设成本为 $f=[1\ 000,1\ 000,1\ 000,1\ 000]$，运输成本为 $b=[0.10,0.04,0.02,0.04]$，枢纽节点建设成本为 $f_k^H=10^7$。强化 Benders 分解所得解在前 3 个子图中(a~c)，HUBBI 所得解在后 3 个子图中(d~f)。HUBBI 为 $p=4$ 给出的解的间隙为 1.07%，其他所有解都是最优的。

图 3-10　AP25 数据集 $p=3,4,5$ 解的可视化

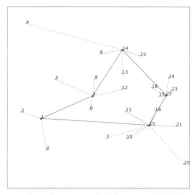

(c) 由强化Benders分解得到$p=5$的最优解，包含单向枢纽环7→1→15→22→14

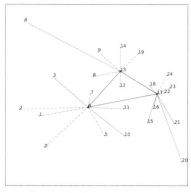

(d) 由HUBBI得到$p=3$的解，包含单向枢纽环6→17→13，这个解是最优的

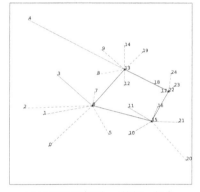

(e) 由HUBBI得到$p=4$的解，包含单向枢纽环6→15→22→13，解的间隙为1.07%

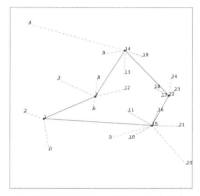

(f) 由HUBBI得到$p=5$的解，包含单向枢纽环7→1→15→22→14，这个解是最优的

图 3 - 10　AP25 数据集 $p=3,4,5$ 解的可视化(续)

3.3.4　大规模算例结果

本小节在更大规模实例中测试 HUBBI 的性能：$n=90,100$ 的 CAB 数据集和 $n=100,200$ 的 AP 数据集、USA423 和 URAND 数据集。对于所有实例，连边建设成本和运输成本分别为$[1\,000,1\,000,1\,000,1\,000]$和$[0.1,0.04,0.02,0.04]$，枢纽节点建设成本为$10^7$。枢纽节点个数设置为 $p\in\{2,3,4,5\}$。由于强化 Benders 分解算法无法在可接受时间内为这些实例提供任何可行解，所以这里只展示 HUBBI 的解，结果如表 3 - 7 所列。

首先，HUBBI 在 11 个小时内为最大实例(200 个节点)给出了解；随后，在列"连边总成本"和列"运输流总成本"中展示了建设四类连边的总成本和运输乘客流的总成本。在列"枢纽网络"中，"双向连接"表示所有枢纽边都是双向的，而"单向环"则表示枢纽网络为一个或多个首尾相连单向枢纽边组成的环。在 AP 和 URAND 数据集中，最优解便采用单向环以降低总成本(尤其是建设连边成本,可见列"枢纽边条数"),即使这个网络结构会导致更高的运输成本。下一小节将进一步讨论这一发现。

表 3-7 HUBBI 为大规模算例给出的解

数据集	n	p	HUBBI 的解	HUBBI 的时间/s	连边总成本	运输流总成本	枢纽节点	枢纽边条数	枢纽网络
CAB	90	2	699 137 666	156.6	100 108 008	579 029 658	21 50	2	双向连接
CAB	90	3	622 124 994	663.0	89 175 086	502 949 908	45 50 64	4	双向连接
CAB	90	4	579 909 174	1 312.9	74 962 888	464 946 286	12 20 50 64	10	双向连接
CAB	90	5	545 619 347	2 320.7	67 991 924	427 627 423	4 20 27 50 64	14	双向连接
CAB	100	2	815 226 014	245.1	113 405 292	681 820 722	28 50	2	双向连接
CAB	100	3	721 506 754	1 040.3	93 189 096	598 317 658	3 35 50	4	双向连接
CAB	100	4	669 541 155	1 945.4	87 763 170	541 777 985	3 4 20 50	10	双向连接
CAB	100	5	628 578 120	3 459.0	74 802 728	503 775 392	3 4 20 27 50	14	双向连接
AP	100	2	2 372 688 531	94.6	2 349 371 148	3 317 383	33 67	2	双向连接
AP	100	3	2 012 898 792	1 011.3	1 979 473 016	3 425 777	5 36 67	3	单向环
AP	100	4	1 761 856 862	2 152.0	1 718 195 367	3 661 496	6 36 43 91	4	单向环
AP	100	5	1 622 617 647	2 577.2	1 568 528 552	4 089 095	6 16 43 53 91	5	单向环
AP	200	2	4 751 446 007	1 253.3	4 728 160 697	3 285 310	44 139	2	双向连接
AP	200	3	3 989 552 242	16 414.3	3 956 098 772	3 453 470	36 82 157	3	单向环
AP	200	4	3 510 839 590	31 905.8	3 467 232 472	3 607 118	29 74 117 149	4	单向环
AP	200	5	3 208 883 388	38 924.7	3 154 774 305	4 109 083	23 29 95 117 160	5	单向环
USA	100	2	589 646 094	162.4	116 878 144	452 767 950	77 89	2	双向连接
USA	100	3	501 668 349	1 129.9	110 831 724	360 836 625	25 62 89	6	双向连接
USA	100	4	479 357 476	2 385.2	106 030 428	333 327 048	25 51 62 89	8	双向连接
USA	100	5	455 307 390	3 730.3	101 003 562	304 303 828	25 33 62 83 89	14	双向连接
USA	200	2	2 684 903 589	4 065.0	293 821 689	2 371 081 900	77 100	2	双向连接
USA	200	3	2 384 644 807	16 735.7	219 574 120	2 135 070 687	77 106 107	6	双向连接
USA	200	4	2 129 545 203	26 729.2	209 055 096	1 880 490 107	25 106 107 174	12	双向连接
USA	200	5	1 970 547 697	37 587.8	193 491 304	1 727 056 393	25 62 101 106 107	18	双向连接
URAND	100	2	5 905 819 865	115.3	5 884 398 134	1 421 732	4 73	2	双向连接
URAND	100	3	4 826 131 562	1 145.6	4 794 632 720	1 498 843	31 64 86	3	单向环
URAND	100	4	4 145 901 880	2 713.7	4 104 310 083	1 591 797	0 31 65 68	4	单向环
URAND	100	5	3 536 241 325	3 634.6	3 484 674 459	1 566 866	0 52 65 84 89	5	单向环
URAND	200	2	11 628 555 837	1 204.1	11 602 817 192	5 738 645	28 32	2	双向连接
URAND	200	3	9 418 531 756	17 107.9	9 382 630 909	5 900 847	67 110 183	3	单向环
URAND	200	4	8 053 464 679	34 686.0	8 007 284 267	6 180 412	20 84 109 110	4	单向环
URAND	200	5	7 063 015 577	37 943.4	7 006 791 208	6 224 369	65 79 84 142 182	5	单向环

3.3.5　枢纽网络拓扑结构与参数取值的关联

如果（枢纽）边建设成本太高，与总运输成本相比，最终生成的枢纽网络将更倾向于由首尾相连单向枢纽边构成的单向环。总运输成本和连边总建设成本间的比值不仅取决于运输需求 w，也取决于 f 和 b 的选取。本小节的结果表明，AP 和 URAND 数据集的运输需求相比其他数据集太小，尽管它们有着相同的成本参数设置。因此 AP 和 URAND 数据集为 $p>2$ 所得枢纽网络均为单向环。最后，枢纽节点建设成本也通过枢纽选址来影响枢纽网络的拓扑结构。

图 3-11 展示了枢纽网络拓扑结构和成本参数设置间的关联性：这里在 CAB25 数据集（$p=5$）中将枢纽边建设成本设置为不同的值 $f^2 \in \{100,1\,000,10\,000,100\,000\}$，而枢纽节点建设成本有两个备选 $f_k^H \in \{10^7, F_k^d\}$，其他所有参数均不变（$f=[1\,000,1\,000,f^2,1\,000], b=[0.10,0.04,0.02,0.04]$）。参数 F_k^d 的计算由参考文献[20]提供：

$$F_k^d = \left(1 - \frac{3c_{kh}}{5\max_{i \in V}c_{ih}}\right)\left(\sum_{i \in V, j \in V}(b^1 c_{ih} + b^3 c_{hj} - b^2 c_{ij})\right)/p \qquad (3.14)$$

式中，h 为离数据集中心最近的节点，所得枢纽节点建设成本在区间 $[3.11 \times 10^7, 7.78 \times 10^7]$ 中分布。

在图 3-11(a)～图 3-11(d) 中，枢纽节点建设成本为 10^7。在图 3-11(a) 中，f^2 取最小值，所有枢纽边都双向连接并高密度分布；在图 3-11(b) 中，f^2 值被增大了，枢纽边分布稀疏了一些，但依然都是双向的；在图 3-11(c) 中，f^2 值被进一步增大，枢纽边分布更加稀疏，而整个枢纽网络变成一条由双向边构成的线；在图 3-11(d) 中，当 f^2 取最大值时，一个单向枢纽环生成了，其中只有五条单向枢纽边 DTT-CHI，CHI-CVG，CVG-PIT，PIT-CLE，CLE-DTT。在图 3-11(e)～图 3-11(h) 中，使用 F_k^d 值的影响是显著的，模型将更倾向于选择低建设成本的枢纽。

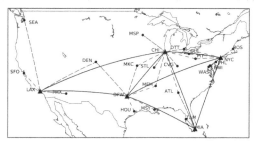
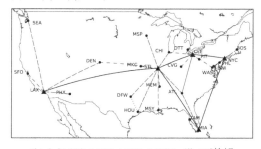

(a) $f=[1\,000,1\,000,100,1\,000]$, $f_k^H=10^7$ 的解　　　(b) $f=[1\,000,1\,000,1\,000,1\,000]$, $f_k^H=10^7$ 的解

注：CAB25 数据集 $p=5$ 在不同枢纽边建设固定成本（f^2）下的 8 个解，其他所有参数都保持不变：(a) 在 f^2 取最小值时，所有枢纽边都双向连接并高密度分布；(b) 提高 f^2 值，枢纽边分布稀疏了一些，但依然都是双向的；(c) 进一步提高 f^2 值，枢纽边分布更加稀疏，而整个枢纽网络变成一条由双向边构成的线；(d) 当 f^2 取最大值时，一个单向枢纽环生成了，其中只有五条单向枢纽边 DTT-CHI，CHI-CVG，CVG-PIT，PIT-CLE，CLE-DTT。在子图 (e～h) 中，使用 F_k^d 值的影响是显著的，模型将更倾向于选择低建设成本的枢纽。

图 3-11　枢纽网络拓扑结构和成本参数设置间的关联性

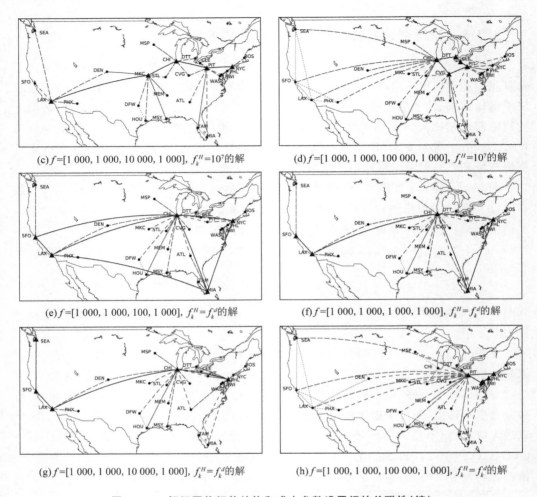

(c) $f=[1\,000,1\,000,10\,000,1\,000]$, $f_k^H=10^7$的解　　(d) $f=[1\,000,1\,000,100\,000,1\,000]$, $f_k^H=10^7$的解

(e) $f=[1\,000,1\,000,100,1\,000]$, $f_k^H=f_k^d$的解　　(f) $f=[1\,000,1\,000,1\,000,1\,000]$, $f_k^H=f_k^d$的解

(g) $f=[1\,000,1\,000,10\,000,1\,000]$, $f_k^H=f_k^d$的解　　(h) $f=[1\,000,1\,000,100\,000,1\,000]$, $f_k^H=f_k^d$的解

图 3-11　枢纽网络拓扑结构和成本参数设置间的关联性(续)

3.4　小　结

本章提出了名为 HUBBI 的启发式算法。该算法先为网络中的每对节点计算名为"枢纽性(hubbiness)"的参数,随后用两个网络设计模块(树拓展和环拓展)和变邻域搜索在短时间内为非全连接枢纽选址问题生成高质量解。在本章的实验中,五个不同规模的数据集(CAB、AP、TR、USA423 和 URAND)被用作研究实例。实验结果表明,HUBBI 为超过 90% 的实例给出了最优解,并为 108 个实例中的 107 个给出间隙不超过 1% 的解。其求解时间的增长速度为 n^4 数量级,而作为对比的强化 Benders 分解算法为 n^6 数量级,这里 n 为网络中节点个数。此外,HUBBI 只需要强化 Benders 分解算法 1% 的内存用量,这使得前者可在有限计算资源情况下求解大规模网络。最后,本章

还对影响枢纽网络拓扑结构的因素进行了讨论，并发现当枢纽边固定建设成本取较大或网络中运输需求较小时，网络中更有可能出现单向枢纽环。

虽然本章中 HUBBI 算法的设计是基于非全连接枢纽选址问题，但应注意到，HUBBI 算法的总体框架对枢纽选址问题的类型并没有限制。只要遵循"计算枢纽性—得到两枢纽解—执行迭代网络设计以拓展枢纽网络"的流程，HUBBI 算法就可以很容易应用于其他类型的枢纽选址问题的求解中，这一点将在本书第 5 章中被进一步验证。

第 4 章　高效压缩求解算法(EHLC)

由第 2 章可见,枢纽选址问题常用求解算法缺乏可拓展性或通用性:大多数算法无法被应用于较大规模算例的求解,即使个别算法对特定问题显示出其可拓展性,但若要将其应用到其他类枢纽选址问题求解,也需要较大的修改和调整。因此,有必要进一步开发同时具备可拓展性和通用性的枢纽选址问题求解算法。

网络中枢纽选址方案的质量很大程度上取决于节点间运输需求和节点空间位置[99,118]。此外,一些元启发式算法会利用这些经验法则来创建初始可行解或限制搜索空间,比如优先选择高运输需求或处于中心位置的节点作为枢纽。除了这种间接应用外,这类性质在现有研究中并没有被进一步开发与利用。一个重要的问题就是能否通过先解决一个削减规模的实例,并利用所得信息来为原网络进行枢纽选址和辐射节点配置? 这种新颖的视角和设计有可能极大地减少求解时间,同时保留原网络的空间结构和运输需求特性。

本章提出一种高效压缩枢纽选址算法(Efficient Hub Location by Contraction,EHLC)[119]。该算法将原始网络转换为具有相似空间结构和运输需求特性的小规模网络,这一过程被称为"压缩":将网络中节点聚合为代表性节点,以保持网络结构和运输需求特性。而在小规模网络中求解枢纽选址问题比在原网络中要快得多,并且网络大小可通过单一参数很好地得到控制。随后,所得解被重写回原网络并作为初始解,可以对原问题进行再求解,以进一步提高解的质量。

为了评估该算法的性能,研究了六个枢纽选址问题 USApHMPC,USApHMPI,CSApHMPC,UMApHMPC,UMApHMPI 和 CMApHMPC(问题的模型公式可见第2.2 节),以及五个数据集 TR[115],AP[12],URAND1000[43],WOLDAP 和 RAND5000。采用了变邻域搜索算法(General Variable Neighborhood Search,GVNS)[43]、遗传算法(Genetic Algorithm,GA)[112]和 Benders 分解[90]求解压缩网络和原始网络中的问题并作为比较对象。实验结果表明,针对大规模问题,该算法能获得其很强竞争力的解,而非压缩算法需要更多数量级的计算时间得到相近质量解。

本章安排如下:高效压缩求解算法 EHLC 的基本原理将在第 4.1 节中提出;第 4.2节介绍网络中需求节点聚合与误差分析;为了评估 EHLC 的性能,在五个代表性数据集(TR,AP,URAND1000,WORLDAP 和 RAND5000)上的实验结果将在第 4.3 节中给出;第 4.4 节将对本章进行总结。

4.1 高效压缩求解算法

4.1.1 基本原理

在介绍 EHLC 的技术实现细节之前，本小节先对其基本思想进行介绍，其方法论由四个不同的部分组成，下面将基于图 4-1 中的实例进行介绍。

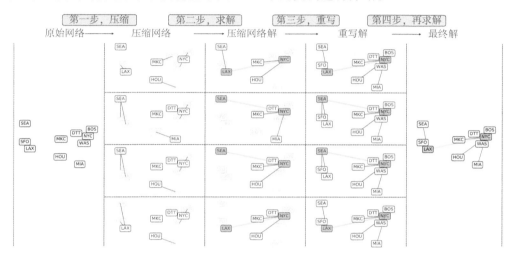

注：10 个节点的原网络被压缩到只有 5 个代表性节点的小网络；在压缩网络上求解 USApHMPC 并得到压缩解；将压缩解重写回原网络，所得解被作为初始解输入原问题以进行再求解，进一步优化的解作为最优解输出。

图 4-1 EHLC 算法在 CAB10 数据集上求解一个 USApHMPC 实例的流程

① 第一步，压缩：给定一个有着 n 个节点的原网络（见图 4-1 的"原始网络"）和一个数 k，在其节点集合 V 上定义一个压缩函数 $f: V \rightarrow V$，使得 $|f(V)| = k$，每个节点 $i \in V$ 都被映射到节点 $s \in V$。令 V^* 为函数 f 的像，即 $V^* = f(V)$，则集合 V^* 中的元素成为压缩节点。如图 4-1 中标签"压缩网络"所显示的，原网络中的 10 个节点被映射到 5 个压缩节点上。随后，基于这些压缩节点，可以构造一个压缩网络。对于一个压缩节点 s，其在压缩网络中的运输需求为所有满足 $f(i) = s$ 节点 i 的运输需求之和。因此，执行压缩后，从压缩节点 r 到压缩节点 s 的运输需求为：

$$w_{rs}^* = \sum_{j \in f^{-1}(s)} w_{rj} + \sum_{i \in f^{-1}(r)} w_{is} - w_{rs} = \sum_{i \in f^{-1}(r), j \in f^{-1}(s)} w_{ij}, \quad \forall r, s \in V^* \quad (4.1)$$

式中，$f^{-1}(s) = \{j \in V : f(j) = s\}$ 为函数 f 的逆。随后，算法为任意一对压缩节点 (r, s) 定义运输成本如下：

$$c_{rs}^* = c_{rs}, \quad \forall r, s \in V^*, r \neq s \quad (4.2)$$

在压缩网络上枢纽选址问题的模型公式化可用 c^*，w^* 和 V^* 来替换原问题模型

中的 c,w 和 V。图 4-1 展示了四种不同的压缩结果,每个都只有 5 个压缩节点。

② 第二步,求解:任何适用于原网络的算法均可用于求解压缩网络上的枢纽选址问题,因为两者的结构完全相同。根据求解技术,算法可以得到压缩网络上一个或多个具有枢纽节点集合、节点配置和枢纽边集合(在 USApHMPI 和 UMApHMPI 情况下)的可行解。如图 4-1 中标签"压缩网络解"所示,每个压缩网络都得到了最优的枢纽选址(橙色节点)、枢纽边(橙色连边)和辐射节点配置(蓝色连边)。

③ 第三步,重写:通过对 V/V^* 中节点重新配置,第二步所得压缩解可用于构造原网络上的解。以 USApHMPC 为例,令 Assignment 表示压缩网络解,如果节点 i 被配置给枢纽 k,则 Assignment$[i] = k$。算法需要将 V/V^* 中节点重新配置给压缩解中的枢纽。例如,如图 4-1 中标签"重写解"所示,剩下的辐射节点被配置给离它们最近的枢纽,随后便可得到原问题的解。

④ 第四步,再求解:由重写所得的解是可行的,但并不一定接近最优。为了进一步提高解的质量,利用重写解作为初始解,EHLC 使用第二步中的求解方法来再次求解原问题。在很多求解方法中,解的质量和所需求解时间很大程度上取决于初始输入的解,比如变邻域搜索[110]。从较好的初始解开始,算法会更早终止并给出更优解,如图 4-1 中标签"最终解"下的解。

以下几节将对 EHLC 的细节进行介绍:压缩(第 4.1.2 小节)、重写(第 4.1.3 小节)和再求解(第 4.1.4 小节)。在"求解(第二步)"中,采用 GVNS 和 GA 来求解 USApHMPC,USApHMPI 和 CSApHMPC,而采用 Benders 分解求解 UMApHMPC,UMApHMPI 和 CMApHMPC。算法的详细过程可参考第 2.3 节。

4.1.2 压 缩

根据第 4.1.1 小节所述,将原网络中节点映射到压缩节点,便可得到压缩网络。而该压缩函数应该基于节点间运输成本(c)和运输需求(w)来构造。直观地看,每个节点 i 倾向于被映射到 c_{ij} 值较小的节点 j。此外,如果运输需求 $\{w_{ix}\}_{x \in V}$ 和 $\{w_{jx}\}_{x \in V}$ 分布比较相似的话,那么节点 i 和节点 j 也更有可能合并在一起。如式(4.3)和式(4.4)所示,本研究对运输需求(通过计算每对节点运输需求和最大需求值间的商)和成本(通过计算每对节点运输成本和全网络最大成本值间的商)进行归一化。每对节点间归一化运输需求差异的计算如式(4.5)所示。

$$c_{ij}^{\text{norm}} = \frac{c_{ij}}{\max_{i,j \in V} c_{ij}} \tag{4.3}$$

$$w_{ij}^{\text{norm}} = \frac{w_{ij}}{\max_{x \in V} w_{ix}} \tag{4.4}$$

$$w_{ij}^{\text{diff}} = \frac{\sum_{x \in V} |w_{ix}^{\text{norm}} - w_{jx}^{\text{norm}}|}{n} \tag{4.5}$$

通过使用变量 x_{ij} 来表示映射函数 $f:V \to V$,即若 $f(i) = j$,则 $x_{ij} = 1$,否则 $x_{ij} = 0$。压缩过程可进行如下公式化:

$$\min \sum_{i \in V} \sum_{j \in V} (\theta_1 w_{ij}^{\mathrm{diff}} + \theta_2 c_{ij}^{\mathrm{norm}}) x_{ij} \tag{4.6}$$

$$\text{subject to} \sum_{j \in V} x_{ij} = 1 \quad \forall i \in V \tag{4.7}$$

$$\sum_{j \in V} x_{jj} = k \tag{4.8}$$

$$x_{ij} \leqslant x_{jj} \quad \forall i, j \in V \tag{4.9}$$

$$x_{ij} \in \{0,1\} \quad \forall i, j \in V \tag{4.10}$$

式中，θ_1 和 θ_2 为对目标函数中两项进行归一化的系数。基于上述公式，本研究设计了一个基于节点合并的压缩策略。令 $\theta_1 = \theta_2 = 1$，节点 i 趋向于与 $(w_{ij}^{\mathrm{diff}} + c_{ij}^{\mathrm{norm}})$ 值较小的节点 j 合并。例如，CAB10 网络中部分节点间运输需求和成本如表 4-1 所列，其中包括每对节点间的运输需求和从节点 SFO 出发到其他节点的运输需求。已知 $\max_{i,j \in V} c_{ij} = 2\,725.79$，则归一化的需求和成本如表 4-2 所列，很容易可以进行如下计算：

$$w_{\mathrm{SFO,LAX}}^{\mathrm{diff}} + c_{\mathrm{SFO,LAX}}^{\mathrm{norm}} = 0.25 + 0.13 = 0.38$$

表 4-1　CAB10 网络中部分节点间运输需求和成本

	BOS	DTT	HOU	MKC	LAX	MIA	NYC	SFO	SEA	WAS
$w_{\mathrm{BOS},*}$	0	16 578	4 242	3 365	22 254	23 665	205 088	17 165	4 284	51 895
$w_{\mathrm{DTT},*}$	16 578	0	4 448	5 076	22 463	24 609	79 945	13 091	4 172	19 500
$w_{\mathrm{HOU},*}$	4 242	4 448	0	4 370	17 267	8 602	28 080	8 455	2 868	5 616
$w_{\mathrm{MKC},*}$	3 365	5 076	4 370	0	15 287	4 092	17 291	8 381	3 033	7 266
$w_{\mathrm{LAX},*}$	22 254	22 463	17 267	15 287	0	15 011	105 507	92 083	32 908	24 583
$w_{\mathrm{MIA},*}$	23 665	24 609	8 602	4 092	15 011	0	169 397	8 064	1 840	20 937
$w_{\mathrm{NYC},*}$	205 088	79 945	28 080	17 291	105 507	169 397	0	70 935	14 957	166 694
$w_{\mathrm{SFO},*}$	17 165	13 091	8 455	8 381	92 083	8 064	70 935	0	35 285	19 926
$w_{\mathrm{SEA},*}$	4 284	4 172	2 868	3 033	32 908	1 840	14 957	35 285	0	4 951
$w_{\mathrm{WAS},*}$	51 895	19 500	5 616	7 266	24 583	20 937	166 694	19 926	4 951	0
$c_{\mathrm{SFO},*}$	2 703	2 087	1 650	1 506	362	2 591	2 574	0.00	695	2 430

表 4-2　表 4-1 归一化后的运输需求和成本，其中 $\max_{i,j \in V} c_{ij} = 2\,725.79$

	BOS	DTT	HOU	MKC	LAX	MIA	NYC	SFO	SEA	WAS	$w_{\mathrm{SFO},*}^{\mathrm{diff}}$	$c_{\mathrm{SFO},*}^{\mathrm{norm}}$
$\lvert w_{\mathrm{BOS},*}^{\mathrm{norm}} - w_{\mathrm{SFO},*}^{\mathrm{norm}} \rvert$	0.19	0.06	0.07	0.07	0.89	0.03	0.23	0.08	0.36	0.04	0.20	0.99
$\lvert w_{\mathrm{DTT},*}^{\mathrm{norm}} - w_{\mathrm{SFO},*}^{\mathrm{norm}} \rvert$	0.02	0.14	0.04	0.03	0.72	0.22	0.23	0.16	0.33	0.03	0.19	0.77
$\lvert w_{\mathrm{HOU},*}^{\mathrm{norm}} - w_{\mathrm{SFO},*}^{\mathrm{norm}} \rvert$	0.04	0.02	0.09	0.06	0.39	0.22	0.23	0.30	0.28	0.02	0.16	0.61
$\lvert w_{\mathrm{MKC},*}^{\mathrm{norm}} - w_{\mathrm{SFO},*}^{\mathrm{norm}} \rvert$	0.01	0.15	0.16	0.09	0.12	0.15	0.23	0.48	0.21	0.20	0.18	0.55
$\lvert w_{\mathrm{LAX},*}^{\mathrm{norm}} - w_{\mathrm{SFO},*}^{\mathrm{norm}} \rvert$	0.02	0.07	0.07	0.05	1.00	0.05	0.23	0.87	0.07	0.02	**0.25**	**0.13**

	BOS	DTT	HOU	MKC	LAX	MIA	NYC	SFO	SEA	WAS	$w_{\text{SFO},*}^{\text{diff}}$	$c_{\text{SFO},*}^{\text{norm}}$
$\|w_{\text{MIA},*}^{\text{norm}} - w_{\text{SFO},*}^{\text{norm}}\|$	0.05	0.00	0.04	0.07	0.91	0.09	0.23	0.05	0.37	0.09	0.19	0.95
$\|w_{\text{NYC},*}^{\text{norm}} - w_{\text{SFO},*}^{\text{norm}}\|$	0.81	0.25	0.05	0.01	0.49	0.74	0.77	0.35	0.31	0.60	0.44	0.94
$\|w_{\text{SFO},*}^{\text{norm}} - w_{\text{SFO},*}^{\text{norm}}\|$	0.00	0.00	0.00	0.00	0.00	0.00	0.00	0.00	0.00	0.00	0.00	0.00
$\|w_{\text{SEA},*}^{\text{norm}} - w_{\text{SFO},*}^{\text{norm}}\|$	0.06	0.02	0.01	0.01	0.07	0.04	0.35	1.00	0.38	0.08	0.20	0.25
$\|w_{\text{WAS},*}^{\text{norm}} - w_{\text{SFO},*}^{\text{norm}}\|$	0.12	0.03	0.06	0.05	0.85	0.04	0.12	0.35	0.35	0.22	0.21	0.90

因此，与其他节点相比，节点 LAX 最可能与节点 SFO 合并。通过将所有节点对按照 $(w_{ij}^{\text{diff}} + c_{ij}^{\text{norm}})$ 值进行升序排列，并对合适的节点对进行合并（需要两个节点都不在之前已经合并的节点对当中），压缩网络便可被构造出来。这个过程的伪代码在算法 4 - 1 中显示。由于节点是成对合并的，所以每次压缩后所得网络至少为原网络规模的一半。为了获得特定大小 k 的压缩网络，可以通过对压缩操作进行递归来实现（参见算法 4 - 1 的第 2 行）。在每次递归中，在对所有节点对排序后，算法生成一个空集 $Seen$ 和一个自映射函数 $f\_current$（参见算法 4 - 1 的第 3 ~ 6 行）。对于列表中每对节点，若两个节点都不在集合 $Seen$ 中，则将总运输需求 $(O_i + D_i)$ 小的节点映射到大的那个（参见算法 4 - 1 的第 7 ~ 10 行）。在容量约束问题中，容量最大的 p 个节点不得被合并到其他节点，以避免由压缩过程所导致的不可行（参见算法 4 - 1 的第 5,8 ~ 9 行）。一旦所得网络只有 k 个节点，则该合并过程终止（参见算法 4 - 1 的第 11 ~ 13 行），随后基于映射函数 $f\_current$ 来生成压缩网络。在下次迭代中，算法对当前网络进一步压缩，直到得到规模为 k 的网络（参见算法 4 - 1 的第 17 ~ 18 行）。给定一个规模为 n 的原网络和压缩参数 k，该算法需要 $\left\lceil \log_2\left(\frac{n}{k}\right) \right\rceil$ 次压缩来得到最终网络。随后便是第二步，对压缩网络上枢纽选址问题进行求解。在"求解（第二步）"中，采用 GVNS 和 GA 求解 US-ApHMPC，USApHMPI 和 CSApHMPC，而采用 Benders 分解求解 UMApHMPC，UMApHMPI 和 CMApHMPC。算法的详细过程可参考第 2.3 节。

算法 4 - 1 通过合并节点来压缩网络的过程

输入：原网络 $G = (V, E)$，其中包括每对节点 (i, j) 间的运输成本 c_{ij} 和运输需求 w_{ij}，压缩网络规模 k。

输出：压缩网络 $G^* = (V^*, E^*)$.

1：令当前网络为原网络，即 $G\_current = (V\_current, E\_current) = G = (V, E)$。

2：**while** $|V\_current| > k$ **do**

3：　　基于式（4.3）~ 式（4.5）为当前网络每个节点 (i, j) 计算 w_{ij}^{diff} 和 c_{ij}^{norm} 的值。

4：　　将所有的节点对基于 $(w_{ij}^{\text{diff}} + c_{ij}^{\text{norm}})$ 的值升序排列，得到一个列表 $Pairs$。

5：　　若当前枢纽选址问题有容量限制约束，则用 S_{maxcap} 表示 $V\_current$ 中容量最大的 p 个节点。

6：　　令 $Seen = \varphi$ 和 $f\_current(i) = i, \forall i \in V\_current$.

7：　　**for** $(i, j) \in Pairs$ **do**

8：　　　　if $i \notin Seen$ 且 $j \notin Seen$ 且（$i \notin S_{maxcap}$ 或 $j \notin S_{maxcap}$）then

9：　　　　　用 i 来表示集合 $\{i,j\}$ 中 $O_i + D_i$ 值更大的节点，用 j 来表示值更小的那个（对于容量约束枢纽选址问题，将参数 $O_i + D_i$ 替换为 $capacity_i$）。

10：　　　　　令 $f\_current(j) = i$ 和 $Seen = Seen \bigcup \{i,j\}$.

11：　　　　　if $|Seen|)/2 \geqslant |V\_current| - k$ then

12：　　　　　　　跳出

13：　　　　　end if

14：　　　　end if

15：　　end for

16：　在当前网络 $G\_current = (V\_current, E\_current)$ 上利用压缩函数 $f\_current$ 来生成新的压缩网络。

17：　用新生成的网络来更新当前网络 $G\_current = (V\_current, E\_current)$

18：end while

19：当前网络即为最终的网络，即 $G^* = (V^*, E^*) = G\_current = (V\_current, E\_current)$.

4.1.3　重　写

在压缩网络上求解枢纽选址问题后，通过对 V/V^* 中节点重配置可以生成原问题的解。以 USApHMPC 为例，令 Assignment 表示压缩网络上的解，如果节点 i 被配置给枢纽 k，则 Assignment$[i] = k$。从压缩网络到原网络的重写过程可以进行如下公式化：

$$\min \sum_{i \in V} \sum_{k \in V} c_{ik} Y_{ik}(\delta_1 O_i + \delta_2 D_i) + \sum_{i \in V} \sum_{k \in V} \sum_{m \in V} \alpha c_{km} X_{km}^i \quad (4.11)$$

$$\text{subject to } Y_{i,\text{Assignment}[i]} = 1 \quad \forall i \in V^* \quad (4.12)$$

$$\sum_{k \in V} Y_{ik} = 1 \quad \forall i \in V \quad (4.13)$$

$$\sum_{k \in V} Y_{kk} = p \quad (4.14)$$

$$Y_{ik} \leqslant Y_{kk} \quad \forall i,k \in V \quad (4.15)$$

$$\sum_{m \in V, m \neq k} X_{km}^i - \sum_{m \in V, m \neq k} X_{mk}^i = O_i Y_{ik} - \sum_{j \in V} w_{ij} Y_{jk} \quad \forall i,k \in V \quad (4.16)$$

$$Y_{ik} \in \{0,1\} \quad \forall i,k \in V \quad (4.17)$$

$$X_{km}^i \geqslant 0 \quad \forall i,k,m \in V \quad (4.18)$$

实际上，上述公式便是 USApHMPC 带上额外的约束式（4.12）后的变体，新约束使得压缩网络中节点必须被配置给压缩解中的枢纽。上述公式可以通过不同的策略来求解，由于重写解将在第四步"再求解"中被进一步优化，所以这里使用最简单的方式来进行重配置，即将 V/V^* 中节点配置给最近的枢纽。这一策略可以被应用到三个单配置问题（USApHMPC，CSApHMPC 和 USApHMPI）中，而多配置问题（UMApHMPC，CMApHMPC 和 UMApHMPI）的解可基于压缩网络中枢纽集合直接得到。

4.1.4 再求解

根据第 4.1.1 小节所述,利用重写解作为初始输入,原枢纽选址问题将被再次求解。但是,一些求解算法需要多个初始解,每次迭代也将生成多个新解,而其他一些求解算法每次只处理一个解。因此,本研究需要为不同求解算法设计不同初始输入选择方案:

① 针对基于种群的求解算法,如遗传算法(GA):这类算法需要多个初始解,每次迭代也将生成多个新解。因此,EHLC 会从压缩网络中记录多个解并将它们重写入原网络中,其关键点在于保持解的多样性。这类算法的选择策略可见算法 4-2 中的伪代码。如第 1 行所示,初始生成一个空集 All_Solution,以记录初始种群或每次迭代生成的不同解(见第 2~14 行)。All_Solution 中每个解都基于目标函数值进行升序排列(见第 15 行)。随后,生成一个新的空集 Selected_Solution(见第 16 行)。对于 All_Solution 中每个解,如果其枢纽集合在 Selected_Solution 中出现次数少于 T 次,便将其添加到 Selected_Solution 中。当 Selected_Solution 的规模达到 Init_Population 时,迭代终止。

算法 4-2 为基于种群的算法选择压缩解的策略

输入:压缩网络 $G^* = (V^*, E^*)$,原网络 $G = (V, E)$,压缩问题初始解的集合 Init_Population,一个枢纽集合可以重复出现的最大次数为 T。

输出:重写所得解的集合。

1:用 All_Solution = φ 来记录所有不相同的解。

2:for 每个 solution ∈ Init_Population do

3:    if solution ∉ All_Solution then

4:        令 All_Solution = All_Solution ∪ {solution}.

5:    end if

6:end for

7:for 算法的每次迭代 do

8:    用 New_Solution 表示新生成的解。

9:    for 每个 solution ∈ New_Solution do

10:        if solution ∉ All_Solution then

11:            令 All_Solution = All_Solution ∪ {solution}.

12:        end if

13:    end for

14:end for

15:基于目标函数值对 All_Solution 中的解进行升序排列。

16:用 Selected_Solution = φ 来记录所有选中的解。

17:for 每个 solution ∈ All_Solution do

18:    if solution 的枢纽集合在 Selected_Solution 中出现少于 T 次 then

19:        令 Selected_Solution = Selected_Solution ∪ {solution}.

20:    end if

21:    if |Selected_Solution| == |Init_Population| then

22：　　　　跳出
23：　　end if
24：end for
25：将 Selected_Solution 中所有解重写到原网络中。

②　针对基于单个解的求解算法，如变邻域搜索（GVNS）和 Benders 分解：这类算法从一个初始解开始，每次迭代新生成一个解。这种情况下，可以选择最好的重写解。这种情况的选择策略更加简单，如算法 4 - 3 所示，第 1 行生成了一个包含初始压缩解的集合 All_Solution，算法中生成的每个不同解都将被添加到 All_Solution 中（见第 2～7 行）。在将 All_Solution 中的每个解重写到原网络之后，选择所得原问题目标值最低的解。

算法 4 - 3　为基于单个解的算法选择压缩解的策略

输入：压缩网络 $G* = (V^*, E^*)$，原网络 $G = (V, E)$，压缩问题初始解 init_solu。
输出：被选择的重写解。
1：用 All_Solution = {init_solu} 来记录所有不同的解。
2：**for** 算法的每次迭代 **do**
3：　　用 new_solu 表示新生成的解。
4：　　**if** new_solu $\notin$ All_Solution **then**
5：　　　　令 All_Solution = All_Solution $\bigcup$ {new_solu}.
6：　　**end if**
7：**end for**
8：将 All_Solution 中每个解重写到原网络中。
9：从 All_Solution 中选择原问题目标值最低的解。

4.2　需求节点聚合与误差分析

压缩算法的思路与一些传统问题中需求节点聚合比较类似[120-122]，对于需求节点聚合领域的综述调研请参见参考文献[123-124]。虽然聚合操作可以降低网络的设计成本、解决成本，以及数据中的不确定性，但它也增大了模型的误差，如何在降低成本和模型误差之间进行权衡仍然是一个难题[125]。因此，许多研究者关注的是由聚合需求点（压缩节点）代替需求点所引起的需求点聚合误差[125-126]，很多误差测度随之被提出，如（总）需求点误差[126]、ABC 误差[127]、选址误差[128]、绝对误差界限[129]、最优性误差[130] 和机会成本误差[131] 等，并对这些误差测量的性质提出了理论和实验分析[132-134]。本章将选择其中三个误差测度（总需求点误差、近似机会成本误差和近似最优性误差）并基于实验结果计算它们的近似值，本节首先对这些误差的定义进行介绍。

假设原网络和压缩网络分别被表示为 G 和 G^*。令 $F(X, G)$ 和 $F(X, G^*)$ 表示对应网络上的模型，其中 X 为主要受枢纽位置影响的问题的解。假设模型 $F(X, G)$ 和 $F(X, G^*)$ 的最优解分别为 $\overline{X}$ 和 X^*，则三个误差测度定义如下。

总需求点误差：

$$E_{\text{tdp}} = F(X^*, G^*) - F(X^*, G) \tag{4.19}$$

机会成本误差：

$$E_{\text{oc}} = F(\overline{X}, G) - F(X^*, G^*) \tag{4.20}$$

最优性误差：

$$E_{\text{opt}} = F(\overline{X}, G) - F(X^*, G) \tag{4.21}$$

需要为误差给出一个足够紧凑的界限，即 $|f(X, G^*) - f(X, G)| < EB, \forall X$。参考文献[129]指出多设施极小和模型（multi-facility minisum model）的误差界限为：$\sum_{i,j} w_{ij} c_{i,f(i)}$，其中节点 i 被压缩到节点 $f(i)$ 上。因此，以枢纽选址问题 US-ApHMPC 为例，其误差界限便是：$\sum_{i \in V} (\delta_1 O_i c_{i,f(i)} + \delta_2 D_i c_{f(i),i})$，而其他类型的枢纽选址问题则有着类似的对应计算公式。除了少数节点都分布在强集群的特殊数据集之外，这个误差界限可以非常松散，这也是这里只计算上述三个误差度量的实际值的原因。关于这三个误差度量实际值的具体计算方法，将在第 4.3 节中进行介绍，并进行后续的数值分析。

4.3 实验评估和分析

本研究将使用三个常用的数据集和两个新的数据集来作为评估 EHLC 的实例，如图 4-2 所示。TR 数据集包含土耳其邮政系统中 81 个城市间的距离和运输需求数据[115]；AP 数据集提供了澳大利亚 200 个邮政编码区的坐标和成对的运输需求数据[12]；URAND1000 数据集是由参考文献[43]中生成的包含 1 000 个节点的随机数据集。此外，自行生成两个额外的数据集用作算法可拓展性方面的进一步评估：WORLDAP 数据集包含世界上 2 602 个机场和它们之间的实际运输需求数据；RAND5000 数据集通过在 1×1 的平面上随机均匀地生成 5 000 个节点来构造，每对节点间的运输需求也在区间 $[0,1]$ 上随机分布。注意到 AP 数据集上节点的自流量被设置为零。此外，由于 CMApHMPC 和 UMApHMPI 的高复杂度，本研究为这两个问题使用 TR40 数据集（该数据集来自于 TR 数据集的前 4 个节点[14]）。TR/TR40 数据集上的成本系数被设置为 $\alpha \in \{0.3, 0.5, 0.7\}$，$\delta_1 = \delta_2 = 1$，其他数据集上为 $\alpha = 0.75$，$\delta_1 = 3, \delta_2 = 2$。

在本节的主要实验中，压缩网络规模被进行如下设置：为 TR40 选择 $k=20$，为 TR 选择 $k=30$，为 AP 选择 $k=50$，为 URAND1000 选择 $k=200$，为 WORLDAP 选择 $k=500$，为 RAND5000 选择 $k=1\,000$。这些选择在求解时间（小的压缩规模）和解的质量（大的压缩规模）之间取得了平衡。

考虑到本研究要对六类枢纽选址问题进行评估，因此首先必须对最新算法的实现细节进行标准化。对于单分配问题（USApHMPC、USApHMPI 和 CSApHMPC），启

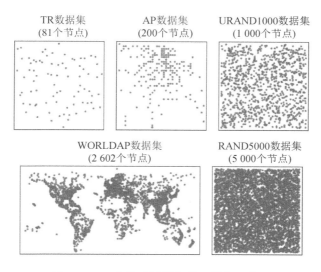

图 4-2　五个标准数据集的可视化示意图

发式方法已经在相关文献中证明了其高效性。本研究使用 GA[41,109] 和 GVNS[43] 在所有数据集上求解三种类型的单配置问题。由于 GA 和 GVNS 的不确定性，每个实例都要在 10 个不同的随机种子下运行。对于多配置问题（UMApHMPC，CMApHMPC 和 UMApHMPI），GA 和 GVNS 的性能便不如单配置问题那样高效。因此，这里使用 Benders 分解[90] 来进行求解。考虑到 Benders 分解的可扩展性有限，这里仅使用 TR 数据集和 AP 数据集作为 UMApHMPC 的案例研究。由于 CMApHMPC 和 UMApHMPI 的复杂度很高，所以只选取 TR40 数据集作为案例研究。各类枢纽选址问题、求解算法和数据集的求解截止时间在表 4-3 中给出。这些截止时间由初始的敏感性分析来决定，其中考虑了数据集规模和算法收敛速度。所有实验都在一台 40 核和 430 GB 内存的服务器上运行，运行系统为 Fedora 26。

表 4-3　各类枢纽选址问题、求解算法和数据集的求解截止时间

	TR40	TR	AP	URAND1000	WORLDAP	RAND5000
USApHMPC（GA 和 GVNS）	*	100	600	7 200	10 800	10 800
USApHMPI（GA 和 GVNS）	*	100	600	7 200	10 800	10 800
CSApHMPC（GA 和 GVNS）	*	100	600	7 200	10 800	10 800
UMApHMPC（Benders）	*	7 200	10 800	*	*	*
UMApHMPI（Benders）	1 200	*	*	*	*	*
CMApHMPC（Benders）	1 200	*	*	*	*	*

注：符号 * 表示该情况并没有被测试。

4.3.1 压缩规模灵敏度分析

压缩规模 k 的取值对最终解和算法收敛速度有着很大影响,因此本小节对 k 的不同取值进行评估测试。两个数据集 TR 和 TR40(从 TR 数据集中选取前 40 个节点生成,灵感来源于参考文献[14])被选为研究实例。USApHMPC,CSApHMPC,USApHMPI 和 UMApHMPC 在 TR 数据集上求解,CMApHMPC 和 UMApHMPI 在 TR40 数据集上求解。压缩规模 k 不同取值下直到重写步骤所得解间隙和运行时间如图 4-3 所示。这里,解间隙是基于已知最优解来进行计算的。

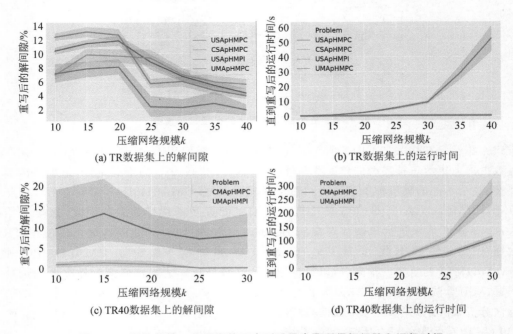

(a) TR数据集上的解间隙

(b) TR数据集上的运行时间

(c) TR40数据集上的解间隙

(d) TR40数据集上的运行时间

图 4-3　压缩规模 k 不同取值下直到重写步骤所得解间隙和运行时间

对于 TR 数据集,$k=30$ 的取值在重写解质量和运行时间之间保持了平衡。虽然 $k=35$ 进一步提升了解的质量,但其所需运行时间也大幅增加。对于 TR40 数据集,基于同样的原因,本研究选择 $k=20$ 的取值。对于其他数据集,本研究为 AP 选择 $k=50$,为 URAND1000 选择 $k=200$,为 WORLDAP 选择 $k=500$,为 RAND5000 选择 $k=1\,000$。

4.3.2 EHLC 与非压缩方法运行时间比较

对于 EHLC 方法的评估,主要关键点是与非压缩算法相比,EHLC 获得与相同解间隙所需的运行时间变化。如图 4-4 所示,本研究为两个时间-解间隙曲线设计了一个比较测量方法。输入包含同一个问题实例的两个时间-解间隙曲线,一个为 EHLC(蓝色),另一个为非压缩方法(红色)。每两个测点间的曲线都通过分段线性插值来生成(注意到图4-4中的 x 轴为指数刻度)。接下来需要确定两条曲线的对比区域,即两种方法都得到了解间隙值的区域。在本例中,该区域位于 $0.3\%\sim1.06\%$ 的范围。丢弃非比较区域后,通过沿间隙轴均匀采样得到增速集:对于每个可比间隙值,得到两个内插时间值,即用一个(红色)除以另一个(蓝色)得到增速倍数。通过为所有解间隙计算增速倍数的中位数,本研究给出了 EHLC(蓝色)相对非压缩方法(红色)总体增速的估计。图4-4(b)为给定实例展示了所有增速倍数分布频率的直方图,其中位数为 54.85。

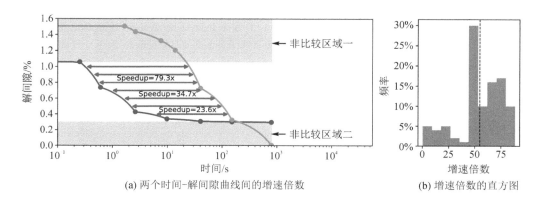

(a) 两个时间-解间隙曲线间的增速倍数　　　　(b) 增速倍数的直方图

注:图(a)显示了两个时间-解间隙曲线(一个为蓝色,一个为红色)。在不同解间隙水平下前者相对后者的增速倍数用绿色箭头来表示,并存在两个灰色的非比较区域。图(b)展示了解间隙在区间[0.3,1.06]的100个等距样本下增速倍数的频率分布,其中位数为 54.85,由虚线表示。

图4-4　对两个时间-解间隙曲线计算增速倍数

将上述增速估计方法应用到所有算法上,所得结果如图4-5所示。可以发现,在绝大多数情况下,EHLC 比非压缩方法需要更短的时间来获得相同解间隙。对于最大数据集和复杂问题模型,如 USApHMPI 和 RAND5000,EHLC(GA 和 GVNS)增速倍数的中位数是 40~50 倍。应该注意的是,精确求解算法 Benders 分解也可以在求解 UMApHMPC 时被加速到 60 倍水平。总的来说,EHLC 在所有数据集和问题上都给出了显著的增速。而且,随着网络规模的增大,其增速倍数也随之显著增大,这为开发其他枢纽选址问题上的可拓展性求解算法提供了先决条件。

为了进一步研究不同的增速倍数,本研究对解间隙差与增速倍数的相关性进行了分析,其中解间隙差通过 EHLC(在重写步骤之后)所得初始解间隙减去非压缩方法初始解间隙得到。这一研究希望对压缩算法初始解的优势进行衡量,在 USApHMPC 上所得结果如图4-6所示。可以看出,在大多数情况下,EHLC 在重写步骤后所得解间隙比非压缩方法的初始解间隙要小得多,而较大的解间隙差则会导致实质性的加速。本研究也对 CSApHMPC 和 USApHMPI 的情况进行了分析,所得的结果与 USApHMPC 十分相似,如图4-7和图4-8所示。

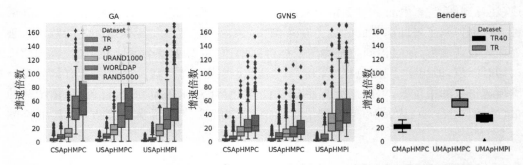

注：GA 和 GNVS 被应用到 TR,AP,URAND1000,WORLDAP 和 RAND5000 数据集上求解 USApHMPC,
CSApHMPC 和 USApHMPI,而 Benders 分解被应用到 TR 数据集上求解 UMApHMPC,TR40 数据集上求
解 CMApHMPC 和 UMApHMPI。

图 4 - 5   EHLC 获得相同解间隙相对非压缩方法的增速倍数中位数

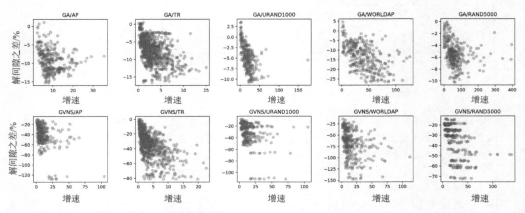

注：EHLC 初始解间隙越小,增速倍数越大。

图 4 - 6   在 USApHMPC 上解间隙的差与增速倍数的相关性

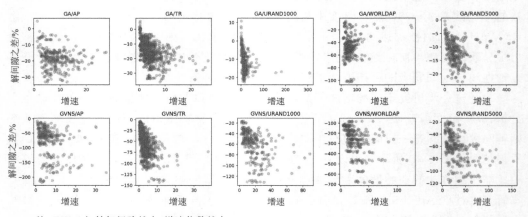

注：EHLC 初始解间隙越小,增速倍数越大。

图 4 - 7   在 CSApHMPC 上解间隙的差与增速倍数的相关性

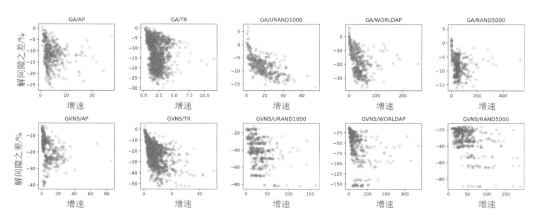

注：EHLC 初始解间隙越小，增速倍数越大。

图 4-8 在 USApHMPI 上解间隙的差与增速倍数的相关性

4.3.3 EHLC 与非压缩方法解质量比较

上一小节已经展示了 EHLC 与非压缩方法相比可以显著更快达到相同的解间隙，而本小节将对 EHLC 与非压缩方法（缩写为"NC"）最终解间隙进行比较。表 4-4 给出了在 USApHMPC/CSApHMPC/USApHMPI 上通过 EHLC_GA/GVNS 和 NC_GA/GVNS 所得解的最小间隙、中位间隙和最大间隙。可以发现，EHLC_GA 和 NC_GA 最终解间隙的最小值/中位值/最大值为相同的数量级，这意味着 EHLC_GA 通常可以找到与 NC_GA 成本相似的解。对于三个单配置枢纽选址问题，GVNS 的解明显优于 GA 的解，所以更重要的是 EHLC_GVNS 与 NC_GVNS 的比较。可以发现，EHLC_GVNS 与 NC_GVNS 最终解间隙的最小值/中位值/最大值均十分相近，这意味着 EHLC 不会牺牲解的质量，却发挥出巨大的加速作用。

表 4-4 在 USApHMPC/CSApHMPC/USApHMPI 上通过 EHLC_GA/GVNS 和 NC_GA/GVNS 所得解的最小间隙、中位间隙和最大间隙

%

USApHMPC			EHLC_GA			NC_GA			EHLC_GVNS			NC_GVNS		
数据集	α	p	最小	中位	最大	最小	中位	最大	最小	中位	最大	最小	中位	最大
TR	0.5	4	0.65	0.65	2.09	0.00	0.11	0.98	0.00	0.10	0.77	0.00	0.03	0.11
TR	0.5	8	1.30	1.47	1.89	0.33	0.93	1.94	0.00	0.36	0.37	0.00	0.20	0.52
AP	0.75	4	0.63	0.63	0.84	0.00	0.01	0.48	0.00	0.00	0.00	0.00	0.00	0.00
AP	0.75	8	0.27	0.82	2.22	1.00	2.24	4.26	0.00	0.06	0.26	0.00	0.00	0.26
URAND1000	0.75	4	0.20	0.56	1.81	0.30	0.81	1.44	0.00	0.00	0.00	0.00	0.00	0.00
URAND1000	0.75	8	2.03	3.72	4.57	2.07	3.71	5.73	0.00	0.01	0.02	0.00	0.00	0.12

%

USApHMPC			EHLC_GA			NC_GA			EHLC_GVNS			NC_GVNS		
WORLDAP	0.75	4	0.88	2.37	5.77	0.48	3.07	4.73	**0.00**	**0.01**	0.06	**0.00**	**0.02**	3.77
WORLDAP	0.75	8	3.01	5.22	11.41	3.34	6.63	14.14	**0.03**	2.28	5.25	**0.00**	3.71	9.08
RAND5000	0.75	4	0.44	1.06	2.02	0.64	0.85	2.09	**0.00**	**0.00**	**0.00**	**0.00**	**0.00**	**0.00**
RAND5000	0.75	8	1.77	3.74	4.82	2.84	3.78	5.85	**0.00**	**0.03**	0.20	**0.00**	0.16	0.63
CSApHMPC														
TR	0.5	4	0.07	0.07	1.89	**0.00**	0.07	0.35	**0.00**	**0.00**	**0.00**	**0.00**	**0.00**	**0.00**
TR	0.5	8	0.89	0.89	1.41	**0.03**	0.64	2.07	**0.03**	**0.03**	0.46	**0.00**	**0.03**	0.46
AP	0.75	4	0.31	0.31	1.92	**0.00**	0.38	1.72	**0.00**	**0.00**	**0.00**	**0.00**	**0.00**	**0.00**
AP	0.75	8	0.35	0.35	1.32	0.52	1.64	3.82	**0.00**	0.46	1.25	**0.00**	0.12	1.00
URAND1000	0.75	4	1.10	1.65	3.32	0.57	2.37	7.76	**0.00**	**0.02**	**0.03**	**0.00**	**0.02**	0.18
URAND1000	0.75	8	2.37	6.16	8.85	2.65	5.73	8.65	0.09	0.21	0.66	**0.00**	0.22	0.58
WORLDAP	0.75	4	0.75	3.12	4.74	1.26	4.80	8.64	**0.00**	**0.00**	**0.02**	**0.00**	**0.03**	2.84
WORLDAP	0.75	8	2.91	6.89	13.59	8.95	15.19	29.91	**0.00**	3.35	7.70	1.19	2.87	4.78
RAND5000	0.75	4	1.89	2.75	4.63	1.66	2.74	5.02	**0.00**	**0.05**	0.38	**0.00**	0.10	0.37
RAND5000	0.75	8	6.06	7.61	12.99	8.32	10.68	15.76	0.22	1.17	4.52	**0.00**	1.22	2.73
USApHMPI														
TR	0.5	4,5	0.62	0.64	2.30	0.09	0.64	1.18	**0.00**	**0.04**	0.10	**0.04**	0.10	0.74
TR	0.5	8,12	2.00	3.20	4.77	0.85	3.22	5.05	**0.00**	0.52	2.08	0.07	0.21	0.66
AP	0.75	4,5	0.64	0.83	0.96	0.11	0.46	5.47	**0.00**	**0.00**	**0.00**	**0.00**	**0.00**	**0.00**
AP	0.75	8,12	0.36	2.16	4.94	2.01	5.66	9.18	**0.00**	0.17	1.84	**0.00**	0.24	1.84
URAND1000	0.75	4,5	0.48	1.33	2.10	0.80	1.40	2.83	**0.00**	**0.00**	**0.00**	**0.00**	**0.00**	**0.01**
URAND1000	0.75	8,12	3.64	7.51	10.77	5.53	7.84	10.20	**0.03**	0.13	1.28	**0.00**	0.28	2.63
WORLDAP	0.75	4,5	0.69	1.48	6.86	0.80	3.81	6.06	**0.00**	**0.01**	0.30	**0.00**	0.06	2.94
WORLDAP	0.75	8,12	8.77	12.25	16.24	6.62	13.13	19.58	**0.00**	3.32	6.24	0.90	7.08	15.11
RAND5000	0.75	4,5	0.60	1.55	2.26	1.25	1.68	3.09	**0.00**	**0.03**	**0.04**	**0.02**	**0.03**	0.18
RAND5000	0.75	8,12	4.93	8.09	9.13	7.51	8.91	12.24	**0.00**	0.11	1.56	**0.02**	0.84	1.63

注：NC_GA/GVNS 表示非压缩（Non-Contracted）的 GA/GVNS。小于或等于 0.05% 的解间隙会加粗强调。

图 4－9 展示了非压缩方法与 EHLC 所得解间隙比较的散点图，每个数据点代表具有不同随机种子相同问题实例的 NC/EHLC 组合。对于大多数数据集，两种方法在总体上处于同样数量级。GVNS 在 USApHMPC，CSApHMPC 和 USApHMPI 方面优于 GA。最后，图 4－10 对每种方法初始解间隙和最终解间隙间的依赖关系进行了

可视化。可以看出,EHLC(重写后得到)的初始解间隙明显小于非压缩方法。而且,在较大的随机解总体作为输入的情况下,NC_GA 的初始解间隙小于 NC_GVNS。

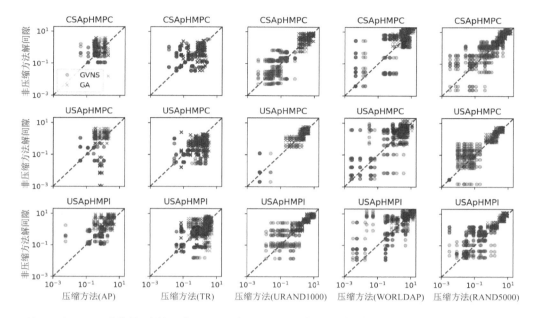

注:GA 与 GVNS 的结果以颜色区分(GA=蓝色,GVNS=红色)。两个坐标轴都是指数刻度,而最优解(解间隙为 0%)并没有显示。

图 4 - 9   非压缩方法与 EHLC 所得解间隙比较的散点图

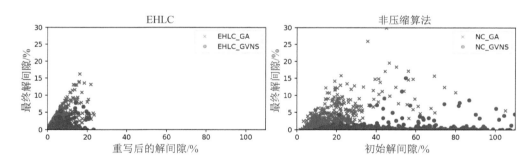

注:EHLC 初始解间隙(在重写步骤之后)远小于非压缩方法初始解间隙。由于初始种群中有 200 个解,所以 GA 比 GVNS 有更好的初始解。

图 4 - 10   非压缩方法与 EHLC 所得初始解间隙与最终解间隙的比较

由 EHLC_Benders 与 NC_Benders 得到的 UMApHMPC,CMApHMPC 和 UMApHMPI 的结果如表 4 - 5 所列。两种方法为 TR 和 TR40 数据集都得到了(近)最优解。但是,只有 EHLC_Benders 在 AP 数据集上得到了问题的最优解,原因是通过压缩得到的高质量初始解加速了 Benders 分解算法的收敛速度,因此它可以在给定时间限制内为 AP 数据集求解。

表 4-5　由 EHLC_Benders 与 NC_Benders 得到 UMApHMPC，CMApHMPC 和 UMApHMPI 的解间隙

UMApHMPC			EHLC_Benders Gap/%	NC_Benders Gap/%
Dataset	α	p		
TR	0.3	4	0.00	0.00
TR	0.3	6	0.00	0.00
TR	0.3	8	0.00	0.00
TR	0.5	4	0.00	0.00
TR	0.5	6	0.00	0.00
TR	0.5	8	0.00	0.00
TR	0.7	4	0.00	0.00
TR	0.7	6	0.00	0.00
TR	0.7	8	0.00	0.00
AP	0.75	4	0.00	17.07
AP	0.75	6	0.00	41.71
AP	0.75	8	0.00	38.35

CMApHMPC			EHLC_Benders Gap/%	NC_Benders Gap/%
Dataset	α	p		
TR40	0.3	4	0.00	0.00
TR40	0.3	6	0.00	0.00
TR40	0.3	8	0.00	0.00
TR40	0.5	4	0.00	0.00
TR40	0.5	6	0.00	0.00
TR40	0.5	8	0.00	0.07
TR40	0.7	4	0.00	0.00
TR40	0.7	6	0.00	0.26
TR40	0.7	8	0.04	0.00

UMApHMPI			EHLC_Benders Gap/%	NC_Benders Gap/%
Dataset	α	p		
TR40	0.3	4,5	0.00	0.00
TR40	0.3	6,8	0.00	0.00
TR40	0.3	8,12	0.00	0.00
TR40	0.5	4,5	0.00	0.00
TR40	0.5	6,8	0.00	0.00
TR40	0.5	8,12	0.00	0.00
TR40	0.7	4,5	0.00	0.00
TR40	0.7	6,8	0.00	0.00
TR40	0.7	8,12	0.00	0.00

4.3.4　压缩策略误差度量

如第 4.2 节中所介绍,本研究将使用总需求点误差、机会成本误差和最优性误差三个误差度量来分析压缩中所产生的误差。

总需求点误差计算较容易,并基于压缩网络 G^* 和解 X^* 来描述近似函数的质量[125]。而在计算后两个误差度量值时,最优解 $\overline{X}$ 却很难得到(否则便不需要用压缩方法来求解原问题了)。因此,本研究使用第 4.3.2 小节到第 4.3.3 小节中得到的最优解作为每个实例 $\overline{X}$ 的近似值,并使用压缩网络中所得解(见第 4.1.1 小节中"求解"步骤)作为 X^* 的近似值。为了显示误差度量在不同数据集和不同类型枢纽选址问题中的标准值,本研究将通过计算比值来进行归一化。

总需求点误差比值:

$$\mathrm{RE}_{\mathrm{tdp}} = \frac{F(X^*,G^*) - F(X^*,G)}{F(\overline{X},G)} \tag{4.22}$$

机会成本误差比值:

$$\mathrm{RE}_{\mathrm{oc}} = \frac{F(\overline{X},G) - F(X^*,G^*)}{F(\overline{X},G)} \tag{4.23}$$

最优性误差比值:

$$\mathrm{RE}_{\mathrm{opt}} = \frac{F(\overline{X},G) - F(X^*,G)}{F(\overline{X},G)} \tag{4.24}$$

USApHMPC,CSApHMPC,USApHMPI,UMApHMPC,CMApHMPC 和 UMApHMPI 在不同数据集上 $\mathrm{RE}_{\mathrm{tdp}}$,$\mathrm{RE}_{\mathrm{oc}}$ 和 $\mathrm{RE}_{\mathrm{opt}}$ 值的成对分布如图 4-11 所示。GVNS、GA 和 Benders 分解所得结果分别由蓝色、红色和绿色表示,结果总结如下:

① 由于运输需求的压缩/聚合,压缩网络上目标函数值比原网络上的要小。因此,大多数情况下总需求点误差 $\mathrm{RE}_{\mathrm{tdp}} < 0$;而由于 $\overline{X}$ 的高质量,其他两个误差度量值通常也是负的。

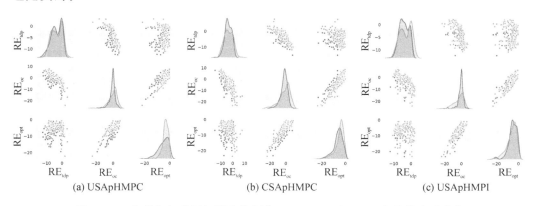

图 4-11　各类枢纽选址问题在数据集 $\mathbf{RE}_{\mathrm{tdp}}$,$\mathbf{RE}_{\mathrm{oc}}$ 和 $\mathbf{RE}_{\mathrm{opt}}$ 上值的成对分布

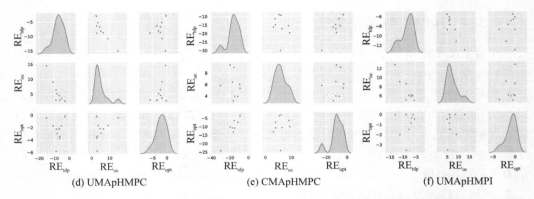

图 4 - 11   各类枢纽选址问题在数据集 RE_{tdp}，RE_{oc} 和 RE_{opt} 上值的成对分布(续)

② RE_{oc} 与 RE_{opt} 之间存在着显著正相关关系，即在压缩网络上解 X^* 的质量与其在原网络上解的质量强相关，这表明本研究使用的压缩策略能很好地保持原网络在枢纽选址问题上的相关性质。

4.4   小   结

枢纽选址问题精确解的计算复杂度通常为 NP 难，而且常用算法求解不同类枢纽选址问题通用性不足，有必要开发一种兼具可拓展性与通用性的求解方法。本章提出了一个新方法，通过压缩(称为 EHLC)概念来对标准求解方法进行加速，并在其中保持原网络的空间结构和运输需求性质。将压缩网络中所得解作为初始解输入到原始网络，算法的求解速度能显著提高，且该框架针对不同类枢纽选址问题所需要的修改很少。

本研究对六个枢纽选址问题（USApHMPC，CSApHMPC，USApHMPI，UMApHMPC，CMApHMPC 和 UMApHMPI）和三个标准求解算法（GA，GVNS 和 Benders 分解）的结果进行了对比分析。结果表明，EHLC 可以更快地达到非压缩算法相似的解间隙。对于本章最大的数据集（WORLDAP 与 RAND5000），与非压缩 GA 和 GVNS 相比，EHLC 增速的中位值可以达到 40～50 倍。这些结果不仅适用于构造可行解，而且适用于解决枢纽选址的最优性问题。如 UMApHMPC，CMApHMPC 和 UMApHMPI 上 Benders 分解算法实验所示，加速倍数的中位值为 20～60 倍。EHLC 的加速倍数随着输入网络的增大而增大，并可以达到 1～2 个数量级。

根据本研究的结果，未来的工作包括几个方向。第一，实验结果表明，EHLC 的结构适用于更多类型枢纽选址问题。第二，在更大网络上进行的实验可能会促使进一步的加速，从而解决前所未有规模下的枢纽选址问题。第三，EHLC 被设计为单向的方法，其压缩网络只在求解过程的初始步骤使用。因此，将压缩网络与原网络的求解过程进一步融合可能会发挥更大的作用。

第5章 多交通模态枢纽选址问题

近年来,随着高速铁路的大力发展,列车运行速度高达 350 km/h,高铁被认为是 1 250 km 范围内航空交通的主要竞争对手[30]。因此,交通网络设计需要考虑到其他交通方式,例如,航空公司应该首先调研现有(和计划中)的铁路基础设施,以便设计更高效的航空网络和时刻表。枢纽选址问题被应用到多模态交通问题中[15],枢纽选址和辐射节点配置在不同交通模态下被一起纳入考虑,而运输成本和运输时间等因素也包含在模型中。

但是,大多数已有研究没有考虑容量约束[15],或者仅考虑枢纽节点的容量[135-136]。此外,每个枢纽的建设成本和容量通常是固定的[137-138]。然而,在实际问题中,通过投入不同的成本,每个枢纽节点的容量可以达到不同的级别。另外,大多数现有枢纽选址模型的目标函数只考虑经济成本,很少有考虑出行时间(在少数情况下,它通常只作为一个约束使用[15])。最后,枢纽选址问题隶属于战略规划问题,因此其所参考的数据通常是对未来几年或十几年发展的预测结果,数据存在较大的不确定性,而大多数已有研究的模型均基于确定的数据输入。

表 5-1 总结了多模态枢纽选址问题和交通网络设计问题的相关研究,以及所考虑的性质/因素的比较。总的来说,已有研究通过少数简化的假设来考虑部分属性或其子集,这限制了模型在现实场景中的应用。本章提出的模型是第一个将最全面的性质集成到多模态枢纽选址问题中,旨在提供更贴近实际的实验结果。特别是考虑到了建设或扩建枢纽的位置及如何设计航空或铁路网络,这些都是国家层面的关键战略决策,涉及巨额的基础设施投资。

本章提出了单/多分配的空铁多模态枢纽选址问题模型。该模型包括一个由航空和铁路两种交通模式构成的枢纽-辐射网络,其中枢纽边只允许使用航空交通,而接入边则两种交通模式均可使用。为了满足节点对之间的出行需求,该模型也允许通过航空或铁路在辐射节点间建设直连边。在既有火车站也有机场的城市,乘客可以在付出一定换乘成本和时间的情况下,在两种交通方式间切换。在模型中,每个枢纽节点可以选择投入不同成本以建设不同级别的枢纽,从而有着不同的容量。此外,若干类型连边(如枢纽边,包括收集边和分发边的接入边,以及直连边)上的容量约束也被考虑。从乘客角度看,每条航线上的载客量由该航线上的航班数量决定。在航线上分配航班的总成本也被添加到模型的目标函数中。除总经济成本之外,总的(使用一个系数归一化后)运输时间也被添加到目标函数中。考虑到枢纽选址问题隶属于战略规划问题,其所参考的数据具有较大的不确定性,因此本研究将在多配置模型中考虑运输需求数据的不确定性。

表 5-1　多模态枢纽选址问题和交通网络设计问题的相关研究,以及所考虑的性质/因素的比较

文献或模型	路径结构	单/多配置	HubC	LinkC	HubL	DirL	TCT	TC	UD	运输需求结构
[139]	"S-H-H-S"	多配置						√		每个 OD 对
[140]	"S-H-H-S"	多配置						√		每个 OD 对
[141]	"S-H-H-S"	单配置						√		每个 OD 对
[142]	"S-H-H-S"	多配置					√	√		每个 OD 对
[143]	"S-H-H-S"	多配置		√			√			每个 OD 对
[144]	"S-H-H-S"	多配置		√		√				每个 OD 对
[57]	"S-H-H-S"	多配置				√				每个 OD 对
[15]	"S-H-H-S"	单配置					√	√		每个 OD 对
[137]	"S-H-H-S"	多配置		√						每个 OD 对
[145]	"S-H-H-S"	单配置	√	√	√					每个 OD 对
[146]	"S-H-S"	多配置	√	√						每个 OD 对
[147]	"S-H-H-S"	单配置					√			每个 OD 对
[148]	"S-H-H-S"	多配置						√	√	每个 OD 对
[135]	"S-H-H-S"	单配置	√							每个 OD 对
[136]	"S-H-H-S"	多配置						√		每个 OD 对
[138]	"S-H-S"	多配置	√	√						每个节点
[149]	"S-H-H-S"	多配置	√			√	√		√	每个 OD 对
新模型	"S-H-H-S"	单/多配置	√	√	√	√	√	√	√	每个 OD 对

注:① 在列"路径结构"中包含两种经过枢纽网络的路径结构,即"辐射-枢纽-枢纽-辐射(S-H-H-S)"和"辐射-枢纽-辐射(S-H-S)"。在其他列中,本研究使用以下缩写:HubC=Hub capacity(枢纽容量),LinkC=Link capacity(连边容量),HubL=Hub levels(枢纽级别),DirL=Direct links(直连边),TCT=Travel cost and time(运输成本和时间),TC=Transit cost(换乘成本),UD=Uncertain demands(不确定的运输需求)。② 符号"√"表示该文献考虑了对应的性质。

　　为了求解单配置问题,基于 $O(n^4)$ 变量的模型公式,引入了 Benders 分解算法。针对航路上航班数为整数的问题,提出了一种启发式算法以最优化求解 Benders 子问题。为了进一步提高算法的性能,在每次迭代中为主问题添加帕累托最优割(Pareto-optimal cuts)。由于 Benders 分解算法在大规模数据集上需要较长的运行时间,引入了一种变邻域搜索算法(VNS)来解决求解大规模问题,并开发了几个局部搜索算子来探索邻域解。为了在更大规模的实际算例(中国航空-铁路数据集)上评估模型的性能及验证第 4 章中高效压缩求解算法(EHLC)的通用性,也使用 EHLC 来对单配置模型进行求解,其中使用变邻域搜索算法来进行压缩问题的求解和原问题的再求解。

　　为了求解多分配问题,对第 3 章中提出的迭代网络设计算法(HUBBI)进行改造以使其适应本章中的问题。HUBBI 算法预先计算网络中节点对的质量,并将其用于指

导后续的迭代网络设计流程:给定包含 p 个枢纽的解,设计一个枢纽网络拓展算子来将枢纽网络扩大到 $p+1$ 个枢纽。最后,提出了两个重计算策略(MMHUBBI 与 MM-HUBBIDIRECT)来进一步提升 HUBBI 算法所得解的质量。为了评价模型和算法性能,本章以我国航空-铁路交通数据集为案例进行研究。

本章结构如下:第 5.1 节提出单配置空铁多模态枢纽选址问题模型;为了求解该单配置模型,相关求解算法将在第 5.2 节中给出;为了评估模型和算法性能,单配置模型在中国空铁交通数据集上的实验结果在第 5.3 节中展示;第 5.4 节提出不确定运输需求下多配置空铁多模态枢纽选址问题模型;为了求解该多配置模型,相关求解算法在第 5.5 节中给出;为了评估模型和算法性能,多配置模型在中国空铁交通数据集上的实验结果在第 5.6 节中展示;第 5.7 节将对本章进行总结。

5.1　单配置空铁多模态枢纽选址问题模型

本节为单配置问题提出两个模型,分别基于 $O(n^3)$ 和 $O(n^4)$ 变量。由于 Benders 分解算法(见第 5.2 节)的流程基于 $O(n^4)$ 变量模型设计,所以本研究在这里主要关注 $O(n^4)$ 变量模型。用 V 表示节点(城市)集合,每对节点 (i,j) 间运输需求为 w_{ij}。拥有机场的节点集合用 V_h 来表示,这些节点在航空网络中将成为潜在枢纽节点(本模型并不在铁路网络上建设枢纽网络,因为铁路网络拓扑结构并没有显著的枢纽–辐射性质)。相反,该模型将铁路线路作为网络中的接入边,并用 E 来表示所有被铁路连接的节点对集合。每对节点 (i,j) 间通过航空交通(或铁路)运输所需单位运输成本和运输时间分别用 c_{ij}^a 和 t_{ij}^a(c_{ij}^r 和 t_{ij}^r)来表示。与相关文献中通常出现的固定枢纽容量不同,在该模型中,枢纽的容量取决于其等级,本研究用 cap_{kl} 来表示节点 k 上级别为 l 的枢纽容量,而 H_{kl} 则为相对应的枢纽建设成本。除了枢纽节点容量之外,由航班数量决定的航空运输边容量也被纳入模型中,本研究用 $\text{cap}_{ij}^{a\text{link}}$ 和 f_{ij}^a 来表示边 (i,j) 上一趟航班所能运输的乘客数量与增加一趟航班所需的成本。此外,在直连边、收集边、枢纽边和分发边上的成本系数分别由 b^0,b^1,b^2,b^3 表示。如果一个辐射节点 i 通过铁路边被配置给枢纽 k,则乘客需要在枢纽 k 进行铁路和航空交通间的换乘,所需的换乘成本和时间分别为 c_k^u 和 t_k^u。为了对总成本和总运输时间进行求和,本研究使用系数 λ 对运输时间进行标准化。单配置模型中所有参数的介绍如表 5-2 所列。

除 $O(n^4)$ 变量模型外,本研究还为单配置空铁多模态枢纽选址模型提出了一个 $O(n^3)$ 变量模型,该模型的变量及描述如表 5-3 所列。本研究使用几个 0-1 变量来决定交通网络的结构:Z_{kl} 决定是否在节点 k 上建设级别为 l 的枢纽,d_{ij}^a 与 d_{ij}^r 决定是否在节点对 (i,j) 上建设航空/铁路直连边,X_{ik}^a 与 X_{ik}^r 决定是否通过航空/铁路边 (i,k) 将节点 i 配置给枢纽 k。航空边 (i,j) 上所增加的航班数量用 q_{ij}^a 来表示。注意到,对于每个 OD 对 (i,j),如果直连边比通过枢纽网络的路径更有竞争力,乘客们也可以选择航空或铁路的直连边。由于不再使用 $O(n^4)$ 变量 Y_{ijkm}^{aa},Y_{ijkm}^{ar},Y_{ijkm}^{ra},Y_{ijkm}^{r} 来确定每个

OD 对路径的选择,本研究需要几个额外的 $O(n^3)$ 变量来填补这一功能。$S_{ijk}^a(S_{ijk}^r)$ 用来决定 OD 对 (i,j) 是否使用航空(铁路)收集边 (i,k),$R_{ijm}^a(R_{ijm}^r)$ 用来决定 OD 对 (i,j) 是否使用航空(铁路)分发边 (i,k)。最后,从节点 i 出发通过枢纽边 (k,m) 的流量由 Y_{ikm} 表示。基于 $O(n^3)$ 变量的单配置空铁多模态枢纽选址模型可进行如下公式化:

表 5 - 2 单配置模型中的所有参数

参　数	描　　述
V	所有节点(城市)的集合
V_h	所有潜在枢纽(即有机场的城市)的集合
E	所有通过铁路连接的节点对的集合
c_{ij}^r	从节点 i 到节点 j 通过铁路的单位运输成本
t_{ij}^r	从节点 i 到节点 j 通过铁路的单位运输时间
c_{ij}^a	从节点 i 到节点 j 通过航空交通的单位运输成本
t_{ij}^a	从节点 i 到节点 j 通过航空交通的单位运输时间
cap_{kl}	节点 k 上级别为 l 的枢纽的容量
H_{kl}	在节点 k 上建设级别为 l 的枢纽所需要的成本
$\mathrm{cap}_{ij}^{\mathrm{alink}}$	边 (i,j) 上一趟航班所能运输的乘客数量
f_{ij}^a	边 (i,j) 上增加一趟航班所需要的成本
b^0	直连边 (i,j) 上的成本系数,即节点 i 和 j 均为辐射节点
b^1	收集边 (i,k) 上的成本系数,即只有节点 k 为枢纽节点
b^2	枢纽边 (k,m) 上的成本系数,即节点 k 和 m 均为枢纽节点
b^3	分发边 (m,j) 上的成本系数,即只有节点 m 为枢纽节点
c_k^u	在枢纽节点 k 上进行航空铁路间换乘的单位成本
t_k^u	在枢纽节点 k 上进行航空铁路间换乘的单位时间
w_{ij}	节点 i 到节点 j 的运输需求
λ	对总运输时间进行标准化的系数

表 5 - 3 单配置空铁多模态枢纽选址模型的 $O(n^3)$ 变量模型中的变量

变　量	描　　述
$Z_{kl} \in \{0,1\}$	是否在节点 k 上建设级别为 l 的枢纽
$q_{ij}^a \in z^+$	航空边 (i,j) 上所增加的航班数量
$d_{ij}^a \in \{0,1\}$	是否在节点对 (i,j) 上建设航空直连边
$d_{ij}^r \in \{0,1\}$	是否在节点对 (i,j) 上建设铁路直连边
$X_{ik}^a \in \{0,1\}$	是否通过航空边 (i,k) 间节点 i 配置给枢纽 k

变　量	描　述
$X_{ik}^r \in \{0,1\}$	是否通过铁路边(i,k)间节点i配置给枢纽k
$Y_{ikm} \in \mathscr{R}^+$	从节点i出发通过枢纽边(k,m)的流量
$S_{ijk}^a (S_{ijk}^r) \in \{0,1\}$	OD 对(i,j)是否使用航空（铁路）收集边(i,k)
$R_{ijm}^a (R_{ijm}^r) \in \{0,1\}$	OD 对(i,j)是否使用航空（铁路）分发边(i,k)

$P_{SA}(n^3)$：

$$\min \sum_{k \in V_h} \sum_l H_{kl} Z_{kl} + \sum_{i,j \in V_h, i \neq j} f_{ij}^a q_{ij}^a +$$

$$\sum_{i,j \in V, i \neq j} w_{ij} \left[((b^0 c_{ij}^a + \lambda t_{ij}^a) d_{ij}^a \text{ if } i,j \in V_h) + ((b^0 c_{ij}^r + \lambda t_{ij}^r) d_{ij}^r \text{ if } (i,j) \in E) \right] +$$

$$\sum_{i,j \in V, k \in V_h, i \neq j} w_{ij} \left[((b^1 c_{ik}^a + \lambda t_{ik}^a) S_{ijk}^a \text{ if } i \in V_h) + \right.$$

$$((b^1 c_{ik}^r + \lambda t_{ik}^r + c_k^u + \lambda t_k^u) S_{ijk}^r \text{ if } (i,k) \in E) +$$

$$((b^3 c_{kj}^a + \lambda t_{kj}^a) R_{ijk}^a \text{ if } j \in V_h) + ((b^3 c_{kj}^r + \lambda t_{kj}^r + c_k^u + \lambda t_k^u) R_{ijk}^r \text{ if } (m,j) \in E) \right] +$$

$$\sum_{i \in V, k, m \in V_h, k \neq m} (b^2 c_{km}^a + \lambda t_{km}^a) Y_{ikm} \tag{5.1}$$

$$\text{s. t.} \sum_{k \in V_h} X_{kk}^a = p \tag{5.2}$$

$$\sum_l Z_{kl} = X_{kk}^a \quad \forall k \in V_h \tag{5.3}$$

$$(d_{ij}^a \text{ if } i,j \in V_h) + (d_{ij}^r \text{ if } (i,j) \in E) +$$

$$\sum_{k \in V_h} ((S_{ijk}^a \text{ if } i \in V_h) + (S_{ijk}^r \text{ if } (i,k) \in E)) = 1 \quad \forall i,j \in V, i \neq j \tag{5.4}$$

$$\sum_{k \in V_h} ((X_{ik}^a \text{ if } i \in V_h) + (X_{ik}^r \text{ if } (i,k) \in E)) = 1 \quad \forall i \in V \tag{5.5}$$

$$(X_{ik}^a \text{ if } i \in V_h) + (X_{ik}^r \text{ if } (i,k) \in E) \leqslant X_{kk}^a \quad \forall i \in V, k \in V_h, i \neq k \tag{5.6}$$

$$(d_{ij}^a \text{ if } j \in V_h) + (d_{ij}^r \text{ if } (i,j) \in E) \leqslant 1 - (X_{ii}^a \text{ if } i \in V_h) \quad \forall i,j \in V, i \neq j \tag{5.7}$$

$$(d_{ij}^a \text{ if } i \in V_h) + (d_{ij}^r \text{ if } (i,j) \in E) \leqslant 1 - (X_{jj}^a \text{ if } j \in V_h) \quad \forall i,j \in V, i \neq j \tag{5.8}$$

$$S_{ijk}^a \leqslant X_{ik}^a \quad \forall i,k \in V_h, j \in V, i \neq j \tag{5.9}$$

$$S_{ijk}^r \leqslant X_{ik}^r \quad \forall i,j \in V, k \in V_h, (i,k) \in E, i \neq j \tag{5.10}$$

$$R_{ijm}^a \leqslant X_{jm}^a \quad \forall i \in V, j, m \in V_h, i \neq j \tag{5.11}$$

$$R_{ijm}^r \leqslant X_{jm}^r \quad \forall i,j \in V, m \in V_h, (m,j) \in E, i \neq j \tag{5.12}$$

$$\sum_{m \in V_h} Y_{ikm} = \sum_{j \in V, j \neq i} w_{ij} ((S_{ijk}^a \text{ if } i \in V_h) + (S_{ijk}^r \text{ if } (i,k) \in E)) \quad \forall i \in V, k \in V_h \tag{5.13}$$

$$\sum_{k \in V_h} Y_{ikm} = \sum_{j \in V, j \neq i} w_{ij} \left((R_{ijm}^a \text{ if } j \in V_h) + (R_{ijm}^r \text{ if } (m,j) \in E) \right) \quad \forall i \in V, m \in V_h$$

$$(5.14)$$

$$\sum_{i,j \in V, i \neq j} w_{ij} \left((S_{ijk}^a \text{ if } i \in V_h) + (S_{ijk}^r \text{ if } (i,k) \in E) \right) \leqslant \sum_l cap_{kl} Z_{kl} \quad \forall k \in V_h$$

$$(5.15)$$

$$\sum_{i \in V} Y_{ikm} + w_{km} d_{km}^a + \sum_{j \in V, j \neq k} w_{kj} S_{kjm}^a + \sum_{i \in V, i \neq m} w_{im} R_{imk}^a \leqslant cap_{km}^{a\,link} q_{km}^a \quad \forall k, m \in V_h, k \neq m$$

$$(5.16)$$

式(5.1)为模型的目标函数,它对包含建设枢纽成本、新增航班成本、运输成本(包括标准化后的运输时间)的总成本进行最小化。总枢纽个数在式(5.2)中被设置为 p。在式(5.3)中,每个枢纽只能选择一个级别。式(5.4)保证了每个 OD 对只能被一条直连边或者一条辐射—枢纽—枢纽—辐射路径所服务。式(5.5)保证了单配置约束,即每个节点只能通过航空或铁路被配置给一个且只有一个枢纽。式(5.6)保证了节点只能被配置给枢纽节点而非其他节点。式(5.7)和式(5.8)保证了直连边只能在辐射节点间建设。式(5.9)~式(5.12)保证了收集/分发边只有被建设之后才能被使用。式(5.13)和式(5.14)保证了每个节点对 (i,k) 和 (i,m) 的流平衡约束。式(5.15)和式(5.16)为枢纽节点和航空边上的容量限制约束。

虽然 $O(n^3)$ 变量模型需要更少的变量,用标准求解器对其求解时,有时会需要更短的时间,但该模型中的约束经常很松弛。此外,为了使用其他精确算法如 Benders 分解来求解枢纽选址问题,有着更紧约束的 $O(n^4)$ 变量模型往往更受青睐[19,29,34-35,89-91]。表 5-4 展示了 $O(n^4)$ 变量模型中所有变量及其描述。本研究使用几个 0-1 变量来决定交通网络结构:Z_{kl} 决定是否在节点 k 上建设级别为 l 的枢纽;$d_{ij}^a d_{ij}^r$ 决定是否在节点对 (i,j) 上建设航空/铁路直连边;X_{ik}^a 与 X_{ik}^r 决定是否通过航空/铁路边 (i,k) 将节点 i 配置给枢纽 k;$Y^a{}_{ijkm}$,Y_{ijkm}^{ar},Y_{ijkm}^{ra},Y_{ijkm}^{rr} 决定 OD 对 (i,j) 是否使用枢纽边 (k,m)。这里的标签 aa,ar,ra,rr 用来表示边 (i,k) 和 (m,j) 上的交通模式。最后,航空边 (i,j) 上所增加的航班数量用 q_{ij}^a 来表示。注意到,对于每个 OD 对 (i,j),如果直连边比通过枢纽网络的路径更有竞争力,乘客们也可以选择航空或铁路直连边。基于 $O(n^4)$ 变量的单配置空铁多模态枢纽选址模型可进行如下公式化:

表 5-4　$O(n^4)$ 变量的单配置模型中的所有变量

变　量	描　述
$Z_{kl} \in \{0,1\}$	是否在节点 k 上建设级别为 l 的枢纽
$q_{ij}^a \in Z^+$	航空边 (i,j) 上所增加的航班数量
$d_{ij}^a \in \{0,1\}$	是否在节点对 (i,j) 上建设航空直连边
$d_{ij}^r \in \{0,1\}$	是否在节点对 (i,j) 上建设铁路直连边
$X_{ik}^a \in \{0,1\}$	是否通过航空边 (i,k) 将节点 i 配置给枢纽 k

变 量	描 述
$X_{ik}^r \in \{0,1\}$	是否通过铁路边 (i,k) 将节点 i 配置给枢纽 k
$Y_{ijkm}^{aa}, Y_{ijkm}^{ar}, Y_{ijkm}^{ra}, Y_{ijkm}^{rr} \in \{0,1\}$	OD 对 (i,j) 是否使用枢纽边 (k,m)，这里的标签 aa, ar, ra, rr 用来表示边 (i,k) 和 (m,j) 上的交通模式

$P_{SA}^{det}(n^4)$:

$$\min \sum_{k \in V_h} \sum_l H_{kl} Z_{kl} + \sum_{i,j \in V_h, i \neq j} f_{ij}^a q_{ij}^a + \sum_{i,j \in V, i \neq j} w_{ij} \big[((b^0 c_{ij}^a + \lambda t_{ij}^a) d_{ij}^a \text{ if } i,j \in V_h) +$$

$$((b^0 c_{ij}^r + \lambda t_{ij}^r) d_{ij}^r \text{ if } (i,j) \in E) \big] + \sum_{i,j \in V, k,m \in V_h, i \neq k} w_{ij} \{ (b^1 c_{ik}^a + \lambda t_{ik}^a) [Y_{ijkm}^{aa} \text{ if } i,j \in V_h) +$$

$$(Y_{ijkm}^{ar} \text{ if } i \in V_h, (m,j) \in E) +$$

$$(b^1 c_{ik}^r + \lambda t_{ik}^r + c_k^u + \lambda t_k^u) [Y_{ijkm}^{ra} \text{ if } (i,k) \in E, j \in V_h) + (Y_{ijkm}^{rr} \text{ if } (i,k), (m,j) \in E)] \} +$$

$$\sum_{i,j \in V, k,m \in V_h, m \neq j} w_{ij} \{ (b^3 c_{mj}^a + \lambda t_{mj}^a) [Y_{ijkm}^{aa} \text{ if } i,j \in V_h) + (Y_{ijkm}^{ra} \text{ if } j \in V_h, (i,k) \in E)] +$$

$$(b^3 c_{mj}^r + \lambda t_{mj}^r + c_m^u + \lambda t_m^u) [Y_{ijkm}^{ar} \text{ if } i \in V_h, (m,j) \in E) + (Y_{ijkm}^{rr} \text{ if } (i,k), (m,j) \in E)] \} +$$

$$\sum_{i,j \in V, k,m \in V_h, k \neq m} w_{ij} (b^2 c_{km}^a + \lambda t_{km}^a) [Y_{ijkm}^{aa} \text{ if } i,j \in V_h) + (Y_{ijkm}^{ar} \text{ if } i \in V_h, (m,j) \in E) +$$

$$(Y_{ijkm}^{ra} \text{ if } j \in V_h, (i,k) \in E) + (Y_{ijkm}^{rr} \text{ if } (i,k), (m,j) \in E)] \tag{5.17}$$

$$\text{s. t.} \quad \sum_{k \in V_h} X_{kk}^a = p \tag{5.18}$$

$$\sum_l Z_{kl} = X_{kk}^a \quad \forall k \in V_h \tag{5.19}$$

$$(d_{ij}^a \text{ if } i,j \in V_h) + (d_{ij}^r \text{ if } (i,j) \in E) +$$

$$\sum_{k,m \in V_h} [(Y_{ijkm}^{aa} \text{ if } i,j \in V_h) + (Y_{ijkm}^{ar} \text{ if } i \in V_h, (m,j) \in E) +$$

$$(Y_{ijkm}^{ra} \text{ if } j \in V_h, (i,k) \in E) = 1 \quad \forall i,j \in V, i \neq j \tag{5.20}$$

$$\sum_{k \in V_h} [(X_{ik}^a \text{ if } i \in V_h) + (X_{ik}^r \text{ if } (i,k) \in E)] = 1 \quad \forall i \in V \tag{5.21}$$

$$(X_{ik}^a \text{ if } i \in V_h) + (X_{ik}^r \text{ if } (i,k) \in E) \leqslant X_{kk}^a \quad \forall i \in V, k \in V_h, i \neq k \tag{5.22}$$

$$(d_{ij}^a \text{ if } j \in V_h) + (d_{ij}^r \text{ if } (i,j) \in E) \leqslant 1 - X_{ii}^a \quad \forall i \in V_h, j \in V, i \neq j \tag{5.23}$$

$$(d_{ij}^a \text{ if } i \in V_h) + (d_{ij}^r \text{ if } (i,j) \in E) \leqslant 1 - X_{jj}^a \quad \forall i \in V, j \in V_h, i \neq j \tag{5.24}$$

$$\sum_{m \in V_h} [(Y_{ijkm}^{aa} \text{ if } j \in V_h) + (Y_{ijkm}^{ar} \text{ if } (m,j) \in E)] \leqslant X_{ik}^a \quad \forall i,k \in V_h, j \in V, i \neq j \tag{5.25}$$

$$\sum_{m \in V_h} [(Y_{ijkm}^{ra} \text{ if } j \in V_h) + (Y_{ijkm}^{rr} \text{ if } (m,j) \in E)] \leqslant X_{ik}^r \quad \forall i,j \in V, k \in V_h, (i,k) \in E, i \neq j \tag{5.26}$$

$$\sum_{k \in V_h} \left[(Y_{ijkm}^{aa} \text{ if } j \in V_h) + (Y_{ijkm}^{ra} \text{ if } (i,k) \in E) \right] \leqslant X_{jm}^{a} \quad \forall i \in V, j, m \in V_h, i \neq j$$

$$(5.27)$$

$$\sum_{k \in V_h} \left[(Y_{ijkm}^{ar} \text{ if } i \in V_h) + (Y_{ijkm}^{rr} \text{ if } (i,k) \in E) \right] \leqslant X_{jm}^{r} \quad \forall i, j \in V, m \in V_h, (m,j) \in E, i \neq j$$

$$(5.28)$$

$$\sum_{i,j \in V, m \in V_h, i \neq j} w_{ij} \left[(Y_{ijkm}^{aa} \text{ if } i,j \in V_h) + (Y_{ijkm}^{ar} \text{ if } i \in V_h, (m,j) \in E) + \right.$$
$$\left. (Y_{ijkm}^{ra} \text{ if } j \in V_h, (i,k) \in E) + (Y_{ijkm}^{rr} \text{ if } (i,k), (m,j) \in E) \right] \leqslant \sum_{l} cap_{kl} Z_{kl} \quad \forall k \in V_h$$

$$(5.29)$$

$$\sum_{i,j \in V, i \neq j} w_{ij} \left[(Y_{ijkm}^{aa} \text{ if } i,j \in V_h) + (Y_{ijkm}^{ar} \text{ if } i \in V_h, (m,j) \in E) + \right.$$
$$\left. (Y_{ijkm}^{ra} \text{ if } j \in V_h, (i,k) \in E) + (Y_{ijkm}^{rr} \text{ if } (i,k), (m,j) \in E) \right] +$$
$$\sum_{i \in V_h, j \in V, j \neq k} w_{kj} \left[(Y_{kjmi}^{aa} \text{ if } j \in V_h) + (Y_{kjmi}^{ar} \text{ if } (i,j) \in E) \right] +$$
$$\sum_{i \in V, j \in V_h, i \neq m} w_{im} \left[(Y_{imjk}^{aa} \text{ if } i \in V_h) + (Y_{imjk}^{ra} \text{ if } (i,j) \in E) \right] +$$
$$w_{km} d_{km}^{a} \leqslant cap_{km}^{a\,link} q_{km}^{a} \quad \forall k, m \in V_h, k \neq m$$

$$(5.30)$$

式(5.17)为模型的目标函数,它对包含建设枢纽成本、新增航班成本、运输成本(包括标准化后的运输时间)的总成本进行最小化。总枢纽个数在式(5.18)中被设置为 p,在式(5.19)中,每个枢纽只能选择一个级别。式(5.20)保证了每个 OD 对只能被一条直连边或者一条辐射—枢纽—枢纽—辐射路径所服务。式(5.21)保证了单配置约束,即每个节点都只能通过航空交通或铁路被配置给一个且只有一个枢纽。式(5.22)保证了节点只能被配置给枢纽节点而非其他节点。式(5.23)和式(5.24)保证了直连边只能在辐射节点间建设。式(5.25)~式(5.28)保证了收集/分发边只有被建设之后才能被使用。式(5.29)和式(5.30)为枢纽节点和航空交通边上的容量限制约束。

图 5-1 展示了一个包含 15 个节点的说明示例,它展示了不同级别枢纽容量、连边容量和运输时间在实际算例中的需求。考虑了这三个因素的解,不考虑连边容量的解和不考虑运输时间的解,在从左向右的三个子图中依次展示。在图 5-1(b)中,连边容量没有被考虑,枢纽节点相比图 5-1(a)分布得十分不均匀,并且天津有着远多于北京的辐射节点。在图 5-1(c)中,目标函数中没有考虑运输时间,所以大多数接入边都从航空交通(绿色实线)变为了铁路(蓝色虚线),并且所得的枢纽-辐射结构与图 5-1(b)十分相似。

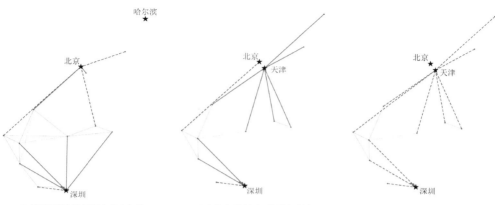

(a) 考虑了不同级别的枢纽容量、连边容量和运输时间所得的解   (b) 不考虑连边容量所得的解   (c) 不考虑运输时间所得的解

注：图中参数设置为 $p=3$，$b^2=0.5$，$b^0=6$ 和 $\lambda=15$。航空/铁路接入边分别用绿色实线/蓝色虚线表示，航空/铁路直连边分别用黄色虚线/红色虚线表示。注意到本示例中没有航空直连边，且枢纽边并没有被画出。在子图(a)中，枢纽节点北京、深圳和哈尔滨的级别分别为 2、2、1，这显示了不同级别枢纽容量的实际需求。此外，子图(a)避免了将两个相近航空枢纽设置在有着良好铁路连接的城市。

图 5 – 1　一个包含 15 个节点的说明示例

5.2　单配置模型的求解算法

基于第 5.1 节中的 $O(n^4)$ 变量模型提出一个 Benders 分解算法，以获得精确解（见第 5.2.1 小节）。Benders 分解将原问题分解为一个主问题（MP）和一个子问题（SP）。在每次迭代中，通过求解子问题的对偶问题（DSP），算法可以得到新约束 Benders 割，并将其添加到主问题中，原问题的上下界也随之更新。一旦所得上下界相等，便得到了原问题的最优解。除此之外，也设计了一个变邻域搜索算法（VNS），以在大规模实例上对单配置空铁多模态枢纽选址问题进行求解（见第 5.2.2 节）。变邻域搜索算法从一个初始解出发，通过搜索和改变当前解的邻域来探索局部最优解，并通过扰动来避免陷入局部最优[43-44]。最后，为了在更大规模的实际算例（中国航空-铁路数据集）上评估模型的性能及验证第 4 章中高效压缩求解算法（EHLC）的通用性，也使用 EHLC 来对单配置模型进行求解，其中使用变邻域搜索算法来进行压缩问题的求解和原问题的再求解。

5.2.1　Benders 分解

本小节为式(5.17)～式(5.30)添加一个新变量 T_{ik} 来确定收集边 (i,k) 上所通过的所有乘客流，旨在将枢纽节点上的容量约束留在主问题而非子问题中。之后，式(5.20)和式(5.29)可被如下约束替换：

$$T_{ik} = \sum_{j \in V, m \in V_h, i \neq j} w_{ij} \big[(Y_{ijkm}^{aa} \text{ if } i,j \in V_h) + (Y_{ijkm}^{ar} \text{ if } i \in V_h, (m,j) \in E) +$$

$$(Y_{ijkm}^{ra} \text{ if } j \in V_h, (i,k) \in E) + (Y_{ijkm}^{rr} \text{ if } (i,k), (m,j) \in E) \big] \quad \forall i \in V, k \in V_h$$

(5.31)

$$\sum_{j \in V, i \neq j} \big[(d_{ij}^a \text{ if } i,j \in V_h) + (d_{ij}^r \text{ if } (i,j) \in E) \big] w_{ij} + \sum_{k \in V_h} T_{ik} = O_i \quad \forall i \in V$$

(5.32)

$$T_{ik} \leqslant O_i (X_{ik}^a \text{ if } i \in V_h) + (X_{ik}^r \text{ if } (i,k) \in E) \quad \forall i \in V, k \in V_h \quad (5.33)$$

$$\sum_{i \in V} T_{ik} \leqslant \sum_l cap_{kl} Z_{kl} \quad \forall k \in V_h \quad (5.34)$$

通过将变量 $X_{ik}^a, X_{ik}^r, d_{ij}^a, d_{ij}^r, Z_{kl}, T_{ik}$ 设置为固定值 $\hat{X}_{ik}^a, \hat{X}_{ik}^r, \hat{d}_{ij}^a, \hat{d}_{ij}^r, \hat{Z}_{kl}, \hat{T}_{ik}$，便可得到如下子问题：

SP_{SA}：

$$\min \sum_{i,j \in V_h, i \neq j} f_{ij}^a q_{ij}^a + \sum_{i,j \in V, k, m \in V_h, i \neq k} w_{ij} \{ (b^1 c_{ik}^a + \lambda t_{ik}^a) \big[(Y_{ijkm}^{aa} \text{ if } i,j \in V_h) +$$

$$(Y_{ijkm}^{ar} \text{ if } i \in V_h, (m,j) \in E) + (b^1 c_{ik}^r + \lambda t_{ik}^r + c_k^u + \lambda t_k^u) \cdot$$

$$\big[(Y_{ijkm}^{ra} \text{ if } (i,k) \in E, j \in V_h) + (Y_{ijkm}^{rr} \text{ if } (i,k), (m,j) \in E) \big] \} +$$

$$\sum_{i,j \in V, k, m \in V_h, m \neq j} w_{ij} \{ (b^3 c_{mj}^a + \lambda t_{mj}^a) \big[(Y_{ijkm}^{aa} \text{ if } i,j \in V_h) +$$

$$(Y_{ijkm}^{ra} \text{ if } j \in V_h, (i,k) \in E) \big] + (b^3 c_{mj}^r + \lambda t_{mj}^r + c_m^u + \lambda t_m^u) \cdot$$

$$\big[(Y_{ijkm}^{ar} \text{ if } i \in V_h, (m,j) \in E) + (Y_{ijkm}^{rr} \text{ if } (i,k), (m,j) \in E) \big] \} +$$

$$\sum_{i,j \in V, k, m \in V_h, k \neq m} w_{ij} (b^2 c_{km}^a + \lambda t_{km}^a) \big[(Y_{ijkm}^{aa} \text{ if } i,j \in V_h) +$$

$$(Y_{ijkm}^{ar} \text{ if } i \in V_h, (m,j) \in E) + (Y_{ijkm}^{ra} \text{ if } j \in V_h, (i,k) \in E) +$$

$$(Y_{ijkm}^{rr} \text{ if } (i,k), (m,j) \in E) \big]$$

(5.35)

s. t. $\sum_{m \in V_h} \big[(Y_{ijkm}^{aa} \text{ if } j \in V_h) + (Y_{ijkm}^{ar} \text{ if } (m,j) \in E) \big] \leqslant \hat{X}_{ik}^a \quad \forall i, k \in V_h, j \in V, i, j$

(5.36)

$$\sum_{m \in V_h} \big[(Y_{ijkm}^{ra} \text{ if } j \in V_h) + (Y_{ijkm}^{rr} \text{ if } (m,j) \in E) \big] \leqslant \hat{X}_{ik}^r \quad \forall i, j \in V, k \in V_h, (i,k) \in E, i \neq j$$

(5.37)

$$\sum_{k \in V_h} \big[(Y_{ijkm}^{aa} \text{ if } j \in V_h) + (Y_{ijkm}^{ra} \text{ if } (i,k) \in E) \big] \leqslant \hat{X}_{jm}^a \quad \forall i \in V, j, m \in V_h, i \neq j$$

(5.38)

$$\sum_{k \in V_h} \big[(Y_{ijkm}^{ar} \text{ if } i \in V_h) + (Y_{ijkm}^{rr} \text{ if } (i,k) \in E) \big] \leqslant \hat{X}_{jm}^r \quad \forall i, j \in V, m \in V_h, (m,j) \in E, i \neq j$$

(5.39)

$$\hat{T}_{ik} = \sum_{j \in V, m \in V_h, i \neq j} w_{ij} \big[(Y_{ijkm}^{aa} \text{ if } i,j \in V_h) + (Y_{ijkm}^{ar} \text{ if } i \in V_h, (m,j) \in E) +$$

$$(Y_{ijkm}^{ra} \text{ if } j \in V_h, (i,k) \in E) + (Y_{ijkm}^{rr} \text{ if } (i,k), (m,j) \in E) \big] \quad \forall i \in V, k \in V_h$$

$$(5.40)$$

$$\sum_{i,j \in V, i \neq j} w_{ij} \big[(Y_{ijkm}^{aa} \text{ if } i,j \in V_h) + (Y_{ijkm}^{ar} \text{ if } i \in V_h, (m,j) \in E) +$$

$$(Y_{ijkm}^{ra} \text{ if } j \in V_h, (i,k) \in E) + (Y_{ijkm}^{rr} \text{ if } (i,k), (m,j) \in E) \big] +$$

$$\sum_{i \in V_h, j \in V, j \neq k} w_{kj} \big[(Y_{kjmi}^{aa} \text{ if } j \in V_h) + (Y_{kjmi}^{ar} \text{ if } (i,j) \in E) \big] +$$

$$\sum_{i \in V, j \in V_h, i \neq m} w_{im} \big[(Y_{imjk}^{aa} \text{ if } i \in V_h) + (Y_{imjk}^{ra} \text{ if } (i,j) \in E) \big] +$$

$$w_{km} \hat{d}_{km}^a \leqslant cap_{km}^{a\,\text{link}} q_{km}^a \quad \forall k, m \in V_h, k \neq m \tag{5.41}$$

为了提高算法的收敛速度,本研究为子问题 SP_{SA} 添加一个额外的约束如下:

$$\sum_{k,m \in V_h} \big[(Y_{ijkm}^{aa} \text{ if } i,j \in V_h) + (Y_{ijkm}^{ar} \text{ if } i \in V_h, (m,j) \in E) +$$

$$(Y_{ijkm}^{ra} \text{ if } j \in V_h, (i,k) \in E) + (Y_{ijkm}^{rr} \text{ if } (i,k), (m,j) \in E) \big] +$$

$$(\hat{d}_{ij}^a \text{ if } i,j \in V_h) + (\hat{d}_{ij}^r \text{ if } (i,j) \in E) = 1 \quad \forall i,j \in V, i \neq j \tag{5.42}$$

注意到变量 q_{ij}^a 取值为整数,通过将 q_{ij}^a 取值设为连续变量来对 SP_{SA} 进行松弛,所得松弛问题用 SP_{SA}^L 来表示。令 $\beta_{ijk}^2, \cdots, \beta_{ij}^8$ 为式(5.36)~式(5.42)的对偶变量,则 SP_{SA}^L 的对偶问题如下所示:

DSP_{SA}^L:

$$\max \sum_{k,m \in V_h, k \neq m} w_{km} \hat{d}_{km}^a \beta_{km}^7 + \sum_{i,j \in V, k \in V_h, i \neq j} \big[-(\hat{X}_{ik}^a \beta_{ijk}^2 \text{ if } i \in V_h) -$$

$$(\hat{X}_{ik}^r \beta_{ijk}^3 \text{ if } (i,k) \in E) - (\hat{X}_{jk}^a \beta_{ijk}^4 \text{ if } j \in V_h) - (\hat{X}_{jk}^r \beta_{ijk}^5 \text{ if } (k,j) \in E) \big] -$$

$$\sum_{i \in V, k \in V_h} \hat{T}_{ik} \beta_{ik}^6 + \sum_{i,j \in V, i \neq j} \big[1 - (\hat{d}_{ij}^a \text{ if } i,j \in V_h) - (\hat{d}_{ij}^r \text{ if } (i,j) \in E) \big] \beta_{ij}^8 \tag{5.43}$$

$$cap_{km}^{a\,\text{link}} \beta_{km}^7 \leqslant f_{km}^a \quad \forall k, m \in V_h, k \neq m \tag{5.44}$$

$$-\beta_{ijk}^2 - \beta_{ijm}^4 - w_{ij}\beta_{ik}^6 - w_{ij} \big[(\beta_{km}^7 \text{ if } k,m) + (\beta_{ik}^7 \text{ if } i,k) + (\beta_{mj}^7 \text{ if } j,m) \big] + \beta_{ij}^8 \leqslant$$

$$w_{ij} \big[(b^1 c_{ik}^a + \lambda t_{ik}^a) + (b^3 c_{mj}^a + \lambda t_{mj}^a) + (b^2 c_{km}^a + \lambda t_{km}^a) \big] \quad \forall i,j,k,m \in V_h, i \neq j$$

$$(5.45)$$

$$-\beta_{ijk}^2 - \beta_{ijm}^5 - w_{ij}\beta_{ik}^6 - w_{ij} \big[(\beta_{km}^7 \text{ if } k,m) + (\beta_{ik}^7 \text{ if } i,k) \big] +$$

$$\beta_{ij}^8 \leqslant w_{ij} \big[(b^1 c_{ik}^a + \lambda t_{ik}^a) + (b^3 c_{mj}^r + \lambda t_{mj}^r + c_m^u + \lambda t_m^u) +$$

$$(b^2 c_{km}^a + \lambda t_{km}^a) \big] \quad \forall i,k,m \in V_h, j \in V, (m,j) \in E, i \neq j \tag{5.46}$$

$$-\beta_{ijk}^3 - \beta_{ijm}^4 - w_{ij}\beta_{ik}^6 - w_{ij} \big[(\beta_{km}^7 \text{ if } k,m) + (\beta_{mj}^6 \text{ if } j,m) \big] + \beta_{ij}^8 \leqslant$$

$$w_{ij} \big[(b^1 c_{ik}^r + \lambda t_{ik}^r + c_k^u + \lambda t_k^u) + (b^3 c_{mj}^a + \lambda t_{mj}^a) +$$

$$(b^2 c_{km}^a + \lambda t_{km}^a) \big] \quad \forall i \in V, j,k,m \in V_h, i \neq j, (i,k) \in E \tag{5.47}$$

$$-\beta_{ijk}^3 - \beta_{ijm}^5 - w_{ij}\beta_{ik}^6 - w_{ij}\big[(\beta_{km}^7 \text{ if } k,m)\big] + \beta_{ij}^8 \leqslant w_{ij}\big[(b^1 c_{ik}^r + \lambda t_{ik}^r + c_k^u + \lambda t_k^u) +$$

$$(b^3 c_{mj}^r + \lambda t_{mj}^r + c_m^u + \lambda t_m^u) + (b^2 c_{km}^a + \lambda t_{km}^a)\big]$$

$$\forall i,j \in V, k,m \in V_h, i \neq j, (i,k), (m,j) \in E \tag{5.48}$$

通过求解上述 DSP_{SA}^L，算法可以得到 Benders 割。如果解得 DSP_{SA}^L 的最优解：

$$\eta_i \geqslant \sum_{j \in V, j \neq i}(w_{ij}d_{ij}^a\hat{\beta}_{ij}^7 \text{ if } i,j \in V_h) + \sum_{j \in V, k \in V_h, i \neq j}\big[-(X_{ik}^a\hat{\beta}_{ijk}^2 \text{ if } i \in V_h) -$$

$$(X_{ik}^r\hat{\beta}_{ijk}^3 \text{ if } (i,k) \in E) - (X_{jk}^a\hat{\beta}_{ijk}^4 \text{ if } j \in V_h) - (X_{jk}^r\hat{\beta}_{ijk}^5 \text{ if } (k,j) \in E)\big] - T_{ik}\hat{\beta}_{ik}^6 +$$

$$\sum_{j \in V, i \neq j}\big[1 - (d_{ij}^a \text{ if } i,j \in V_h) - (d_{ij}^r \text{ if } (i,j) \in E)\big]\hat{\beta}_{ij}^8, \quad \forall i \in V \tag{5.49}$$

如果 DSP_{SA}^L 无界，则

$$0 \geqslant \sum_{j \in V, j \neq i}(w_{ij}d_{ij}^a\hat{\beta}_{ij}^7 \text{ if } i,j \in V_h) + \sum_{j \in V, k \in V_h, i \neq j}\big[-(X_{ik}^a\hat{\beta}_{ijk}^2 \text{ if } i \in V_h) -$$

$$(X_{ik}^r\hat{\beta}_{ijk}^3 \text{ if } (i,k) \in E) - (X_{jk}^a\hat{\beta}_{ijk}^4 \text{ if } j \in V_h) - (X_{jk}^r\hat{\beta}_{ijk}^5 \text{ if } (k,j) \in E)\big] - T_{ik}\hat{\beta}_{ik}^6 +$$

$$\sum_{j \in V, i \neq j}\big[1 - (d_{ij}^a \text{ if } i,j \in V_h) - (d_{ij}^r \text{ if } (i,j) \in E)\big]\hat{\beta}_{ij}^8 \quad \forall i \in V \tag{5.50}$$

所得 Benders 割将在每次迭代中被添加到如下主问题中：

MP_{SA}：

$$\min \sum_{k \in V_h}\sum_l H_{kl}Z_{kl} + \sum_{i,j \in V, i \neq j}w_{ij}\big[((b^0 c_{ij}^a + \lambda t_{ij}^a)d_{ij}^a \text{ if } i,j \in V_h) +$$

$$((b^0 c_{ij}^r + \lambda t_{ij}^r)d_{ij}^r \text{ if } (i,j) \in E)\big] + \sum_{i \in V}\eta_i \tag{5.51}$$

$$\text{s.t.} \sum_{k \in V_h}X_{kk}^a = p \tag{5.52}$$

$$\sum_{j \in V, i \neq j}\big[(d_{ij}^a \text{ if } i,j \in V_h) + (d_{ij}^r \text{ if } (i,j) \in E)\big]w_{ij} + \sum_{k \in V_h}T_{ik} = O_i \quad \forall i \in V \tag{5.53}$$

$$T_{ik} \leqslant O_i(X_{ik}^a \text{ if } i \in V_h) + (X_{ik}^r \text{ if } (i,k) \in E) \quad \forall i \in V, k \in V_h \tag{5.54}$$

$$\sum_l Z_{kl} = X_{kk}^a \quad \forall k \in V_h \tag{5.55}$$

$$\sum_{k \in V_h}\big[(X_{ik}^a \text{ if } i \in V_h) + (X_{ik}^r \text{ if } (i,k) \in E)\big] = 1 \quad \forall i \in V \tag{5.56}$$

$$(X_{ik}^a \text{ if } i \in V_h) + (X_{ik}^r \text{ if } (i,k) \in E) \leqslant X_{kk}^a \quad \forall i \in V, k \in V_h, i \neq k \tag{5.57}$$

$$(d_{ij}^a \text{ if } j \in V_h) + (d_{ij}^r \text{ if } (i,j) \in E) \leqslant 1 - X_{ii}^a \quad \forall i \in V_h, j \in V, i \neq j \tag{5.58}$$

$$(d_{ij}^a \text{ if } i \in V_h) + (d_{ij}^r \text{ if } (i,j) \in E) \leqslant 1 - X_{jj}^a \quad \forall i \in V, j \in V_h, i \neq j \tag{5.59}$$

$$\sum_{i \in V}T_{ik} \leqslant \sum_l cap_{kl}Z_{kl} \quad \forall k \in V_h \tag{5.60}$$

关于整数变量 q_{ij}^a 的说明：上述流程均是在变量 q_{ij}^a 连续的前提下进行的，因此所得的最终解其实是原问题的一个下界。为了得到原问题正确的上界，算法需要求解整数变量 q_{ij}^a 下的 SP_{SA}。实际上，在求解主问题 MP_{SA} 后，子问题 SP_{SA} 的最优解已经固

定,本研究提出一个启发式算法来找到这个解,如算法 5 - 1 所示。综上所述,Benders 分解算法求解单配置空铁多模态枢纽选址问题的流程总结如下:

算法 5 - 1　求解整数变量 q_{ij}^a 下的 SP_{SA} 的启发式算法

输入:主问题 MP_{SA} 的解,即变量 X_{ik}^a,X_{ik}^r,d_{ij}^a,d_{ij}^r,Z_{kl},T_{ijk} 的值。

输出:整数变量 q_{ij}^a 下的 SP_{SA} 的最优解。

1:用 Assignment 和 AorR 来表示节点的配置和交通模态的列表,即如果 $X_{ik}^a + X_{ik}^r = 1$,则 Assignment[i] = k;如果 $\sum_{k \in V_h} X_{ik}^a = 1$,则 AorR[i] = 0;如果 $\sum_{k \in V_h} X_{ik}^r = 1$,则 AorR[i] = 1。

2:使用一个空矩阵 FlowLink 来表示每个航空边上的流量,使用 Hubs 来表示枢纽节点的集合。

3:**for** 每个 OD 对(i , j) **do**

4:　　令 k = Assignment[i], m = Assignment[j].

5:　　**if** $d_{ij}^a = d_{ij}^r = 0$ **then**

6:　　　　如果 AorR[i] = AorR[j] = 0,令 $Y_{ijkm}^{aa} = 1$。

7:　　　　如果 AorR[i] = 0, AorR[j] = 1,令 $Y_{ijkm}^{ar} = 1$。

8:　　　　如果 AorR[i] = 1, AorR[j] = 0,令 $Y_{ijkm}^{ra} = 1$。

9:　　　　如果 AorR[i] = AorR[j] = 1,令 $Y_{ijkm}^{rr} = 1$。

10:　　　　**if** AorR[i] = 0 且 $i \neq k$ **then**

11:　　　　　　令 FlowLink[i , k] = FlowLink[i , k] + $w[i, j]$.

12:　　　　**end if**

13:　　　　**if** AorR[j] = 0 且 $j \neq m$ **then**

14:　　　　　　令 FlowLink[m , j] = FlowLink[m , j] + $w[i, j]$.

15:　　　　**end if**

16:　　　　**if** $k \neq m$ **then**

17:　　　　　　令 FlowLink[k , m] = FlowLink[k , m] + $w[i, j]$.

18:　　　　**end if**

19:　　**elseif** $i \in V_h$ 且 $j \in V_h$ 且 $d_{ij}^a = 1$

20:　　　　令 $q_{i,j} = \mathrm{ceil}\left(\dfrac{w[i, j]}{\mathrm{cap}_{i,j}^{alink}}\right)$.

21:　　**end if**

22:**end for**

23:**for** $i \in V$ **do**

24:　　**if** AorR[i] = 0 且 $i \neq$ Assignment[i] **then**

25:　　　　令 $q_{i,\mathrm{Assignment}[i]} = \mathrm{ceil}\left(\dfrac{\mathrm{FlowLink}[i,\mathrm{Assignment}[i]]}{\mathrm{cap}_{i,\mathrm{Assignment}[i]}^{alink}}\right)$.

26:　　　　令 $q_{\mathrm{Assignment}[i],i} = \mathrm{ceil}\left(\dfrac{\mathrm{FlowLink}[\mathrm{Assignment}[i],i]}{\mathrm{cap}_{\mathrm{Assignment}[i],i}^{alink}}\right)$.

27:　　**end if**

28:**end for**

29:**for** $k \in$ Hubs **do**

30:　　**for** $m \in$ Hubs **do**

31:　　　　**if** $k \neq m$ **then**

32:　　　　　　令 $q_{k,m} = \mathrm{ceil}\left(\dfrac{\mathrm{FlowLink}[k,m]}{\mathrm{cap}_{k,m}^{alink}}\right)$.

33：　　　　end if

34：　　end for

35：end for

36：基于上述变量的值来计算目标函数值。

① 设置初始上下界，即 UB＝＋∞和 LB＝0。

② 如果 $\left|\dfrac{\mathrm{UB}-\mathrm{LB}}{\mathrm{UB}}\right|<\in$，终止算法，得到原问题的最终解。

③ 求解主问题 MP_{SA} 并得到其最优解的目标函数值 $\hat{v}_{MP_{SA}}$ 和变量值（包括 $\hat{\eta}_i$）。令 LB＝$\max(\mathrm{LB},\hat{v}_{MP_{SA}})$，并基于 MP_{SA} 的变量值来更新 DSP_{SA}^{L} 和 SP_{SA}。

④ 求解 DSP_{SA}^{L} 并通过式(5.49)和式(5.50)来生成新的 Benders 割。使用算法 5-1 来求解 SP_{SA}，并得到其最优解的目标函数值 $\hat{v}_{SP_{SA}}$。

⑤ 将新的 Benders 割添加到 MP_{SA}，令 UB＝$\min\left(\mathrm{UB},\hat{v}_{SP_2}+\hat{v}_{MP_{SA}}-\sum_{i\in V}\hat{\eta}_i\right)$。

⑥ 回到第②步。

帕累托最优割：为了进一步提升 Benders 分解的性能，把帕累托最优割应用到算法中。这些割是通过求解基于一个可行解(以 y^F 代替)构造的帕累托对偶子问题(ParetoDSP)。在每次迭代中，通过求解主问题 MP_{SA}，新生成的解 y^{MP} 被用来更新 y^F 的值：

$$y^F=(1-\tau)y^F+\tau y^{MP} \tag{5.61}$$

式中，$\tau\in[0,1]$是一个系数，在本章中对其取值 $\tau=0.5$。为了找到 y^F 的初始值，本研究提出一个启发式算法 5-2。基于上述修改，增强的 Benders 分解的流程如下：

算法 5-2　为 MP_{SA} 找到一个初始解的启发式算法

输入：一个网络实例，包含其节点集合 V、运输需求数据，以及不同运输模态的单位运输成本、时间等。

输出：主问题 MP_{SA} 的一个初始解。

1：令 PotentialHubs ＝ {有机场的节点} 和 InitialSpokes ＝ {没有机场的节点}。

2：从 PotentialHubs 中选择与 InitialSpokes 中所有节点都连接的节点，并以它们的运输需求进行排序。有着最大运输需求的 p 割节点被选作枢纽，令 Hubs 为枢纽节点的集合。

3：for $k\in$ Hubs do

4：　　令 $X_{kk}^{a}=1$.

5：end for

6：for $i\in V\backslash$Hubs do

7：　　生成一个空集 L_assign 来记录节点 i 的所有可能配置。

8：　　if 节点 i 有机场 then

9：　　　　令 $L\_assign = L\_assign\bigcup\{($边$(i,k)$上通过航空交通的单位运输成本$,k,0)$ for $k\in$Hubs}

10：　　end if

11：　　令 $L\_assign = L\_assign\bigcup\{($边$(i,k)$上通过铁路的单位运输成本$,k,1)$ for $k\in$Hubs 如果(i,k)通过铁路连接}.

12: 　　　从 L_assign 中选择一个有着足够大枢纽容量且单位运输成本最小的元素 ele。

13: 　　if $ele[2] == 0$ then

14: 　　　　令 $X_{i,ele[1]}^{a} = 1$

15: 　　else

16: 　　　　令 $X_{i,ele[1]}^{r} = 1$

17: 　　end if

18: end for

19: for $i \in V$ do

20: 　　for $j \in V$ do

21: 　　　　if $i \ne j$ then

22: 　　　　　为每个 OD 对 (i,j) 计算通过枢纽网络的运输成本 $Cost_{hub}$、通过航空直连边的运输成本 $Cost_{da}$ 和通过铁路直连边的运输成本，并对它们进行比较。

23: 　　　　　if $Cost_{hub}$ 最低 then

24: 　　　　　　令 $T_{ik} = T_{ik} + w_{ij}$.

25: 　　　　　else

26: 　　　　　　if $Cost_{da}$ 最低 then

27: 　　　　　　　令 $d_{ij}^{a} = 1$.

28: 　　　　　　else

29: 　　　　　　　令 $d_{ij}^{r} = 1$.

30: 　　　　　　end if

31: 　　　　　end if

32: 　　　　end if

33: 　　end for

34: end for

35: for $k \in$ Hubs do

36: 　　计算通过枢纽 k 的所有流量，找到满足枢纽 k 容量约束的最低级别 l，并令 $Z_{kl} = 1$.

37: end for

① 设置初始上下界，即 $UB = +\infty$ 和 $LB = 0$。通过算法 5-2 为主问题 MP_{SA} 找到一个初始可行解。

② 如果 $\left| \dfrac{UB - LB}{UB} \right| < \in$，终止算法，得到原问题的最终解。

③ 求解主问题 MP_{SA} 并得到其最优解的目标函数值 $\hat{v}_{MP_{SA}}$ 和变量值 $y^{MP_{SA}}$（包括 $\hat{\eta}_i$）。令 $LB = \max(LB, \hat{v}_{MP_{SA}})$。

④ 基于式（5.61）来更新 y^{F} 的值，基于 y^{F} 来生成帕累托最优对偶子问题并求解，基于式（5.49）～式（5.50）来生成新的帕累托最优割。

⑤ 基于 MP_{SA} 的变量值来更新 DSP_{SA}^{L} 和 SP_{SA}，求解 DSP_{SA}^{L} 并通过式（5.49）和式（5.50）来生成新的 Benders 割。使用算法 5-1 来求解 SP_{SA}，并得到其最优解的目标函数值 $\hat{v}_{SP_{SA}}$。

⑥ 将新的 Benders 割添加到 MP_{SA}，令 $UB = \min\left(UB, \hat{v}_{SP_2} + \hat{v}_{MP_{SA}} - \sum_{i \in V} \hat{\eta}_i\right)$。

⑦ 回到第②步。

主问题的额外约束：为了进一步加快算法的收敛速度，本研究为主问题添加一些额外的约束。

假设每个 OD 对 (i,j) 通过枢纽 (k,m) 的单位运输成本（包括标准化后的运输时间）为 F_{ijkm}^{aa}，F_{ijkm}^{ar}，F_{ijkm}^{ra}，F_{ijkm}^{rr}（上标表示不同的交通模态），随后 OD 对 (i,j) 通过枢纽网络的最小运输成本为：

$$\text{MC}_{ij} = \min(\bigcup_{k,m \in V_h} \{F_{ijkm}^{aa}, F_{ijkm}^{ar}, F_{ijkm}^{ra}, F_{ijkm}^{rr}\}), \forall i, j \in V, i \neq j \quad (5.62)$$

因此，本研究为 Benders 分解的主问题提出以下针对 η_i 的额外约束：

$$\eta_i \geqslant \sum_{j \in V, j \neq i} w_{ij} \text{MC}_{ij} [1 - (d_{ij}^a \text{ if } i,j \in V) - (d_{ij}^r \text{ if } (i,j) \in E)], \forall i \in V$$

$$(5.63)$$

此约束表示每个 OD 对通过枢纽网络的运输成本不可能比最低成本还低。通过添加该约束，算法的收敛速度会进一步提升。

对偶子问题的额外约束：受算法 5-1 启发，对偶子问题 DSP_{SA}^L 中一些变量的值也可以通过 MP_{SA} 的解很容易地确定下来。因此，算法在求解 DSP_{SA}^L 之前计算这些值，并将它们作为固定值输入到 DSP_{SA}^L 中。如此便能更快地对该对偶子问题进行求解。确定这些值的启发式算法详见算法 5-3。

算法 5-3　确定 DSP_{SA}^L 中一些变量值的启发式算法

输入：主问题 MP_{SA} 的解，即变量 X_{ik}^a，X_{ik}^r，d_{ij}^a，d_{ij}^r，Z_{kl}，T_{ijk} 的值。

输出：变量 β_{ij}^7，β_{ij}^8 的值。

1：用 Assignment 和 AorR 来表示节点的配置和交通模态的列表，即如果 $X_{ik}^a + X_{ik}^r = 1$，则 Assignment$[i] = k$；如果 $\sum_{k \in V_h} X_{ik}^a = 1$，则 AorR$[i] = 0$；如果 $\sum_{k \in V_h} X_{ik}^r = 1$，则 AorR$[i] = 1$。

2：**for** 每个 OD 对 (i,j) **do**

3：　　令 k = Assignment$[i]$，m = Assignment$[j]$．

4：　　**if** $d_{ij}^a = d_{ij}^r = 0$ **then**

5：　　　　计算 OD 对 (i,j) 通过枢纽对 (k,m) 的单位运输成本（包括标准化后的运输时间）F_{ijkm}．令 $\beta_{ij}^8 = F_{ijkm} * w_{ij}$．

6：　　**else** 如果 $i \in V_h$ 且 $j \in V_h$ and $d_{ij}^a = 1$

7：　　　　令 $\beta_{i,j}^7 = \dfrac{f_{ij}^a}{\text{cap}_{i,j}^{alink}}$．

8：　　**end if**

9：**end for**

10：**for** $i \in V$ **do**

11：　　**if** AorR$[i] = 0$ 且 $i \neq$ Assignment$[i]$ **then**

12：　　　　令 $\beta_{i,\text{Assignment}[i]}^7 = \dfrac{f_{i,\text{Assignment}[i]}^a}{\text{cap}_{i,\text{Assignment}[i]}^{alink}}$．

13：　　　　Let $\beta_{\text{Assignment}[i],i}^7 = \dfrac{f_{\text{Assignment}[i],i}^a}{\text{cap}_{\text{Assignment}[i],i}^{alink}}$．

14：　　　 end if

15：end for

16：for $k \in$ Hubs do

17：　　for $m \in$ Hubs do

18：　　　　if $k \neq m$ then

19：　　　　　　令 $\beta_{k,m}^{7} = \dfrac{f_{k,m}^{a}}{\mathrm{cap}_{k,m}^{alink}}.$

20：　　　　end if

21：　　end for

22：end for

5.2.2　变邻域搜索算法(VNS)

虽然精确算法保证了所得解的最优性,但当求解大规模问题时需要很长的时间。此外,本章中模型所包含的因素和约束使得其比已有研究的复杂性更高。为此,设计了一种快速变邻域搜索算法来解决这一问题。基于参考文献[43,110],采用以下几个局部搜索操作搜索问题的局部极小值:

①"删除直连边":这个操作尝试贪婪地对每个直连边进行删除。首先,算法对所有已连接的(航空/铁路)直连边按其运输成本(包括标准化后的运输时间)进行降序排列。然后,算法对直连边进行贪婪地移除,即只有移除操作能降低目标函数值时,该操作才会被执行。需要注意的是,每条直连边移除后其对应的运输需求需要经过枢纽网络的路径来满足,因此,相应的枢纽节点级别和航空边上的航班数量也需要一起修改。

②"添加直连边":这个操作尝试为那些没有直接连接的辐射节点对添加直连边。首先,算法将所有未连接的(航空/铁路)直连边按其运输成本(包括标准化后的运输时间)进行升序排列。然后,算法贪婪地添加直连边,即只有添加操作能降低目标函数值时,该操作才会被执行。需要注意的是,每条直连边添加后其对应的运输需求便不需要通过枢纽网络来满足了,因此,与操作"删除直连边"类似,相应的枢纽节点级别和航空边上的航班数量也需要一起修改。

③"修改运输模态":这个操作尝试为接入边修改运输模态。对于每个可以连接两种传输模态的接入边,算法模拟替换其运输模态。若该操作能降低当前目标函数值,则执行操作,否则保留之前的模态。注意,本操作并不会更改其他参数。

④"修改节点配置":这个操作尝试将每个辐射节点重新配置给不同的枢纽节点。首先,算法对所有辐射节点按照其总运输需求升序排列。然后,对于每个辐射节点,算法模拟将其重新配置到其他每个枢纽节点,并以目标函数的最大降幅来进行配置。注意,相应的枢纽节点级别和航空边上的航班数量也需要一并修改。

⑤"修改枢纽选址":这个操作尝试将每个枢纽节点与每个辐射节点交换。对于每个枢纽节点 h,算法模拟将其与每个辐射节点 s 交换角色。如果辐射节点 s 交换之前是被配置给枢纽 h 的,则将原配置到枢纽 h 的所有节点都重新配置给 s;否则,算法将

原配置到枢纽 h 的所有节点重新配置给最近的枢纽(包括新枢纽 s)。修改后的接入边的运输模态需要通过比较运输成本(包括标准化的运输时间)来确定。最后,算法选择对目标函数值降低幅度最大的操作来执行。注意,相应的枢纽节点级别、航空边上航班数量和直连边的连接情况也需要一并修改。

如第 2.3.2 小节所述,参考文献[43]提出了三种类型的变邻域搜索算法:序列 GVNS(Sequential GVNS,Seq-GVNS),嵌套 GVNS(Nested GVNS,Nest-GVNS)及混合 GVNS(Mixed GVNS,Mix-GVNS)。Seq-GVNS 按照序列依次运行每个局部搜索算子,它需要最短的运行时间但却只能探索到最少的邻域解;Nest-GVNS 将所有算子以一种嵌套的结构组合起来,它能探索到大量的邻域解但会耗费很长的时间;因此,本研究选择第三种策略 Mix-GVNS,它在运行时间和探索领域解的规模间取得了平衡。Mix-VNS 的全部流程见算法 5-4。操作"修改枢纽选址"被用于在嵌套层次生成邻域解(见算法 5-4 的第 5~8 行)。其他的操作被依次用来为每个邻域解进行局部搜索(见算法 5-4 的第 9~24 行)。注意,该算法可能会陷入某种局部极小值(在该极小值上枢纽节点的级别低于其在最优解中的级别)中。为了帮助算法跳出局部极小值,算法模拟为每个(非最高级别的)枢纽节点提升一级,并再次执行上述局部搜索(见算法 5-4 的第 30~37 行)。如果在特定连续次迭代中当前解没有改进,则终止算法。

算法 5-4   Mix-VNS 求解单配置空铁多模态枢纽选址问题的流程

输入:一个网络实例,包含其节点集合 V、运输需求数据、不同运输模态的单位运输成本、时间等,以及最大迭代次数 $iter_{max}$、无改进的最大迭代次数 $iter_{imp}$。

输出:问题的最终解。

1: 用算法 5-1 和 5-2 来为问题生成一个初始解。用 $\mathcal{H}^0$,$\mathcal{L}^0$,Obj^0 来分别表示对应的枢纽节点集合、不同类型连边的集合和目标函数值,令 $\mathcal{H}=\mathcal{H}^0$,$\mathcal{L}=\mathcal{L}^0$,$Obj=Obj^0$,$r=1$ 和 $flag=0$.

2: **while** $r <$ $iter_{max}$ **do**

3:    对解 $\mathcal{H}^0$,$\mathcal{L}^0$,Obj^0 进行扰动,即用一个辐射节点替换一个枢纽节点,新生成的解以 $\mathcal{H}^{shake}$,$\mathcal{L}^{shake}$,Obj^{shake} 来表示。

4:    令 $Spokes = V \backslash \mathcal{H}^0$.

5:    **for** 每个 $h \in \mathcal{H}^0$ **do**

6:       **for** 每个 $i \in Spokes$ **do**

7:          用节点 i 来替换枢纽 h,用 $\mathcal{H}^c$,$\mathcal{L}^c$ 来表示新生成的枢纽节点和连边的集合。

8:          计算新生成解的目标函数值 Obj^c 并令 $j=1$。

9:          **while** $j < 6$ **do**

10:             **if** $j == 1$ **then**

11:                执行操作"删除直连边"。

12:             **end if**

13:             **if** $j == 2$ **then**

14:                执行操作"添加直连边"。

15:             **end if**

16:             **if** $j == 3$ **then**

17：　　　　　　　　　　执行操作"修改运输模态"来修改接入边上的运输模态。

18：　　　　　end if

19：　　　　　if $j == 4$ then

20：　　　　　　　执行操作"修改节点配置"来修改辐射节点的配置。

21：　　　　　end if

22：　　　　　if $j == 5$ then

23：　　　　　　　执行操作"修改枢纽选址"来修改枢纽节点的位置。

24：　　　　　end if

25：　　　　　令 $j = j + 1$，并用 $\mathscr{H}^n$，$\mathscr{L}^n$ 和 Obj^n 分别表示当前枢纽节点集合、不同类型连边的集合和目标函数值。

26：　　　　　if $\mathrm{Obj}^n < \mathrm{Obj}^c$ then

27：　　　　　　　令 $\mathrm{Obj}^c = \mathrm{Obj}^n$，$\mathscr{H}^c = \mathscr{H}^n$，$\mathscr{L}^c = \mathscr{L}^n$ 和 $j = 1$。

28：　　　　　end if

29：　　　end while

30：　　　for $h \in \mathscr{H}^c$ do

31：　　　　　if 当前枢纽 h 并非为最高级别 then

32：　　　　　　　对枢纽节点 h 提升一级，再次执行第 9～29 步，令 Obj^{c2}，$\mathscr{H}^{c2}$，$\mathscr{L}^{c2}$ 表示输出的解。

33：　　　　　　　if $\mathrm{Obj}^{c2} < \mathrm{Obj}^c$ then

34：　　　　　　　　　令 $\mathrm{Obj}^c = \mathrm{Obj}^{c2}$，$\mathscr{H}^c = \mathscr{H}^{c2}$，$\mathscr{L}^c = \mathscr{L}^{c2}$。

35：　　　　　　　end if

36：　　　　　end if

37：　　　end for

38：　　　if $\mathrm{Obj}^c < \mathrm{Obj}$ then

39：　　　　　令 $\mathrm{Obj} = \mathrm{Obj}^c$，$\mathscr{H} = \mathscr{H}^c$，$\mathscr{L} = \mathscr{L}^c$ 和 $\mathrm{flag} = 1$。

40：　　　else

41：　　　　　令 $\mathrm{flag} = \mathrm{flag} + 1$。

42：　　　end if

43：　　　if $\mathrm{flag} \geq \mathrm{iter}_{imp}$ then

44：　　　　　if $\mathrm{Obj} < \mathrm{Obj}^0$ then

45：　　　　　　　令 $\mathrm{Obj}^0 = \mathrm{Obj}$，$\mathscr{H}^0 = \mathscr{H}$ 和 $\mathscr{L}^0 = \mathscr{L}$。

46：　　　　　end if

47：　　　　　return

48：　　　end if

49：　　end for

50：　end for

51：if $\mathrm{Obj} < \mathrm{Obj}^0$ then

52：　令 $\mathrm{Obj}^0 = \mathrm{Obj}$，$\mathscr{H}^0 = \mathscr{H}$ 和 $\mathscr{L}^0 = \mathscr{L}$。

53：end if

54：end while

5.2.3　高效压缩求解算法(EHLC)

与现有研究的模型相比,本章所提出的单配置空铁多模态枢纽选址模型考虑更多的实际因素/约束,因此能更贴切地模拟实际情况,但同时也大幅提高了其求解复杂度。变邻域搜索算法(VNS)可为较大规模的算例(70个节点以内)提供高质量的解,但若继续增大算例规模,该算法所需的求解时间延长很多。为了评估本模型在我国实际空铁数据集(包含346个节点)中的性能,同时也为了进一步验证第4章高效压缩求解算法(EHLC)的通用性,本小节将此算法应用于本模型的求解中。如第4.1节所示,EHLC的求解过程包含"压缩—求解—重写—再求解"四个步骤。下面,本小节也将按照这四个步骤来对EHLC求解单配置空-铁多模态枢纽选址模型的过程进行介绍:

① 压缩:与枢纽选址问题基础模型相比,本章模型中包含更多的参数和约束,因此在压缩的过程中,也需要对它们从原始网络向压缩网络进行映射。依然使用函数 $f:V \to V$ 来表示从原网络到压缩网络的映射,即 $f(i)=s$ 表示原网络中节点 i 被映射到压缩网络中的节点 s 。那么执行压缩后,压缩节点 m,s 间的各个参数值便为:

$$w_{ms}^* = \sum_{j \in f^{-1}(s)} w_{mj} + \sum_{i \in f^{-1}(m)} w_{is} - w_{ms} = \sum_{i \in f^{-1}(m), j \in f^{-1}(s)} w_{ij} \quad \forall m,s \in V^* \quad (5.64)$$

$$c_{ms}^{r*} = c_{ms}^r \quad \forall m,s \in V^* \quad (5.65)$$

$$t_{ms}^{r*} = t_{ms}^r \quad \forall m,s \in V^* \quad (5.66)$$

$$c_{ms}^{a*} = c_{ms}^a \quad \forall m,s \in V^* \quad (5.67)$$

$$t_{ms}^{a*} = t_{ms}^a \quad \forall m,s \in V^* \quad (5.68)$$

$$cap_{ml}^* = cap_k \quad \forall m \in V^*, l \quad (5.69)$$

$$H_{ml}^* = H_{ml} \quad \forall m \in V^*, l \quad (5.70)$$

$$cap_{ms}^{alink*} = cap_{ms}^{alink} \quad \forall m,s \in V^* \quad (5.71)$$

$$f_{ms}^{a*} = f_{ms}^a \quad \forall m,s \in V^* \quad (5.72)$$

$$c_m^{u*} = c_m^u \quad \forall m \in V^* \quad (5.73)$$

$$t_m^{u*} = t_m^u \quad \forall m \in V^* \quad (5.74)$$

② 求解:在生成压缩网络之后,需要使用现有算法对其进行求解。在这里,为了能在可接受的时间内为中国实际航空-铁路数据集(包含346个节点)提供高质量解,本小节使用变邻域搜索算法(VNS,见第5.2.2节和算法5-4)来求解压缩问题。

③ 重写:在为压缩网络找到解后,EHLC需要将其重写到原网络中,以获得原问题的可行解。在第4章中,针对标准枢纽选址问题的重写需要对 V/V^* 中的节点进行重配置。但在本章中,对于一个给定枢纽节点集合,本研究可以使用算法5-1和算法5-2来为其生成可接受质量的解。因此,这里便基于压缩网络中的枢纽集合来为原问题生成初始解。

④ 再求解:在为原网络得到重写解后,EHLC需要将其输入VNS并进行再求解。其具体过程可参考算法5-4,需要注意的是,该算法的初始解来自于外部输入的重写解,而非其自己生成。

5.3   单配置模型实验评估与分析

为了评估单配置空–铁多模态枢纽选址模型和相应求解算法的性能,本研究使用一个包含中国 346 个城市的交通数据集作为研究实例。在此基础上,选择其中人口最多的前 n 个城市来生成规模较小的数据集[14]。模型中经济成本和时间的单位分别是元(人民币)和小时,其他参数设置如下:

① 每对城市间的运输需求基于参考文献[150]中提出的辐射模型(radiation model)来进行估算:

$$w_{ij} = O_i \frac{m_i n_j}{(m_i + s_{ij})(m_i + n_j + s_{ij})}, \forall i, j \in V, i \neq j \quad (5.75)$$

令 d_{ij} 为城市 i 和 j 间的距离,而 m_i, n_j 和 s_{ij} 分别为城市 i 的人口、城市 j 的人口和以城市 i 为圆心、以 d_{ij} 为半径的圆中的总人口;O_i 为从城市 i 出发的总运输需求。注意,本章中的自流量(即城 i 到城市 i 或城市 j 到城市 j 的运输需求)被设置为零。

② 在一个节点上不同级别枢纽所需的成本及对应级别的容量约束基于参考文献[20]所提出的方法来计算:

$$H_{kl} = \frac{l}{5}\left(1 - \frac{3c_{kh}^a}{5\max_{i \in V} c_{ih}^a}\right)\left(\sum_{i,j \in V}(b^1 c_{ih}^a + b^3 c_{hj}^a - b^2 c_{ij}^a)\right)\Big/p \quad \forall k \in V_h, l \in \{1,2,3,4,5\}$$

(5.76)

$$\mathrm{cap}_{kl} = \frac{l}{5}\left(\frac{n}{p} + \frac{3c_{kh}^a O_k}{5\max_{i \in V} c_{ih}^a \max_{i \in V} O_i}\right) \quad \forall k \in V_h, l \in \{1,2,3,4,5\}$$

(5.77)

式中,h 表示距离整个地图中心最近的节点,且本章中每个枢纽有 5 个级别可以选择。

③ 在一个枢纽节点进行空铁换乘的时间和经济成本由该城市所有对(机场,火车站)间市内交通的平均时间和平均距离来计算。用 dis_k^u 来表示为城市 k 所计算的平均距离,则对应的换乘经济成本如下:

$$c_k^u = \begin{cases} 13 & \text{如果 } \mathrm{dis}_k^u \leqslant 3 \text{ km} \\ 13 + 2.3(\mathrm{dis}_k^u - 3) & \text{否则} \end{cases} \quad \forall k \in V_h \quad (5.78)$$

本章所有算法均使用 Python 3 来实现,并在一个配置为 Intel Core i5-4310M CPU(2.7 GHz)和 16 GB RAM 的笔记本电脑上运行。为了公平地比较各算法的性能,所有程序都使用一个线程来运行。Benders 分解算法的主问题和松弛对偶子问题等都使用数学规划求解器 CPLEX 来进行求解。

5.3.1   小规模算例实验结果

在第一组实验中,本研究将在小规模网络上比较算法的性能。规模为 $n \in \{5, 10, 15\}$ 的子数据集在限定 5 个小时内被求解,参数设置为 $b^2 = 0.5, p \in \{2, 3, 4\}, b^0 \in$

$\{2,4\}$ 和 $\lambda=50$ 元/小时。本研究使用 CPLEX 求解 $O(n^4)$ 变量和 $O(n^3)$ 变量模型,并作为其余算法(Benders 分解算法和 VNS)的比较基准。相关的实验结果如表 5-5 所列,其中对每个算法的求解时间、解的间隙和内存使用量进行了展示。注意到三个精确算法(CPLEXn3、CPLEXn4 和 Benders 分解)的解间隙为它们所得解的上下界的间隙,而 VNS 的解间隙为所得解上界与最优解的间隙。表 5-5 中的结果可归纳如下:

表 5-5　在小规模网络上四个算法(CPLEXn3、CPLEXn4、Benders 分解与 VNS)的比较

n	p	b^0	CPLEXn3 时间/秒 间隙/%	内存/MB	CPLEXn4 时间/秒 间隙/%	内存/MB	Benders 分解 时间/秒 间隙/%	内存/MB	VNS 时间/秒	间隙/%	内存/MB
5	2	2	1.0	125.9	1.7	130.2	1.5	131.5	0.2	(0.00)	105.5
5	2	4	1.2	126.6	1.4	130.6	1.5	130.7	0.1	(0.53)	105.4
5	3	2	1.7	126.1	1.2	129.6	1.1	132.0	0.1	(0.00)	105.8
5	3	4	1.2	125.5	0.9	128.9	0.7	131.3	0.1	(0.00)	105.5
5	4	2	0.4	127.8	0.2	126.2	0.5	129.5	0.1	(0.00)	105.4
5	4	4	0.5	127.9	0.3	126.0	0.4	129.8	0.0	(0.00)	105.8
10	2	2	(0.23)	4 225.5	117.6	200.2	89.2	221.4	1.6	(0.00)	107.3
10	2	4	65.1	200.4	67.5	200.7	26.4	221.1	0.6	(0.39)	107.4
10	3	2	219.8	302.9	154.3	217.8	71.5	224.2	1.3	(1.22)	107.3
10	3	4	20.6	148.9	57.6	198.8	24.4	221.9	1.0	(0.00)	107.3
10	4	2	530.3	340.1	104.4	210.4	33.1	227.7	2.2	(1.76)	107.7
10	4	4	59.1	167.6	90.9	207.1	25.0	221.5	1.8	(0.46)	107.3
15	2	2	T	7 983.3	2 950.4	675.5	1 643.8	926.6	3.0	(2.60)	110.7
15	2	4	M	16 000.0	1 662.6	474.9	360.0	614.2	4.0	(0.42)	110.4
15	3	2	M	16 000.0	1 811.2	510.2	674.7	678.6	11.4	(0.00)	110.5
15	3	4	M	16 000.0	1 241.7	505.4	425.8	591.7	12.4	(0.49)	110.5
15	4	2	T	7 391.7	2 589.4	905.6	1 541.5	606.3	7.0	(2.37)	110.2
15	4	4	T	9 399.5	1 264.0	525.8	1 184.5	618.5	5.8	(0.40)	110.5

注:表中选择的参数为 $n\in\{5,10,15\}$,$b^2=0.5$,$b^0\in\{2,4\}$ 和 $\lambda=50$ 元/小时。注意到三个精确算法 (CPLEXn3、CPLEXn4、Benders 分解)的解间隙为它们所得解的上下界的间隙,而 VNS 的解间隙为所得解上界与最优解的间隙。如果一个实例被一个精确算法求解得到的解间隙<0.1%,则将对应的求解时间展示在列"时间/秒　间隙/%"中;否则便在该列显示加粗加括号的解间隙。如果一个算法用尽了所给的 5 小时且没有给出任何可行解,则在列"时间/秒　间隙/%"中对应的位置用符号"T"来表示。如果一个算法用尽了所有 16 GB 的内存,则在列"时间/秒　间隙/%"中对应的位置用符号"M"来表示。VNS 的求解时间和内存用量在两个单独的列中分别显示。

① CPLEXn4 与 Benders 分解在 3 000 秒内用 1 000 MB 以内的内存为所有小规模实例给出了最优解。当数据集的规模增大时,Benders 分解在求解时间上的优势逐渐变大,当 $n=15$ 时,Benders 分解相比 CPLEXn4 的增速可达 2~5 倍。

② CPLEXn3 在某些实例上表现较优,但是在其他的情况下,CPLEXn3 表现出很差的性能,在 $n=15$ 的情况下,CPLEXn3 甚至不能给出任何可行解。其原因是 $O(n^3)$ 变量模型中的约束比 $O(n^4)$ 模型中的约束更松,从而导致前者显著更慢的收敛速度。

③ 当参数 b^0 值更小时,所有精确算法需要更长的求解时间。原因是更大的 b^0 值增大了通过枢纽网络路径和直连边路径的成本差异,因此缩短了算法的收敛时间。参数 b^0 的值对 VNS 的性能并没有显著影响。

④ VNS 为大多数实例提供了(近)最优解或(近)当前最优解。与精确算法相比,它在所有情况下的求解时间都短得多。在极少数情况下,它所提供的解有着较大的间隙,如 $n=15$,$p=2$,$b^0=2$ 时解的间隙为 2.60%。

⑤ 当求解时间更长时,CPLEXn3 的内存用量显著增长,而 CPLEXn4 和 Benders 分解的内存增长则慢得多。当增大数据集规模时,VNS 的内存用量只是稍微增长。

总的来说,与 CPLEX 相比,Benders 分解即使在小规模数据集上也提供了显著的求解增速。VNS 则可以用比精确算法更短的时间和更少的内存来为大多数实例提供近最优解。

5.3.2 上下界收敛

通过将整个的求解时间细分为解的上下界收敛过程,本节将对第 5.3.1 小节中的结果做进一步分析,所得的结果如图 5-2 所示。所得结论如下:

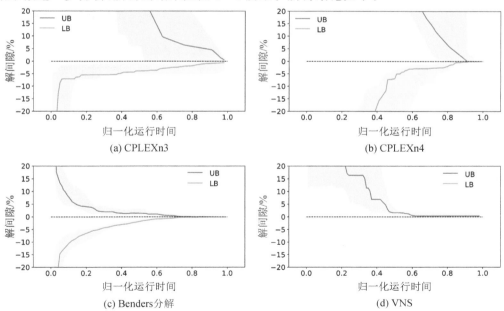

(a) CPLEXn3

(b) CPLEXn4

(c) Benders分解

(d) VNS

注:参数选择为 $n \in \{5,10,15\}$,$b^2 = 0.5$,$p \in \{2,3,4\}$,$b^0 \in \{2,4\}$ 和 $\lambda = 50$ 元/小时(除去 CPLEXn3 求解 $n=15$ 的情况)。每个实例的求解时间被归一化到区间 $[0,1]$,即 $0 =$ 开始,$1 =$ 结束。上下界的中位数由蓝色/橙色实线来表示,而阴影区域表示对应的置信区间。自然地,上界永远非负而下界永远非正。

图 5-2 四个算法在一些实例上的上下界收敛过程

① 与其他两个精确算法相比,CPLEXn3 在相对更短的时间内提供了一个与最优解相近的下界;其上界则在程序大约三分之二的时间内都与最优解相距甚远。基于此,可以认为 CPLEXn3 的弱点在于无法快速提供优良的上界。

② CPLEXn4 将大部分时间花在寻找第一个可行解,而这个解在最后很快地收敛到了最优解。

③ Benders 分解的上下界以相近的速度收敛（两者都快于 CPLEXn3 与 CPLEXn4）。又由于 Benders 分解的总求解时间也短于 CPLEXn3 与 CPLEXn4,所以即使进一步缩短求解时间的限制,Benders 分解依然可以在远短于 CPLEXn3 与 CPLEXn4 的时间内提供可接受的解。

④ VNS 花了大约总时间的一半来提供一个可接受质量（<5%）的上界,而剩余时间中的迭代对进一步改进解的质量通常并没有显著的作用。

总的来说,标准求解器为本问题提供高质量的上界会更有难度,而 Benders 分解在上下界收敛的时间方面保持了一个均衡。

5.3.3 大规模算例实验结果

第 5.3.1 小节中,CPLEXn4 与 Benders 分解均为 $n\leqslant15$ 情况下的小规模实例提供了最优解。当数据集规模增大时,这些算法的求解时间很快延长。所以,本小节将在更大规模的数据集上将它们与 VNS 相比较。本小节中的实验参数选择为 $n\in\{20,25\}$,$b^2=0.5,p\in\{2,3,4\},b^0\in\{2,4\}$ 和 $\lambda=50$ 元/小时。所得实验结果如表 5 - 6 所列,其中比较了最优目标函数值、求解时间、解间隙和内存使用量。所得结论如下:

表 5 - 6 CPLEXn4,Benders 分解和 VNS 在更大规模数据集上的比较

n	p	b^0	最优目标函数值	CPLEXn4			Benders			VNS		
				解间隙/%	时间/秒	内存/MB	解间隙/%	时间/秒	内存/MB	解间隙/%	时间/秒	内存/MB
20	2	2	6 772 693 340.0	0.01	3 649.4	1 408.0	0.02	6 478.3	2 350.1	2.42	8.2	112.9
20	2	4	8 465 254 854.0	0.01	5 248.5	1 410.1	0.01	8 534.7	2 103.0	0.34	10.1	112.8
20	3	2	7 532 760 738.1	0.01	12 286.5	1 454.5	0.01	14 784.0	2 048.1	0.50	23.0	113.1
20	3	4	8 997 288 699.5	2.03	18 007.3	1 831.0	0.00	8 642.6	1 899.8	0.31	18.3	113.4
20	4	2	7 830 991 197.0	9.48	18 007.1	2 089.8	0.01	8 356.2	2 038.8	0.18	22.5	112.6
20	4	4	9 192 229 130.4	0.01	13 530.3	1 743.8	0.01	10 080.5	1 520.0	0.93	24.0	113.3
25	2	2	7 472 984 488.6	T	18 075.7	4 396.7	12.77	18 071.7	6 406.3	0.00	54.0	116.0
25	2	4	9 424 488 820.2	T	18 074.0	4 396.3	12.44	18 067.0	7 134.5	0.00	53.3	115.6
25	3	2	7 713 179 031.2	T	18 041.0	4 433.7	4.94	18 067.9	11 022.0	0.00	41.9	115.6
25	3	4	10 239 951 422.3	T	18 038.5	4 431.6	21.06	18 070.1	4 699.2	0.00	27.4	116.0
25	4	2	8 428 972 063.3	T	18 039.2	4 442.5	40.63	18 056.5	10 071.6	0.00	96.5	115.9
25	4	4	9 566 220 786.2	T	18 039.8	4 443.5	1.94	18 066.3	4 395.6	1.61	51.2	115.7

注:参数选择为 $n\in\{20,25\},b^2=0.5,b^0\in\{2,4\}$ 和 $\lambda=50$ 元/小时。注意到精确算法(CPLEXn4,Benders 分解)的解间隙为它们所得解的上下界的间隙,而 VNS 的解间隙为所得上界与最优解的间隙。

① CPLEXn4 为 $n=20$ 六个实例中的四个提供了最优解(间隙<0.1%)。但是,对于剩余两个实例,它用尽了所有的 5 小时却依然只能给出比较差的解。对于更大规模的实例($n=25$),CPLEXn4 甚至不能在给定限制时间内找到任何可行解。

② Benders 分解的表现远好于 CPLEXn4。即使是 $n=25$ 的实例,Benders 分解依然可以提供可行解,当然,所得解间隙的平均值都显著增大了。

③ VNS 为绝大多数实例提供了高质量的解,除了某几个特定的实例(比如 $n=20$,$p=2$,$b^0=2$ 情况下的解间隙为 2.42%)。对于 $n=25$ 的实例,CPLEXn4 和 Benders 分解在限制时间内表现出差强人意的结果,而 VNS 为集合所有情况都提供了质量最好的解。

④ VNS 在所有实例中都只需要远少于 CPLEXn4 和 Benders 分解的内存。此外,VNS 的内存用量随数据集规模的增长速度也远慢于 Benders 分解。

总的来说,无论是从求解时间的角度,还是从内存用量的角度,只有 VNS 可以对更大规模的实例进行求解。为了评估 VNS 的可拓展性,同时为了验证高效压缩求解算法(EHLC)的通用性及为更大规模实例的求解做准备,本研究采用 EHLC_VNS 和 VNS 来求解更大规模的数据集作为研究案例,其参数选择为 $n \in \{30,35,40,\cdots,65,70\}$,$b^2=0.5$,$p \in \{2,3,4\}$,$b^0 \in \{2,4\}$ 和 $\lambda \in \{20\ 元/小时,50\ 元/小时,100\ 元/小时\}$。

在本章中,EHLC 中压缩网络规模采用 $k=\dfrac{10\sqrt{n}}{3}$,其中 n 为原网络中节点个数,这个数值为经验取值,来自实验数据。实验所得结果如图 5-3 所示。解间隙分布、EHLC 增速倍数(该倍数的计算方法可见第 4.3.2 小节)和内存用量随网络规模增大的变化分别在各个子图中展示。在图 5-3(c)中,不同 p 值(枢纽个数)下求解时间和内存用量的中位值用实线表示,阴影区域为对应的置信区间。主要结果可归纳如下:

① VNS 和 EHLC_VNS 所得解的质量十分接近,均为绝大多数实例提供了高质量的解(间隙<1%)。

② EHLC_VNS 相对于 VNS 的加速在小规模网络上并不明显,直到网络规模足够大(如 70 个节点)后,EHLC_VNS 的优势才逐渐显现。

③ 随着数据集规模的增大,VNS 和 EHLC_VNS 的内存使用量增长得很慢(几乎线性)。此外,p 值几乎不影响 VNS 的内存用量。可以说,与 Benders 分解及其他标准求解方法相比,内存并非这两个求解算法所需要考虑的资源约束。同时,EHLC_VNS 的内存用量略小于 VNS。

5.3.4 参数取值对网络拓扑结构的影响

本研究模型中不同参数的不同取值可能会导致完全不同的拓扑结构的解。本小节将对 b^0 和 λ 的取值对解的拓扑结构的影响进行分析。$n=70$,$p=4$,$b^2=0.5$,$b^0 \in \{2,4\}$,$\lambda \in \{50\ 元/小时,100\ 元/小时\}$ 和 $n=346$,$p=8$,$b^2=0.5$,$b^0 \in \{4,8\}$,$\lambda \in \{50\ 元/小时,100\ 元/小时\}$ 的实例被用作研究案例。使用 VNS 求解前者而使用 EHLC_VNS 求解后者,所得到的交通网络如图 5-4 所示,所得结果可归纳如下:

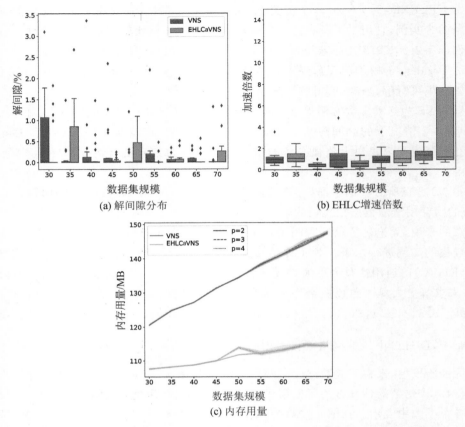

(a) 解间隙分布

(b) EHLC增速倍数

(c) 内存用量

注:参数选择为 $n \in \{30, 35, 40, \cdots, 65, 70\}$，$b^2 = 0.5$，$b^0 \in \{2, 4\}$ 和 $\lambda \in \{20$ 元/小时，50 元/小时，100 元/小时$\}$。解间隙分布、EHLC 增速倍数和内存用量随网络规模增大的变化分别在各个子图中展示。在子图(c)中，不同 p 值（枢纽个数）下求解时间和内存用量的中位值用实线表示，阴影区域为对应的置信区间。

图 5 - 3　VNS 和 EHLC_VNS 在进一步大规模数据集上的表现

① 由于通过铁路网络的运输时间和成本并非正比于城市间的距离，所以网络中存在交叉的接入边，如在图 5 - 4(c)中北京和临沂的一些接入边。

② 对图 5 - 4(a)和图 5 - 4(b)进行比较，参数 b^0 的值被设置为 2 和 4。当 b^0 取较小值时，直连边上的运输成本更低。因此，通过直连边的路径会变得更有吸引力，从而导致几乎所有的辐射节点对都通过直连边相连。而当 b^0 取较大值时，模型更倾向于选择通过枢纽-辐射网络的路径，在这种情况下，网络中建设的直连边会少得多。

③ 对图 5 - 4(b)和图 5 - 4(c)进行比较，参数 λ 的值被设置为 50 元/小时和 100 元/小时。当 λ 取较大值时，模型对运输时间更加敏感。因此，更多的铁路直连边（红色）被航空直连边（黄色）所替代。另外，直连边的总数量也会更多。

④ 对图 5 - 4(a)～图 5 - 4(c)和图 5 - 4(d)～图 5 - 4(f)进行比较，可以发现，当网络中节点更多、网络结构更加复杂的时候，直连边会显示出更高的吸引力。比如，当

$n=70$ 时，$b^0=4$ 的取值便可构造出枢纽-辐射结构的交通网络，而当 $n=346$ 时，$b^0=4$ 的取值仍然让大多数 OD 对选择直连边（除上海外，其他 7 个枢纽节点均在地图的边缘，几乎没有发挥任何枢纽的作用），直到 b^0 的值达到 8 时，交通网络才再一次显现出清晰的枢纽辐射结构。

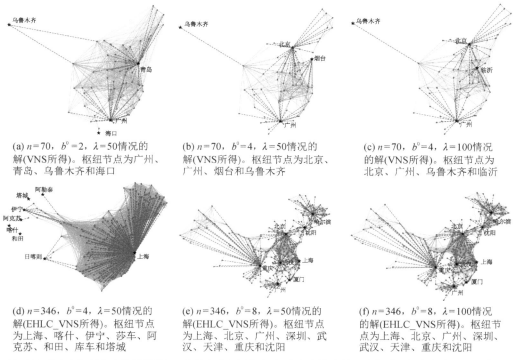

(a) $n=70$，$b^0=2$，$\lambda=50$ 情况的解(VNS所得)。枢纽节点为广州、青岛、乌鲁木齐和海口

(b) $n=70$，$b^0=4$，$\lambda=50$ 情况的解(VNS所得)。枢纽节点为北京、广州、烟台和乌鲁木齐

(c) $n=70$，$b^0=4$，$\lambda=100$ 情况的解(VNS所得)。枢纽节点为北京、广州、乌鲁木齐和临沂

(d) $n=346$，$b^0=4$，$\lambda=50$ 情况的解(EHLC_VNS所得)。枢纽节点为上海、喀什、伊宁、莎车、阿克苏、和田、库车和塔城

(e) $n=346$，$b^0=8$，$\lambda=50$ 情况的解(EHLC_VNS所得)。枢纽节点为上海、北京、广州、深圳、武汉、天津、重庆和沈阳

(f) $n=346$，$b^0=8$，$\lambda=100$ 情况的解(EHLC_VNS所得)。枢纽节点为上海、北京、广州、深圳、武汉、天津、重庆和沈阳

注：枢纽节点和辐射节点分别用黑色五角星和蓝色圆点表示，航空和铁路接入边分别用绿色实线和蓝色虚线来表示；航空和铁路直连边分别用黄色虚线和红色虚线来表示。枢纽节点间的枢纽边并没有被画出。

图 5-4 $n=70$，$p=4$，$b^2=0.5$，$b^0\in\{2,4\}$，$\lambda\in\{50,100\}$ 和 $n=346$，$p=8$，$b^2=0.5$，$b^0\in\{4,8\}$，$\lambda\in\{50,100\}$ 情况的解

5.4　多配置空铁多模态枢纽选址问题模型

本节将为多配置空铁多模态枢纽选址问题提出两个模型，分别考虑确定性和不确定性的运输需求。

1. 确定性模型

多配置模型采用与单配置模型大部分相同的参数集合，详情可参见表 5-2。为了构造该模型，如表 5-7 所列，使用若干单配置模型中的变量：Z_{kl} 决定是否在节点 k 上建设级别为 l 的枢纽，d_{ij}^a 与 d_{ij}^r 决定是否在节点对 (i,j) 上建设航空/铁路直连边，Y_{ijkm}^{aa}，Y_{ijkm}^{ar}，Y_{ijkm}^{ra}，Y_{ijkm}^{rr} 决定 OD 对 (i,j) 是否使用枢纽边 (k,m)，这里的标签 aa，ar，

ra,rr 用来表示边(i,k)和(m,j)上的交通模式。最后,航空边(i,j)上所增加的航班数量用 q_{ij}^a 来表示。注意到,对于每个 OD 对(i,j),如果直连边比通过枢纽网络的路径更有竞争力,乘客也可以选择航空或铁路的直连边。在确定性运输需求下,多配置空铁多模态枢纽选址模型可进行如下公式化:

表 5-7 $O(n^4)$变量的多配置模型中的所有变量

变 量	描 述
$Z_{kl} \in \{0,1\}$	是否在节点 k 上建设级别为 l 的枢纽
$q_{ij}^a \in Z^+$	航空边(i,j)上所增加的航班数量
$d_{ij}^a \in \{0,1\}$	是否在节点对(i,j)上建设航空直连边
$d_{ij}^r \in \{0,1\}$	是否在节点对(i,j)上建设铁路直连边
Y_{ijkm}^{aa},Y_{ijkm}^{ar},Y_{ijkm}^{ra},$Y_{ijkm}^{rr} \in \{0,1\}$	OD 对(i,j)是否使用枢纽边(k,m),这里的标签 aa,ar,ra,rr 用来表示边(i,k)和(m,j)上的交通模式

$P_{MA}^{det}(n^4)$:

$$\min \sum_{k \in V_h} \sum_l H_{kl} Z_{kl} + \sum_{i,j \in V_h, i \neq j} f_{ij}^a q_{ij}^a + \sum_{i,j \in V, i \neq j} w_{ij} \big[((b^0 c_{ij}^a + \lambda t_{ij}^a) d_{ij}^a \text{ if } i,j \in V_h) +$$

$$((b^0 c_{ij}^r + \lambda t_{ij}^r) d_{ij}^r \text{ if } (i,j) \in E) \big] + \sum_{i,j \in V, m \in V_h, i \neq k} w_{ij} \{ (b^1 c_{ik}^a + \lambda t_{ik}^a) \cdot$$

$$\big[(Y_{ijkm}^{aa} \text{ if } i,j \in V_h) + (Y_{ijkm}^{ar} \text{ if } i \in V_h, (m,j) \in E) + (b^1 c_{ik}^r + \lambda t_{ik}^r + c_k^u + \lambda t_k^u) \cdot$$

$$\big[(Y_{ijkm}^{ra} \text{ if } (i,k) \in E, j \in V_h) + (Y_{ijkm}^{rr} \text{ if } (i,k),(m,j) \in E) \big] \} +$$

$$\sum_{i,j \in V, k, m \in V_h, m \neq j} w_{ij} \{ (b^3 c_{mj}^a + \lambda t_{mj}^a) \big[(Y_{ijkm}^{aa} \text{ if } i,j \in V_h) +$$

$$(Y_{ijkm}^{ra} \text{ if } j \in V_h, (i,k) \in E) \big] + (b^3 c_{mj}^r + \lambda t_{mj}^r + c_m^u + \lambda t_m^u) \cdot$$

$$\big[(Y_{ijkm}^{ar} \text{ if } i \in V_h, (m,j) \in E) + (Y_{ijkm}^{rr} \text{ if } (i,k),(m,j) \in E) \big] \} +$$

$$\sum_{i,j \in V, k, m \in V_h, k \neq m} w_{ij} (b^2 c_{km}^a + \lambda t_{km}^a) \big[(Y_{ijkm}^{aa} \text{ if } i,j \in V_h) +$$

$$(Y_{ijkm}^{ar} \text{ if } i \in V_h, (m,j) \in E) + (Y_{ijkm}^{ra} \text{ if } j \in V_h, (i,k) \in E) +$$

$$(Y_{ijkm}^{rr} \text{ if } (i,k),(m,j) \in E) \big] \tag{5.79}$$

$$\text{s. t.} \sum_{k \in V_h} \sum_l Z_{kl}^a = p \tag{5.80}$$

$$\sum_l Z_{kl} \leqslant 1, \forall k \in V_h \tag{5.81}$$

$$\sum_{k,m \in V_h} \big[(Y_{ijkm}^{aa} \text{ if } i,j \in V_h) + (Y_{ijkm}^{ar} \text{ if } i \in V_h, (m,j) \in E) +$$

$$(Y_{ijkm}^{ra} \text{ if } j \in V_h, (i,k) \in E) + (Y_{ijkm}^{rr} \text{ if } (i,k),(m,j) \in E) \big] +$$

$$(d_{ij}^a \text{ if } i,j \in V_h) + (d_{ij}^r \text{ if } (i,j) \in E) = 1 \quad \forall i,j \in V, i \neq j \tag{5.82}$$

$$(d_{ij}^a \text{ if } j \in V_h) + (d_{ij}^r \text{ if } (i,j) \in E) \leqslant 1 - \sum_l Z_{il} \quad \forall i \in V_h, j \in V, i \neq j \tag{5.83}$$

$$(d_{ij}^a \text{ if } i \in V_h) + (d_{ij}^r \text{ if } (i,j) \in E) \leqslant 1 - \sum_l Z_{jl} \quad \forall i \in V, j \in V_h, i \neq j$$

$$(5.84)$$

$$\sum_{m \in V_h} \left[(Y_{ijkm}^{aa} \text{ if } i,j \in V_h) + (Y_{ijkm}^{ar} \text{ if } i \in V_h, (m,j) \in E) + \right.$$
$$\left. (Y_{ijkm}^{ra} \text{ if } j \in V_h, (i,k) \in E) + (Y_{ijkm}^{rr} \text{ if } (i,k), (m,j) \in E) \right] \leqslant$$
$$\sum_l Z_{kl} \quad \forall i,j \in V, k \in V_h, i \neq j$$

$$(5.85)$$

$$\sum_{k \in V_h} \left[(Y_{ijkm}^{aa} \text{ if } i,j \in V_h) + (Y_{ijkm}^{ar} \text{ if } i \in V_h, (m,j) \in E) + \right.$$
$$\left. (Y_{ijkm}^{ra} \text{ if } j \in V_h, (i,k) \in E) + (Y_{ijkm}^{rr} \text{ if } (i,k), (m,j) \in E) \right] \leqslant$$
$$\sum_l Z_{ml} \quad \forall i,j \in V, m \in V_h, i \neq j$$

$$(5.86)$$

$$\sum_{m \in V_h} \left[(Y_{ijim}^{aa} \text{ if } j \in V_h) + (Y_{ijim}^{ar} \text{ if } (m,j) \in E) \right] \geqslant \sum_l Z_{il} \quad \forall i \in V_h, j \in V, i \neq j$$

$$(5.87)$$

$$\sum_{k \in V_h} \left[(Y_{ijkj}^{aa} \text{ if } i \in V_h) + (Y_{ijkj}^{ra} \text{ if } (i,k) \in E) \right] \geqslant \sum_l Z_{jl} \quad \forall i \in V, j \in V_h, i \neq j$$

$$(5.88)$$

$$\sum_{i,j \in V, m \in V_h, i \neq j} w_{ij} \left[(Y_{ijkm}^{aa} \text{ if } i,j \in V_h) + (Y_{ijkm}^{ar} \text{ if } i \in V_h, (m,j) \in E) + \right.$$
$$\left. (Y_{ijkm}^{ra} \text{ if } j \in V_h, (i,k) \in E) + (Y_{ijkm}^{rr} \text{ if } (i,k), (m,j) \in E) \right] \leqslant \sum_l cap_{kl} Z_{kl} \quad \forall k \in V_h$$

$$(5.89)$$

$$\sum_{i,j \in V, i \neq j} w_{ij} \left[(Y_{ijkm}^{aa} \text{ if } i,j \in V_h) + (Y_{ijkm}^{ar} \text{ if } i \in V_h, (m,j) \in E) + \right.$$
$$\left. (Y_{ijkm}^{ra} \text{ if } j \in V_h, (i,k) \in E) + (Y_{ijkm}^{rr} \text{ if } (i,k), (m,j) \in E) \right] +$$
$$\sum_{i \in V_h, j \in V, j \neq k} w_{kj} \left[(Y_{kjmi}^{aa} \text{ if } j \in V_h) + (Y_{kjmi}^{ar} \text{ if } (i,j) \in E) \right] +$$
$$\sum_{i \in V, j \in V_h, i \neq m} w_{im} \left[(Y_{imjk}^{aa} \text{ if } i \in V_h) + (Y_{imjk}^{ra} \text{ if } (i,j) \in E) \right] +$$
$$w_{km} d_{km}^a \leqslant cap_{km}^{a\,link} q_{km}^a \quad \forall k,m \in V_h, k \neq m$$

$$(5.90)$$

式(5.79)为模型的目标函数,它对包含建设枢纽成本、新增航班成本、运输成本(包括标准化后的运输时间)的总成本进行最小化。总枢纽个数在式(5.80)中被设置为 p,在式(5.81)中,每个枢纽只能选择一个级别。式(5.82)保证了每个 OD 对只能被一条直连边或者一条辐射—枢纽—枢纽—辐射路径所服务。式(5.83)和式(5.84)保证了直连边只能在辐射节点间建设。式(5.85)和式(5.86)保证了只有枢纽节点可以被用作收集、转运和分发。式(5.87)和式(5.88)保证了每个枢纽节点只能被配置给自身。式(5.89)和式(5.90)为枢纽节点和航空交通边上的容量限制约束。

2. 不确定性模型

在上述确定性模型中,节点间的运输需求为固定值。但是,枢纽选址问题通常被应用到战略性问题中,其长期的决策会取决于对未来运输需求的预测。因此,运输需求的不确定性也需要被考虑。受参考文献[151-152]启发,从每个节点 $i \in V$ 出发的总运输需求不会超过一个有限的上界 O_i,另外每个 OD 对 (i,j) 也有一个运输需求的上下界 u_{ij} 与 l_{ij}。所以,运输需求的不确定性可进行如下表示:

$$D_{\text{uncertainty}} = \left\{ w \in R_+^{n(n-1)} : \left(\sum_{j \in V, j \neq i} w_{ij} \leqslant O_i, \forall i \in V \right) \& (l_{ij} \leqslant w_{ij} \leqslant u_{ij}, \forall i,j \in V, i \neq j) \right\}$$

(5.91)

不确定性模型需要考虑目标函数和约束的最坏情况,即

$P_{MA}^{\text{unc}}(n^4):$

$$\min \sum_{k \in V_h} \sum_l H_{kl} Z_{kl} + \sum_{i,j \in V_h, i \neq j} f_{ij}^a q_{ij}^a +$$

$$\max_{w \in D_{\text{uncertainty}}} \sum_{i,j \in V, i \neq j} w_{ij} \big[((b^0 c_{ij}^a + \lambda t_{ij}^a) d_{ij}^a \text{ if } i,j \in V_h) +$$

$$((b^0 c_{ij}^r + \lambda t_{ij}^r) d_{ij}^r \text{ if } (i,j) \in E) \big] + \sum_{i,j \in V, k, m \in V_h, i \neq k} w_{ij} \{ (b^1 c_{ik}^a + \lambda t_{ik}^a) \cdot$$

$$\big[(Y_{ijkm}^{aa} \text{ if } i,j \in V_h) + (Y_{ijkm}^{ar} \text{ if } i \in V_h, (m,j) \in E) +$$

$$(b^1 c_{ik}^r + \lambda t_{ik}^r + c_k^u + \lambda t_k^u) [(Y_{ijkm}^{ra} \text{ if } (i,k) \in E, j \in V_h) +$$

$$(Y_{ijkm}^{rr} \text{ if } (i,k), (m,j) \in E)] \} + \sum_{i,j \in V, k, m \in V_h, m \neq j} w_{ij} \{ (b^3 c_{mj}^a + \lambda t_{mj}^a) \cdot$$

$$\big[(Y_{ijkm}^{aa} \text{ if } i,j \in V_h) + (Y_{ijkm}^{ra} \text{ if } j \in V_h, (i,k) \in E) \big] +$$

$$(b^3 c_{mj}^r + \lambda t_{mj}^r + c_m^u + \lambda t_m^u) [(Y_{ijkm}^{ar} \text{ if } i \in V_h, (m,j) \in E) +$$

$$(Y_{ijkm}^{rr} \text{ if } (i,k), (m,j) \in E)] \} + \sum_{i,j \in V, k, m \in V_h, k \neq m} w_{ij} (b^2 c_{km}^a + \lambda t_{km}^a) \cdot$$

$$\big[(Y_{ijkm}^{aa} \text{ if } i,j \in V_h) + (Y_{ijkm}^{ar} \text{ if } i \in V_h, (m,j) \in E) +$$

$$(Y_{ijkm}^{ra} \text{ if } j \in V_h, (i,k) \in E) + (Y_{ijkm}^{rr} \text{ if } (i,k), (m,j) \in E) \big]$$

(5.92)

$$\text{s.t.} \max_{w \in D_{\text{uncertainty}}} \sum_{i,j \in V, m \in V_h, i \neq j} w_{ij} \big[(Y_{ijkm}^{aa} \text{ if } i,j \in V_h) + (Y_{ijkm}^{ar} \text{ if } i \in V_h, (m,j) \in E) +$$

$$(Y_{ijkm}^{ra} \text{ if } j \in V_h, (i,k) \in E) + (Y_{ijkm}^{rr} \text{ if } (i,k), (m,j) \in E) \big] \leqslant$$

$$\sum_l \text{cap}_{kl} Z_{kl} \quad \forall k \in V_h$$

(5.93)

$$\max_{w \in D_{\text{uncertainty}}} \sum_{i,j \in V, i \neq j} w_{ij} \big[(Y_{ijkm}^{aa} \text{ if } i,j \in V_h) + (Y_{ijkm}^{ar} \text{ if } i \in V_h, (m,j) \in E) +$$

$$(Y_{ijkm}^{ra} \text{ if } j \in V_h, (i,k) \in E) + (Y_{ijkm}^{rr} \text{ if } (i,k), (m,j) \in E) \big] +$$

$$\sum_{i \in V_h, j \in V, j \neq k} w_{kj} \big[(Y_{kjmi}^{aa} \text{ if } j \in V_h) + (Y_{kjmi}^{ar} \text{ if } (i,j) \in E) \big] +$$

$$\sum_{i \in V, j \in V_h, i \neq m} w_{im} \big[(Y_{imjk}^{aa} \text{ if } i \in V_h) + (Y_{imjk}^{ra} \text{ if } (i,j) \in E) \big] + w_{km} d_{km}^a \leqslant$$

$$\text{cap}_{km}^{a\,\text{link}}\; q_{km}^{a} \qquad \forall k,m \in V_h, k \neq m \tag{5.94}$$

注意到上述的公式为非线性,因此本研究需要使用对偶转换来对其进行线性化。对于给定的 Y_{ijkm}^{aa}, Y_{ijkm}^{ar}, Y_{ijkm}^{ra}, Y_{ijkm}^{rr}, d_{ij}^{a}, d_{ij}^{r},公式如下:

$$
\max_{w \in D_{\text{uncertainty}}} \sum_{i,j \in V, i \neq j} w_{ij} \big[((b^0 c_{ij}^a + \lambda t_{ij}^a) d_{ij}^a \text{ if } i,j \in V_h) +
$$

$$
((b^0 c_{ij}^r + \lambda t_{ij}^r) d_{ij}^r \text{ if } (i,j) \in E) \big] + \sum_{i,j \in V, k,m \in V_h, i \neq k} w_{ij} \{ (b^1 c_{ik}^a + \lambda t_{ik}^a) \cdot
$$

$$
[(Y_{ijkm}^{aa} \text{ if } i,j \in V_h) + (Y_{ijkm}^{ar} \text{ if } i \in V_h, (m,j) \in E) +
$$

$$
(b^1 c_{ik}^r + \lambda t_{ik}^r + c_k^u + \lambda t_k^u)[(Y_{ijkm}^{ra} \text{ if } (i,k) \in E, j \in V_h) +
$$

$$
(Y_{ijkm}^{rr} \text{ if } (i,k),(m,j) \in E)] \} + \sum_{i,j \in V, k,m \in V_h, m \neq j} w_{ij} \{ (b^3 c_{mj}^a + \lambda t_{mj}^a) \cdot
$$

$$
[(Y_{ijkm}^{aa} \text{ if } i,j \in V_h) + (Y_{ijkm}^{ra} \text{ if } j \in V_h, (i,k) \in E)] + (b^3 c_{mj}^r + \lambda t_{mj}^r + c_m^u + \lambda t_m^u) \cdot
$$

$$
[(Y_{ijkm}^{ar} \text{ if } i \in V_h, (m,j) \in E) + (Y_{ijkm}^{rr} \text{ if } (i,k),(m,j) \in E)] \} +
$$

$$
\sum_{i,j \in V, k,m \in V_h, k \neq m} w_{ij} (b^2 c_{km}^a + \lambda t_{km}^a) [(Y_{ijkm}^{aa} \text{ if } i,j \in V_h) +
$$

$$
(Y_{ijkm}^{ar} \text{ if } i \in V_h, (m,j) \in E) + (Y_{ijkm}^{ra} \text{ if } j \in V_h, (i,k) \in E) +
$$

$$
(Y_{ijkm}^{rr} \text{ if } (i,k),(m,j) \in E)] \tag{5.95}
$$

$$
\max_{w \in D_{\text{uncertainty}}} \sum_{i,j \in V, m \in V_h, i \neq j} w_{ij} \big[(Y_{ijkm}^{aa} \text{ if } i,j \in V_h) + (Y_{ijkm}^{ar} \text{ if } i \in V_h, (m,j) \in E) +
$$

$$
(Y_{ijkm}^{ra} \text{ if } j \in V_h, (i,k) \in E) + (Y_{ijkm}^{rr} \text{ if } (i,k),(m,j) \in E) \big], \forall k \in V_h \tag{5.96}
$$

$$
\max_{w \in D_{\text{uncertainty}}} \sum_{i,j \in V, i \neq j} w_{ij} \big[(Y_{ijkm}^{aa} \text{ if } i,j \in V_h) + (Y_{ijkm}^{ar} \text{ if } i \in V_h, (m,j) \in E) +
$$

$$
(Y_{ijkm}^{ra} \text{ if } j \in V_h, (i,k) \in E) + (Y_{ijkm}^{rr} \text{ if } (i,k),(m,j) \in E) \big] +
$$

$$
\sum_{i \in V_h, j \in V, j \neq k} w_{kj} \big[(Y_{kjmi}^{aa} \text{ if } j \in V_h) + (Y_{kjmi}^{ar} \text{ if } (i,j) \in E) \big] +
$$

$$
\sum_{i \in V, j \in V_h, i \neq m} w_{im} \big[(Y_{imjk}^{aa} \text{ if } i \in V_h) + (Y_{imjk}^{ra} \text{ if } (i,j) \in E) \big] +
$$

$$
w_{km} d_{km}^a \qquad \forall k,m \in V_h, k \neq m \tag{5.97}
$$

该问题为线性规划问题。由于它们都是可行且有界的,所以它们的最优解的值等于其对偶问题最优解的值。给定式(5.91)中的约束 $\left(\sum_{j \in V, j \neq i} w_{ij} \leqslant O_i, \forall i \in V \right)$, $(w_{ij} \geqslant l_{ij}, \forall i,j \in V, i \neq j)$ 和 $(w_{ij} \leqslant u_{ij}, \forall i,j \in V, i \neq j)$,令 $(\xi_i^{1a}, \xi_{ij}^{1b}, \xi_{ij}^{1c} \geqslant 0)$, $(\xi_{ki}^{2a}, \xi_{kij}^{2b}, \xi_{kij}^{2c} \geqslant 0)$, $(\xi_{kmi}^{3a}, \xi_{kmij}^{3b}, \xi_{kmij}^{3c} \geqslant 0)$ 为三个问题式(5.95)~式(5.97)相对于三个约束的对偶变量,则不确定性模型的线性化表述如下所示:

$P_{MA}^{\text{lin}}(n^4)$:

$$
\min \sum_{k \in V_h} \sum_{l} H_{kl} Z_{kl} + \sum_{i,j \in V_h, i \neq j} f_{ij}^a q_{ij}^a + \sum_{i \in V} O_i \xi_i^{1a} + \sum_{i,j \in V, i \neq j} (u_{ij} \xi_{ij}^{1c} - l_{ij} \xi_{ij}^{1b})
$$

$$
\tag{5.98}
$$

s.t. $\xi_i^{1a} - \xi_{ij}^{1b} + \xi_{ij}^{1c} \geqslant [((b^0 c_{ij}^a + \lambda t_{ij}^a)d_{ij}^a$ if $i,j \in V_h) +$

$((b^0 c_{ij}^r + \lambda t_{ij}^r)d_{ij}^r$ if $(i,j) \in E)] + \sum_{k,m \in V_h, i \neq k} \{(b^1 c_{ik}^a + \lambda t_{ik}^a)[(Y_{ijkm}^{aa}$ if $i,j \in V_h) +$

$(Y_{ijkm}^{ar}$ if $i \in V_h, (m,j) \in E) + (b^1 c_{ik}^r + \lambda t_{ik}^r + c_k^u + \lambda t_k^u) \cdot$

$[(Y_{ijkm}^{ra}$ if $(i,k) \in E, j \in V_h) + (Y_{ijkm}^{rr}$ if $(i,k), (m,j) \in E)]\} +$

$\sum_{k,m \in V_h, m \neq j} \{(b^3 c_{mj}^a + \lambda t_{mj}^a)[(Y_{ijkm}^{aa}$ if $i,j \in V_h) + (Y_{ijkm}^{ra}$ if $j \in V_h, (i,k) \in E)] +$

$(b^3 c_{mj}^r + \lambda t_{mj}^r + c_m^u + \lambda t_m^u)[(Y_{ijkm}^{ar}$ if $i \in V_h, (m,j) \in E) +$

$(Y_{ijkm}^{rr}$ if $(i,k), (m,j) \in E)]\} + \sum_{k,m \in V_h, k \neq m} (b^2 c_{km}^a + \lambda t_{km}^a) \cdot$

$[(Y_{ijkm}^{aa}$ if $i,j \in V_h) + (Y_{ijkm}^{ar}$ if $i \in V_h, (m,j) \in E) +$

$(Y_{ijkm}^{ra}$ if $j \in V_h, (i,k) \in E) + (Y_{ijkm}^{rr}$ if $(i,k), (m,j) \in E)] \quad \forall i,j \in V, i \neq j$

$$(5.99)$$

$$\xi_{ki}^{2a} - \xi_{kij}^{2b} + \xi_{kij}^{2c} \geqslant \sum_{m \in V_h} [(Y_{ijkm}^{aa}$$ if $$i,j \in V_h) +$$

$(Y_{ijkm}^{ar}$ if $i \in V_h, (m,j) \in E) + (Y_{ijkm}^{ra}$ if $j \in V_h, (i,k) \in E) +$

$(Y_{ijkm}^{rr}$ if $(i,k), (m,j) \in E)] \quad \forall i,j \in V, k \in V_h, i \neq j$ $\qquad(5.100)$

$$\sum_{i \in V} O_i \xi_{ki}^{2a} + \sum_{i,j \in V, i \neq j} (u_{ij}\xi_{kij}^{2c} - l_{ij}\xi_{kij}^{2b}) \leqslant \sum_l \text{cap}_{kl} Z_{kl} \quad \forall k \in V_h \qquad (5.101)$$

$\xi_{kmi}^{3a} - \xi_{kmij}^{3b} + \xi_{kmij}^{3c} \geqslant [(Y_{ijkm}^{aa}$ if $i,j \in V_h) + (Y_{ijkm}^{ar}$ if $i \in V_h, (m,j) \in E) +$

$(Y_{ijkm}^{ra}$ if $j \in V_h, (i,k) \in E) + (Y_{ijkm}^{rr}$ if $(i,k), (m,j) \in E)] +$

$[(\sum_{o \in V_h} Y_{kjmo}^{aa}$ if $i=k, j \in V_h) + (\sum_{o \in V_h, (o,j) \in E} Y_{kjmo}^{ar}$ if $i=k)] +$

$(d_{km}^a$ if $i=k, j=m) + [(\sum_{o \in V_h} Y_{imok}^{aa}$ if $j=m, i \in V_h) + (\sum_{o \in V_h, (i,o) \in E} Y_{imok}^{ra}$ if $j=m)]$

$\forall i,j \in V, k,m \in V_h, i \neq j, k \neq m$ $\qquad(5.102)$

$$\sum_{i \in V} O_i \xi_{kmi}^{3a} + \sum_{i,j \in V, i \neq j} (u_{ij}\xi_{kmij}^{3c} - l_{ij}\xi_{kmij}^{3b}) \leqslant \text{cap}_{km}^{a\,\text{link}} q_{km}^a \quad \forall k,m \in V_h, k \neq m$$

$$(5.103)$$

图 5-5 展示了一个包含 15 个节点的说明实例，其中参数设置为 $p=3, b^2=0.5$，$b^0=2$ 和 $\lambda=100$。其中的结果基于一个中国交通网络的数据集，并显示了确定性模型和不确定模型间的区别。在图 5-5(a) 中，运输需求的上下界被设置为 $u_{ij}=2 \times w_{ij}$ 和 $l_{ij}=0.5 \times w_{ij}$，而图 5-5(b) 中，运输需求为确定的。在每个子图中，枢纽节点和辐射节点分布由黑色五角星和蓝色圆点表示；航空/铁路的接入边分布用绿色实线/蓝色虚线表示，线的粗细正比于通过该接入边乘客的比例之和，即 $\text{width}_{ik}^a = \sum_{j \in V, m \in V_h, i \neq j} (Y_{ijkm}^{aa} + Y_{ijkm}^{ar} + Y_{jimk}^{aa} + Y_{jimk}^{ra})$ 和 $\text{width}_{ik}^r = \sum_{j \in V, m \in V_h, i \neq j} (Y_{ijkm}^{ra} + Y_{ijkm}^{rr} + Y_{jimk}^{ar} + Y_{jimk}^{rr})$；航空/铁路

的直连边分布用黄色虚线/红色虚线表示;枢纽节点间的枢纽边并没有被画出。

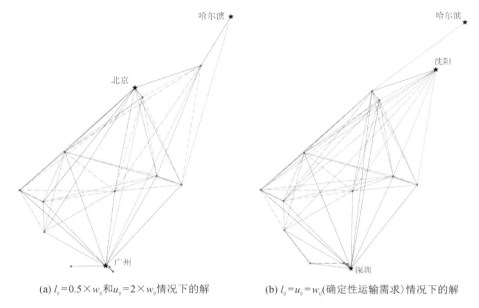

(a) $l_{ij}=0.5\times w_{ij}$ 和 $u_{ij}=2\times w_{ij}$ 情况下的解　　　(b) $l_{ij}=u_{ij}=w_{ij}$(确定性运输需求)情况下的解

图 5-5　一个包含 15 个节点的说明实例

总的来说,两个解的交通网络结构有着很大的不同。在图 5-5(a)中,三个枢纽节点——北京、广州和哈尔滨在地图上均匀地分布,并且这里得到了一个显著的枢纽-辐射结构。而在图 5-5(b)中,三个枢纽节点——深圳、沈阳和哈尔滨都分布在地图的边缘。很多节点对间的运输需求均由辐射节点间的直连边及枢纽和辐射节点间的接入边来满足,而不是经由枢纽网络的路径。

虽然确定性模型为特定的固定运输需求提供了高质量的解,但当运输需求的数据中存在不确定时,这个解便可能表现很差。在极端情况下,通过确定性模型得到的解可能 会对某些分布的运输需求不可行。鉴于枢纽位置问题通常是战略性的,长期决策取决于对未来运输需求的预测,从而总是伴随着不确定性。因此,有必要在实际问题中考虑不确定性模型。

5.5　多配置模型的求解算法

本研究使用迭代网络设计算法——HUBBI 来求解不确定运输需求下的多配置空铁多模态枢纽选址问题,该算法的原始流程详见第 3 章。为了求解本章中的问题,HUBBI 预先为网络中的每对潜在枢纽计算"枢纽性",随后使用一个迭代网络设计的步骤来为问题生成高质量的解。如算法 5-5 所示,HUBBI 算法包含三个步骤:第一步,该算法基于枢纽性的值来选择最有价值的一对枢纽,其中节点对的枢纽性是对用这两个节点做枢纽的质量的评估。通过比较节点对的枢纽性,算法可以为两个枢纽的情况得到一个初始解。第二步,本研究设计一个迭代网络设计模块来拓展枢纽网络直到 p 个枢纽,并提出一个操作"枢纽网络拓展"来对已有的解进行拓展。随后,便可得到一系列包含 p 个枢纽的初始解。第三步,本研究用 CPLEX 和一个启发式算法为目标函数值最低的 $\sqrt{n}$ 个当前解重新设计网络,以进一步优化所得到的解,最后输出质量最好的最终解。

算法 5-5　HUBBI 算法求解不确定运输需求下的多配置空铁多模态枢纽选址问题的流程

输入:一个网络实例,包含其节点集合 V、运输需求数据、通过运输模态的单位运输成本、时间等。

输出:问题 $P_{MA}^{lin}(n^4)$ 的一个可接受解。

▷ 第一步:为 $p^c = 2$ 个枢纽的情况设计一个初始解。

1:令 PotentialHubs $= V_h$.

2:为 PotentialHubs 中的每对节点 (k,m) 计算其枢纽性 HUBBI,即当节点 k 和 m 是网络中唯二枢纽时总成本近似值的倒数。

3:选择有着最高枢纽性 HUBBI^{km} 的节点对 (k,m),并令它们为枢纽,基于计算 HUBBI^{km} 的过程来构建枢纽辐射网络。

▷ 第二步:迭代的为更大的 p^c 值设计网络和优化解。

4:令 $p^c = 2$.

5:while $p^c < p$ do

6:　对当前解执行操作"枢纽网络拓展"。

7:　令 $p^c = p^c + 1$.

8:end while

▷ 第三步:对当前解进一步优化。

9:为当前目标函数值最小的 $\sqrt{n}$ 个解重新设计交通网络,在新生成的解中选择最好的作为输出结果。

1. 枢纽性

第一步,本研究首先介绍枢纽性的公式化定义[110]:对于给定的节点对 (k,m),其枢纽性的值 hubbi^{km} 为当 k 和 m 是网络中唯二枢纽时总成本近似值的倒数。该参数显示了枢纽对的质量排序并为 $p=2$ 的情况提供了一个初始解。

为不确定运输需求下的多配置空铁多模态枢纽选址问题中每个枢纽对 (k,m) 计算枢纽性的过程可见算法 5-6。该算法模拟在节点 k 和 m 上建设枢纽,随后从最高的枢纽级别限制开始,依次降低每个枢纽节点的级别限制值,并在当前级别限制下为枢纽集合 $\{k,m\}$ 设计交通网络(总的来说,该贪婪算法的目标是在容量约束下为每个 OD 对搜索合适的路径)。由于不确定性约束的存在,目标函数、枢纽节点的容量约束和航空边上的容量约束的最差情况都要被考虑,以保证解的可行性。算法从通过枢纽网络或直连边的路径中选择最好的一条或若干条来服务当前 OD 对。如果为每个枢纽降低最高级别限制后都无法得到可行解,则终止流程。使用 TC^{km} 来表示最终的总成本,则节点对 (k,m) 的枢纽性可由式(5.104)来计算:

$$\text{hubbi}^{km} = \frac{1}{\text{TC}^{km}} \qquad (5.104)$$

最终,枢纽性最大的节点对(包括对应的解)便被选为 $p=2$ 情况下的解。

算法 5 - 6　计算枢纽性的过程

Input:一个网络实例,包含其节点集合 V、运输需求数据、通过运输模态的单位运输成本、时间等,以及当前的枢纽对 (k,m)。

输出:枢纽对 (k,m) 的枢纽性。

1:在节点 k 和 m 建设枢纽。

2:令 HubLevelLimit 为枢纽 (k,m) 的最高级别限制,并将该限制的初始值设置为最高值。

3:while True do

4:　　在枢纽最高级别限制 HubLevelLimit 下为枢纽集合 $\{k,m\}$ 设计交通网络(见算法 5 - 8)。依次为每个枢纽降低最高级别限制。

5:　　if 如果为每个枢纽降低最高级别限制后都无法得到可行解 then

6:　　　　跳出

7:　　end if

8:end while

9:使用 TC^{km} 来表示最终的总成本,则节点对 (k,m) 的枢纽性为 $\text{hubbi}^{km} = \dfrac{1}{\text{TC}^{km}}$.

2. 迭代网络设计

在第二步中,算法将通过操作"枢纽网络拓展"来为 $p>2$ 的情况设计初始解。如算法 5 - 7 所示,给定有着 p 个枢纽的解,算法对一个已有的枢纽进行替换,并额外再建设一个新的枢纽。令 Hub 为已有枢纽的集合,对于一个给定的枢纽 $h_0 \in \text{Hub}$,算法对 BackupHubs(即 V_h / Hubs)中的节点按它们与 h_0 枢纽性的差异程度(其定义见式 5.105)升序排列,并用 $\text{BackupHubs}^{\sqrt{n}}$ 来表示其中前 $\max(\sqrt{n}/2, 2)$ 个节点的集合(这个值由实验结果得到)。

$$\text{Dev}^{sh} = \sum_{h_1 \in \text{Hubs}, h_1 \neq h} \| \text{HUBBI}^{hh_1} - \text{HUBBI}^{sh_1} \| \qquad (5.105)$$

算法 5 - 7　操作"枢纽网络拓展"的流程

输入:一个网络实例,包含其节点集合 V、运输需求数据、通过运输模态的单位运输成本、时间等,以及当前的枢纽集合 Hub。

Output:有着 $(|\text{Hub}|+1)$ 个枢纽节点的可接受解。

1:令 PotentialHubs $= V_h$ 和 BackupHubs $=$ PotentialHubs\Hubs. 令 SeenHubSets $= \varphi$ 和 List_solu $= \varphi$.

2:for $h_0 \in \text{Hubs}$ do

3:　　对集合 BackupHubs 中的节点(以 s 标注)按照 $\text{Dev}^{h_0 s}$ 的值升序排列。令 $\text{BackupHubs}^{\sqrt{n}}$ 为 BackupHubs 中前 $\max(\sqrt{n}/2, 2)$ 个节点的集合。

4:　　for $s_1 \in \{h_0\} \bigcup \text{BackupHubs}^{\sqrt{n}}$ do

5:　　　　令 Hubs_c $= (\text{Hubs}\backslash\{h_0\}) \bigcup \{s_1\}$.

6:　　　　for $s_2 \in \text{BackupHubs}\backslash\{s_1\}$ do

7：　　　　　令 Hubs_c = Hubs_c∪{s_2}.

8：　　　　if Hubs_c ∉ SeenHubSets then

9：　　　　　　令 SeenHubSets = SeenHubSets∪{Hub_c}。用 HubLevelLimit 来表示 Hub_c 中枢纽的最高级别限制，并将该限制的初始值设置为最高值。

10：　　　　　　while True do

11：　　　　　　　　在枢纽最高级别限制 HubLevelLimit 下为枢纽集合 Hub_c 设计交通网络（见算法 5-8）。依次为每个枢纽降低最高级别限制。

12：　　　　　　　　if 如果为每个枢纽都降低最高级别限制后都无法得到可行解 then

13：　　　　　　　　　　跳出

14：　　　　　　　　end if

15：　　　　　　end while

16：　　　　　　如果得到了可行解，则用 Solu_c 来表示。令 List_solu = List_solu∪{Solu_c}.

17：　　　　end if

18：　　　　令 Hubs_c = Hubs_c\{s_2}.

19：　　　end for

20：　　end for

21：end for

22：输出列表 List_solu 中目标函数值最低的解。

对于每个节点 $s_1 \in \{h_0\}\cup \mathrm{BackupHubs}^{\sqrt{n}}$ 和 $s_2 \in \mathrm{BackupHubs}/\{s_1\}$，算法将枢纽 h_0 与节点 s_1 替换，并在节点 s_2 处再建设一个枢纽。如果得到的枢纽集合之前并未出现过，则从枢纽节点级别限制的最高值开始，算法依次贪婪地降低枢纽的级别限制值并为当前枢纽集合在当前级别限制下设计交通网络（与计算枢纽性时一样，该贪婪算法的目标是在容量约束下为每个 OD 对搜索合适的路径）。由于不确定性约束的存在，目标函数、枢纽节点的容量约束和航空边上的容量约束的最差情况都要被考虑，以保证解的可行性。算法从通过枢纽网络或直连边的路径中选择最好的一条或若干条来服务当前 OD 对。详细过程请见算法 5-8）。如果为每个枢纽降低级别限制值后都无法得到可行解，则当前循环终止。在搜索了 (h_0,s_1,s_2) 的所有可能组合后，算法输出目标函数值最低的那个解。

算法 5-8　为一个给定枢纽集合及对应枢纽级别限制设计交通网络的流程

输入：一个网络实例，包含其节点集合 V、运输需求数据、通过运输模态的单位运输成本、时间等，以及当前的枢纽集合 Hub|_c 和对应的最高枢纽级别限制 HubLevelLimit。

输出：枢纽集合 Hub_c 在枢纽级别限制 HubLevelLimit 下的一个可接受解。

1：将所有 OD 对分为三组：$OD_1 = \{(i,j)\in \mathrm{Hubs\_c}\times V: i\neq j\}$，$OD_2 = \{(i,j)\in (V\backslash \mathrm{Hubs\_c})\times V: (i\neq j)$ 且 $(j\in \mathrm{Hubs\_c}$ 或 $i\notin V_h$ 或 $j\notin V_h$ 或 $(i,j)\in E)\}$，$OD_3 = \{(i,j)\in (V\backslash \mathrm{Hubs\_c})\times (V\backslash \mathrm{Hubs\_c}): (i\neq j)$ 且 $((i\in V_h$ 且 $j\in V_h)$ 或 $(i,j)\in E)\}$.

2：对三个组中的 OD 对按照 u_{ij} 的值升序排列。

3：用 FlowHub 来记录经过每个枢纽节点 k 的最大流量，并设置其初始值 FlowHubs[k] = 0，$\forall k\in \mathrm{Hub\_c}$.

4：用一个 $n\times n$ 矩阵 LeftAdditionalFlow 来表示从每个节点 i 出发并经过枢纽 k 的剩余额外

流量,该剩余额外流量的初始值定义为 $LeftAdditionalFlow[k,i] = O_i - \sum\limits_{j \in V, j \neq i} l_{ij}, \forall k \in$ $Hub\_c, i \in V$.

5：用 PathArray,CostArray 来分别表示每个 OD 对 (i,j) 使用的路径及其加权平均单位运输成本,并设置初始值为 $PathArray[i,j] = \emptyset$ 和 $CostArray[i,j] = 0, \forall i,j \in V, i \neq j$.

6：**for** $(i,j) \in OD_1 \bigcup OD_2 \bigcup OD_3$ **do**

7：　为 OD 对 (i,j) 找到通过枢纽网络的所有可能路径并用 ListPaths 来表示它们,令 IF_Traveled = False.

8：　用 ratio = 0 来表示 OD 对 (i,j) 已经被满足的流量比例,即： $\sum\limits_{k,m \in Hub\_c} (Y_{ijkm}^{aa} + Y_{ijkm}^{ar} + Y_{ijkm}^{ra} + Y_{ijkm}^{rr})$.

9：　**for** $path \in ListPaths$ **do**

10：　　用 $cost, k, m$, mark 来分别表示路径 path 的单位成本、经过的第一个枢纽和第二个枢纽和运输模态(aa, ar, ra, rr),令 FlowHub_c = FlowHub 和 LeftAdditionalFlow_c = LeftAdditionalFlow.

11：　　**if** $FlowHub\_c[k] < cap_{k,\text{HubLevelLimit}[k]}$ **then**

12：　　　令 $Flow\_ij = \min(u_{ij}, LeftAdditionalFlow\_c[k,i] + l_{ij})$.

13：　　　令 $TraveledFlow\_ij = \min(Flow\_ij * (1 - ratio), cap_{k,\text{HubLevelLimit}[k]} - FlowHub\_c[k])$.

14：　　　令 $FlowHub\_c[k] = FlowHub\_c[k] + TraveledFlow\_ij$, $ratio = ratio + \dfrac{TraveledFlow\_ij}{Flow\_ij}$ 和 $LeftAdditionalFlow\_c[k,i] = LeftAdditionalFlow\_c[k,i] - (Flow\_ij - l_{ij})$.

15：　　　令 $PathArray[i,j] = PathArray[i,j] \bigcup \{(mark, k, m, \dfrac{TraveledFlow\_ij}{Flow\_ij})\}$ 和 $CostArray[i,j] = CostArray[i,j] + cost * \dfrac{TraveledFlow\_ij}{Flow\_ij}$.

16：　　　**if** ratio = 1 **then**

17：　　　　令 IF_Traveled = True. 跳出

18：　　　**end if**

19：　　**end if**

20：　**end for**

21：　**if** $(i \notin Hub\_c)$ 且 $(j \notin Hub\_c)$ **then**

22：　　为 OD 对 (i,j) 找到所有可能的直连边路径,选择最便宜的那条,并用 $cost$, mark 来分别表示其单位成本和运输模态(a 或 r).

23：　　**if** $cost < CostArray[i,j]$ 或 IF_Traveled = False **then**

24：　　　令 $PathArray[i,j] = \{mark, i, j, 1\}$ 和 $CostArray[i,j] = cost$,并令 IF_Traveled = True.

25：　　**end if**

26：　**end if**

27：　**if** OD 对 (i,j) 选择了直连边路径**then**

28：　　令 FlowHub = FlowHub_c 和 LeftAdditionalFlow = LeftAdditionalFlow_c.

29：　**end if**

30：**end for**

31：基于每个 OD 对所选择的路径，计算通过每个枢纽节点的最大流量（见式(5.96)）和通过每条航空边的最大流量（见式(5.97)）。随后，为每个枢纽节点和每条航空边分别计算满足需求的最低级别和最小航班数。

32：基于每个 OD 对所选择的路径，计算最好可行解的目标函数值（见式(5.95)）。

3. 对突出解的重新计算

迭代网络设计流程为 $p > 2$ 的情况提供可行解，为了进一步提升解的质量，本研究提出两个重计算策略来设计更好的解。

在第一个策略中，本研究选择算法 5-8 得出的目标函数值最小的 $\sqrt{n}$ 个解，并使用它们的枢纽集合 Hub 来生成一个额外的约束如下：

$$\sum_l Z_{kl} = 1, \forall k \in \text{Hub} \tag{5.106}$$

将上述约束添加到原问题中。本研究使用数学规划求解器 CPLEX 来为每个给定的枢纽集合求解生成的限制问题。此策略被称为"MMHUBBI"（Multi-Modal HUBBI）。

在第二个策略中，本研究提出一个启发式算法来为给定的枢纽集和在给定枢纽级别限制值下重新设计交通网络。如算法 5-8 所示，每个 OD 对的路径是被依次贪婪地决定的。但是，由于枢纽节点容量约束的存在，如果对某些 OD 对路径的类型（即通过枢纽网络的路径和通过直连边的路径）进行交换的话，贪婪策略所得到的解或许会被进一步改善。在运行算法 5-8 之后，算法选出既有通过枢纽网络的路径也有直连边路径的所有 OD 对，并用 $\text{cost}^{\text{hub}}[i,j]$，$\text{cost}^{\text{direct}}[i,j]$ 来分别表示通过枢纽网络的最优路径和通过直连边路径的单位成本。使用 L_r^0 和 L_r^1 来表示这些 OD 对中选择了通过枢纽网络路径的部分和选择了直连边路径的部分，算法对 L_r^0 和 L_r^1 中的 OD 对按 $\text{cost}^{\text{hub}}[i,j]/\text{cost}^{\text{direct}}[i,j]$ 的值分别进行降序和升序排列。随后，对于每个 OD 对 $(i_0, j_0) \in L\_r^0$，算法尝试强制让其使用直连边，这样"省下来"的枢纽节点容量约束可以让 L_r^1 中的 OD 对来使用通过枢纽网络的路径。如果上述操作显著降低了总成本，算法将强制让 OD 对 (i_0, j_0) 使用直连边。这一策略的细节详见算法 5-9，该策略被称作"MMHUBBI-DIRECT"（Multi-Modal HUBBI with forced Direct links）。

算法 5-9　给定枢纽集合在枢纽级别限制值下重新设计交通网络的流程（MMHUBBI-DIRECT）

输入：一个网络实例，包含其节点集合 V、运输需求数据、通过运输模态的单位运输成本、时间等，以及当前的枢纽集合 Hub_c 和对应的最高枢纽级别限制 HubLevelLimit。

输出：枢纽集合 Hub_c 在枢纽级别限制 HubLevelLimit 下一个更好的解。

1：运行算法 5-8，并输出 OD 对列表 L_recompute，其中的 OD 对必须既有通过枢纽网络的路径也有直连边路径。

2：令 $L\_r0 = \{(i,j) \in \text{L\_recompute if OD 对}(i,j)$ 选择了通过枢纽网络的路径$\}$.

3：对 L_r0 中的节点对按 $\text{cost}^{\text{hub}}[i,j]/\text{cost}^{\text{direct}}[i,j]$ 的值降序排列，其中 $\text{cost}^{\text{hub}}[i,j]$，$\text{cost}^{\text{direct}}[i,j]$ 分别是通过枢纽网络最优路径和通过直连边路径的单位成本。

4：令 $L\_r1 = \{(i,j) \in \text{L\_recompute if OD 对}(i,j)$ 选择了直连边路径$\}$.

5：对 L_r1 中的节点对按 $\text{cost}^{\text{hub}}[i,j]/\text{cost}^{\text{direct}}[i,j]$ 的值升序排列。

6：令 $ul_{ij} = (u_{ij} + l_{ij})/2, \forall i,j \in V,\ i \neq j$ 和 DirectSet $= \varphi$.

7：**for** $(i_0,j_0) \in L\_r0$ **do**

8：　令 LeftFlow = cost_c0 = $\text{cost}^{\text{direct}}[i_0,j_0] - \text{cost}^{\text{hub}}[i_0,j_0]$ 和 cost_c0 = 0。用 k_0 来表示 (i_0,j_0) 所使用的第一个枢纽节点。

9：　**for** $(i_1,j_1) \in L\_r1$ **do**

10：　　用 k_1 来表示 (i_1,j_1) 所使用的第一个枢纽节点。

11：　　**if** $k_0 = k_1$ 且 $ul_{i_1 j_1} > 0$ **then**

12：　　　令 ChangedFlow = $\min(\text{LeftFlow}, ul_{i_1,j_1})$ 和 cost_c1 = cost_c1 + $(\text{cost}^{\text{direct}}[i_1,j_1]$ $\text{cost}^{\text{hub}}[i_1,j_1]) * \text{ChangedFlow}$.

13：　　　令 LeftFlow = LeftFlow − ChangedFlow 和 $ul_{i_1,j_1} = ul_{i_1,j_1}$ − ChangedFlow.

14：　　　**if** LeftFlow $\leq$ 0 **then**

15：　　　　**跳出**

16：　　　**end if**

17：　　**end if**

18：　　**end for**

19：　**if** $1.2 * \text{cost\_c0} < \text{cost\_c1}$ **then**

20：　　令 DirectSet = DirectSet $\bigcup \{(i_0,j_0)\}$.

21：　**end if**

22：**end for**

23：再次运行算法 5 – 8，注意到 DirectSet 中的每个 OD 对都必须使用直连边。

5.6　多配置模型实验评估与分析

为了评估多配置空铁多模态枢纽选址模型和相应求解算法的性能，使用基于中国 346 个城市间交通数据的数据集作为研究实例，并使用完全相同的参数设置。由于多配置模型中考虑了节点间运输需求的不确定性，设置 OD 对 (i,j) 间运输需求的上下界如下：

$$l_{ij} = 0.9 \times w_{ij} \quad \forall i,j \in V, i \neq j \tag{5.107}$$

$$u_{ij} = 1.1 \times w_{ij} \quad \forall i,j \in V, i \neq j \tag{5.108}$$

本章所有算法都使用 Python 3 来实现，并在一个配置为 Intel Core i5-4310M CPU (2.7 GHz) 和 16 GB RAM 的笔记本电脑上运行。为了公平地比较各算法的性能，所有程序都使用一个线程来运行。

5.6.1　小规模算例实验结果

第一组实验将在小规模数据集上测试算法 MMHUBBI 和 MMHUBBI-DIRECT 的性能。规模为 $n \in \{5,10,15,20,25\}$ 的子数据集在限定 5 小时内被求解，参数设置为 $b^2 = 0.5, p \in \{2,3,4\}, b^0 \in \{2,4\}$ 和 $\lambda = 50$ 元/小时。本研究也使用 CPLEX 来求解 $O(n^4)$ 变量的模型来作为比较基准。所得实验结果如表 5 – 8 所列，其中展示了每个实例的求解时间、解的间隙和内存用量。注意到 CPLEXn4 的解间隙其上下界的间隙，而

MMHUBBI 和 MMHUBBI-DIRECT 的解间隙为所得解上界与最优解的间隙。如果一个实例被一个精确算法求解得到的解间隙<0.1%，则将对应的求解时间展示在列"时间/秒　间隙/%"中；否则便在该列显示加粗加括号的解间隙。如果一个算法用尽了所有 16 GB 的内存，则在列"时间/秒　间隙/%"中对应的位置用符号"M"来表示。所得结果可被归纳如下：

表 5-8　在小规模网络上对算法性能的比较

n	p	b^0	CPLEXn4		MMHUBBI			MMHUBBI-DIRECT		
			时间/秒	内存/MB	时间/秒	间隙/%	内存/MB	时间/秒	间隙/%	内存/MB
5	2	2	2.0	136.2	0.3	0.00	130.0	0.1	0.00	110.2
5	2	4	1.2	134.5	0.3	0.00	130.4	0.1	0.00	110.8
5	3	2	1.5	134.0	0.5	0.00	130.5	0.1	0.03	111.2
5	3	4	1.8	134.2	0.4	0.00	130.4	0.1	1.05	110.0
5	4	2	0.9	132.2	0.4	0.00	130.5	0.1	0.00	111.0
5	4	4	0.5	132.6	0.4	0.00	130.4	0.1	0.00	110.6
10	2	2	39.3	295.6	3.6	0.00	216.0	0.8	0.00	113.8
10	2	4	22.1	269.5	4.1	0.00	211.1	0.8	0.00	114.2
10	3	2	101.9	290.8	6.0	0.00	223.5	1.5	0.00	114.3
10	3	4	46.5	299.7	6.1	0.00	215.6	1.9	0.00	114.6
10	4	2	92.5	316.1	9.6	0.00	222.7	3.3	1.15	114.6
10	4	4	55.9	294.7	13.3	0.00	226.0	3.8	0.00	114.8
15	2	2	1 558.4	1 160.4	47.5	0.00	661.9	3.8	1.06	130.1
15	2	4	496.6	901.5	32.2	0.00	559.7	4.5	0.58	129.5
15	3	2	1 407.0	1 739.8	82.1	0.00	631.9	10.6	0.21	130.6
15	3	4	772.3	951.1	89.6	0.00	623.1	12.7	0.76	130.4
15	4	2	1 079.3	1 103.3	75.0	0.00	582.7	19.3	1.58	130.8
15	4	4	1 164.6	1 370.7	61.4	1.94	557.6	21.4	1.94	130.5
20	2	2	M	15 341.0	277.3	0.00	1 490.2	13.0	0.95	166.1
20	2	4	2 310.7	3 283.1	1 425.5	0.00	3 196.4	14.6	1.04	165.7
20	3	2	12 431.1	3 984.6	423.1	1.77	1 707.3	40.1	1.81	168.8
20	3	4	1 757.6	2 660.2	274.6	0.53	1 514.2	42.4	0.57	167.1
20	4	2	14 799.1	5 478.5	862.4	0.00	1 804.6	90.1	1.25	169.5
20	4	4	3 653.9	2 705.8	490.0	1.12	1 685.2	90.0	2.79	168.7
25	2	2	18 101.1	10 278.7	683.6	0.00	3 428.2	45.8	0.01	263.3
25	2	4	3 863.6	5 170.8	549.1	0.00	3 289.9	48.8	0.47	261.4
25	3	2	M	15 351.4	1 145.7	0.00	3 857.1	119.8	0.62	268.2
25	3	4	12 782.0	5 870.6	1 109.5	0.00	4 066.9	136.6	2.64	266.0
25	4	2	M	15 354.3	2 813.4	0.00	4 178.2	281.1	0.11	269.6
25	4	4	5 324.3	5 902.9	2 011.3	0.00	4 138.6	321.9	1.19	267.1

① CPLEXn4 在限定时间内为大多数实例提供了最优解。但是，在另外三个实例中，它用尽了所有的 16 GB 内存却未能找到任何可行解。总的来说，当数据集的规模增大时，CPLEXn4 的所需的求解时间和内存用量都急剧增长。

② MMHUBBI 也为大多数实例提供了最优解，而即使是剩余的少数实例，MMHUBBI 依然找到了高质量的解（间隙＜2%）。此外，与 CPLEXn4 相比，MMHUBBI 只需要短得多的求解时间和相近的内存用量。

③ MMHUBBI-DIRECT 为几乎所有实例提供了（近）最优或（近）最好解（间隙＜2%）。与另外两个方法相比，它在所有情况中都需要短得多的求解时间和少得多的内存。在极少数实例中，它偶尔会给出间隙稍微大一些的解，如在 $n=20$，$p=4$，$b^0=4$ 情况下，MMHUBBI-DIRECT 给出解的间隙为 2.79%。随着数据集规模的增长，MMHUBBI-DIRECT 的求解时间和内存用量的增长速度远慢于 CPLEXn4 和 MMHUBBI，这是因为 MMHUBBI-DIRECT 全程使用启发式方法来进行求解，而其他两个算法均使用了 CPLEX 求解器来对解的质量进行优化。

总的来说，与 CPLEXn4 相比，MMHUBBI 为所有实例都大大缩短了求解时间，并保持了所得解的质量。而 MMHUBBI-DIRECT 则进一步减少了求解时间和内存用量，并仍然提供了高质量的解。为了求解该问题，本研究也对 Benders 分解算法进行了实现，但与 CPLEXn4 相比，Benders 分解需要长得多的求解时间和相近的内存用量，其原因如下：

① 在本模型中，变量 Y_{ijkm}^{aa}，Y_{ijkm}^{ar}，Y_{ijkm}^{ra}，Y_{ijkm}^{rr} 均为连续取值。因此 Benders 分解的主问题和对偶子问题均只能缓慢收敛（可能每次迭代它们都只有微小的改变）。

② 由于运输需求的不确定性，主问题中存在 $O(n^3)$ 量级的变量，从而导致其需要更长的求解时间（与 $O(n^2)$ 变量的主问题相比）。

5.6.2　上下界收敛

本研究通过将整个求解时间分解为上下界收敛过程，来对第 5.3.1 小节中的结果做进一步分析，所得结果如图 5-6 所示。每个实例的求解时间被归一化到区间 [0,1]，即 0=开始而 1=结束。上下界的中位数由蓝色/橙色实线来表示，而阴影区域则表示对应的置信区间。所得结果可以被归纳如下：

① CPLEXn4 的上界在大约 60% 的时间达到了最优解，而其下界则以慢得多的速度收敛。

② MMHUBBI 使用了大约 25% 的时间来找到（近）最优（间隙＜2%）的上界，而剩余的大多数时间都被用于 CPLEX 对前 $\sqrt{n}$ 个解进行重新计算上。

③ MMHUBBI-DIRECT 使用大约 60% 的时间来找到（近）最优（间隙＜2%）的上界，剩下的时间被用于启发式方法对前 $\sqrt{n}$ 个解进行重新计算上。鉴于 MMHUBBI-DIRECT 与 MMHUBBI 相比短得多的求解时间，可以看出该启发式方法在进行重计算时所需的时间远短于 CPLEX。

总的来说，如果进一步缩短 MMHUBBI 和 MMHUBBI-DIRECT 的求解时间，所得解的直连并不会显著变差。

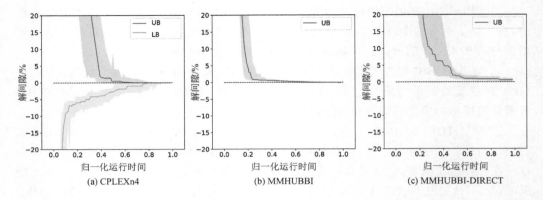

(a) CPLEXn4   (b) MMHUBBI   (c) MMHUBBI-DIRECT

注:参数选择为 $n \in \{10,15,20,25\}$,$b^2 = 0.5$,$p \in \{2,3,4\}$,$b^0 \in \{2,4\}$ 和 $\lambda = 50$ 元/小时。每个实例的求解时间被归一化到区间 $[0,1]$,即 0=开始,1=结束。上下界的中位数由蓝色/橙色实线来表示,而阴影区域则表示对应的置信区间。自然地,上界永远非负而下界永远非正。

图 5 - 6　三个算法在一些实例上的上下界收敛过程

5.6.3　大规模算例实验结果

从前两章的结果来看,不管是从求解时间角度,还是从内存用量角度,只有 MM-HUBBI-DIRECT 可以被用于更大规模实例的求解。为了展示 MMHUBBI-DIRECT 的可拓展性,本研究以更大规模的数据集作为研究案例来进行评估,其参数选择为 $n \in \{30,35,40,\cdots,55,60\}$,$b^2 = 0.5$,$p \in \{2,3,4\}$,$b^0 \in \{2,4\}$ 和 $\lambda = 50$ 元/小时。求解时间和内存用量随网络规模增大的分布如图 5 - 7 所示。不同 p 值(枢纽个数)下求解时间和内存用量的中位值由实线表示,阴影区域为对应的置信区间。注意到,图 5 - 7(a)中 y 轴为指数刻度。主要结果可归纳如下:

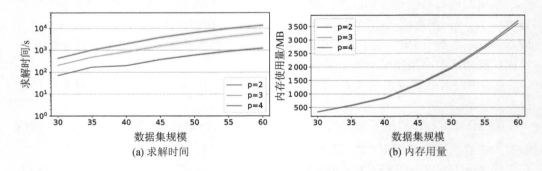

(a) 求解时间   (b) 内存用量

图 5 - 7　MMHUBBI-DIRECT 在大规模数据集上的表现

① 如图 5 - 7(a)所示,随着 p 值的增大,MMHUBBI-DIRECT 的求解时间显著延长。这是由 HUBBI 算法网络设计模块的结构所导致的,如第 5.5 节所述。另外,更大的数据集规模也会导致更长的求解时间。

② 随着数据集规模的增大,MMHUBBI-DIRECT 所需的内存用量也显著增大。

但参数 p 的值对该算法的内存用量几乎没有影响。因此,可以认为,与 CPLEXn4 和 MMHUBBI 相比,内存用量并非 MMHUBBI-DIRECT 所需要顾虑的资源约束。

5.6.4　参数取值对网络拓扑结构的影响

与单配置模型类似,多配置模型中不同参数的不同取值也会导致完全不同拓扑结构的解。本小节中依然对 b^0 和 λ 的取值对解的拓扑结构的影响进行分析。$n=60$, $p=4$,$b^2=0.5$,$b^0 \in \{2,4\}$ 和 $\lambda \in \{50$ 元/小时,100 元/小时$\}$ 的实例被用作研究案例。使用 MMHUBBI-DIRECT 求解所得到的交通网络如图 5-8 所示,结果可归纳如下:

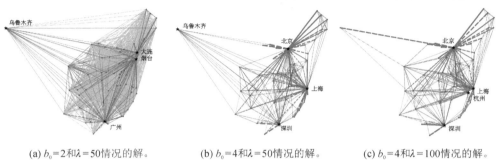

(a) $b_0=2$ 和 $\lambda=50$ 情况的解。枢纽节点为广州、大连、乌鲁木齐和烟台。

(b) $b_0=4$ 和 $\lambda=50$ 情况的解。枢纽节点为上海、北京、深圳和乌鲁木齐。

(c) $b_0=4$ 和 $\lambda=100$ 情况的解。枢纽节点为上海、北京、深圳和杭州。

注:枢纽节点和辐射节点分别用黑色五角星和蓝色圆点表示;航空和铁路接入边分别用绿色实线和蓝色虚线来表示,线的粗细正比于通过该接入边乘客的比例之和,即 $\text{width}_{ik}^a = \sum\limits_{j \in V, m \in V_h, i \neq j} (Y_{ijkm}^{aa} + Y_{ijkm}^{ar} + Y_{jimk}^{aa} + Y_{jimk}^{ra})$ 和 $\text{width}_{ik}^r = \sum\limits_{j \in V, m \in V_h, i \neq j} (Y_{ijkm}^{ra} + Y_{ijkm}^{rr} + Y_{jimk}^{ar} + Y_{jimk}^{rr})$;航空和铁路直连边分别用黄色虚线和红色虚线来表示;枢纽节点间的枢纽边并没有被画出。

图 5-8　$n=60, p=4, b^2=0.5, b^0 \in \{2,4\}$ 和 $\lambda \in \{50,100\}$ 情况的解

① 对图 5-8(a)和图 5-8(b)进行比较,参数 b^0 的值被设置为 2 和 4。当 b^0 取较小值时,直连边上的运输成本更低,从而导致通过直连边的路径变得更有吸引力。在这种情况下,更多的辐射节点对被直连边连接,而四个枢纽节点全部分布于地图的边缘地区。而当 b^0 取较大值时,模型更倾向于选择通过枢纽-辐射网络的路径,从而生成一个有着更显著枢纽-辐射结构的交通网络。

② 对图 5-7(b)和图 5-7(c)进行比较,参数 λ 的值被设置为 50 元/小时和 100 元/小时。当 λ 取较大值时,模型对运输时间更加敏感。因此,与单配置网络类似,网络中铁路直连边(红色)变得更少而航空直连边(黄色)变得更多。同时,位于地图边缘的枢纽节点乌鲁木齐被更靠近地图中央的杭州所替代。

5.7　小　结

本章为两类空铁多模态枢纽选址问题提出了如下模型:确定运输需求下单配置问

题的 $O(n^3)$ 变量模型和 $O(n^4)$ 变量模型,以及不确定运输需求下多配置问题的 $O(n^4)$ 变量模型。各个模型均构造了带直连边的枢纽-辐射网络,并使用航空和铁路两种交通模态来满足运输需求。在同时有机场和火车站的城市,两种交通模态间的换乘成本和时间均被添加到目标函数中。每个枢纽可以选择花费不同的成本来建设不同级别的枢纽,以获得不同的容量,各类航空连边上的容量由边上航班的数量所决定。

为了求解确定运输需求的单配置问题,本研究提出 Benders 分解算法来进行精确求解:其中开发了一个启发式算法来为包含整数变量的子问题找到最优解,并为主问题添加帕累托最优割以进一步提升算法性能。为了在大规模数据集上进行求解,本研究提出了一个变邻域搜索算法(VNS),其中设计了若干局部搜索操作以探索邻域解。为了在更大规模实际算例(中国航空-铁路数据集)中评估模型的性能及验证第 4 章中高效压缩求解算法(EHLC)的通用性,本章也将 EHLC 应用于单配置问题的求解中。本研究用 CPLEX 求解两个模型($O(n^3)$ 变量模型和 $O(n^4)$ 变量模型),将所得结果作为其他算法性能比较的基准。

为了求解不确定运输需求的多配置问题,本研究对迭代网络设计算法 HUBBI 进行改造,并提出两个策略(MMHUBBI 和 MMHUBBI-DIRECT)来对 HUBBI 所得解进行重新计算,以进一步提升解质量。另外将使用 CPLEX 求解 $O(n^4)$ 变量模型的结果作为算法性能比较的基准。

为了评估各个模型和算法性能,本研究将包含中国 346 个城市的交通数据集作为研究实例。各算法在各实例中的求解时间、解质量和内存使用量均被一一比较。此外,本研究还比较了算法求解过程中的上下界收敛过程。最后,本章还分析了参数 b^0(在直连边上的运输成本系数)和 λ(对运输时间进行标准化的系数)对所得网络拓扑结构的影响。

本章中的模型将更多的要素纳入多模态枢纽选址问题中,但仍然存在一些局限性。首先,虽然 VNS 在求解大多数确定性运输需求单配置问题实例中表现良好,但其性能仍可以进一步提升,以拓展到更大规模数据集上。其次,本研究也为不确定运输需求多配置问题实现了包含帕累托最优割的 Benders 分解算法,但实验结果显示了其表现甚至比 CPLEXn4 还差,原因为:

① 在多配置模型中,变量 Y_{ijkm}^{aa},Y_{ijkm}^{ar},Y_{ijkm}^{ra},Y_{ijkm}^{rr} 均为连续取值,因此 Benders 分解的主问题和对偶子问题均只能缓慢收敛(每次迭代可能都只会微小地改变)。

② 由于运输需求的不确定性,主问题中存在 $O(n^3)$ 量级的变量,从而导致其需要更长的求解时间(与 $O(n^2)$ 变量的主问题相比)。

因此,为了能利用 Benders 分解算法求解该问题,需要针对该模型和算法设计一类新的公式化表述。最后,本研究只考虑了运输需求的不确定性,在未来的工作中,其他参数的不确定性因素也值得研究。

第二部分

第6章 航空公司计划运行优化问题

航空公司计划运行优化问题涉及多个子问题,其中航班计划制定问题和机型指派问题属于战略规划,一般在换季前或航班起飞前数个月求解以配置航班投放频率、起降时刻及执飞机型等;飞机维修编排问题和机组排班问题属于战术规划,在航班起飞前一个月制定:飞机执飞航班次序、定检维修计划和机组值勤期计划[8];在运行调配层面,针对不正常航班恢复问题,可调整飞机、机组与旅客计划,以降低突发不正常航班的负面影响。其中,航班计划设计相对灵活,需根据航空公司实际市场策略制定,因此在已有文献中通常不对该问题进行单独研究,而是将其与机型指派、飞机维修编排问题整合求解。本章首先从排班规划的角度聚焦前四个子问题及其对应的一体化模型,其次从运行控制的角度分析涉及不正常航班恢复的三类子问题及多模式交通一体化恢复问题。另外,本章还选取了各类问题对应有代表性的模型展开分析,以阐述各类问题的建模要点及不同模型在时空网络、决策和关联约束上的差异性。

6.1 航班计划与运行要素

航空公司计划运行优化问题包含对飞机、机组资源的排班与运行保障及旅客分配相关决策以降低运行成本,最大化航空公司收益。相关的计划与运行要素定义如下:

① 航班(flight):指飞机在两机场之间不经停的一次飞行,并涵盖起降机场、起降时间和运营航空公司等信息。

② 航段(flight segment):指飞机在两机场间的单次起降,直达航班的航段数为一,而经停航班的航段数为二。

③ 航线(flight route):指飞机在两机场 OD 对间的飞行路径,可能包含跨航司的一次或多次中转。

④ 旅客行程(passenger itinerary):指在起始机场与目的地机场间的航班序列,涵盖起降时间、中转时长和旅客类型(舱位等级)等信息。

⑤ 维修基地(maintenance station):指拥有相关检修设备和合格机务人员,可执行飞机维修定检任务的相关机场。

⑥ 旅客溢出重捕获(spill & recapture):指在旅客期望乘坐航班的座位数不足时,部分需求由原航班溢出,并被同一航空公司邻近航班捕获的情况。

⑦ 机组任务环(crew pairing):指由同一机组执行的多天航班序列,该序列起终点为同一机组基地机场且满足相关航空规章要求。

⑧ 机组执勤(crew duty):指机组任务环中一天的航班序列,该序列需满足相关执勤期规章要求。

⑨ 置位(crew deadhead):指机组以旅客身份搭乘航班以执行后续航班或返回基地。

此外,为建模不同航班在时间和空间上的衔接关系,各类研究广泛应用了多种时空网络,因此本小节基于一个包含 7 个航班的示例(见表 6-1)阐述了相关网络的定义。

表 6-1 航班计划示例信息

航　班	起飞机场	降落机场	起飞时间	降落时间
F1	机场 B	机场 A	08:00	09:30
F2	机场 B	机场 C	10:10	11:40
F3	机场 C	机场 A	12:20	15:20
F4	机场 B	机场 A	07:30	09:00
F5	机场 A	机场 B	10:15	11:45
F6	机场 A	机场 C	13:00	16:00
F7	机场 C	机场 A	16:30	19:30

① 机场网络(airport network):如图 6-1(a)所示,机场网络指航空公司开设的航线构成的系统。该网络的节点为开航机场,两机场间连边表征存在机场对之间的直达航班。航线网络实质反映了航空公司的运营策略及空间分布,为航空公司制定计划和安排飞机/机组运行提供了先决条件。

② 时空网络(time-space network):该网络中每个机场对应一条涵盖完整规划周期的时间线,并按该机场航班起降事件发生的先后次序在横轴上由左至右进行排列。其中网络节点表征一个航班的起飞或降落事件,如图 6-1(b)所示,实线箭头为相应的航班连边;而同一机场两航班事件节点间的虚线连边则为地面连边(ground edge),表征飞机在机场地面等待的情景;机场时间线最后一个事件与第一个事件间的回旋虚线连边为过夜边(overnight edge),以满足每个机场进出港航班数量平衡。由图 6-1(b)中单一机场对应的时间线可构建可行的航班中转衔接关系,如机场 B 的降落航班 F1 与起飞航班 F2 构成有效中转,航班 F4 和 F5 则构成可行中转衔接机会。

③ 航班连接网络(connection network):该网络旨在根据航班连接机会构建航班时空关联性,图 6-1(c)中每个节点代表一个航班,每条连边则表征航班 i 与航班 j 之间的可行中转机会(红色实线),即航班 i 的降落机场为航班 j 的起飞机场且两航班中转时间不小于飞机最小过站时间。也有部分研究将航班进一步拆分为起飞事件节点和降落事件节点并通过连边关联,因而网络中的每个连边表征一个航班。为表征飞机的初始位置或构建可重复排班计划,可将机场节点与各航班节点按起降机场进行连接(灰色虚线)。相较于时空网络,航班连接网络可显示构建航班间的中转关系,进而可用于建模飞机经停、延误传播等决策。但其网络规模一般明显高于时空网络,因此提高了对应模型的求解难度。

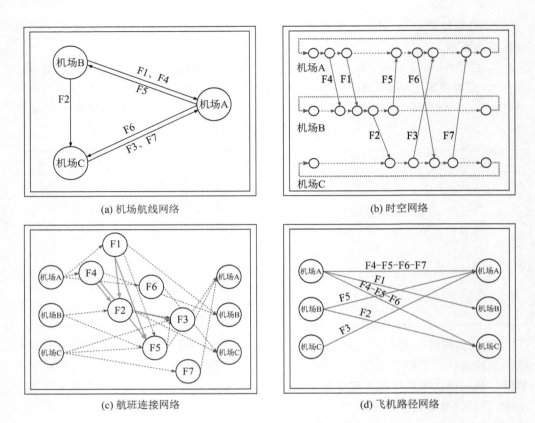

(a) 机场航线网络 (b) 时空网络

(c) 航班连接网络 (d) 飞机路径网络

图 6-1　示例航班计划对应的网络图

④ 航路网络(air route network)：与时空网络和航班连接网络不同,航路网络实质由上述两类网络包含的飞机/机组/旅客路径构成。由于时空网络在大规模问题上结构较复杂,同时航空公司运营优化建模可能面临非线性复杂约束或计算瓶颈(如期望传播延误、机组组环规章约束等),主流研究通常引入集合分割(set partition)模型对飞机编排和机组排班涉及的路径决策变量,即多个航班构成的序列进行刻画,并采用路径搜索算法生成高质量备选解。因此图 6-1(d)给出了基于航班路径的航路网络示例。该网络由机场节点和航班路径连边构成,路径连边连接两机场节点以表征从起始机场至目的机场的飞机路径。上述建模方式可涵盖部分流平衡约束,以减小模型规模。

根据航空公司航线网络规模、机队数量及对应数学模型的规模,可将不同类型的航空规划运行优化问题近似划分为小规模问题、中规模问题和大规模问题。其中,小规模问题一般指区域航空公司或分公司,可用飞机数量少于 20 架,单日运行的航班数量在80 班以内,对应数学模型的变量数在 5 000 以内的相关问题;中规模问题一般指国内干线航空公司及分公司,可用飞机数量不超过 100 架,单日运行的航班数量在 400 班以内,对应数学模型的变量数在 20 000 以内的相关问题;大规模问题一般指国际干线枢纽航空公司,可用飞机数量超过 100 架,单日运行的航班数量超过 400 班,对应数学模型的变量数在 20 000 至百万范围内的相关问题。

6.2　机型指派子问题

机型指派旨在根据不同机型的座位数和运行成本等因素为航班指派合适的机型以最大化航空公司利润。按照内在建模方式的不同,可将已有文献归纳为:基于时空网络的模型和基于连接网络的模型,并进一步按照鲁棒性、旅客选择行为、日/周重复计划等特点加以延展。其中,除按网络结构进行分类外,还进一步按模型特征如规划周期、需求重捕获进行细化。规划周期指问题对应的航班时刻表是每天重复还是每周重复,我国的航空公司的航班计划一般以周为单位编排,即每周一循环[156]。由于旅客希望同一航班的起降时刻保持一致,以免航班时刻经常变更给出行造成不便,因此需要在航班计划阶段考虑时刻同步约束。重捕获指旅客因首选航班座位数不足而溢出并最终购买相同航空公司邻近航班的现象。

为详细说明机型指派问题建模框架,选取 Barnhart 等人提出的机型指派模型(M1)[160],并基于表 6-2 给出了对应的模型目标函数和约束:

$$(\text{M1})\min -R + \sum_{f \in F}\sum_{k \in K} c_{k,f}x_{k,f} + \sum_{i_1 \in I}\sum_{i_2 \in I}(\text{fare}_{i_1} - b_{i_1}^{i_2}\text{fare}_{i_2})t_{i_1}^{i_2} \tag{6.1}$$

$$\text{s. t.} \sum_{k \in K} x_{k,f} = 1 \quad \forall f \in F \tag{6.2}$$

$$y_{k,ap,t^-} + \sum_{f \in I_{k,ap,t}} x_{k,f} - y_{k,ap,t^+} - \sum_{f \in O(k,ap,t)} x_{k,t} = 0 \quad \forall \{k,ap,t\} \in V \tag{6.3}$$

$$\sum_{ap \in AP} y_{k,ap,t|T|} + \sum_{f \in CF(k)} x_{k,f} \leqslant N_k \quad \forall k \in K \tag{6.4}$$

$$\sum_{k \in K} S_k x_{k,f} + \sum_{i_1 \in I}\sum_{i_2 \in I} \delta_f^{i_1} t_{i_1}^{i_2} - \sum_{i_1 \in I}\sum_{i_2 \in I} \delta_f^{i_2} b_{i_1}^{i_2} t_{i_1}^{i_2} \geqslant \sum_{i \in I} \delta_f^i D_i \quad f \in F \tag{6.5}$$

$$\sum_{i_2 \in I} t_{i_1}^{i_2} \leqslant D_{i_1} \quad \forall i_1 \in I \tag{6.6}$$

$$x_{k,f} \in \{0,1\} \quad \forall k \in K, f \in F \tag{6.7}$$

$$y_{k,ap,t} \geqslant 0 \quad \forall \{k,ap,t\} \in V \tag{6.8}$$

$$t_{i_1}^{i_2} \geqslant 0 \quad \forall i_1,i_2 \in I \tag{6.9}$$

该模型的目标函数式(6.1)是由直接运营成本和收益损失共同构成的航空公司利润,其中初始无限制收益由 $R = \sum_{i \in I}\text{fare}_i D_i$ 计算得到,代表航空公司潜在的最大收益。航班覆盖约束式(6.2)及流平衡约束式(6.3)共同保证飞机执飞各航班,且任意时刻对应的飞行中或地面等待飞机数量不变。在选定任意飞机计数时间(count time)后,约束式(6.4)保证在这一时刻各机队实际使用的飞机数量(包括飞行中及地面等待飞机)不超过最大可用数,由于前述流平衡约束保证数量恒定,即对全局飞机数量进行了限制。约束式(6.5)确保了各航班分配的旅客数不超过执飞机型的最大可用客座数,而其左端的第二和第三项则可视作重捕获至/溢出当前航班的旅客数。约束式(6.6)限制了由旅客行程 i_1 溢出的旅客数量。最后,相关变量的定义域由约束式(6.7)～式(6.9)给出。

表 6-2　基于时空网络的机型指派模型的集合、参数和变量

集　合			
F	航班,$f \in F$	K	机型,$k \in K$
T	按时间顺序排列的航班事件,$t \in T$	V	时空网络对应机型、机场和时刻的节点 $\{k, ap, t\} \in V$
$I(k, ap, t)$	节点 $\{k, ap, t\}$ 对应的到达航班	$O(k, ap, t)$	节点 $\{k, ap, t\}$ 对应的起飞航班
$CF(k)$	机型 k 中跨越计数线的航班		

参　数			
R	初始无限制收入	$b_{i_1}^{i_2}$	旅客行程 i_1 转移至 i_2 的重捕获率
δ_f^i	旅客行程 i 包含航班 f 时取 1,否则取 0	$c_{k,f}$	采用机型 k 执飞航班 f 的直接运行成本
$fare_i$	旅客行程 i 的平均票价		

决策变量			
$x_{k,f}$	当采用机型 k 执飞航班 f 时取 1,否则取 0	$t_{i_1}^{i_2}$	由旅客行程 i_1 转移至行程 i_2 的旅客数
y_{k,ap,t_j^+}	机队 k 在机场 ap,节点 t_j 后地面停留的飞机数量	y_{k,ap,t_j^-}	机队 k 在机场 ap,节点 t_j 前地面停留的飞机数量

如表 6-3 所列,过去几十年以来学术界涌现出了很多针对机型指派问题的研究,从提出基础模型伊始不断向着航空公司运营实际的方向发展,考虑了每周重复计划、基于旅客行程的市场需求建模(相较于航段需求)、旅客选择行为和需求的不确定性因素。这些新特性和由此带来的新模型对求解算法的效率提出了越来越高的要求,也因此阻碍了实际的生产应用。虽然已有一些学者采用随机规划模型开展对需求不确定性的研究[164,175],但尚未有研究采用鲁棒优化、机会约束等其他不确定性方法研究需求不确定性,也缺乏对各方法在这一问题优劣性上的定量直观比较。综上所述,未来针对机型指派问题的研究应侧重于可扩展性算法的设计及鲁棒性度量。

表 6-3　机型指派问题文献总结

文　献	网　络	规划周期	重捕获	算　法	机队数	航班数	求解时间/s
Abara[165]	CN	每天		B&B	4	400	3 600
Berge et al.[157]	TSN	每周		次序最小费用流	3	8 310	221.3
Subramanian et al.[170]	TSN	每天	√	割平面	10	2 500	10 800
Hane et al.[158]	TSN	每天		B&B	11	2 500	883.2
Rushmeier et al.[166]	CN	每天		B&B	8	1 610	7 200
Ioachim et al.[167]	CN	每周		DW,CG	—	106	4 186.4

文　献	网　络	规划周期	重捕获	算　法	机队数	航班数	求解时间/s
Rexing et al.[159]	TSN	每天		启发式迭代	11	2 037	402.6
Barnhart et al.[160]	TSN	每天	√	CG,RG	9	1 888	3 076.22
Rosenberger et al.[168]	CN	每天		先出策略,B&B	9	—	—
Belanger et al.[171]	TSN	每天		DW, CG	7	412	22 080
Bélanger et al.[172]	TSN	每周		两阶段启发式	10	782	23 229
Smith et al.[173]	TSN	每天/每周		CG	19	4 182	1 255.80
Ahuja et al.[169]	CN	每天		VLNS	13	1 609	24
Jacobs et al.[161]	TSN	每天	√	启发式迭代	—	2 200	—
Pilla et al.[162]	TSN	每天		统计实验	7	2 358	250 560
Barnhart et al.[163]	TSN	每天		启发式分解	9	2 044	3 838
Pilla et al.[174]	TSN	每周		BD	7	2 358	501 120
Liu et al.[164]	TSN	每天		SAA	6	72	57 120

注：CN：连接网络；TSN：时空网络；B&B：分支定界；BD：Benders 分解；CG：列生成；DW：DW 分解；RG：行生成；VLNS：极大邻域搜索；SAA：样本平均估计；—：文中未报告。

6.3　飞机维修编排子问题

在机型指派方案的基础上,航空公司进一步求解飞机维修编排问题,综合考虑航班计划和飞机维修计划,确定每个航班由机队中的飞机执行,实现对航班任务和具体飞机的匹配。由于飞机排班计划不仅要确保顺利执行各航班任务,而且要保证飞机及时返回维修基地,并在临近维修期限前进行维护从而保证飞行安全,该问题通常将飞机维修计划融入到飞机排班中。航空条例中对于飞机的飞行时间、维修间隔和最大起降次数等都有着严格的限制,所以当飞机到达维修期限时,必须进站维修。常见的飞机维修任务包括 A 检(400～600 飞行小时一次),B 检(6～8 个月一次),C 检(两年一次)及 D 检(4 年一次)。在实际操作中,上述定检要求可能随着机型、机龄和航空公司具体要求而变,且 A 检在实际执行过程中常常被拆分成多个过程检查以满足航空公司紧凑的排班计划。相较而言,由于后三种定检间隔期长,在实际研究中不常涉及。同样按照建模方式可将飞机维修编排问题分成三大类:时空网络模型、连接网络模型和集合分割模型。

本节以 Barnhart 等人[184] 提出的飞机编排模型为例,分析相关模型的典型特点。其中,航班串被进一步拓展至增广航班串以表示航班串最后一班航班降落机场为维修基地如表 6 - 4 所列。

表 6 - 4　基于路径网络的飞机编排模型集合、参数和变量

<table>
<tr><td colspan="4" align="center">集　合</td></tr>
<tr><td>S</td><td>航班串，$s \in S$</td><td>S_{f^-}</td><td>以航班 f 结束的增广航班串</td></tr>
<tr><td>S_{f^+}</td><td>自航班 f 开始的增广航班串</td><td>G</td><td>地面边，$j \in G$</td></tr>
<tr><td colspan="4" align="center">参　数</td></tr>
<tr><td>a_{fs}</td><td>当航班串 s 包含航班 f 时取 1，否则取 0</td><td>r_s</td><td>航班串 s 经过计数时间线的次数</td></tr>
<tr><td>p_j</td><td>地面边 j 经过计数时间线的次数</td><td>$e_{f,a}/e_{f,d}$</td><td>航班 f 降落/起飞对应的事件序号</td></tr>
<tr><td>$e_{f,a}^-/e_{f,d}^-$</td><td>在航班 f 降落/起飞之前发生的事件序号</td><td>$e_{f,a}^+/e_{f,d}^+$</td><td>在航班 f 降落/起飞之后发生的事件序号</td></tr>
<tr><td>c_s</td><td>航班串 s 的成本</td><td></td><td></td></tr>
<tr><td colspan="4" align="center">决策变量</td></tr>
<tr><td>x_s</td><td>当选取航班串 s 时取 1，否则取 0</td><td>y_j</td><td>地面边 j 对应的地面等待的飞机数量</td></tr>
</table>

飞机编排模型如下：

$$(\text{M2}) \min \sum_{s \in S} c_s x_s \tag{6.10}$$

$$\sum_{s \in S} a_{fs} x_s = 1 \quad \forall f \in F \tag{6.11}$$

$$\sum_{s \in S_f^+} x_s - y_{e_{f,d}^-, e_{f,d}} + y_{e_{f,d}, e_{f,d}^+} = 0 \quad \forall f \in F \tag{6.12}$$

$$-\sum_{s \in S_f^-} x_s - y_{e_{f,a}^-, e_{f,a}} + y_{e_{f,a}, e_{f,a}^+} = 0 \quad \forall f \in F \tag{6.13}$$

$$\sum_{s \in S} r_s x_s + \sum_{j \in G} p_j y_j \leqslant K \tag{6.14}$$

$$x_s \in \{0,1\} \quad \forall s \in S \tag{6.15}$$

$$y_j \geqslant 0 \quad \forall j \in G \tag{6.16}$$

该模型以最小化运营成本为目标，其约束式(6.11)为集合分割约束，保证每个航班由一个航班串覆盖。约束式(6.12)和式(6.13)为常规的流平衡约束，与基于时空网络的其他模型类似。由于航班串可能涵盖回旋过夜边，可能多次通过计数时间线，因此 r_s 取值可能大于 1，约束式(6.14)保证使用的飞机数不超过最大可用数。由于单个增广航班串最大时间跨度不超过 $n \max$，因而模型得到的解始终可行。相比模型 M3 和 M4，基于路径网络的模型将飞机执飞航班的衔接性关系约束隐含于变量 x_s 的构建中，可通过列生成算法动态生成。

如表 6-5 所列，飞机维修编排方面的研究热点逐渐从中短期规划向临近起飞规划的方向靠拢，即在给定实际飞机剩余飞行时间的前提下优化之后数天的执飞计划，增加未来维修机会。此外，航班计划鲁棒性也受到了极大关注，采用数据驱动方式借助稳定性和恢复性手段降低运行不正常风险已经成为主流趋势。今后在这一问题上的研究也将向飞行时间、维修能力的不确定性，以及更为精确的飞机油耗建模与考虑延误、运行成本和飞机利用率的多目标优化方向发展,满足航空公司对运行品质的追求。

表 6-5　飞机维修编排问题文献总结

文　献	SP	CN	TSN	目标函数	算　法	飞机数	航班数	求解时间/s
Clarke et al.[178]		√		最大化通过价值	LR	—	—	39.3
Barnhart et al.[184]	√			最小化运行成本	B&P	89	1 124	16 200
Gopalan et al.[185]	√			无目标	多项式时间算法	12	33	—
Talluri[196]	√			无目标	欧拉路径	—	—	—
Sriram et al.[197]		√		最小化维修和重分配费用	深度优先搜索随机搜索	8	58	300
Sarac et al.[186]	√			最小化剩余飞行时间	B&P	32	175	1 940
Lan et al.[192]	√			最小化延误传播	B&P	—	278	13
Burke et al.[198]			√	最大化可靠性和灵活性	GA	—	504	98
Liang et al.[176]			√	最小化低质量航班衔接数	B&B	70	352	15
Liang et al.[177]			√	最大化通过价值	下潜算法	333	2 086	881
Haouari et al.[179]		√		无目标	B&B,模型重构	138	344	10.33
Basdere et al.[180]		√		最小化剩余飞行时间	模拟退火	8	354	8 513.57
Froyland et al.[195]	√			最小化恢复和偏离成本	BD, CG	10	53	4 000
Liang et al.[193]	√			最小化期望传播延误	CG	333	6 072	10 059
Khaled et al.[182]		√		最小化运行成本	B&B	40	1 494	10 800
Safaei et al.[181]		√		最小化运行成本	迭代算法	18	772	—
Yan et al.[194]	√			最小化最大延误传播	CG, RG	23	117	446.10
Maher et al.[187]	√			最小化违反维修数	B&P	526	3 370	76.8
Cui et al.[183]		√		最小化使用飞机数和延误	VNS, B&B	20	667	570.2

注:SP:集合分割;CN:连接网络;TSN:时空网络;B&B:分支定界;BD:Benders 分解;B&P:分支定价;CG:列生成;DW:DW 分解;GA:遗传算法;LR:拉格朗日松弛;RG:行生成;VNS:变邻域搜索;—:文中未报告。

6.4　机组排班子问题

　　航空公司在完成飞机维修编排的基础上进行机组排班,机组排班计划问题由机组任务配对问题和机组人员指派问题组成。首先,机组排班问题通常按照航空管理部门的相关条例,将机组分配至从基地机场出发并能返回基地的诸多任务环,覆盖所有执行航班。随后,机组人员指派问题则将任务分配给具体的机组成员,并考虑人员的偏好、假期及公平性原则。机组排班问题一方面面临着严格的外部环境限制,包括民航局制定的各项法规,如对飞行员飞行小时、机组搭配、机组休假、体检和培训等方面的强制性要求;另一方面也面临着复杂内部环境,大中型航空公司航班数量多,一天航班量达到数千个,找出所有满足排班需求的备选排班方案极为困难。因此,机组排班过程需满足大量约束,这使机组排班模型的结构非常复杂,优化求解困难。

在机组任务环指派问题中,航班被分割成若干子集,每个航班子集能前后衔接成一个符合适航规定和最小机组衔接时间规定的机组任务环,并能覆盖所有航班,使运营成本最低。其目标函数通常为对应机组人员在执行整个任务环的工资。由于工资的构成和计算都相对复杂,包括最大飞行小时、值勤期时间、过夜时长等诸多要素且相关规章约束繁杂,已有研究通常采用集合分割或集合覆盖模型以便简化费用计算和复杂的人员规章约束建模。同时,按照人员计划的规划周期,可分为每天重复计划、每周重复计划和每月重复计划。

人员指派问题旨在将组环方案中的航班任务环指派给不同的机组成员执行,制订出具体的个人航班计划。指派过程不仅要保证各机组人员有资格且有空余时间来执行安排的航班环,更多地还要从机组人员工作满意度的角度出发,考虑分配的公平性及工作的舒适度、疲劳度等因素。基本的指派模型包含成员数量约束和资源需求约束,以保证排班方案中每一个航班环都恰好被覆盖一次,且至多为每名机组人员指派一个排班计划。

顺序求解虽然降低了求解难度,但是业务考虑因素和优化目标的不同也导致了一些不足之处。在第一阶段,求解任务配对问题得到的最优任务环集合虽然能够在满足规则、兼顾一定的鲁棒性等要求的前提下使得成本最低,但是由于缺乏对机组人员的必要考虑,这些航班环对后续机组人员的指派过程并非最优。因此,亟待研究机组人员排班及一体化问题,以进一步优化机组排班。其中一种行之有效的方法是在组环问题中进一步考虑航班环的复杂特点,从而得到更有利于指派问题求解的组环方案;另一种更直接的方法是集成指派和组环问题模型并同时求解。

参考文献[214]Zeighami等人提出了一体化模型,整合了机长和副机长的排班问题,因而具备较好的代表性,本小节选取该模型进行分析,对应参数变量见表6-6。

表 6-6　一体化机组组环与分配模型的集合、参数与变量

集　合			
L	机长,$l \in L$	O	副机长,$o \in O$
V_l/V_o	机长 l/副机长 o 的休假请求,$v \in V_l/V_o$	S_l/S_o	机长 l/副机长 o 的可行计划
C	航班连接,$(f_1, f_2) \in C$	P_s	计划 s 包含的任务环
F	航班,$f \in F$		
参　数			
e_f^s	当计划 s 包含航班 f 时取1,否则取0	b_v^s	当计划 s 满足休假请求 v 时取1,否则取0
n_s	计划 s 中包含的偏好航班的数量	B	满足偏好航班需求的奖励值
c_p	任务环的成本	c_s	计划 s 的成本,$c_s = \sum_{p \in P_s} c_p + Bn_s$
$a_{f_1 f_2}^s$	当计划 s 包含航班 f_1 和 f_2 之间的连接时取1,否则取0	$R_{f_1 f_2}$	针对变量 u_{f_1, f_2} 的惩罚成本

决策变量			
x_s	当为机长 l 分配计划 $s \in S_l$ 时取 1,否则取 0	y_s	当为机长 o 分配计划 $s \in S_o$ 时取 1,否则取 0
r_v	当机长 l 的休假请求 $v \in V_l$ 未被满足时取 1,否则取 0	z_v	当副机长 o 的休假请求 $v \in V_o$ 未被满足时取 1,否则取 0
u_{f_1,f_2}	执行航班 f_1 和 f_2 的机组和副机长组合不同时取 1,否则取 0		

该一体化模型如下:

$$(\text{M3}) \min \sum_{l \in L} \sum_{s \in S_l} c_s x_s + \sum_{l \in L} \sum_{v \in V_l} c_v r_v + \sum_{o \in O} \sum_{s \in S_o} c_s y_s + \sum_{o \in O} \sum_{v \in V_o} c_v z_v + \sum_{(f_1,f_2) \in C} R_{f_1 f_2} u_{f_1 f_2}$$

$$(6.17)$$

$$\sum_{l \in L} \sum_{s \in S_l} e_f^s x_s = 1 \quad \forall f \in F \tag{6.18}$$

$$\sum_{s \in S_l} b_v^s x_s + r_v = 1 \quad \forall l \in L, v \in V_l \tag{6.19}$$

$$\sum_{s \in S_l} x_s \leqslant 1 \quad \forall l \in L \tag{6.20}$$

$$\sum_{l \in L} \sum_{s \in S_l} a_{f_1 f_2}^s x_s - \sum_{o \in O} \sum_{s \in S_o} a_{f_1 f_2}^s y_s \leqslant u_{f_1 f_2} \quad \forall (f_1, f_2) \in C \tag{6.21}$$

$$\sum_{o \in O} \sum_{s \in S_o} e_f^s y_s = 1 \quad \forall f \in F \tag{6.22}$$

$$\sum_{s \in S_o} b_v^s y_s + z_v = 1 \quad \forall o \in O, v \in V_o \tag{6.23}$$

$$\sum_{s \in S_o} y_s \leqslant 1 \quad \forall o \in O \tag{6.24}$$

$$x_s \in \{0,1\} \quad \forall l \in L, s \in S_l \tag{6.25}$$

$$r_v \in \{0,1\} \quad \forall l \in L, v \in V_l \tag{6.26}$$

$$u_{f_1 f_2} \in \{0,1\} \quad \forall (f_1, f_2) \in C \tag{6.27}$$

$$y_s \in \{0,1\} \quad \forall o \in O, s \in S_o \tag{6.28}$$

$$z_v \in \{0,1\} \quad \forall o \in O, v \in V_o \tag{6.29}$$

模型目标函数式(6.17)旨在最小化机组排班计划的组环和分配成本,并尽量满足机组的偏好航班与休假请求。最后,为减少机长和副机长排班计划的不一致性,提高计划的鲁棒性,对相关的决策变量 uf_1f_2 进行惩罚。模型约束由机长排班约束式(6.18)~式(6.20)和副机长排班约束式(6.22)~式(6.24)以及关联约束式(6.21)组成。约束式(6.18)为航班覆盖约束,约束式(6.19)则记录了机长偏好航班的满足情况,约束式(6.20)限制了仅能为各机长分配一个计划。由于副机长相关约束与机长排班约束相似,不再进行介绍。关联约束式(6.21)针对机长、副机长航班计划的一致性进行建模,

变量 $u_{f_1 f_2}$ 取值为左端项差值的绝对值。该模型包含了诸多相关变量与关联约束,模型具备块状结构,因此可采用分解算法求解。

如表6-7所列,机组排班的整体趋势与前述两类子问题相似,一方面是提高一体化程度,另一方面则是增强计划鲁棒性。虽然目前针对两方面问题的研究均较多,但仍然存在一些不足。首先,机组排班的相关研究尚未很好地考虑机组疲劳控制,未来仍需探索如何结合机组人员自身特点和不同工作任务中影响疲劳的特征,实现排班层面的疲劳缓解策略。其次,关于机型指派、飞机编排、机组排班三个子问题一体化求解的相关研究仍然较少,这类一体化模型可在计划阶段综合考虑各类资源的协调配合调度,统筹优化,因而能够显著提高航司利润。

表6-7 机组计划排班文献总结

文献	组环	排班	规划周期	模型	目标函数	算法	机组(基地)数	航班数	求解时间/s
Lavoie et al.[199]	√	—		SC	最小化排班费用	CG	—	1 113	1 250
Hoffman et al.[200]	√	—		SP	最小化排班费用	B&P			1 410.6
Barnhart et al.[201]	√	—		SP	最小化排班和置位费用	CG	2	833	—
Dawid et al.[208]		√	指定日期	SP	最大化机组利用率	B&B	1 300		605.04
Makri et al.[202]	√		指定日期	SP	最小化排班费用	CG	6	337	1 860
Schaefer et al.[204]	√		每天	SP	最小化期望排班费用	局部搜索		342	—
Guo et al.[210]	√	√	每周	NF	最小化过夜和补偿费用	启发式分配	188	1 977	401
Yen et al.[205]	√		每天	SP	最小化排班成本	B&P	—	79	
Medard et al.[211]	√	√	指定日期	SC	最小化排班和指派费用	CG	439		492
Souai et al.[212]	√	√	每天	SP	最小化成本和偏离计划费用	GA,局部搜索	68	1 872	3 640
Maenhout et al.[215]		√	指定日期	SP	最小化惩罚项费用	分散搜索			127.21
Saddoune et al.[213]	√	√	指定日期	SP	最小化排班和机组指派惩罚费用	CG,约束合并	54	7 527	3 451.68
Muter et al.[216]	√		每周	SC	最小化排班和置位费用	CG	1	490	28.31
Doi et al.[209]		√	指定日期	SP	最小化工作时间偏离	偏优化方法	289	—	7 420
Antunes et al.[206]	√		每天	SP	最小化排班和延误费用	CG		94	14 400
Haouari et al.[203]	√		每天	NF	最小化机组休息时间	线性化重构,B&B	172	336	7 705.18
Wen et al.[207]	√		每天	SC	最小化排班和鲁棒费用	CG		98	
Zeighami et al.[214]	√	√	指定日期	SP	最大化机组需求,最小化排班费用、机长和副机长计划不一致性	CG, ALD	3	5 613	1 943.52

注:CPP:机组排班问题;CRP:机组人员指派问题;NF:网络流模型;SC:集合覆盖模型;SP:集合分割模型;B&B:分支定界;B&P:分支定价;CG:列生成;GA:遗传算法;ALD:替代拉格朗日分解;—:文中未报告。

6.5 航空公司一体化计划优化问题

顺序求解航空公司计划优化子问题可显著降低问题复杂度,但同时也牺牲了全局最优性,导致得到的方案不够高效。因此,在最近数十年一体化优化逐渐受到重视。由于子问题之间存在较强关联性,结合两个或三个子问题已被证明是一种有效提高收益、降低运营成本的手段。一体化航班计划制定与机型指派有利于综合考虑旅客需求特征与航班计划调整之间的关联关系。机型指派和飞机编排由于在问题结构上具有紧密相关性,因而非常适合构建一体化航班计划制定与飞机维修编排模型,这也是相关领域研究的热点问题之一。

由于机组通常只具有特定机型的执飞资质,因此机型指派后,原有的航班时空网络也细分为多个包含由单一机型执飞航班的子网络,上述拆分方式可能导致后续排班方案成本非最优或机组满意度降低。同时,各基地的机型种类数量也对搜寻机组恢复方案的难易程度产生一定影响。类似地,由于机组更换飞机对航班中转过站时间存在一定的影响,飞机维修编排方案也在一定程度上限制了机组排班,机型指派和飞机编排之间同样存在羁绊,固定机型后并不总能获得保证所有飞机维护可行的最优路径规划方案。因此求解机组排班相关一体化问题有助于统筹优化资源调配,实现航空公司效益最大化[226]。

本节以 Ruther 等人[227]提出的数学优化模型为例,在分析飞机维修编排与机组任务环分配耦合关系的基础上,揭示一体化建模的典型特征,相关模型的参数与变量定义见表6-8。

表6-8 一体化飞机编排与机组任务环分配模型的集合、参数与变量

集 合			
F^1	第一阶段的航班。	F^0	第二阶段的航班
B	基地机组,$b \in B$	P_b	基地机组 b 可执飞的任务环
C_{Sh}	小于机组过站时间的短连接(short connections),$(f1,f2) \in C_{Sh}$	C_{Re}	过站时间小于 90 min 的限制连接(restricted connec-tions),$(f_1,f_2) \in C_{Re}$
参 数			
v_f^{ra}	当飞机 a 执飞的路径 r 包含航班 f 时取1,否则取 0	v_f^{pb}	当基地机组 b 执飞的任务环 p 包含航班 f 时取1,否则取 0
c^{ra}	飞机 a 执飞路径 r 的成本	c^{pb}	基地机组 b 执飞任务环 p 的成本
n_b	基地机组 b 包含的可用机组数	$h_{f_1 f_2}^{ra}$	当飞机 a 执飞的路径 r 包含满足 $(f_1,f_2) \in C_{Sh} \bigcup C_{Re}$ 条件的连接 (f_1,f_2) 时取 1,否则取 0
$h_{f_1 f_2}^{pb}$	当基地机组 b 执飞的任务环 p 包含满足 $(f_1,f_2) \in C_{Sh} \bigcup C_{Re}$ 条件的连接 (f_1,f_2) 时取 1,否则取 0	$\rho_{f_1 f_2}$	机组任务环包含限制连接的惩罚成本

决策变量			
x_{ra}	当指派飞机 a 执飞路径 r 时取 1,否则取 0	y^{pb}	当指派基地机组 b 执行任务环 p 时取 1,否则取 0
$z_{f_1 f_2}$	当机组过站时间较短且换飞机时取 1,否则取 0		

该一体化模型如下:

$$(M4)\min \sum_{b \in B}\sum_{p \in P_b} c^{pb} y^{pb} + \sum_{a \in A}\sum_{r \in R_a} c^{ra} x^{ra} + \sum_{(f_1,f_2) \in C_{Re}} \rho_{f_1 f_2} z_{f_1 f_2} \tag{6.30}$$

$$\sum_{a \in A}\sum_{r \in R_a} v_f^{ra} x^{ra} = 1 \quad \forall f \in F^1 \tag{6.31}$$

$$\sum_{b \in B}\sum_{p \in P_b} v_f^{pb} y^{pb} = 1 \quad \forall f \in F_1 \tag{6.32}$$

$$\sum_{b \in B}\sum_{p \in P_b} v_f^{pb} y^{pb} \leqslant 1 \quad \forall f \in F_0 \tag{6.33}$$

$$\sum_{r \in R_a} x^{ra} \leqslant 1 \quad \forall a \in A \tag{6.34}$$

$$\sum_{p \in P_b} y^{pb} \leqslant n_b \quad \forall b \in B \tag{6.35}$$

$$\sum_{b \in B}\sum_{p \in P_b} h_{f_1 f_2}^{pb} y^{pb} - \sum_{a \in A}\sum_{r \in R_a} h_{f_1 f_2}^{ra} x^{ra} \leqslant 0 \quad \forall (f_1,f_2) \in C_{Sh} \tag{6.36}$$

$$\sum_{b \in B}\sum_{p \in P_b} h_{f_1 f_2}^{pb} y^{pb} - \sum_{a \in A}\sum_{r \in R_a} h_{f_1 f_2}^{ra} x^{ra} - z_{f_1 f_2} \leqslant 0 \quad \forall (f_1,f_2) \in C_{Re} \tag{6.37}$$

$$x^{ra} \in \{0,1\} \quad \forall a \in A, r \in R_a \tag{6.38}$$

$$y^{pb} \in \{0,1\} \quad \forall b \in B, p \in P_b \tag{6.39}$$

$$z_{f_1 f_2} \geqslant 0 \quad \forall (f_1,f_2) \in C_{Re} \tag{6.40}$$

该模型将航班按规划周期分为两个阶段,第一阶段仅针对临近运行的航班进行排班,保证所有航班均被执飞;第二阶段则主要保证机组可返回对应基地机场,并不要求航班的全覆盖。模型目标函数式(6.30)旨在最小化机组和飞机的运营成本,并对飞机和机组路径的不一致性进行惩罚。约束式(6.31)~式(6.33)针对两阶段的航班覆盖进行约束建模,约束式(6.34)和式(6.35)则限制了可用的机组和飞机数量。最后,约束式(6.36)和式(6.37)分别对机组采用短连接和限制连接进行建模,以减少飞机和机组路径的不一致性。

如表 6-9 所列,其中 SDP、FAP、ARP 和 CSP 分别代表航班计划设计问题、机型指派问题、飞机维修编排问题和机组排班问题。由此可见,当前已有大量的研究针对航空公司一体化排班问题的建模和求解进行了深入探究,进而有助于航空公司实现科学化的高质量管理,降低运行成本,提高利润率,保证多业务部门与计划之间的一致性和协调性。然而,首先,受制于一体化问题的求解复杂度及不同规划排班子问题在规划周期上的差异性,尚未出现结合所有四类子问题的相关研究。其次,求解算法仍然不具备较好的扩展性,相关精确算法能够求解的算例规模仍然偏小,对模型的依赖性假设过多(如单一机队、每天重复计划等),算法收敛速度较慢,因此亟须开发一体化程度更高的模型及可扩展性强的求解算法。

表 6-9 航空公司一体化运营优化问题文献总结

文 献	SDP	FAP	ARP	CSP	航班数	飞机数	模型	算 法	求解时间/s
Lohatepanont et al. [217]	√	√			848	166	MIP	CG	45 720
Jiang et al. [218]	√	√			1 000	—	MIP	B&B	72 000
Papadakos [226]			√	√	705	167	MIP	BD, CG	10 008
Sherali et al. [231]	√	√			1 476	—	MINP	VI & BD	2 988
Haouari et al. [221]		√	√		1 050	34	MIP	BD	58
Jiang et al. [232]	√	√			1 000	—	MIP	B&B	36 000
Sherali et al. [222]	√	√	√		592	—	MINP	BD	43 200
Pita et al. [219]	√	√			325	24	MIP	B&B	72 360
Ruther et al. [227]			√	√	1 130	50	MIP	CG,下潜	7 815
Cacchiani et al. [229]		√		√	172	17	MIP	B&P	18 000
Cadarso et al. [175]	√	√			—	47	MIP	BD	3 841
Faust et al. [224]	√	√			—	15	MIP	B&P	143
Shao et al. [230]		√	√	√	676	192	MIP	BD,CG	35 688
Kenan et al. [225]	√	√	√		228	59	MIP	CG	6 854
Wei et al. [220]	√	√			390	—	MIP	B&B,规则	7 200
Parmentier et al. [228]			√	√	1 766	59	MIP	CG, B&B	23 671
Xu et al. [233]	√	√	√		1 607	51	MINP	VNS & CG	3 460

注:MIP:混合整数规划;MINP:混合整数非线性规划;VI:有效不等式;CG:列生成;BD:Benders 分解;
B&B:分支定界;B&P:分支定价;VNS:变邻域搜索;—:文中未报告。

6.6 不正常航班恢复问题

  航空公司在执行航班任务的过程中,不可避免地会遇到恶劣天气等突发事件,而这类事件的发生会造成航班延误、备降或者取消,可能对航司的运营与旅客出行产生严重影响。因此,与之对应的不正常航班恢复已成为航空运营管理领域研究的一大热点问题。由于不正常航班恢复是典型的 NP 难问题[234],在实际生产运营和研究中通常将其分为三个子问题求解[235],即飞机计划恢复[236]、机组恢复[237]和旅客中转衔接恢复[238]。此外,通常采用三种典型的网络:时空网络、连接网络和时间段网络(time-band network)进行建模。本节从飞机计划恢复、机组恢复、旅客恢复和不正常航班一体化恢复四个方面分别介绍有代表性的研究工作并总结其优缺点。

6.6.1 飞机计划恢复

由于飞机计划恢复对航空公司的收益有很大的影响,同时其计算复杂度低于机组恢复问题[239],因此在不正常航班恢复中一般优先求解该问题。飞机计划恢复旨在为受影响飞机指派满足维修条件的飞机路径以降低取消或延误不正常航班带来的损失。已有文献所采用的数学模型,可以分为多商品流模型和集合分割模型。

本小节以 Liang 等人[247]提出的模型为例,分析了飞机计划恢复问题中涉及的决策和建模思路。其中,表 6-10 包含了模型相关的变量、参数。

表 6-10 飞机计划恢复模型的集合、参数与变量

集 合			
A	飞机,$a \in A$	F	航班,$f \in F$
M	计划维修,$m \in M$	R_a	与飞机 a 相关的机械故障事件,$r \in R_a$
L	飞机路径,$l \in L$	S	起降时隙,$s \in S$
参 数			
α_f	航班 f 的取消成本	$\beta_{a,l}$	飞机 a 执飞路径 l 的恢复成本
$\delta_{f,l}$	当路径 l 包含航班 f 时取 1,否则取 0	$\delta_{m,l}$	当路径 l 包含维修 m 时取 1,否则取 0
$\delta_{r,l}$	当路径 l 包含故障 r 时取 1,否则取 0	u_s	时隙 s 包含的起降次数上界
$\Phi_{s,l}$	路线 l 包含的时隙数		
决策变量			
x_{al}	当指派飞机 a 执飞路径 l 时取 1,否则取 0	y_f	当取消航班 f 时取 1,否则取 0

该飞机计划恢复模型如下:

$$(M5) \min \sum_{f \in F} \alpha_f y_f + \sum_{a \in A} \sum_{l \in L} \beta_{al} x_{al} \tag{6.41}$$

$$\sum_{a \in A} \sum_{l \in L} \delta_{f,l} x_{al} + y_f = 1 \quad \forall f \in F \tag{6.42}$$

$$\sum_{a \in A} \sum_{l \in L} \delta_{m,l} x_{al} \leqslant 1 \quad \forall f \in F \tag{6.43}$$

$$\sum_{l \in L} \delta_{r,l} x_{al} = 1 \quad \forall a \in A, f \in F \tag{6.44}$$

$$\sum_{l \in L} x_{al} \leqslant 1 \quad \forall a \in A \tag{6.45}$$

$$\sum_{a \in A} \sum_{l \in L} \Phi_{s,l} x_{al} \leqslant u_s \quad \forall s \in S \tag{6.46}$$

$$x_{a,l} \in \{0,1\} \quad \forall a \in A, l \in L \tag{6.47}$$

$$y_f \in \{0,1\} \quad \forall f \in F \tag{6.48}$$

模型目标函数式(6.41)对航班取消、航班延误、航班交换等成本进行了优化,除航班取消外,剩余几项成本均包含在变量 x_{al} 的目标函数值 $\beta_{c,l}$ 中。约束式(6.42)表征

航班的执行或取消状态,而约束式(6.43)确保至多一条航班路径分配至计划维修事件。对飞机机械故障,约束式(6.44)强制该事件发生。最后,约束式(6.46)针对时刻协调机场的航班时刻资源进行了约束。该模型复杂度在于高效搜索构建针对航班延误、机场容量约束限制等要素的飞机执飞路径,并精准调节起飞时间。

6.6.2 机组恢复

相比飞机计划恢复,机组恢复需要关注机组在执勤期和运行基地上的诸多限制。由于备份机组成本很高加之机组任务较为紧凑,因此航班延误易造成后续航班因缺机组而产生延误波及。对机组恢复的研究相对不多,由于机组恢复通常在飞机计划恢复之后进行,按照是否允许更改航班计划,将机组恢复分成两类。第一类基于航班计划不可更改假设的研究,其建模方式与机组排班问题相似;第二类则允许更改航班计划,在具备更好恢复效果的同时也显著增大了解空间。

本小节以 Lettovský 等人[252]提出的机组恢复模型为例,分析比较机组恢复的建模要素,相关参数与变量如表 6-11 所列。

表 6-11　机组恢复模型的集合、参数与变量

集　合			
C	机组,$c=C$	P	任务环,$p=P$
F	航班,$f=F$		

参　数			
β_f^p	当任务环 p 包含航班 f 时取 1,否则取 0	c_p^c	机组 c 执飞任务环 p 的运营成本
c_f	取消航班 f 的成本	c_f^D	使用航班 f 进行置位的成本
q_c	机组 c 空闲的成本		

决策变量			
x_p^c	当指派机组 c 执行任务环 p 时取 1,否则取 0	z_f	当取消航班 f 时取 1,否则取 0
v_c	当未使用机组 c 执行任务环时取 1,否则取 0	s_f	航班 f 置位的机组人数

该机组恢复模型如下:

$$(\text{M6}) \ \min \sum_{c\in C}\sum_{p\in P} c_p^c x_p^c + \sum_{f\in F} c_f z_f + \sum_{f\in F} c_f^D s_f + \sum_{c\in C} q_c v_c \tag{6.49}$$

$$\sum_{c\in C}\sum_{p\in P} \beta_f^p x_p^c + z_f - s_f = 1 \quad \forall f\in F \tag{6.50}$$

$$\sum_{p\in P} x_p^c + v_c = 1 \quad \forall c\in C \tag{6.51}$$

$$x_p^c \in \{0,1\} \quad \forall c\in C, p\in P \tag{6.52}$$

$$z_f \in \{0,1\} \quad \forall f\in F \tag{6.53}$$

$$s_f \in Z^+ \quad \forall f\in F \tag{6.54}$$

$$v_c \in \{0,1\} \quad \forall c\in C \tag{6.55}$$

该模型的目标函数式(6.49)旨在最小化机组运行成本、航班取消成本、置位成本和空闲机组的成本。约束式(6.50)在航班覆盖约束的基础上考虑了置位及航班取消决策。而约束式(6.51)则分析了机组是否空闲。与机组组环排班问题类似,大部分机组执勤约束隐含于机组任务环构建中,需采用分支定价等算法求解。

6.6.3 旅客恢复

虽然飞机恢复问题对航班延误进行了对应优化,但上述得到的新航班计划并不能直观优化旅客行程对应的延误,针对航段聚合旅客数据进行的航班延误优化实质上忽略了旅客中转航班的衔接性关系。因此,旅客恢复问题因其在改善旅客出行体验和降低航空公司不正常航班恢复成本方面的潜在能力引起了学界的关注。

本小节以 Petersen 等人[255] 提出的模型为例,分析了旅客行程恢复的关键建模要素,模型的参数和变量见表 6-12。

表 6-12 旅客恢复模型的集合、参数与变量

集合			
I	旅客行程,$i \in I$	I_i	旅客行程 i 可重安置的备选旅客行程
A	飞机,$a \in A$	S	飞机路径,$s \in S$

参数			
$c_{i,\gamma}^{\text{delay}}$	由行程 i 转移至行程 γ 的延误时间成本	c_i^{unassign}	旅客行程 i 上未分配旅客的成本
n^{PAX}	旅客行程 i 的旅客数	CAP_a	飞机 a 对应的可用座位数
$f(\gamma)/\overline{f}(\gamma)$	旅客行程 γ 的首末航班	$t_f^{\text{arr}}/t_f^{\text{dep}}$	航班 f 的实际起飞/降落时间
$t_i^{\text{STA}}/t_i^{\text{STD}}$	旅客行程 i 的预计到达/出发时间	$t_{\min}^{\text{con}}$	旅客最小中转时间
θ_{if}	当行程 i 包含航班 f 时取 1,否则取 0	$x_{a,s}$	当飞机 a 执飞路径 s 时取 1,否则取 0
θ_{sf}	当飞机路径 s 包含航班 f 时取 1,否则取 0		

决策变量			
$z_{i,\gamma}$	由旅客行程 i 转移至旅客行程 γ 的人数	s_i	旅客行程 i 中未安置的旅客数量
$\delta_{i,\gamma}$	由行程 i 转移至行程 γ 的延误时间	$v_{i,\gamma}$	当行程 i 在行程 γ 之前出发时取 1,否则取 0
ω_i,γ	当行程 i 中旅客转移至行程 γ 的中转时间充足时取 1,否则取 0		

该旅客恢复模型如下:

$$(\text{M7}) \min \sum_{i \in I} \sum_{\gamma \in I_i} c_{i,\gamma}^{\text{delay}} \omega_{i,\gamma} \delta_{i,\gamma} + c_i^{\text{unassign}} s_i \tag{6.56}$$

$$\sum_{i \in I} \sum_{\gamma \in I_i} z_{i,\gamma} \leqslant \sum_{a \in A} \sum_{s \in S} \theta_{s,f} x_{a,s} \text{CAP}_a \quad \forall f \in F \tag{6.57}$$

$$\sum_{\gamma \in I_i} z_{i,\gamma} + s_i = n_i^{\mathrm{PAX}} \quad \forall i \in I \tag{6.58}$$

$$\delta_{i,\gamma} \geqslant \sum_{a \in A} \sum_{s \in S} x_{a,s} t_{f(\gamma)}^{arr} - t_i^{\mathrm{STA}} \quad \forall i \in I, \gamma \in Ii \tag{6.59}$$

$$z_{i,\gamma} \leqslant M \sum_{a \in A} \sum_{s \in S} \theta_{sf} x_{a,s} \quad \forall f \in F, i \in I, \gamma \in I_i \tag{6.60}$$

$$\sum_{a \in A} \sum_{s \in S} \theta_{sf(\gamma)} t_{f(\gamma)}^{dep} x_{a,s} \geqslant t_i^{\mathrm{STD}} - M(1 - v_{i,\gamma}) \quad \forall i \in I, \gamma \in I_i \tag{6.61}$$

$$z_{i,\gamma} \leqslant M v_{i,\gamma} \quad \forall i \in I, \gamma \in I_i \tag{6.62}$$

$$\sum_{a \in A} \sum_{s \in S} \theta_{s,f_j} t_{f_j}^{dep} x_{a,s} - \sum_{a \in A} \sum_{s \in S} t_{f_i}^{arr} x_{a,s} \geqslant t_{\min}^{con} - M(1 - \omega_{i,\gamma}) \quad \forall i \in I, (f_i, f_j) \in I_i$$
$$\tag{6.63}$$

$$z_{i,\gamma} \leqslant M(1 - \omega_{i,\gamma}) \quad \forall i \in I, \gamma \in I \tag{6.64}$$

$$z_{i,\gamma} \in Z \quad \forall i \in I, \gamma \in I_i \tag{6.65}$$

$$\delta_{i,\gamma} \geqslant 0 \quad \forall i \in I, \gamma \in I_i \tag{6.66}$$

$$s_i \geqslant 0 \quad \forall i \in I \tag{6.67}$$

$$v_{i,\gamma}, \omega_{i,\gamma} \in \{0,1\} \quad \forall i \in I, \gamma \in I_i \tag{6.68}$$

该模型目标函数式(6.56)旨在最小化旅客延误成本和未分配旅客成本,约束式(6.57)限制了可分配至各航班的旅客数,其中参数 $x_{a,s}$ 为飞机恢复问题的路径解,表征了航班的执飞机型。约束式(6.58)计算了各旅客行程未被分配的旅客数,而约束式(6.59)计算了旅客行程转移后的延误值。约束式(6.61)和式(6.63)分别保证了转移的旅客行程出发时间不晚于原旅客行程计划出发时间,以及中转旅客行程的中转时间不少于最小旅客中转时间。最后,约束式(6.60)、式(6.62)和式(6.64)共同确保在旅客行程不可行时,无旅客分配至该行程上。

由此可见,旅客恢复需考虑旅客的中转衔接时间、对应航班的执行情况及旅客出发时间不晚于计划出发时间等限制条件[256]。不同于机型指派问题采用重捕获概率建模旅客行程的转移情形,旅客恢复问题通常假定旅客均可按航空公司要求转移至对应备选旅客行程中,而在近期 Cadarso 等人[257] 的研究中,则考虑了旅客选择退票的相关概率,从而可进一步提高恢复决策的精准性。

6.6.4 不正常航班一体化恢复

随着建模技术和求解技术的进步,一体化不正常航班恢复成为近些年研究的热点问题。围绕这一问题,学者们开发了诸多模型和算法来解决以飞机计划恢复为核心、包含两个或三个恢复子问题的一体化恢复问题。

基于表 6-13 定义的参数和变量,本小节介绍了一个简化后的一体化恢复模型[254],以展示不同阶段决策的耦合性。该模型将飞机、旅客和机组资源统一称为实体(E,entity),并构建了通用化的模型约束。

表 6-13 一体化航班计划恢复模型涉及的集合、参数和决策变量

集 合			
F	航班,$f \in F$	T	飞机,$t \in T$
C	机组成员,$c \in C$	P	旅客,$p \in P$
S^t/T^t	飞机(机组)t 对应连接网络的起点和终点	F_i/FP_i	旅客行程 i 包含的航班/航班对
E	连接网络的连边,$(f,g) \in E$		

参 数			
Req_f	执飞航班 f 所需的机组人数	FT_f	航班 f 的飞行时间
CT_{fg}	连续执飞航班 f 和 g 所需的最短过站时间	DT_f	航班 f 的计划起飞时间
AT_f	航班 f 的计划降落时间	MD	最大延误时间
β_e	实体 e 的感染概率	tc_f^1	航班 f 的取消成本
tc_f^2	航班 f 的延误成本	MFT_c	机组 c 在执勤期间的最大飞行时间
D_p	旅客 p 的需求	S	飞机的可用座位数

决策变量			
$dt_f \geqslant \mathrm{DT}_f$	航班 f 的实际起飞时间	$at_f \geqslant \mathrm{AT}_f$	航班 f 的实际降落时间
$x_{fg}^e \in \{0,1\}$	当实体 e 路径经过连边(f,g)时取 1,否则取 0	$z_f \in \{0,1\}$	当取消航班 f 时取 1,否则取 0
$d_f \geqslant 0$	航班 f 的延误时间		

该一体化模型如下:

$$(\mathrm{M8}) \ \min \sum_{f \in F} (tc_f^1 z_f + tc_f^2 d_f) \tag{6.69}$$

$$\sum_{f:(f,g) \in E} x_{fg}^t - \sum_{f:(g,f) \in E} x_{gf}^t = \begin{cases} -1 & g = S^t \\ +1 & g = T^t \\ 0 & o/w \end{cases} \quad \forall e \in E = T \cup C \cup P, g \in V \tag{6.70}$$

$$\sum_{t \in T} \sum_{g:(f,g) \in E} x_{fg}^t = 1 - z_f \quad \forall f \in F \tag{6.71}$$

$$\sum_{c \in C} \sum_{g:(f,g) \in E} x_{fg}^c \geqslant (1 - z_f)\mathrm{Req}_f \quad \forall f \in F \tag{6.72}$$

$$at_f = dt_f + \sum_{t \in T} \sum_{g:(f,g) \in E} x_{fg}^t \mathrm{FT}_f \quad \forall f \in F \tag{6.73}$$

$$dt_g \geqslant at_f + \mathrm{CT}_{fg} x_{fg}^t - (\mathrm{AT}_f + \mathrm{MD})(1 - x_{fg}^t) \quad \forall t \in T \cup C, (f,g) \in E \tag{6.74}$$

$$d_f \geqslant at_f - \mathrm{AT}_f - M_f z_f \quad \forall f \in F \tag{6.75}$$

$$\sum_{p \in P} \sum_{g:(f,g) \in E} x_{fg}^p \leqslant S(1 - z_f) \quad \forall f \in F \tag{6.76}$$

该模型的目标函数式(6.69)旨在最小化一系列恢复成本,包括:航班取消、延误和

置位成本。流平衡约束式(6.70)保证了机组、飞机及旅客路径的可行性(但未对旅客中转次数进行限制)。航班覆盖约束式(6.71)和式(6.72)保证每个未取消航班都有充足的机组(Req_f)和飞机执飞。同时,航班允许置位以提高恢复方案的灵活度。约束式(6.73)保证航班 f 的起降时间间隔为计划飞行时间,而两航班间的最短过站时间则由约束式(6.74)表示。约束式(6.75)计算了在航班没有取消情形下的延误时间,否则延误为 0。最后,约束式(6.76)对每个航班上可搭乘的旅客数进行了约束。

如表 6-14 所列,针对顺序求解航班不正常优化子问题在复杂度高、可行解少的情形下可能导致次优解甚至非可行解的问题,一体化不正常航班恢复问题正逐步成为这一领域的热点问题。作为航空运筹学的成功应用典范,贴近实际、精确性与算法快速可扩展性是航班不正常恢复问题的最根本需求。

表 6-14　航空公司不正常航班恢复文献总结

文　献	飞机	机组	旅客	延误	模型	目　标	算　法
Thengvall et al.[261]	√			航班复制边	连边	max 收入,-FD,-DS	拉格朗日松弛
Abdelghany et al.[262]		√		决策变量	连边	min 机组费用,机组延误	滚动窗口法
Bratu et al.[238]	√	√	√	航班复制边	连边	min PD,PC,RC	B&B
Nissen et al.[237]		√		航班		min DS	B&P
Eggenberg et al.[246]	√			航班复制边	路径	min FD,FC	CG
Petersen et al.[255]	√	√	√	航班复制边	路径	min FD,FC,DS,CDH,CD	CG,Benders 分解
Sinclair et al.[259]	√		√	固定间隔		min FD,FC,PD,DS	LNS
Maher[263]	√	√	√	航班复制边	路径	min FD,CDH,RC,旅客 重分配,DS	CRG
Zhang et al.[264]	√	√		航班复制边	连边	min FD,FC,CD	两阶段算法
Maher[260]	√	√		航班复制边	路径	min FD,FC,CD,RC,CDH	CRG
Arıkan et al.[254]	√	√	√	决策变量	连边	min PD,FC,CDH,FD,AF	QCP
Marla et al.[265]	√		√	航班复制边	连边	min PD,DS,AF	B&B
Liang et al.[247]	√			自适应	路径	min FD,FC,DS	CG
Lee et al.[266]	√			航班复制边	连边	min FD,FC,DS,AF	前瞻近似,抽样平均近似
Vink et al.[267]	√			航班复制边	连边	min FD,FC,DS,运营成本	迭代选择方法
Huang et al.[268]	√			航班复制边	路径	min FD,FC,DS	原始对偶方法
Hu et al.[269]	√	√			连边	min FD,FC,PD,退票,旅客意愿	变邻域搜索

注:AF:额外燃油;CD:机组执勤;CDH:置位;DS:偏离计划;FD:航班延误;FC:航班取消;
　　PC:旅客取消;PD:旅客延误;RC:备用机组;B&B:分支定界;LNS:大邻域搜索;B&P:分支定价;
　　CG:列生成;CRG:行列生成;QCP:二次锥规划。

6.7 小 结

航空公司运营依赖于解决一系列从战略层面、战术层面、运行控制层面的规划设计问题,包括航线网络设计、航班计划制定、机型指派、飞机编排、机组排班和不正常航班恢复等一系列子问题,涉及飞机、机组、客货等多种运力资源,属于典型的航空运营大规模组合优化问题。本章首先介绍了航空公司航班计划与运行的相关要素;随后依次介绍了机型指派子问题、飞机维修编排子问题、机组排班子问题,以及一体化计划优化问题的建模框架与典型的数学模型;最后介绍了航空公司不正常航班的三个子问题:飞机恢复子问题、机组恢复子问题与旅客恢复子问题,以及一体化恢复问题,并对比分析了各个子问题及其一体化问题的建模思路,为后续航空公司一体化航班计划设计与一体化不正常航班恢复研究,奠定了相应的模型基础。

第7章 面向动态竞争博弈的一体化航班计划设计

构建高质量的航班计划时刻表是航空公司的主要诉求与核心竞争力,也是进行后续飞机/机组排班和运行管理的基础,因而航空公司会充分考虑诸如:航班起飞时刻、航线频次、飞机资源及旅客支付意愿和市场竞争环境等重要因素,从而制定相应航班计划。由于该问题组成要素多,规模庞大且航空公司间竞争博弈关系复杂,本章旨在对应性地解决结合机型指派的动态一体化航班计划设计问题。

首先,大多数有关航班计划制定的优化模型都是基于已有航班时刻计划,并通过选择航班复制边[232]和可选航班[222]来微调航班起降时间和频次,且仅考虑潜在竞争对手的静态计划。上述模型符合航空公司在既有成熟市场进行航班计划微调的实际需求,但对于新成立的及面临大范围计划调整(如:航班换季、新冠疫情影响下市场需求急剧变化)的航空公司而言,此类增量式模型无法适应实际计划制定需求。其次,从供需关系建模的角度来看,主流研究或采用旅客溢出重捕获方法建模网络效应[277],或基于随机效用理论将旅客离散选择模型内嵌于排班规划模型中[278]。相较而言,离散选择模型更为直观且有效地建模了需求与票价、频次及出行时间等因素的关系,更适用于战略规划层面涉及精细化需求建模和分配的问题。而广泛运用于选择模型中的旅客随机效用值计算则通常忽视了旅客对潜在收益和风险的不同偏好程度,从而无法精准刻画旅客选择行为[279]。

针对上述研究的不足,本章提出了一类综合航班计划制定和机型指派问题的博弈求解框架,动态考虑了航空公司之间的竞争关系,提出的非线性混合整数规划模型结合了综合式航班计划制定、机型指派及定价问题。供需关系的建模方面则采用了基于前景理论[280]的巢式多项 Logit 离散选择模型,从而可以准确把握旅客的行为偏好,以便根据市场需求及竞争态势灵活构建航班计划。由于供需关系的建模引入了高度非线性项,同时综合式计划制定的解空间维度高,这一优化问题复杂度极高,因此还对应性地提出了相关的线性化技术及混合求解算法,以高效、精准地求解这类问题。

7.1 竞争性航班计划与机型指派一体化建模

本节提出战略规划层面的优化模型,可在不依赖既有时刻表的前提下基于市场竞争态势动态构建包含航班时刻、机场对之间的服务频次及平均票价的航班计划。其中,第 7.1.1 小节首先介绍了基于前景理论和效用理论的离散选择模型;第 7.1.2 小节介绍了连接时空关系的综合式航班连接网络；基于上述选择模型和时空网络，第 7.1.3 小节搭建了相关数学模型；最后，第 7.1.4 小节介绍了多航空公司竞争的博弈模型。

7.1.1　旅客离散选择模型

航空公司在市场运营中需要通过对旅客支付意愿（willingness to pay）及服务差异性认知的精准把握，设计相应的航空服务产品，其竞争对手不仅涵盖传统全服务航空和低成本航空公司，也包含具有互补关系的交通运输服务提供商，如高速铁路。因而，针对旅客选择可替代性服务的行为进行精准建模，是航空公司确保供需平衡的关键举措。模型以旅客行程作为研究对象，包括直达旅客行程和中转旅客行程，且可按价格敏感程度将旅客细分为休闲型和商务型。

由于包含了不同类型的交通出行方式，本章采用巢氏多项 Logit 模型（nested MNL）对旅客的选择行为进行分层建模，以解决传统多项 Logit 模型在无关选择独立性假设（IIA，Independence of Irrelevant Alternatives）上的局限性。则处于下层的航空公司 k 在旅客行程 i 上的市场份额 $\mathrm{MS}_{i,k}$ 可通过下式计算：

$$\mathrm{MS}_{i,k} = \frac{(e^{V_{\tau(i),k}})^{\alpha}}{e^{V_{\tau(i),hsr}} + \sum_{k \in K}(e^{V_{\tau(i),k}})^{\alpha}} \tag{7.1}$$

式中，V_{hsr} 表征上层的高铁旅客的效用值；$\tau(i)$ 表征旅客行程 i 的类型（休闲型和商务型）；$k \in K$ 表征航空公司集合；巢式系数 $\alpha \in [0,1]$ 量化了位于底层的航空公司选项效用值与位于上层的高速铁路选项（或不出行选项）效用值的相似度。当 $\alpha = 1$ 时，该巢式模型实际上简化为传统的 MNL 模型。

根据针对旅客机票选择[281]和航空需求预测[282]的既有研究，选取了到站接驳时间（AT，单位：分钟）、出行时间（TT，单位：分钟）、平均票价（fare，单位：元）和频次（FREQ）这四类影响旅客选择行为的变量用以计算旅客效用值。根据效用理论（utility theory），任意一个旅客行程 i 选择航空公司 k 选项的效用值 $V^u_{i,k}$ 为：

$$V^u_{\tau(i),k} = -\beta_{\tau(i),\mathrm{AT}}\ln \mathrm{AT}_k - \beta_{\tau(i),\mathrm{TT}}\ln \mathrm{TT}_k - \beta_{\tau(i),\mathrm{fare}}\sqrt{\mathrm{fare}_k} + \beta_{\tau(i),\mathrm{FREQ}}\ln \mathrm{FREQ}_k \tag{7.2}$$

其中，β 为各决策因素的参数常值。式（7.2）采用对数函数和幂函数用以表征票价、频次和出行时间因素边际效益递减的情形。

为更好地刻画旅客对潜在收益和风险的不同选择态度（如风险规避态度），采用前景理论（prospect theory）构建离散选择模型。假设旅客针对参考点 r 的损失（l）和收益（g）具有不同的参数值，即 $\beta_l > \beta_g$；定义函数 $(x)^+ = \max\{0,x\}$，则对应的效用值 $V^p_{i,k}$ 为：

$$\begin{aligned}
V^p_{\tau(i),k} = & \beta^g_{\tau(i),\mathrm{AT}}(\ln \mathrm{AT}_r - \ln \mathrm{AT}_k)^+ - \beta^l_{\tau(i),\mathrm{AT}}(\ln \mathrm{AT}_k - \ln \mathrm{AT}_r)^+ - \\
& \beta^g_{\tau(i),\mathrm{TT}}(\ln \mathrm{TT}_r - \ln \mathrm{TT}_k)^+ - \beta^l_{\tau(i),\mathrm{TT}}(\ln \mathrm{TT}_k - \ln \mathrm{TT}_r)^+ - \\
& \beta^g_{\tau(i),\mathrm{fare}}(\sqrt{\mathrm{fare}_r} - \sqrt{\mathrm{fare}_k})^+ - \beta^l_{\tau(i),\mathrm{fare}}(\sqrt{\mathrm{fare}_k} - \sqrt{\mathrm{fare}_r})^+ - \\
& \beta^g_{\tau(i),\mathrm{FREQ}}(\ln \mathrm{FREQ}_k - \ln \mathrm{FREQ}_r)^+ - \beta^l_{\tau(i),\mathrm{FREQ}}(\ln \mathrm{FREQ}_r - \ln \mathrm{FREQ}_k)^+
\end{aligned} \tag{7.3}$$

式(7.3)中,参考点 r 的选取决定了旅客损失和收益的相对度量,因而参考点的选择也极为重要。可遵循如下优先级从高到低构建相关参考点:

① 如在旅客类型 τ 预计出行的时间窗范围内对应城市对之间有高铁列车可供选择,则取市中心至高铁站驾车时间作为到站接驳时间参考,高铁平均票价作为平均价格参考,平均高铁运行时间作为出行时间参考,可选高铁班次数作为频次构建参考点。

② 若在时间窗内仅有航班服务,则选取票价最低航班作为平均价格参考,市中心至机场驾车时间作为到站接驳时间参考,航班轮档时间作为出行时间参考,最低票价航班对应的航空公司在此时间段内为该市场投放的航班频次作为频次构建参考点。

③ 若在时间窗内无可选航班和高铁,则选择其他时间段内高铁/航班,并在参考到站接驳时间中增加旅客期望出行时间的偏移量构建参考点。

④ 若任意时间段内都没有可选航班和高铁,则选取邻近城市(4 小时驾车时间内)航班/高铁,或按照民航局规定经济舱最高票价计算公式 $fare=1.1dist\,\log_{0.6dist}^{150}$,构建虚拟航班($dist$ 为机场间大圆航线距离,单位:km)作为参考点。

7.1.2 航班连接网络

基于航班连接网络,可针对航班计划中的时空衔接关系构建飞机执飞路径。因此,在介绍具体模型前,有必要针对本小节研究的综合式计划制定和机型指派一体化问题搭建对应的网络结构。记 $G(V,E)$ 为有向无环图(directed acyclic graph),V 为节点集合,E 为边集合。网络中每个节点对应一个可选的航班 j,即机场 OD 对(origin-destination,起讫点)和起飞时间的集合。为表征完整飞机路径,网络中还额外添加了两个虚拟节点,分别对应起始节点 s 和目的地节点 t。而网络中连边可分为如下三种类型:

① $(s,j)\in E$:航班 j 是飞机执飞的第一班航班。

② $(j,t)\in E$:航班 j 是飞机执飞的最后一班航班。

③ $(j_1,j_2)\in E$:同一架飞机可连续执飞航班 j_1 和 j_2。这类连边要求航班 j_2 的起飞机场为航班 j_1 的降落机场,且两航班之间的中转时间(即后续航班起飞时间与前序航班降落时间的差值)不小于最短过站时间。

针对单日重复航班计划,可按照一定的时间间隔(如 15 分钟)将一天从 6 点至 24 点划分为若干时隙。由于航空公司一般在一定时间范围内不会密集安排针对特定 OD 对的航班,如 2019 年京沪航线同一航空公司航班的最短时间间隔为 20 分钟,上述假设不会限制最优解的解空间。此外,由于本章研究的航班计划制定问题不涉及巡航速度调整,因此两机场间的航班飞行时间均假设为定值。如图 7-1 所示,该航班连接网络涵盖三组机场 OD 对,一架飞机的执飞航班路径则以实线箭头表示。相较于传统增量式航班计划制定问题对应的较为稀疏的航班连接网络,综合式问题涉及更为稠密的网络结构,也给后续建模和求解带来了较高的复杂度。

由于采用固定时间间隔 GL 对连续时间进行离散化,需对航班连接网络中的飞机路径的可行性进行约束。定义 ft_v,$period_v$ 为各节点 v 的轮档时间和对应的时间间隔,同时记 eta_v^r,etd_v^r 为飞机路径 r 中经过节点 v 时的最早到达/起飞时间,ft 为预计轮档

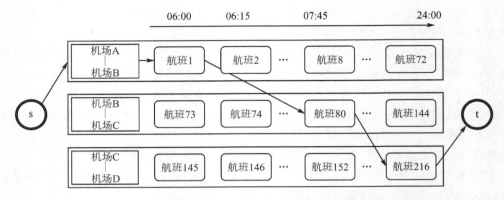

图 7-1　包含四座机场和一条飞机路径的航班连接网络示意图

时间,则针对所有相邻节点 $v_1,v_2 \in r$ 需满足约束式(7.4)～式(7.6)。

$$\mathrm{etd}_{v_2}^r = \max\{\mathrm{eta}_{v_1}^r + \mathrm{mtt}, \mathrm{GL} \cdot \mathrm{period}_{v_2}\}, \mathrm{eta}_{v_2}^r = \mathrm{etd}_{v_2}^r + \mathrm{ft}_{v_2} \qquad (7.4)$$

$$\mathrm{etd}_{v_2}^r < \mathrm{GL} \cdot (\mathrm{period}_{v_2} + 1) \qquad (7.5)$$

$$\mathrm{depap}_{v_2} = \mathrm{arrap}_{v_1} \qquad (7.6)$$

其中,mtt 为飞机最短过站时间,depap 和 arrap 为起飞和降落机场。

7.1.3　竞争性一体化航班计划制定模型

本小节所研究的竞争性一体化航班计划制定与机型指派问题(CFSD,competitive flight schedule design)旨在为航空公司制定满足机队运营约束的航班计划,并确定航班的平均价格。对比已有相关研究,设计的航班计划中起飞降落时刻、航班频次和票价均可自由决定,模型实际上部分结合了网络设计问题与运行优化问题。由于航班连接网络的稠密性,本小节采用集合分割模型对可行飞机路径(单架飞机连续执行的航班序列)进行建模。因中转超过一次的旅客行程占比较小[283](2.5%),模型仅针对直达和中转一次(one-stop)的旅客行程进行资源分配。模型涉及的集合、参数和决策变量如表 7-1 所列。

表 7-1　CFSD 模型涉及的集合、参数及决策变量

	集　合		
I	旅客行程,$i \in I$	DT	旅客出行时间窗,$dt \in DT$
M	市场(机场对),$m \in M$	A	机队,$a \in A$
R	飞机路径,$r \in R$	J	航班,$j \in J$
N	时刻协调机场,$n \in N$	B	航空公司基地,$b \in B$
T	时刻资源时间窗,$t \in T$	K_i	行程 i 上竞争航空公司提供的航班服务,$k \in K_i$
F_i	行程 i 上分配的航班频次,$f \in F_i$	R_a	机队 a 的飞机路径集合

集 合			
J^C	中转旅客行程涉及的航班. $J^C \subset J$	J^C_{i1}	中转旅客行程 i 第一段机场对涉及的航班
J^C_{i2}	中转旅客行程 i 第二段机场对涉及的航班	I^C	中转旅客行程, $IC \subset I$
$I_{m,dt}$	市场 m 之间在出发时间窗 dt 内涉及的旅客行程	$\tau(i) \in \{l,b\}$	旅客行程 i 对应的旅客类型(休闲型和商务型)

参 数			
α	多项 Logit 模型的巢式系数	D_i	旅客行程 i 的潜在需求
$\hat{p}^1_{if}, \hat{p}^2_{if}$	旅客行程 i 在航班频次为 f 时的分段边界价格	S_a	机队 a 的可用座位数
Na	机队 a 的可用飞机数	c_r	飞机路径 $r \in R$ 的运营成本
$\theta^1_{rj}/\theta^2_{ri}$	当飞机路径 r 包含航班 j/旅客行程 i 时取 1,否则取 0	$\theta^3 r,m,dt$	当飞机路径 r 在出发时间窗 dt 内服务市场 m 时取 1,否则取 0
$\theta^4_{rb}/\theta^5_{rb}$	当飞机路径 r 自基地机场 b 开始/结束时取 1,否则取 0	θ^6_{rnt}	当飞机路径 r 在时刻 t 从机场 n 起飞时取 1,否则取 0
$\theta^7_{m_i m_j}$	当机场对 m_i 与 m_j 互为往返 OD 对时取 1,否则取 0	$\bar{p}_i$	旅客行程 i 的最高价格限制
U_{nt}	时刻协调机场 n 在时间窗 t 内的可用离港时隙数		

决策变量			
$x_{ar} \in \{0,1\}$	当机队 a 执飞路径 r 时取 1 否则取 0	$freq_i \in Z^+$	旅客行程 i 分配的航班频次
$msi \in [0,1]$	旅客行程 i 的市场份额	$p_i \geq 0$	旅客行程 i 的平均票价
$h_{j_1 j_2} \in \{0,1\}$	当选取航班对 $j_1,j_2 \in J^C$ 作为旅客中转行程时取 1,否则取 0	$q_j \in \{0,1\}$	当执飞航班 $j \in J$ 时取 1,否则取 0
$t_{ij} \in \{0,1\}$	当航班 $j \in J^C_{i1} \bigcup J^C_{i2}$ 为中转旅客行程 i 的某一航段时取 1,否则取 0		

CFSD 模型的相关公式如下:

$$\max_{(x,freq,ms,p,h,q,t)} \Pi = \sum_{i \in I} D_i \cdot ms_i \cdot p_i - \sum_{a \in A} \sum_{r \in R_a} c_r x_{ar} \tag{7.7}$$

净利润目标函数式(7.7)由两项组成,其中第一项为每个旅客行程的需求、市场份额及平均票价的乘积之和,即航空公司的总收益;第二项则是飞机路径的直接运营成本之和,可通过 Swan 等人[284]提出的式(7.8)估计得到,其中 $\gamma_1,\gamma_2,\gamma_3$ 为待估计参数,c_f 为执飞单一航班的成本,distance 为航班的飞行里程,S 为飞机的可用座位数。因此,模型旨在通过合理制定航班计划、机票价格和航班执飞机型,提高航空公司的净利润。与参考文献[217]中提出的近似计划制定模型相同,本章提出的一体化优化模型出于计算复杂度考虑,并未引入需求修正量以表征诱导需求,但旅客行程的分配和需求转移同样起到了间接约束航空公司可服务最大旅客数的作用。为便于刻画建模要素,将分步讨论不同子问题对应约束及其意义。

$$c_f = (\text{distance} + \gamma_1) \cdot (S + \gamma_2) \cdot \gamma_3 \tag{7.8}$$

$$\sum_{a \in A} \sum_{r \in R_a} \theta_{rj}^1 x_{ar} \leqslant 1 \quad \forall j \in J/J^C \tag{7.9}$$

$$\sum_{a \in A} \sum_{r \in R_a} \theta_{rj}^1 x_{ar} = q_j \quad \forall j \in J^C \tag{7.10}$$

对于计划制定约束式(7.9)和式(7.10),0-1变量 x_{ar} 选取了机队 a 中需执飞的航班路径,在构造过程中还隐含了流平衡约束、航班连续性约束及时间窗约束。集合分割约束式(7.9)和式(7.10)保证一个航班至多只能有一架飞机执飞。此外,为关联旅客换乘决策,模型进一步定义中间变量 q_j 用以记录中转航班的执行状态。

$$\sum_{r \in R_a} x_{ar} \leqslant N_a \quad \forall a \in A \tag{7.11}$$

$$\sum_{a \in A} \sum_{r \in R_a} \theta_{rb}^4 x_{ar} = \sum_{a \in A} \sum_{r \in R_a} \theta_{rb}^5 x_{ar} \quad \forall b \in B \tag{7.12}$$

$$\sum_{a \in A} \sum_{r \in R_a} \theta_{rnt}^6 x_{ar} \leqslant U_{nt} \quad \forall n \in N, t \in T \tag{7.13}$$

对于机型指派约束式(7.11)~式(7.13),机队规模约束式(7.11)限制了各机队可用飞机数量。约束式(7.12)确保各基地在当日运行前的停场过夜数量与结束运行后的数量相等,从而保证航班计划可重复性。约束式(7.13)则确保航空公司在时刻协调机场的每个时间段内起飞航班数不超过可用时隙数量,虽然出于数据和限制解空间方面的原因,约束没有显式考虑进港航班时刻资源约束,但必要时可参考约束式(7.13)限制进港时刻资源。

$$\text{freq}_i = \sum_{a \in A} \sum_{r \in R_a} \theta_{r,i}^2 x_{ar} \quad \forall i \in I/I^C \tag{7.14}$$

$$\text{freq}_i \leqslant \sum_{j \in J_1^i} t_{ij}, \text{freq}_i \leqslant \sum_{j \in J_2^i} t_{ij} \quad \forall i \in I^C \tag{7.15}$$

$$t_{ij_1} \leqslant \sum_{j_2 \in J_2^i} h_{j_1 j_2} \quad \forall i \in I^C, \forall j_1 \in J_1^i \tag{7.16}$$

$$t_{ij_2} \leqslant \sum_{j_1 \in J_1^i} h_{j_1 j_2} \quad \forall i \in I^C, \forall j_2 \in J_2^i \tag{7.17}$$

$$h_{j_1 j_2} \leqslant q_{j_1}, h_{j_1 j_2} \leqslant q_{j_2} \quad \forall j_1 \in J^C, \forall j_2 \in J^C \tag{7.18}$$

$$\sum_{dt \in DT} \sum_{i \in I_{m_i, dt}} \text{freq}_i = \sum_{dt \in DT} \sum_{i \in I_{m_j, dt}} \text{freq}_i \quad \forall m_i, m_j \in M, \theta_{m_i, m_j}^7 = 1 \tag{7.19}$$

对于旅客行程的航班频次约束式(7.14)~式(7.19),约束式(7.14)计算服务于各个直达旅客行程的航班频次,而对于一次中转的联程旅客,其航班频次由约束式(7.15)~式(7.18)定义,为两个航段上直达航班频次的最小值。为清晰解释中转旅客航班频率,图7-2中定义了一个机场时空网络,其横轴为某机场的时间线,箭头表示进离港航班及其对应的时刻(进港航班时刻为挡轮挡时间和最短过站时间之和),虚线箭头对应的航班 4 则表示该航班未被选中执行。

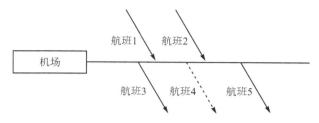

图 7 - 2　一次中转联程旅客行程对应的中转机会示意图

由于中转旅客行程需考虑对应子航段上的航班及不同航段间的中转换乘时间,模型引入 0 - 1 变量 $h_{j_1 j_2}$ 以决策进港航班 j_1 和离港航班 j_2 是否构成可行旅客中转机会。在图 7 - 2 中,航班 1 和航班 5($h_{j_1 j_5}=1$)及航班 2 和航班 5($h_{j_2 j_5}=1$)之间构成可行的中转机会,而航班 3 由于离港时间过早,无法与其余航班组成中转方案。若航班 4 未被取消($q_{j_4}=1$),根据约束式(7.18),则航班 4 同样能和航班 1 构成中转方案。因此,根据约束式(7.16)和式(7.17),当前可用作联程的航班包括航班 1、航班 2 和航班 5。相应的,约束式(7.15)分别计算了第一个航段 freq≤2 和第二个航段 freq≤1 对应的航班频次。由于最大化问题中收益与市场占有率和频次正相关,最优解中行程的航班频次必定取到其上界,因此旅客行程的航班频次取 1。约束式(7.19)保证往返机场对(如机场 A—机场 B 与机场 B—机场 A)间的航班数量一致。

$$ms_i = \frac{(e^{V(pi,\text{freq}_i)})^a}{e^{V_{hsr}} + (e^{V(pi,\text{freq}_i)})^a + \sum_{k \in K_i}(e^{V_k})^a} \quad \forall i \in I \tag{7.20}$$

$$ms_i/hsr = \frac{e^{V(pi,\text{freq}_i)}}{e^{V(pi,\text{freq}_i)} + \sum_{k \in K_i} e^{V_k}} \quad \forall i \in I \tag{7.21}$$

$$\sum_{i \in I_{m,dt}} D_i ms_i \leqslant \sum_{a \in A} \sum_{r \in R_a} S_a \theta_{r,m,dt}^3 x^{ar} \quad \forall m \in M, \quad \forall dt \in DT \tag{7.22}$$

对于市场份额约束式(7.20)～式(7.22),在给定票价和航班频次的前提下,约束式(7.20)和式(7.21)分别计算了航空公司在旅客行程 i 上的市场份额 ms_i 和未考虑高速铁路竞争的巢式 Logit 模型下层市场份额 $ms_{i/hsr}$。约束式(7.22)则保证了每个机场对航段上的旅客运输量不超过分配的飞机座位数。

由于巢式多项 Logit 模型式(7.20)～式(7.21)及目标函数第一项($D_i \cdot ms_i \cdot p_i$)高度非线性,其线性松弛模型对应的解空间非凸,因此采用线性化手段以降低计算复杂度,提高模型的线性松弛可解释性。参考 Adler 等人[285]的研究,模型采用分段线性函数对每一个特定频次下的市场份额 S 曲线进行如图 7 - 3(a)所示的近似逼近。

具体来说,模型引入了额外的决策变量(见表 7 - 2)。其中,每个航班频次下的票价、收益和市场占有率以变量 p_{if},r_{if} 和 ms_{if} 表示。由于航班频次离散且受制于市场需求和机场时刻资源,相较于连续性的平均票价决策更易操作。可选取两个断点(如

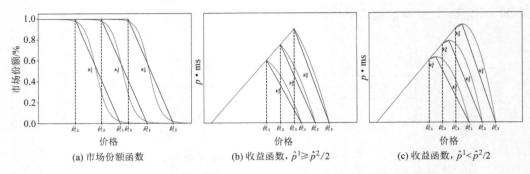

(a) 市场份额函数   (b) 收益函数, $\hat{p}^1 \geqslant \hat{p}^2/2$ (c) 收益函数, $\hat{p}^1 < \hat{p}^2/2$

图 7 – 3　每个航班频次下的市场份额和收益函数分段线性化示例

$\mathrm{ms}_1 = 0.99, \mathrm{ms}_2 = 0.01)$，将市场份额函数曲线分为三段，并估计每个航班频次下断点对应的票价($\hat{p}_{if}^1, \hat{p}_{if}^2$)。因此，市场份额函数可表达为式(7.23)：

$$\mathrm{ms}_{if} = \begin{cases} 1, & p_{if} \leqslant \hat{p}_{if}^1 \\ \dfrac{1}{\hat{p}_{if}^1 - \hat{p}_{if}^2}(p_{if} - \hat{p}_{if}^2) & \hat{p}_{if}^1 < p_{if} < \hat{p}_{if}^2 \\ 0, & \hat{p}_{if}^2 \leqslant p_{if} \end{cases} \tag{7.23}$$

表 7 – 2　线性化 CFSD 模型补充决策变量

参　数			
k_{if}^1, b_{if}^1	旅客行程 i 在航班频次为 f 时对应的分段线性占有率函数(第二段)的斜率和截距	k_{if}^2, b_{if}^2	旅客行程 i 在航班频次为 f 时对应的分段线性利润函数(第二段)的斜率和截距
k_{if}^3, b_{if}^3	旅客行程 i 在航班频次为 f 时对应的分段线性利润函数(第二段)的斜率和截距 ($\hat{p}^1 < \hat{p}^2/2$)		
决策变量			
$y_{if} \in \{0,1\}$	当旅客行程 i 的航班频次为 f 时取 1，否则取 0	$\mathrm{ms}_{if} \in [0,1]$	旅客行程 i 在航班频次为 f 时的市场份额
$p_{if} \geqslant 0$	旅客行程 i 在频次为 f 时的平均票价	$r_{if} \geqslant 0$	旅客行程 i 在航班频次为 f 时的售票收益

　　基于上述分段线性函数，原模型中约束式(7.20)和式(7.21)可被替换为约束式(7.24)~式(7.27)。每个旅客行程对应的航班频次范围由约束式(7.24)和式(7.25)计算，而式(7.26)计算了市场份额。需要注意的是，通过将平均票价和市场份额解耦至每一个航班频次 $p_i = \sum\limits_f y_{if} \cdot p_{if}$，$\mathrm{ms}_i = \sum\limits_f y_{if} \mathrm{ms}_{if}$，实质上只需要建模市场占有率分段函数的第二段。当 $p_{if} < \hat{p}_{if}^1$ 时，在维持市场占有率为 1 的情形下，最大利润在 $p_{if} = \hat{p}_{if}^1$ 处取到；反之，当市场占有率为 0 时，选取 $\hat{p}_{if}^2$ 作为最优解。因此，仅针对第二段分

段函数进行建模,从而降低了模型复杂度。约束式(7.27)限制 ms_{if} 仅可在旅客行程 i 对应的航班频次为 f 时取非零值。

$$\sum_{f \in F_i} f \cdot y_{if} = \text{freq}_i \quad \forall i \in I \tag{7.24}$$

$$\sum_{f \in F_i} y_{if} = 1 \quad \forall i \in I \tag{7.25}$$

$$ms_{if} = k_{if}^1 p_{if} + b_{if}^1 \quad \forall i \in I, \forall f \in F_i \tag{7.26}$$

$$ms_{if} \leqslant y_{if} \quad \forall i \in I, \forall f \in F_i \tag{7.27}$$

基于线性化的市场份额函数,可根据断点 $\hat{p}^1$ 和 $\hat{p}^2$ 进一步线性化目标函数(见图 7-3)为式(7.28):

$$ms_{if} p_{if} = k_{if}^1 (p_{if} - \hat{p}_{if}^2) p_{if} \tag{7.28}$$

为线性化近似式(7.28),可继续采用分段线性函数根据 $\hat{p}^1$ 和 $\hat{p}^2$ 的取值分为以下几类情形:当 $p < \min\{\hat{p}^1, \hat{p}^2/2\}$ 时,市场份额为 1,因而约束式(7.29)保证 $ms_{if} p_{if}$ 等价于 p_{if};当 $p \geqslant \hat{p}^2$ 时,市场份额为 0;当 $\hat{p}^1 \geqslant \hat{p}^2/2$ 时,约束式(7.30)保证最大利润在 $\hat{p}^1$ 时取到(见图 7-3(b));最后,当 $\hat{p}^1 < \hat{p}^2/2$ 时,根据一阶最优性条件,最优值在 $\hat{p}^2/2$ 处取到(见图 7-3(c)),因此添加对应分段函数约束式(7.32)。

$$r_{if} \leqslant p_{if} \quad \forall i \in I, \forall f \in F_i \tag{7.29}$$

$$r_{if} \leqslant k_{if}^2 p_{if} + b_{if}^2 \quad \forall i \in I, \forall f \in F_i \tag{7.30}$$

$$r_{if} \leqslant \bar{p}_{if} y_{if} \quad \forall i \in I, \forall f \in F_i \tag{7.31}$$

$$r_{if} \leqslant k_{if}^3 p_{if} + b_{if}^3 \quad \forall i \in I, \forall f \in F_i \tag{7.32}$$

$$r_{if} \geqslant 0 \quad \forall i \in I, \forall f \in F_i \tag{7.33}$$

单一旅客行程 i 的收益 r_{if} 相关约束式(7.29)~式(7.33)构成的解空间为凸集。对于最大化问题,r_{if} 最优解一定位于凸集边界处,因此无需显式建模分段线性函数。对于 $\hat{p}^1 \geqslant \hat{p}^2/2$ 的情形,可令 $k_{if}^3 = 1, b_{if}^3 = 0$,从而保证该约束依然可行。最后,为提高模型的线性松弛性,将机型可用座位数 S_a 用式(7.34)替换,这一有效不等式的证明可参见参考文献[231]。

$$\hat{S}_{a,m,dt} = \min\left\{ S_a, \sum_{i \in I_{m,dt}} D_i \right\} \tag{7.34}$$

根据上述有效不等式将约束式(7.22)中的 S_a 替换为 $\hat{S}_{a,m,dt}$,并替换线性化约束,CFSD 模型涉及的完整约束与目标函数汇总如下:

$$\max \sum_{i \in I} \sum_{f \in F_i} D_i r_{if} - \sum_{a \in A} \sum_{r \in R_a} c_r x_{ar} \tag{7.35}$$

s. t. 式(7.9)~式(7.19)
式(7.24)~式(7.27)
式(7.29)~式(7.33)

$$\sum_{i \in I_{m,dt}} \sum_{f \in F_i} D_i ms_{if} \leqslant \sum_{a \in A} \sum_{r \in R_a} \hat{S}_{a,m,dt} \theta_{r,m,dt}^3 x_{ar} \quad \forall m \in M, \forall dt \in DT \tag{7.36}$$

即使对于小规模网络,CFSD 模型规模也极为庞大。例如对于第 7.2.4 小节中的三个节点的算例,其连接网络包含 218 个节点和 6 340 条连边。而该网络中满足要求的飞机路径数量超过了一百万条。为减小模型规模并提高求解速度,需要依照机场时刻资源和离散化间隔度确定频次上界 $|F_i|$。此外,由于引入了部分大 M 约束,需选择合适的价格上界 $\bar{p}$ 提高收敛性。本小节选取分段线性函数第三段的边界断点 $\bar{p}_{if}=\hat{p}_{if}^2$,在此基础上进一步提高价格无助于提高潜在收益(ms=0)。

7.1.4　航空公司竞争的博弈模型

基于针对单个航空公司的 CFSD 优化模型,本章进一步考虑了涉及多航空公司的非合作单阶段博弈[286-287]。在这一 Bertrand 博弈中,各竞争对手通过一系列策略(票价、航班频次等)在充分考虑对手可能反应的前提下以最大化自身利润为目标,制定航班计划。因而上述博弈的收敛解对应纳什均衡解,在这一均衡解下没有竞争对手会因为背离当前策略而获得潜在的额外收益。上述均衡解可通过迭代求解各航空公司的 CFSD 模型得到,当所有航空公司的策略和收益不再变动时,可认为博弈过程收敛。上述方法得到均衡解可能不唯一,由于竞争者的决策顺序可能会对最终均衡解产生影响,因此本章进一步针对不同的决策顺序采用最佳响应动态(best response dynamics)来分析航空公司在不同顺序下的均衡解。由于高铁的车次和发车时间受铁路总公司调图影响相对固定,且并未广泛应用收益管理系统,不同线路各时段票价差异较小。因此高铁在博弈分析中作为静态参与者不改变车次和票价信息,其提供的相关旅客出行选项与不出行选项一同被纳入巢式多项 Logit 模型的上层考虑。将航空公司 k 的票价和频次策略记作 $X_{k,\text{Nash}}$,而其余竞争对手的策略记作 $X_{-k,\text{Nash}}$,基于 CFSD 模型对应的响应函数 r_q 可将 $X_{k,\text{Nash}}$ 由 $X_{-k,\text{Nash}}$ 表示,其定义如下:

$$X_{k,\text{Nash}}=r_q(X_{-k,\text{Nash}}) \tag{7.37}$$

在给定具体的竞争者决策顺序后,进一步定义求解非合作博弈纳什均衡解的算法如下。首先求解第一个决策者的 CFSD 模型,并根据其选择的策略更新得到的时刻表和票价,依次序求解其余决策者的模型完成一轮循环。若所有决策者的收益和策略相较上一轮循环结果(记作 t)均不发生变化,则达到纳什均衡:

$$\sum_k \| X_k^{t+1} - X_k^t \| = 0 \tag{7.38}$$

在获得上述均衡解后,所有航空公司均没有改变当前策略的动机,因决策改变不能带来额外收益。由于本书提出的 CFSD 模型没有对特定航线的航班频次和时刻做出强制性约束(如因政策因素需维持的最小航班频次),各航空公司均可以选择参与(若有相关机场的时刻资源)或退出市场,因此航空公司利润最小值为 0,而不会出现亏损情况(仅考虑直接运营成本)。航空公司在实际运用模型时可根据自身实际运行要求和偏好调整模型,增加相应决策和成本。

针对航班频次博弈问题,已有部分研究对其在不同博弈策略下的均衡解存在性展开了研究分析[288],结果表明:对于纯策略博弈(pure strategy competition),并不能保证对所有博弈情形均存在均衡解。考虑到航班频次博弈为本章研究的一体化计划制定与机型指派博弈问题的特殊情况,其纳什均衡解的存在性同样无法保证。在第 7.2.3 小节的实际算例中,不同航空公司由于枢纽机场、机队数目和枢纽机场时刻资源差异性较大,在大量的验证计算中算法均可在 2% 的近似终止准则下得到博弈均衡解。此外,本书还验证了航空公司不同决策顺序对均衡解的影响,结果表明,不同的决策顺序对应均衡解在航空公司利润值、运输旅客量、服务机场数等指标上的差异均在 3% 以内,因此实际运用中可应用单一决策序列求解。后续研究也可基于混合策略博弈展开研究,从而保证均衡解存在。

7.2 基于列生成与大邻域搜索的求解算法设计

综合式计划制定问题涉及的航班连接网络极为稠密且决策涉及范围广(飞机路径、机型指派、航班频次和平均票价),CFSD 模型高度复杂,求解难度大。此外,基于航班连接网络的有效飞机路径 r 数量随网络规模的增大呈指数级增长,同时潜在旅客换乘机会 h 激增,因而无法枚举所有决策变量并求解。相应地,本章结合了精确列生成算法(见第 7.2.1 小节)和启发式大邻域搜索算法(见第 7.2.2 小节)快速准确地求解这一问题。为验证算法的可拓展性,第 7.2.3 小节在美国 CAB100 数据集及 BTS 数据的基础上将混合求解算法与分支定界和分支定价算法进行了对比分析,验证了混合算法的有效性。最后,第 7.2.4 小节以一个三节点的小型算例为例应用求解算法并分析实验结果。

7.2.1 对偶稳定列生成算法

列生成算法通过求解定价子问题选取合适的进基变量从而避免枚举所有决策变量,因而已被成功地运用于解决大规模优化问题[289]。在本小节中,将一体化问题分为限制主问题(restricted master problem)和两个定价子问题(pricing subproblem)。其中,CFSD 模型的限制主问题涵盖了一部分决策变量,通过求解该问题可获得包含飞机路径、航班频次和票价的下界解。基于主问题约束的对偶值,可搜索得到合适的进基变量 x_{ar} 和 h_{j_1,j_2}(对最小化问题,对应的既约费用系数为负),并加入主问题中。

对 CFSD 模型线性松弛(放松所有整型变量为连续性变量)后,为简化叙述,可将模型转为最小化问题 $\min\left(-\sum\limits_{i \in I}\sum\limits_{f \in F_i}(-D_i r_{if}) + \sum\limits_{a \in A}\sum\limits_{r \in R_a} c_r x_{ar}\right)$ 并记 π^k 为约束(k)的对偶值,则可通过式(7.39)计算机队 a 中飞机路径 r 的既约费用系数 η_{ar}。

$$\eta_{ar} = c_r - \sum_{j \in J/J^C} \pi_j^{7.9}\theta_{r,j}^1 - \sum_{j \in J^C} \pi_j^{7.10}\theta_{r,j}^1 - \pi_a^{7.11} - \sum_{b \in B}\pi^{7.12}(\theta_{r,b}^4 - \theta_{r,b}^5) -$$

$$\sum_{n \in N}\sum_{t \in T}\pi_{n,t}^{7.13}\theta_{r,n,t}^6 + \sum_{i \in I}\pi_i^{7.14}\theta_{r,i}^2 - \sum_{m \in M}\sum_{dt \in DT}\pi_{m,dt}^{7.36}\hat{S}_{a,m,dt}\theta_{r,m,dt}^3 \qquad (7.39)$$

同样,变量 h_{j_1,j_2} 的既约费用系数 ζ_{j_1,j_2} 也可通过式(7.40)计算。

$$\zeta_{j_1,j_2} = \sum_{i \in I^C, j_1 \in J_1^i} \pi_{i,j_1}^{7.16} + \sum_{i \in I^C, j_2 \in J_2^i} \pi_{i,j_2}^{7.17} - \pi_{j_1}^{7.18} - \pi_{j_2}^{7.18} \tag{7.40}$$

根据对偶定理,考虑到约束式(7.16)和式(7.17)对应的对偶值非正,因此在计算相关既约费用系数 ζ_{j_1,j_2} 时可忽略其影响,从而得到最优既约费用系数 ζ_{j_1,j_2}^* 的下界。在遍历检查待选变量 $h_{j_1 j_2}$ 并选择进基时,也需要动态添加约束式(7.16)和式(7.17),以保证模型可行。

在求解定价子问题寻找进基变量 x_{ar} 时,需满足最短过站时间、前序后序航班衔接及时间窗约束。因此可采用多标签最短路算法[290]搜索既约费用系数最负的路径。当无新的路径生成及没有新的变量 $h_{j_1 j_2}$ 进基时,即得到线性松弛最优解,算法收敛。多标签最短路算法的具体步骤见算法 7 - 1。

算法 7 - 1 CFSD 定价子问题的多标签最短路算法

1：输入:航班连接网络 G(V,E),机队类型 a,对偶值 π
2：输出:负既约费用系数的飞机路径集合
3：初始化起始节点(s)的标签集合为 $\{\langle -\pi_a^{7.11}, 0\rangle\}$
4：**for** G 中按拓扑排序的每个节点 v_1 **do**
5：　　ft_{v_1}, $period_{v_1} \leftarrow$ 节点 v_1 对应的飞行时间和时间段
6：　　**for** 节点 v_1 标签集合的每个标签 $\langle dist_{v_1}, eta_{v_1} \rangle$ **do**
7：　　　　**for** 节点 v_1 所有的后继节点 v_2($period_{v_2}$) **do**
8：　　　　　　**if** $v_1 = s$ **and** $depap(v_2) \in B$
9：　　　　　　　　$\pi^{7.12} \leftarrow \pi_{depap(v_2)}^{7.12}$
10：　　　　　　**end if**
11：　　　　　　**if** $v_2 = t$ **and** $arrap(v_1) \in B$
12：　　　　　　　　$\pi^{7.12} \leftarrow -\pi_{arrap(v_1)}^{7.12}$
13：　　　　　　**end if**
14：　　　　　　**if** $depap(v_2) \in N$
15：　　　　　　　　$t \leftarrow$ 时刻资源时间窗
16：　　　　　　　　$\pi^{7.13} \leftarrow \pi_{depap(v_2),t}^{7.13}$
17：　　　　　　**end if**
18：　　　　　　$etd_{v_2} \leftarrow \max\{eta_{v_1} + mtt_a, GL \cdot period_{v_2}\}$
19：　　　　　　**if** $etd_{v_2} < GL \cdot (period_{v_2} + 1)$ **then**
20：　　　　　　　　$I \leftarrow$ 节点 v_2 关联的旅客行程集合
21：　　　　　　　　m, $dt \leftarrow$ 节点 v_2 对应的市场和出发时间窗
22：　　　　　　　　$dist_{v_2} \leftarrow dist_{v_1} + \pi_{v_2}^{7.9}(\pi_{v_2}^{7.10}) - \sum_{i \in I} \pi_i^{7.14} + \hat{S}_{a,m,dt} \pi_{m,pt}^{7.36} - \pi^{7.12} - \pi^{7.13}$
23：　　　　　　　　$eta_{v_2} \leftarrow etd_{v_2} + ft_{v_2}$
24：　　　　　　　　将 $\langle dist_{v_2}, eta_{v_2} \rangle$ 插入节点 v_2 的标签集合
25：　　　　　　**end if**
26：　　　　**end for**
27：　　**end for**
28：**end for**

多标签最短路算法从指定虚拟起点 s 出发直到虚拟目的节点 t，以基地机场为起飞机场的航班节点与 s 相连，而以基地机场为降落机场的航班节点与 t 相连。由于航班节点间彼此相连的必要条件是满足时间的先后性，因此连接网络无环。多标签最短路算法可按照拓扑排序方式遍历访问各个节点。每个节点 v_1 都需维持一个标签集合 $\langle \text{dist}_{v_1}, \text{eta}_{v_1} \rangle$，记录经过该节点所有可能飞机路径的既约费用系数和最早到达时间。其中最早达到时间 eta 可按照式(7.4)计算得到。与传统方法不同，航班之间的衔接不仅取决于前序和后序航班间的预留时间，而且与先前航班链相关。因此在算法结束后可得到各航班对应的最早出发/到达时间。此外，多标签最短路算法将节点 v_1 标签集合中的每个标签拓展至各相邻节点 v_2 的标签集中，并更新计算相关既约费用系数和最早到达时间。为减少相关的标签数量，在插入新标签的同时需检查标签间的支配关系，去除严格劣势标签(即既约费用大，最早达到时间较晚的标签)。采用多标签最短路算法还可以同时产生多条飞机路径，从而加快算法收敛。

在实际数值计算中，列生成算法经常出现退化(degenercy)和收敛过慢的情形，具体表现为数值不稳定，在解间隙较小时出现拖尾(tailing off)现象，所以，本小节采用类似 Pessoa 等人[291]使用的分段惩罚函数促进收敛。具体来说，通过在约束式(7.11)～式(7.14)和式(7.36)左端项增加两个虚拟变量，可控制对应约束的对偶值在两虚拟变量目标函数值构成的区间中。在列生成算法迭代过程中，对应虚拟变量的目标函数值按照拉格朗日界限进行调整，以惩罚超过当前对偶稳定中心的对偶值。在得到对偶稳定线性松弛最优解后，为进一步提高线性松弛性，算法还采用了潜水策略(diving heuristic)依循 follow-on 分支规则固定部分航班连边，具体算法步骤可见参考文献[227]。

7.2.2 大邻域搜索算法

当采用对偶稳定列生成算法得到线性松弛最优解后，本小节还提出了一种大邻域搜索算法[292]以得到 CFSD 模型近优整数解。实验结果表明，在列生成求解之后直接对原有限制主问题采用分支定界算法求整数解效果较差。原因是变量 x_{ar} 的左右分支不平衡(当变量取 1 时固定多个航班 $j \in r$，而取 0 时则仅排除了一条航班路径)，因而很难处理中大规模问题[293]。而分支定界算法在应对多种决策变量时，需混合多种分支规则且每个节点都需调用列生成算法，计算复杂度高，因而也难以取得较好的效果。

大邻域搜索算法通过"固定-释放"(fix and release)操作求解若干较小规模问题，迭代改进目标函数值。在本小节中，邻域由部分机队、规划时间窗，以及部分机场对构成，每个邻域内涉及相关的变量关联程度相对较高，进而有助于得到改进解。由于在优化各邻域时，其他变量也仍被保留在模型中，因此可基于前一次迭代得到的整数解热启动(warm start)，同时保证模型仍具备达到最优解的能力，算法的具体步骤汇总如下。

1. 转化为多商品流紧凑模型

通过将基于路径的变量 x_{ar} 分解成多个基于航班连边的变量 x_{a,j_1,j_2} 并增加流平衡约束，可构造出类似 Parmentier 等人[228]提出的多商品流模型。基于对偶稳定列生成算法求解得到的限制主问题,可将航班连接网络中未被限制主问题使用过的连边(即未包含在飞机路径进基变量中,可认为其成为整数最优解的概率较低)进行删减。记删减后剩余的航班集合为 J',并同样添加虚拟起始和目的节点 s 和 t,则可额外添加约束式(7.41)~式(7.44)以搭建紧凑模型,从而降低求解整数解的复杂度[294],并保证分支定界算法的搜索树较为平衡[184]。

$$\sum_{a \in A} \sum_{j_2 \in \omega^+(j_1)} x_{a,j_1,j_2} = z_{a,j_1} \quad \forall j_1 \in J' \tag{7.41}$$

$$\sum_{a \in A} z_{a,j} = q_j \quad \forall j \in J^c \bigcap J' \tag{7.42}$$

$$\sum_{j \in \omega^+(s)} x_{a,s,j} \leqslant N_a \quad \forall a \in A \tag{7.43}$$

$$\sum_{j_2 \in \omega^+(v)} x_{a,j_1,j_2} = \sum_{j_2 \in \omega^-(j_1)} x_{a,j_2,j_1} \quad \forall a \in A, j \in J' \tag{7.44}$$

其中,$\omega^+(j)$,$\omega^-(j)$ 表示航班节点 j 的后继/前导节点集合。约束式(7.41)为集合分割约束,保证每个航班至多被一个机型执飞。新增 $0-1$ 变量 $z_{a,j} \in \{0,1\}$,当选用机型 a 执飞航班节点 j 时取 1,否则取 0。约束式(7.42)则用于判断航班 j 是否被执飞,进而用于运输中转旅客。约束式(7.43)保证了各机队使用的飞机数量不超过其可用数量。流平衡约束式(7.44)保证除了虚拟节点外其他航班节点出度与入度一致。

2. 产生初始整数解

由于 CFSD 紧凑模型允许不执行航班,因此模型始终有可行解(即目标函数值为 0)。初始可行解通过分支定界算法(指定最大求解时间为 $[|M|/4]$ 秒)求得,并记录当前的整数解和最优线性上界。若已得最优解,则算法终止。

3. 选择合适的邻域结构

大邻域搜索算法的关键在于如何设计合理的邻域结构,本小节根据航班连接网络的时空耦合特性,结合机场、机队和时间窗等构造了一系列关联性强的邻域。例如,扰动某机场 9:00—9:30 时间窗内的一个进场航班(取消、更换机型等),则可能会对 9:30—10:00 时间窗内同一机场的离港航班产生影响(假定最短过站时间为 30 分钟)。因此,可设计一系列长达 10 小时的时间窗,并设置滚动周期为 1 小时(如[6:00—16:00],[7:00—17:00])以平衡解空间大小和问题复杂度。而对于机场相关的邻域结构,记 $\deg(ap)$ 为机场 ap 在航空公司机场网络中的邻接机场(即两机场间有直达航班相连)数量。基于上述定义,可定义包含变量 $z_{a,j}$ 的邻域。其中,节点 j 的起飞和降落机场属于一个机场子集 $\{ap_1, ap_2, \cdots, ap_n\}$,且其起飞时间位于一定时间窗内,最后,机型 a 同样隶属于一个机型集合的子集中。本小节选取满足 $\sum_i \deg(ap_i) \geqslant |M|/20$ 条件的机场集合以保证子问题规模适中。

本书提出大邻域搜索算法,维护了一个队列以按序存储,为精准控制子问题规模,定义参数 $\xi \in [0,1]$ 以表征子问题规模和原始问题规模之比,当 $\xi=1$ 时,表示求解整个原始问题。进一步定义机场对集合为 W,可采用社团发现算法将机场分类,对每一个

机场社团(机场对规模为 w_c),可确定对应的时间窗长度为 $\xi/(w_c/|W|) \cdot (24-6)$,进而搭建多个邻域并包含所有机型。此外,可根据不同规模的机型集合(从包含一种机型到包含 $|A|-1$ 种机型)按同样方式确定时间窗长度并搭建邻域结构,并包含所有机场对。按上述方式搭建的邻域具有相似的复杂度和规模,进而有助于提高算法的求解速度。

4. 改进当前整数解

在求解每个邻域对应的子问题时,将邻域之外的所有相关变量 $z_{a,j}$ 固定为上一次大邻域搜索(记迭代次数为 $h-1$)得到的整数解的对应值,即 $z_{a,j}^h = \hat{z}_{a,j}^{h-1}$,而其余变量保证其定义域为 $[0,1]$,之后调用分支定界算法在有限时间内进行求解。若在指定时间内(如 $\lceil |M|/8 \rceil s$)未能求解到最优且解间隙大于 1%,则将对应的时间窗长度减半,构建新的邻域并插入邻域队列末尾。若目标函数值相较上一次迭代有改进,则更新已知最优整数解。

5. 算法收敛条件

大邻域搜索算法采用了两种终止准则。首先,当邻域队列为空时,所有邻域结构对应的子问题都已求解,算法终止并报告当前最优整数解。其次,在步骤 2.产生初始解的同时可获取对应的最优线性松弛上界,而子问题求解得到的整数解为最优解的下界。因此上下界之间的相对误差可用于评估整数解的质量。当相对误差小于 2% 时,算法终止。

7.2.3　算法可扩展性评估

为验证提出的混合求解算法的求解效率,采用包含 100 个美国城市间年航空交通需求的 CAB100 数据集[10]来评估算法针对不同规模算例的实际表现,这一数据集也被广泛应用于枢纽选址问题中。该算法采用 Python3 编程实现,所有算法均采用单线程实现以方便比较。此外,算法 7-1 采用 C++11 编写并通过 Boost Python 接口与 Python 主程序交互,分支定界算法和线性规划算法均由 CPLEX 商业求解器提供。

在 CAB100 数据集的基础上,本章进一步整合了 BTS Consumer Airfare Report 和 Airline On-Time Performance Data 以获取机票价格和航班数据信息,并根据参考文献[295]预设 15% 的航空旅客为商务型旅客。由于美国缺乏相关高铁服务,为了构建前景理论中的参考点,按照上一节的经济舱最高票价基准计算相关票价,作为不出行选项中的平均价格,并预设商务舱价格为经济舱价格的 2 倍。不出行选项的频次信息从正态分布 $N\left(\dfrac{\text{demand}}{\text{dist}},2\right)$ 中抽样,机场的接驳时间统一设置为 60 分钟。按照历史航班运行数据,将旅客需求分为四个不同的时段 $\text{DT}=\{(06\colon00\text{—}08\colon00,23\colon00\text{—}24\colon00),$ $(08\colon00\text{—}14\colon00),(14\colon00\text{—}18\colon00),(18\colon00\text{—}23\colon00)\}$,对应的需求分配比例分别为 13%,36%,23%,28%。

为建模直接运营成本,可参考 OAG essential metrics[296]和航空公司财务年报,大致确定式(7.8)中的系数 $\gamma_1,\gamma_2,\gamma_3$。在本节的扩展性实验中,对应参数设置为 $\gamma_1=$

$650, \gamma_2 = 90, \gamma_3 = 0.019$。每个实例的飞机则从六个机型中选取 $\dfrac{|M|}{4}$ 架飞机,座位数范围为 120 座(A319)~335 座(B787)。同时因为 CFSD 模型还显式考虑了机场航班时刻约束,因此本实验根据 FAA 汇总的航班时刻协调机场[297]选取了美国七座城市(纽约、华盛顿、芝加哥、洛杉矶、旧金山、亚特兰大和达拉斯)的大型机场,按照美国某大型航司的起降时刻数据考虑各机场每小时的最大起飞容量。

根据上述实验设置,可随机生成一系列规模不同的计算实例。例如:实例 M20B0R0 表示生成的问题为包含 20(M20)个机场对,仅包含休闲型旅客(B0)的第一个随机示例(R0);若包含商务旅客,则 B=1。按上述命名规则,本节共生成 30 个机场对数量在 20~220 范围内的实例,能够满足大中型航空公司的实际运营排班需求。

为更好地反映竞争性一体化计划制定和机型指派问题的复杂程度,本节的可扩展性实验首先展示了分支定界算法求解 6 个小规模算例的相关计算结果,如表 7-3 所列。分支定界算法采用深度优先方式进行分支,并有三种分支规则(包括 follow-on 分支[298]和两类 0-1 变量固定分支)以处理不同类型的变量(x_{ar}, q_j, y_{if}),其余的整型变量在固定上述三种变量后也会保持整数值。为降低计算复杂度,该算法在执行过程中不允许回溯(back-tracking)操作,即在某分支节点新增变量后,重新运用列生成算法求解所有父节点,因此得到的整数解不能保证最优。最后,设置算法的最大求解时间为 4 小时。

表 7-3　分支定界算法求解 CFSD 模型的计算结果

实　例	节点数	深　度	目标函数值	时间/s	变量数	约束数
M20B0R0	1 264	57	359 683.65	14 400.00	154 683	1 450
M20B0R1	48 794	48 597	321 815.26	14 400.00	55 356	1 427
M20B0R2	82 778	82 551	346 256.00	14 400.00	50 172	1 963
M20B1R0	1 753	149	421 165.97	14 400.00	177 912	3 399
M20B1R1	62 326	60 543	216 169.86	14 400.00	31 210	1 554
M20B1R2	2 277	172	737 823.09	14 400.00	175 253	3 624

表 7-3 汇总了包括分支节点数、最大搜索深度、数值解及模型规模等信息的实验结果。由实验结果可看出:分支定价算法生成了大量决策变量且求解时间均超出了 4 小时,造成这一现象的原因可由表中的第二和第三列解释。由于多种分支策略的存在,算法的搜索树范围较广,且较多的关联约束导致 CFSD 模型的线性松弛性相较传统集合分割问题模型差,因而分支定价算法并不能很好地、有针对性地解决这一问题。

此外,本小节进一步比较了大邻域搜索算法和基于紧凑多商品流模型(不采用列生成算法预先筛选高质量连边,见第 7.2.2 小节)的分支定界算法,并分析了两类算法在运算时间、目标函数值等指标上的表现。表 7-4 中的节点数和连边数项报告了算例对应的航班连接网络规模,而解间隙统计了混合算法和分支定界算法得到的目标函数值之间的相对误差。

表 7-4 的实验结果表明,航班连接网络规模随着算例规模的增大而快速扩大,同

表 7-4　两种算法求解 CFSD 模型的计算结果

实例	节点数	连边数	紧凑模型				混合算法				
			变量数	约束数	目标函数值	时间/s	变量数	约束数	目标函数值	时间/s	解间隙/%
M20B0R0	520	15 809	33 130	3 479	359 684	14.90	4 196	3 294	359 684	13.18	0.00
M20B0R1	516	28 589	117 172	5 543	332 496	42.24	8 124	4 391	331 599	9.53	0.27
M20B0R2	496	20 901	44 508	3 941	364 357	108.53	5 008	3 566	360 338	21.16	1.10
M20B1R0	648	26 329	83 533	7 278	449 214	49.88	9 799	7 201	449 214	15.20	0.00
M20B1R1	380	12 851	27 070	3 068	222 455	2.11	2 456	2 488	219 760	2.09	1.21
M20B1R2	630	33 410	70 838	6 138	766 532	101.41	7 380	5 958	758 971	15.79	0.99
M60B0R0	793	23 255	74 793	9 119	564 753	29.08	5 922	5 591	564 753	7.51	0.00
M60B0R1	1 438	151 401	462 996	14 620	1 141 957	14 699.70	15 291	10 532	1 132 293	455.98	0.85
M60B0R2	1 374	85 198	264 529	14 449	1 012 582	49 691.28	13 624	9 976	1 001 790	219.32	1.07
M60B1R0	1 183	63 878	136 597	15 172	1 509 724	782.13	11 875	13 232	1 491 974	211.21	1.18
M60B1R1	1 152	41 394	90 093	12 821	1 298 825	2 403.75	10 463	10 661	1 296 196	141.21	0.20
M60B1R2	1 560	111 763	233 327	14 918	2 782 115	5 189.54	12 231	11 323	2 768 902	105.41	0.47
M140B0R0	2 438	150 354	465 711	27 444	1 136 285	25 457.89	15 360	15 348	1 130 483	285.21	0.51
M140B0R1	2 655	217 519	669 476	30 100	1 143 736	86 400.00	19 508	18 473	1 128 583	463.25	1.32
M140B0R2	3 408	379 729	1 542 629	41 468	2 649 024	86 400.00	49 749	32 243	2 720 511	5 271.19	-2.70
M140B1R0	3 042	221 942	691 256	42 803	3 734 340	86 400.00	37 175	34 501	3 709 327	3 328.13	0.67
M140B1R1	3 198	259 225	802 852	42 584	4 413 688	86 400.00	39 784	35 262	4 372 893	3 433.93	0.92
M140B1R2	3 011	246 510	763 903	41 632	3 767 191	86 400.00	37 450	33 428	3 718 320	2 316.59	1.30

续表 7-4

实例	节点数	连边数	紧凑模型				混合算法				解间隙/%
			变量数	约束数	目标函数值	时间/s	变量数	约束数	目标函数值	时间/s	
M180B0R0	4 075	286 478	1 176 316	52 079	3 502 752	86 400.00	52 540	38 381	3 637 096	6 891.16	-3.84
M180B0R1	4 647	473 223	1 448 668	48 784	3 446 486	86 400.00	45 277	34 805	3 543 528	5 791.80	-2.82
M180B0R2	3 892	305 585	940 033	40 960	3 371 757	86 400.00	36 676	28 682	3 408 994	5 831.10	-1.10
M180B1R0	4 768	453 815	1 399 592	62 727	4 728 141	86 400.00	64 937	54 173	5 490 457	7 384.98	-16.12
M180B1R1	4 030	411 197	1 267 530	56 686	5 343 793	86 400.00	54 363	46 655	5 318 795	7 719.05	0.47
M180B1R2	3 990	437 084	1 788 789	68 827	4 178 059	86 400.00	66 097	56 470	4 210 087	7 022.44	-0.77
M220B0R0	4 637	433 052	1 329 814	52 064	3 554 889	86 400.00	46 267	37 182	3 678 951	7 632.92	-3.49
M220B0R1	5 484	590 450	1 208 299	44 275	4 000 149	86 400.00	35 439	29 550	4 034 175	5 788.17	-0.85
M220B0R2	5 219	591 569	1 808 706	56 295	3 197 158	86 400.00	53 865	40 867	3 538 305	7 461.52	-10.67
M220B1R0	5 189	441 452	2 263 482	96 032	7 240 145	86 446.40	101 302	78 443	7 413 216	14 505.35	-2.39
M220B1R1	5 882	715 062	4 354 706	114 568	0	86 400.00	135 512	91 558	7 154 365	16 558.50	—
M220B1R2	4 805	398 339	1 234 501	67 679	5 436 187	86 400.00	63 892	56 724	5 437 706	8 141.89	-0.03

注:最大求解时间设置为 86 400 s。

时分支定界算法在求解包含超过 140 个机场对的算例时已经十分困难,超出了 24 小时的最大求解时间限制。此外,分支定界算法对内存的消耗也较大,对于部分例子(如 M220B1R1),其占用内存超过 10 GB。相较而言,混合求解算法能够在相对较短时间内求解所有的算例,且结果相对误差不超过 2%。对于中大规模的部分算例,混合求解算法对比分支定界算法可提速达两个数量级。同时,由于单个邻域对应子问题规模较小,混合算法在调用分支定界算法时搜索树规模显著小于前述搜索树,因而内存资源同样消耗较少。

为进一步揭示大邻域搜索算法在求解大规模 CFSD 模型方面的优势,本小节绘制了大邻域搜索算法的收敛示意图。如图 7-4 所示,黑色实线表示大邻域启发式算法求解得到的目标函数值变化情况。而由对偶稳定列生成算法求得的线性松弛解及由构造初始整数解得到的分支定界上界则分别由蓝色和红色虚线表示。如果问题复杂度较低,则分支定界上界距离最优解较近。而对于较为复杂问题(见图 7-4(b)),初始整数解并未提供较为有效的信息,算法需要从零开始逐步提升目标函数值,而大邻域搜索算法依然能较为有效地逼近上界。最后,对于更为复杂困难的情形(见图 7-4(c)),因为

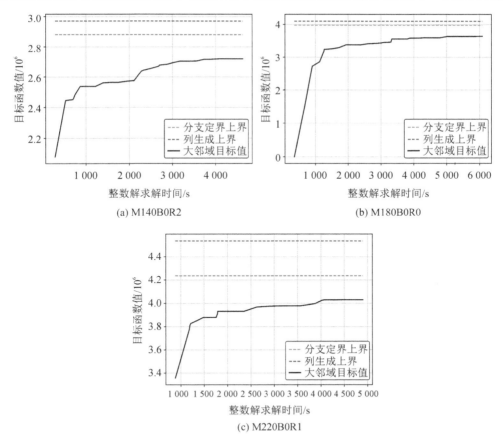

图 7-4 大邻域搜索算法的收敛示意图

线性松弛解与整数解差距进一步扩大且求解初始解时间较短,分支定界的上界和列生成上界均离整数解较远。对于这些复杂情况,算法可能仅在遍历所有邻域后才终止,不会触发2%的相对误差终止条件。这意味着后续研究可更为合理地选取边界值以制定合适的终止标准,从而获得更好的算法性能。

7.2.4 包含三个机场节点的案例分析

为直观说明竞争性一体化航班计划制定和机型指派问题的特点和建模依据,本小节以包含三个城市节点(A:北京,B:郑州,C:贵阳)的算例展开分析研究。如图7-5所示,六组城市对在600~1 700 km的范围区间涵盖了短途航线(A—B,B—A)和中程航线,且短途航线对应的高铁班次密度较大,票价较低。除高铁外,该算例预设了一家全服务航空公司和一家低成本航空公司,两家公司均运营4架B738飞机(167座)。全服务航空公司以城市A为枢纽机场,提供两种舱位服务,其运营成本相关系数为$\gamma_1 = 722, \gamma_2 = 104, \gamma_3 = 0.127$。低成本航空公司则以城市C为主运营基地,假设其运营成本相较全服务航空公司低30%[299],则可令$\gamma_1 = 520, \gamma_2 = 60, \gamma_3 = 0.127$。

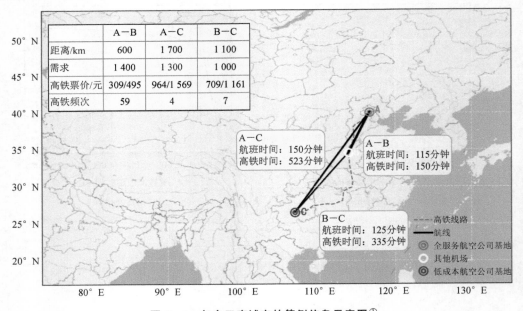

图7-5 包含三座城市的算例信息示意图①

基于混合求解算法,通过按顺序迭代求解全服务航空公司和低成本航空公司的CFSD模型,可获得上述算例对应的纳什均衡解。经历多次迭代,算法达到预设的2%近似均衡收敛准则,具体求解结果如表7-5所列。其中,对称OD对市场的数据已合并统计。表中Fare表示加权平均票价,在给定商务旅客票价($fare_b$)和上座人数

---

① 本章所使用地图的审图号为GS(2024)0568。

（pax_b）及对应的休闲旅客票价（fare_l）和上座人数（pax_l）的情况下，加权旅客票价可表示为

$$\text{Fare} = \frac{\text{fare}_l \cdot \text{pax}_l + \text{fare}_b \cdot \text{pax}_b}{\text{pax}_l + \text{pax}_b}$$

表 7 - 5　三节点示例计算结果和对比分析

市　场	模　型	低成本航空				全服务航空			
		Fare_s	FREQ_s	Fare_e	FREQ_e	Fare_s	FREQ_s	Fare_e	FREQ_e
A—B	前景理论	266	10	260	8	398	14	351	10
	效用理论	395	10	251	10	558	18	437	18
A—C	前景理论	768	10	506	10	1 110	20	845	12
	效用理论	1 210	12	594	4	1 565	24	1 054	16
B—C	前景理论	697	10	685	10	—	—	—	—
	效用理论	1 120	10	1 075	10	—	—	—	—
B—A—C	前景理论	—	—	—	—	1 079	6	690	3
	效用理论	—	—	—	—	1 193	12	787	3

注："—"表示该市场无相应航班服务。

表 7-5 表明，低成本航空公司和全服务航空公司分别选择了点到点直达及枢纽—轮辐式航线网络结构。此外，航线市场 B—A—C 的航班频次 FREQ 显著低于其子航段（A—B 和 B—C）的航班频次。这表明模型较好地把握了旅客中转的时空连续性条件，可准确设计计算有效中转航班。上述结果表明，CFSD 模型在整合网络设计问题与运行排班问题上相较传统增量式计划制定具备一定的优势。此外，该实验还比较了静态解（无博弈，下标为 s）和均衡解（下标为 e）之间的差异性。由对应的平均票价可看出，竞争性因素对两家航空公司的票价和航班频次均产生了显著的负面影响，但全服务航空因其在商务旅客方面的竞争优势，平均票价仍明显高于低成本航空。另一方面，虽然全服务航空公司在直达市场维持了相对较高的票价水平，但在中转航线 B—C 上，由于其出行时间上的劣势，全服务航空的平均票价低于低成本航空在对应直达航线上的票价。上述实验结果均表明，考虑航空公司间动态竞争影响的重要性，并体现出博弈框架相比于静态模型及增量式模型的有效性。

以高铁占主导地位的短途航线市场 A—B 为例，进一步分析不同离散选择模型在航空公司决策上的影响，基于效用理论的离散选择模型为该市场分配了更多的航班及较高的票价水平；相较而言，前景理论则更为精准地把握了航空公司在航班频次和接驳时间（高铁站接驳时间短于机场）方面的劣势，部分抵消了航空公司在飞行时间上相对高铁的优势。实际上，由于受高铁冲击较大，北京至郑州的航线仅有国航执飞，这表明基于前景理论的模型对旅客行为把握更为准确，适用性较强。

7.3　实验评估与分析

本节借助纳什均衡较好的预测能力验证模型的有效性,选取以武汉为中心的星形航空网络展开案例分析,主要从运营规划的角度研究低成本航空公司及高速铁路的发展对国内民航市场的潜在影响。本节内容如下:第 7.3.1 小节详细阐述了实验的相关参数配置;在此基础上,第 7.3.2 小节验证了均衡解在预测市场份额方面的效果;第 7.3.3小节与第 7.3.4 小节则分别量化分析了低成本航空与高速铁路对航空市场的影响。

7.3.1　实验配置

竞争性航班计划制定问题包含综合式计划制定和机型指派决策,并内嵌了旅客离散选择模型,因此在对实际运行场景进行建模和仿真时需合理确定诸多相关参数和数据。尽管模型框架以通用化为导向,没有针对旅客需求预测和航空公司的特殊运行要求做精细化设置,但其较为灵活的形式有助于航空公司在实际运用的过程中按需调整。例如,当前各大航空公司及航空信息服务商(MIDT)开发的市场份额预测工具通常由一系列多项 Logit 子模型构成,单一子模型通常精细化关注单个或数个航线,同时包含起飞时刻、节假日等决策要素,从而获得更为准确的预测结果。另一方面,本小节提出的博弈框架同样适用于增量式航班计划制定模型,涵盖航空公司运行要求或偏好选择,从而可以反映更现实的情形。

针对选择模型涉及的出行时间、票价和频次相关参数估计,已有大量基于效用理论选择模型的文献在国内外航空市场的数据集上进行了实证分析研究[50,300]。但上述模型通常基于诸如 DB1B 和 OAG 的汇总航线/行程数据进行回归拟合预测,与实时旅客订座数据相比由于未考虑到票价变动及开放订座数等因素的影响可能在一定程度上低估了旅客对票价的敏感程度,而放大了航班频次的影响。作者在前期基于中航信聚合航班订座数据的参数回归实验中发现,航班票价的参数 β_{fare} 显著小于 β_{FREQ}。由于既有计划设计模型通常不考虑航班定价策略,上述变动因素不会对最终航班计划产生较大影响,但易导致 CFSD 模型的定价过高。因此在缺乏相关实时订座数据的前提下,效用理论的模型采用 Lhéritier et al.[281] 基于 Amadeus 欧洲航空旅客购票数据估计的参数,并在中航信数据的基础上固定了票价参数值(但按汇率进行了调整),并进行了最大似然估计,即针对 β_{AT} 和 β_{TT} 进行了优化。由于该文献中的离散选择模型以单一航班为研究对象(即航班频次均为 1),基于 $n \cdot e^{\beta x} = e^{1 \cdot \ln n + \beta x}$ 设置 $\beta_{FREQ} = 1$,并按旅客对价格的敏感程度分为两类,相关预测结果详见表 7-6。首先,考虑到前景理论结合航空旅客离散选择行为建模的相关工作较少,在效用理论模型的基础上首先在 ±10% 的范围内微调航班频次参数。其次,在中航信数据集的基础上采样了同一航线市场内平均舱位价格和旅客上座人数相对偏差在 15% 范围内的航班,并基于双重差分法去除参考点选择的影响,进行了最大似然估计,确定接驳时间、出行时间和平均票价对应的参数值,相关参数值 β_g 和 β_1 如表 7-6 所列。

表 7-6　两类离散选择模型涉及的属性参数

属　性	休闲型旅客			商务型旅客		
	β_g	β	β_1	β_g	β	β_1
接驳时间/min	1.682 1	2.124 7	1.859 1	1.682 1	3.538 5	1.859 1
出行时间/min	3.765 4	4.324 6	3.942 4	3.765 4	6.477 0	3.942 4
平均票价/CNY	0.640 7	0.809 3	0.708 2	0.503 14	0.246 6	0.526 9
频次	0.9	1.0	1.1	0.9	1.0	1.1

为构建符合国内航空实际的旅客选择集,本小节依据中航信数据,将旅客按出行时间分为高峰、次高峰及非高峰三个时间段。相应需求比例分别设置为:41.9%、37.9%和20.2%,根据中国民航市场结构报告[301],假设40%的旅客为商务旅客。为简化建模和计算,假设各 OD 对不同时段的旅客行程相互独立,为弥补这一假设的不足,在构建旅客选择集的过程中通过增加虚拟航班的方式考虑同一 OD 对其他时段的平均票价和基于历史数据的最高机票价格,从而充分反映旅客支付意愿。

本章的实验分析基于 2019 年国内航线和高铁网络数据,其中高铁时刻表与对应票价数据来自在线旅游机构——携程网,而航班计划及机票价格数据来自中航信(中国民航信息集团)的机票分销系统和部分携程网数据(已包含春秋航空数据)。旅客到站接驳时间采用高德地图提供的驾车时间查询接口,收集了自市中心至机场(高铁车站)的驾车出行时间。此外,采用重力模型[302]估计各 OD 对间的潜在旅客需求,相关模型如式(7.45)所示,其中模型参数根据中国民航统计年鉴提供的航线旅客运输量进行了调整。

$$D_{ij} = (7.571 + 318(K_i K_j)^{1.5})(B_i B_j)^{0.702}(R_i R_j)^{0.705}(\text{Fare}_{ij}^1/\text{Fare}_{ij}^2)^{-1.549} \times$$
$$(\text{Fare}_{ij}^2)^{-1.233}(T_{ij}^1/T_{ij}^2)^{-1.233}(T_{ij}^2)^{-0.794} \tag{7.45}$$

其中, D_{ij} 为城市 i 和 j 之间的航空旅客需求, K_i 为城市旅游业人均收入的正则化值; B_i 和 R_i 分别为城市人口与人均可支配收入(按 100 000 CNY 计算); Fare_{ij}^1 为城市 i 和 j 之间的平均机票价格(CNY),由相关航班各舱位的票价与实际订票的旅客数加权平均得到, Fare_{ij}^2 为地面交通对应的平均票价(包括火车和汽车); T_{ij}^1 和 T_{ij}^2 为飞机/地面交通的门到门出行时间。在式(7.45)得到的 OD 对旅客需求基础上进一步根据已知的各航线航班频次微调,以减少异常值的影响。

本小节针对性构建了一家新成立的低成本航空公司以展开实验分析。该航空公司以武汉天河机场(IATA 代码:WUH)为主基地,航线网络呈以武汉为中心的星形结构,包含北京、上海等大型机场在内的 56 座机场和 110 个机场对,中转航线涉及 46 个市场。针对性收集了运营相关航线市场的前三大航空联盟,如表 7-7 所列,可看出上述的三大全服务航空公司及其分公司占据了本小节研究的航线网络中航班量的 79.54%,且其余航空公司最大占比不超过 10%,因此三大联盟能较好地代表市场的整体情况,简化计算。上述机场的地理位置、高速铁路线路和涉及的四家航空公司为：中国国际航空（IATA 代码：CA）、中国东方航空（IATA 代码：MU）、中国南方航空（IATA 代码：CZ）及新成立的低成本航空（记作 LCC），如图 7-6 所示。在本小节的实验中，由于仅涉及部分航线网络，因此分别设置四家航空公司的机队规模为：CZ（三种机型，40 架飞机）、MU（三种机型，24 架飞机）、CA（两种机型，18 架飞机）和 LCC（两种机型，10 架飞机）。

表 7-7　服务武汉民航市场的三大航空公司基地、机队和频率占比统计

联　盟	航空公司	飞机数/架	机队数	航班数	占比/%
CZ	CZ	45	3	154	37.83
	MF	12	1	42	
MU	MU	33	3	124	24.32
	FM	1	1	2	
CA	CA	12	2	56	17.37
	ZH	4	2	12	
	SC	3	1	20	
	KY	1	1	2	

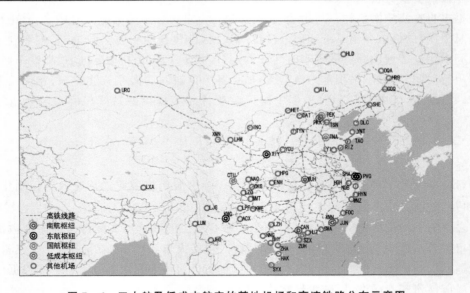

图 7-6　三大航及低成本航空的基地机场和高速铁路分布示意图

7.3.2　市场份额实证分析

为验证 CFSD 模型及纳什均衡博弈框架，首先求解仅涉及三家航空公司的博弈问题并比较生成的航班频次与票价和实际数据间的差异。为实际量化上述差异，采用平均绝对百分比误差 MAPE

$$\text{MAPE} = \frac{\sum\limits_{c \in C}\sum\limits_{m \in M} \mid A_{c,m} - F_{c,m} \mid}{\sum\limits_{c \in C}\sum\limits_{m \in M} A_{c,m}} \times 100\% \tag{7.46}$$

式中，$A_{c,m}$ 为航空公司实际制定的机票价格或航班频次，而 $F_{c,m}$ 为纳什均衡解预测的对应数值。图 7-7 分析了基于前景/效用理论的离散选择模型得到的均衡解与实际航班运行数据的相对误差分布情况，其计算公式为 $\dfrac{A_{c,m} - F_{c,m}}{\max\{A_{c,m}, F_{c,m}\}}$。结果表明，基于前景理论的 CFSD 模型得到的均衡解相比效用理论模型的误差整体偏小，而效用理论模型对应的高斯核密度估计曲线呈显著的偏态分布，对应的票价水平要显著高于前景理论预测值。因而，其对应的航班频次预测也偏差较大，这表明前景理论模型也在实际运行数据上展现了更为良好的适应度。前景理论模型（效用理论模型）在休闲型旅客机票价格、商务型旅客机票价格和航班频次三方面的总体 MAPE 值分别为：11.10%（12.26%）、18.55%（20.36%）和 26.12%（36.30%）。特别需要强调的是，前景理论模

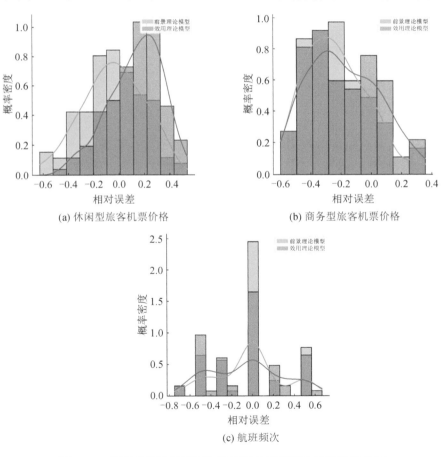

(a) 休闲型旅客机票价格   (b) 商务型旅客机票价格

(c) 航班频次

图 7-7　机票价格和航班频次的实际与预测值的相对误差分布

型因为对旅客风险态度的刻画,有助于航空公司避免设计价格或航班频次激进的航班时间表。此外,相对于价格预测,模型对航班频次的刻画还不够准确,出现这一现象的原因是本案例分析中全服务航空公司优化模型并未考虑完整的航班网络,因此针对中转旅客和基地机队调配的优化尚不够准确。

虽然本章提出的博弈框架在诸多算例实验中均能较好地收敛至均衡解,但相应的均衡解并不能保证唯一性。因此,进一步比较了更改航空公司决策顺序对均衡解的影响。根据统计数据,不同均衡解在选定的指标(如目标函数值、载客人数、频率和票价)下相对差异度均小于 3%,并未对博弈结果产生显著影响,因此在后续的实验中均采用单一的航空公司决策顺序以计算均衡解。

7.3.3 低成本航空进入市场影响分析

与传统计划制定模型不同,本章提出的 CFSD 模型为航空公司提供了重新设计航班时刻表并进一步提高收益的能力。为探究低成本航空公司对市场的影响,进一步采用第 7.1.4 小节中博弈框架求解考虑四家航空公司竞争的博弈均衡解(考虑机场时刻资源,分配少量大型机场非高峰时段起飞时刻资源)。该博弈以既有的航班时刻表为起点,当各航空公司的利润值变动均不超过 2% 时停止,同时采用消费者剩余价值(consumer surplus value)[303] 量化不同均衡解的社会效益。令 $V_{\tau,k}^u$ 代表航空公司 k 为 τ 类型旅客提供选项对应的效用值,则期望消费者剩余价值(ECS_n)可按如下公式估计:

$$ECS_n = (1/\alpha_n)\ln\left(\sum_k V_{\tau,k}^u\right) + C \tag{7.47}$$

其中,α_n 为收入的边际效用值,C 为度量效用值不确定度的固定常量。不失一般性,可令 $\alpha_n = 1$,以方便后续阐述。在此基础上,为消除不确定常量 C 的影响,进一步定义两种航班时刻表在 ECS 上的相对差异,如式(7.48)所示。

$$\Delta ECS = \frac{\sum_n (ECS_n^2 - ECS_n^1)}{\sum_n ECS_n^1} \tag{7.48}$$

除计算低成本航空进入市场的纳什均衡解外,为了更好地反映航空公司在自由市场下可能的激烈竞争,进一步分析了三家全服务航空公司在不受机场时刻资源制约情形下的均衡解,对应的市场需求采用 2019 年实际航空旅客运输量而非重力模型预测的潜在需求。此外,本小节还分析了不同飞机数量和时刻资源对低成本航空的影响,相关的对比结果汇总为表 7-8。其包括:服务的机场对数量、休闲旅客的平均票价($\overline{Fare}_l$)、商务旅客的平均票价($\overline{Fare}_b$)、运输的旅客量、航班频次以及航空公司利润,括号内数值表示与基准情形(仅三家全服务航空公司竞争)之间的相对误差。

从表 7-8 可以看出,在无机场时刻资源约束的情况下,三家全服务航空公司竞争明显加剧。运营的航班数量上升了 68.31%,而平均票价却大幅降低(休闲型和商务型票价分别下降 33.48% 和 8.85%)。将上述结果可视化如图 7-8(a)和 7-8(b)所示,其中机场与连边颜色取决于运营相关航班最多的航空公司,如多家航空公司航班量相同,则以紫红色表示,连边粗细与航线航班频次数量的大小正相关,结果也表明航空公司间的竞争加剧,且在部分核心市场航班频次显著增加。上述因素共同导致航空公司利润下滑,同时消费者剩余显著上升,因而枢纽机场的航班时刻资源极为重要。

表 7 - 8　新成立低成本航空对航空市场影响的计算结果

场　　景	机场对	$\bar{Fare}_l$	$\bar{Fare}_b$	$\Delta ECS/\%$	航空公司	旅客数	频　次	机场对	利润及利润率/[CNY(%)]
基准	90	663	1 571	0	CZ	21 295	142	66	6 384 984
					MU	19 811	125	66	5 515 074
					CA	11 478	99	52	1 917 836
无约束	90	441	1 432	2 181	CZ	30 504	289	80	3 110 430(−51.28%)
					MU	19 206	181	68	2 520 264(−54.30%)
					CA	13 702	146	60	779 573(−59.35%)
LCC 10 架飞机	100	661	1 539	55	CZ	20 521	146	66	5 348 303(−16.23%)
					MU	17 539	127	76	3 443 496(−37.56%)
					CA	13 384	110	60	2 207 511(3.67%)
					LCC	11 827	86	42	1 988 412
LCC 25 架飞机	106	606	1 479	107	CZ	18 208	139	62	3 698 308(−42.07%)
					MU	16 369	130	70	2 801 425(−49.20%)
					CA	11 615	108	58	1 177 139(−38.62%)
					LCC	27 450	181	74	5 728 691
LCC 枢纽机场	104	613	1 494	99	CZ	18 182	139	66	3 711 200(−41.87%)
					MU	15 150	130	62	1 999 719(−63.74%)
					CA	11 087	108	60	1 392 342(−27.40%)
					LCC	26 006	179	76	5 228 050

与基准进行对比,无时刻约束情形下南航与国航的载客量均有部分上升,而东航则小幅下降。这一现象可由以下两点解释:① 南航相较其余两家航空公司具有更高的航班频次,其在大部分市场的主导性地位也挤压了竞争对手的盈利空间与市场份额。② 与其他两家航空公司相比,东航的主要枢纽(上海)至武汉的高铁频次更高,且票价相对较低,因而其面临更大盈利压力。

从实际航班时刻表来看,三家航司在 110 个机场对之间开设了航线,航线数量较纳什均衡解更多。造成这一现象的重要原因,一方面是偏远地区政府为航空公司提供了航线补贴,以鼓励航空公司开设定期班机。另一方面,航空公司有时会选择以略高于边际利润的平均票价运营航班,因此注重短期利润[304],而本章主要关注直接运营成本,更注重长远利润。

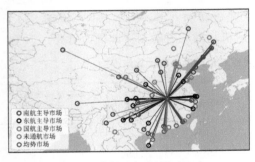

(a) 三家航司有时刻约束

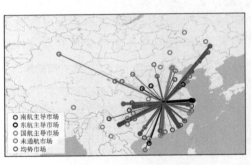

(b) 三家航司无时刻约束

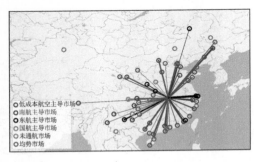

(c) 四家航司有第二机场

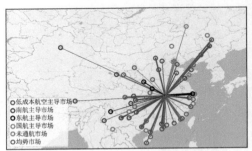

(d) 四家航司无第二机场

图 7-8　纳什均衡解对应服务机场及市场占有率可视化

　　此外,实验进一步分析了新成立低成本航空的机队规模和运营策略对市场的影响。由于时刻资源约束,实验假设低成本航空可采用二级机场,以间接服务繁忙机场并选取了三个二级机场:SJW、FUO 和 HUZ 分别对应 PEK、CAN 和 SZX 这三个大型繁忙机场,相应的接驳时间从 57～100 min 不等,并构建了如下三个场景。

　　① LCC 10 架飞机:低成本航空可无限制使用二级机场,机队规模为 10 架飞机。

　　② LCC 25 架飞机:低成本航空可无限制使用二级机场,机队规模为 25 架飞机。

　　③ LCC 枢纽机场:低成本航空选择利用枢纽机场有限的非高峰时刻资源(每个枢纽机场仅有两个起飞时刻),而不使用二级机场。

　　由表 7-8 中结果可知,当引入低成本航空公司(10 架飞机)后,四家航空公司开通了 10 条额外的航线(机场对),航空旅客运输量增加了 20.32%。此外,低成本航空的介入还小幅降低了经济舱票价,三大全服务航空除国航外利润都有所下降。通过将机场对划分为低成本航空介入和未介入市场,两市场对应的经济舱票价和商务舱票价分布情况如图 7-9 所示。低成本航空的介入有助于降低经济舱旅客的平均票价,而全服务航空则在其他市场提高平均票价以弥补损失。全服务航空公司在低成本航空未介入市场前因竞争更为激烈而降低了商务舱票价,而在低成本航空介入市场后则因低成本航空未提供商务舱服务而小幅提高了商务舱票价。

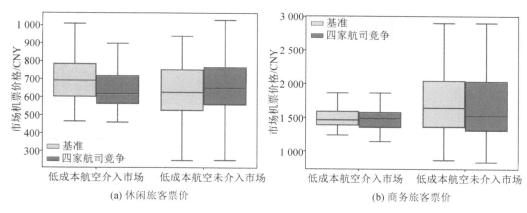

(a) 休闲旅客票价　　　　　　　　(b) 商务旅客票价

图 7-9　低成本航空公司进入市场对票价的影响

进一步扩大低成本航空公司机队规模可带来额外消费者剩余,其中休闲型旅客机票价格下降了 8% 而航班频次增长了 19%,同时四家航空公司还新开设了 6 条航线。上述实验结果与著名的"美西南效应"[305-306]一致,即低成本航空可刺激需求,降低票价,提高消费者剩余。

针对不同的运营策略,实验结果表明:低成本航空可有效利用二级机场从而间接服务繁忙机场。相比直接开设航班至时刻资源受限机场,采用二级机场运营策略的低成本航空公司共执飞 18 班武汉和石家庄(SJW)间的直达航班及 2 班联程航班。而未采用这一策略的均衡解则只开设了 2 班直达北京(PEK)的航班。这一运营策略也有助于提高整体社会效益,本例中消费者剩余相较于开设直飞枢纽机场航班的策略提高了 8%。对于其余两个繁忙机场,低成本航空公司在武汉至广州航线上同样可依托佛山机场进而额外开设 4 班航班;而对于深圳宝安机场,由于其相关的惠州二级机场到站接驳时间过长,因此航空公司没有在该航线新开航班。从图 7-8(c) 和图 7-8(d) 中可看出,采用二级机场运营策略的低成本航空公司在武汉至北京的航线上航班量占据优势,因而提高了相应的服务水平与利润水平。

7.3.4　高速铁路对航空运营的影响分析

由于高铁对我国民航在短途及中程市场上的竞争优势,本小节定量分析了高铁票价下降对航空市场的具体影响。以 LCC 25 架飞机为例,其机场及高铁出行时间分布如图 7-10 所示。图中颜色深浅表示高铁出行时间分布,绿色五角星代表武汉,而空心圆圈则表示机场节点,其中圆圈大小与对应进出港航班量正相关。从图中可以明显看出,高铁在中短途市场(2~3 小时飞行时间)因相似的出行时间和便捷的到站接驳占据主导地位。

由于在前景理论离散选择模型中选取高铁作为参考点,其出行时间和票价对航空市场影响巨大,因此该小节进一步分析探究高铁票价下降 20% 和 40% 对航空市场的影响。为便于分析,首先将市场分为如下三类:

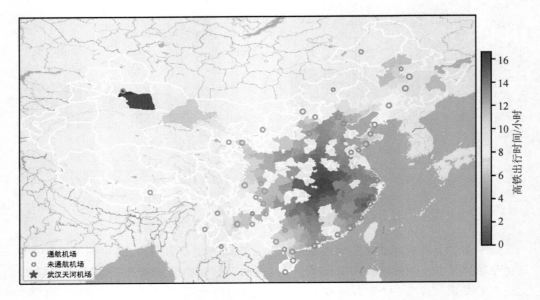

图 7 − 10   以武汉为中心的高铁出行时间热力图及航空市场分布

① 无高铁：城市对之间无高铁列车直达。

② 有高铁短途：城市对之间飞机直飞时间在 150 min 以内，且有高铁直达。

③ 有高铁中程：城市对之间飞机直飞时间在 150 min 以上，且有高铁直达。

相关实验数据如表 7 − 9 所列，相关统计项包括：平均经济舱/商务舱票价、航班频次、航班对数量、平均竞争航空公司数量（同一市场）、与航空公司航班在同一时间段和市场竞争的高铁班次数量（高铁重合）及休闲型/商务型旅客平均票价相对于基准情形的百分比变动（dev_l/dev_b）。

表 7 − 9   高铁票价降低对航空市场的影响

下降幅度/%	场景	$\bar{Fare}_l$	dev_l/%	$\bar{Fare}_b$	dev_b/%	频次	机场对	竞争者	高铁重合
	有高铁短途	573	0	1 390	0	389	56	2.86	491
0	有高铁中程	740	0	1 652	0	24	4	4.00	4
	无高铁	643	0	1,692	0	123	46	1.83	0
	有高铁短途	529	−7.68	1 319	−5.11	368	56	2.88	455
20	有高铁中程	698	−5.68	1 686	2.06	20	4	3.50	4
	无高铁	605	−5.91	1 612	−4.73	146	46	2.24	0
	有高铁短途	479	−16.40	1 211	−12.88	351	58	2.79	435
40	有高铁中程	645	−12.84	1 571	−4.90	28	4	4.00	4
	无高铁	545	−15.24	1 515	−10.46	145	46	2.13	0

如表 7-9 所列,高铁票价对机票价格有很大影响,但由于航空公司适度地调整了航班频次与起飞时间,机票价格降幅低于高铁票价下降幅度,其变动范围在 -16% ～ $+2\%$ 之间。由于商务旅客对票价敏感程度较低且更为关注出行时间、频次等因素,相较于经济舱机票,商务舱机票受高铁票价下降的冲击则较小。此外,由于在中程航线上出行时间较长,相关航班平均价格较短途航线受高铁影响同样较小。考虑到高铁定价策略与行驶里程近似线性相关,航空公司仍可在远程航线及未开通高铁的城市对合理分配航班,降低一定的负面影响。此外,表 7-9 中航空公司竞争对手的平均数量的变动情况表明,在没有高铁服务的市场,平均机票价格由于航空公司间的激烈竞争也出现了较大幅度的下降,降幅甚至高于遭遇高铁冲击的市场。

综上,高铁和航空公司的协同发展可显著提高消费者剩余价值,并有助于提高相对偏远地区的航空服务水平。上述实验结果同样可为政府鼓励低成本航空发展及推进铁路基础设施建设提供理论依据,从而为合理取代航线补贴,促进航空运输发展打下基础。

7.3.5 基于增量式计划制定模型的对比分析

为了更为直观地展现本章提出的综合式航班计划制定模型对比增量式模型在应对动态市场竞争博弈方面的优势,本小节进一步构建了考虑航班删减与小范围起飞时刻调整决策的增量式模型。其中航班时刻调整借由航班复制边实现,与 Jiang 等提出的航班计划动态设计模型[232]类似,部分额外约束如下所示:

$$\sum_{a \in A}\sum_{c \in C(j)} s_{ac} \leqslant 1 \quad \forall j \in J \tag{7.49}$$

$$s_{ac} \leqslant \sum_{r \in R_a} \theta_{r,c}^7 x_{ar} \quad \forall j \in J, c \in C(j) \tag{7.50}$$

$$\sum_{a \in A}\sum_{c \in C(j)} \theta_{cnt}^6 s_{ac} \leqslant U_{nt} \quad \forall n \in N, t \in T \tag{7.51}$$

$$h_{j_1,j_2} \leqslant \sum_{c_1 \in C(j_1)}\sum_{c_2 \in C(j_2)} \theta_{c_1,c_2}^8 \Big(\sum_{a_1 \in A} s_{a_1,j_1} \cdot \sum_{a_2 \in A} s_{a_2,j_2} \Big) \quad \forall j_1 \in J^C, \forall j_2 \in J^C \tag{7.52}$$

模型新增 0-1 决策变量 s_{ac} 以表征是否采用机型 a 执飞航班 j 的复制边 $c \in C(j)$,航班复制边对应的起飞时间调整范围为航班 j 计划起飞时刻前后 30 分钟。参数 $\theta_{r,c}^7$ 取值为,当飞机路径 r 选择航班复制边 c 时取 1,否则取 0;参数 θ_{c_1,c_2}^8 取值为,在航班复制边 c_1 和 c_2 能构成可行旅客中转时取 1,否则取 0。约束式(7.49)确保每个航班仅能选取一个航班复制边(即起飞时刻)执行,而约束式(7.50)将变量 s_{ac} 与飞机路径变量 x_{ar} 相关联,相应地需要调整图 7-11 对应的航班连接网络,仅保留部分航班复制边对应的节点。约束式(7.51)限制了枢纽机场的航班起飞时刻资源,而非线性约束式(7.52)则刻画了航班复制边与旅客中转之间的关系,该约束可通过线性化手段引入高维决策变量简化。

基于表 7-8 中的三类典型情景:"基准"、"无约束"和"LCC 25 飞机",采用上述博弈框架分别计算综合式计划设计模型 CFSD 和增量式模型对应的均衡解,计划航班起降时刻来自于各传统全服务航空公司的既有航班时刻表,相关实验结果对应的航空市场服务水平如图 7-11 所示,与图 7-8 类似,图中实线颜色表征占据市场主导地位的航空公司,实线粗细则与对应市场的航班频次成正比。

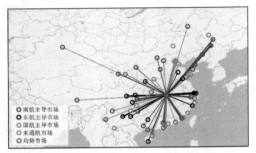

(a) 基准,综合式模型

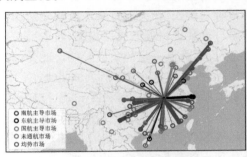

(b) 无约束,综合式模型

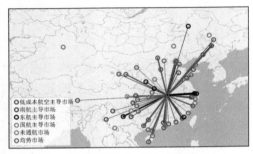

(c) LCC25飞机,综合式模型

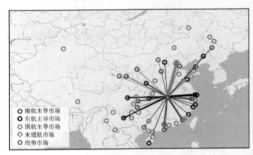

(d) 基准,增量式模型

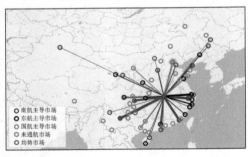

(e) 无约束,增量式模型

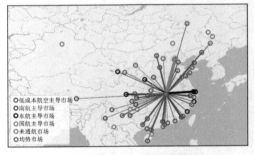

(f) LCC25飞机,增量式模型

图 7-11　综合式与增量式航班计划设计模型的均衡解对比分析

由图 7-11 中展示的结果可知,综合式模型和增量式模型在实际求解均衡解时差异性极为明显。其中,由于航空公司应对竞争情形时计划调整的幅度有限,图 7-11(a)和图 7-11(d)反映了增量式模型相较综合式模型得到的均衡解对应的航班频次及服务机场数均较少的问题,与航空公司实际运营的航班量及服务机场数有一定的差异性。而当枢纽机场时刻资源不受约束时,图 7-11(e)中多条航线的航班频次较图 7-11(b)均有显著的下降,无法很好地还原出在市场充分竞争状态下(类似美国颁布《民航放松管制法》后引起的航空公司激烈竞争)的航空公司运营决策。最后,图 7 - 11(f)展示了在低成本航空加入市场后出现的竞争态势变化情况,由于低成本航空无既有航班计划时刻表,因此仍采用 CFSD 模型求解其航班计划和定价决策。图中对比结果揭示了由于航班运营灵活性的不足,三大传统航空公司无法妥善应对日益激烈的竞争,并在多个机场失去主导地位。因而,综合式航班计划制定相较于增量式模型可较好地适应市场态势环境剧烈变化并为新成立航空公司确定合理科学的航班计划。

7.4 小 结

航班时刻表设计有赖于对供需关系及竞争关系的精准刻画,本章解决了竞争性航空公司一体化计划制定与机型指派问题,通过博弈框架整合了多家航空公司之间的动态竞争与一体化计划制定和定价决策,有助于航空公司设计市场驱动的航班计划而无需依赖于既有航班时刻表。同时,针对中转一次旅客行程的航班频次计算进行了显式建模并内嵌了给予前景理论的选择模型,因而可合理表征旅客选择行为。

综合式一体化航班计划设计问题因非线性的供需关系和激增的解空间规模,求解难度极大,因此采用分段线性函数对市场份额函数进行了解耦和估计,并灵活结合了列生成算法和大邻域搜索算法将问题进行逐步分解求解。对比分支定界和分支定价算法,混合求解算法在仿真算例数据集上展示了高效的求解效率和合理的最优解间隙(<2%)。

通过以武汉为中心的星形航空网络案例研究,表明 CFSD 模型能准确反映航空市场的竞争态势,且其针对新成立低成本航空公司的计算结果也较好复现了"美国西南航空效应",即低成本航空进入市场带来机票价格的下降及旅客需求的增长。相比于传统的增量式计划设计模型,本章提出的一体化综合计划设计模型也为分析航空公司或高速铁路的市场策略提供了科学可行的评估手段。相关实验结果为低成本航空借助二级机场拉动繁忙枢纽机场附近的客源需求进行差异化竞争提供了有力证明,特别是在空铁换乘较为便捷的地区(如北京至石家庄)相关效应更为明显;而高铁票价的进一步下降能大幅提高消费者剩余价值和航空业服务水平。因此,本章提出的相关模型和计算框架可为航空公司、政府机构制定与评估战略决策提供有益参考,并提高航空公司运行效率。

第8章　面向航班链式延误传播的
一体化飞机排班优化

在确定战略规划层面的长期航班计划和执飞机型后,航空公司通常根据定检计划和航线维修计划的相关要求为各飞机指派对应航班。但随着规划周期缩短,各航线旅客需求的不确定性逐步降低,先期制定的机型指派方案由于未充分考虑需求变动可能出现座位虚耗或供不应求的情况;此外,由于空中交通流量的日益增长及飞机排班计划中过站时间设置不合理的情况,实际运行中航班易出现延误随飞机路径传播的情况,影响准点率和旅客中转。随着航空公司对运行品质要求的逐步提高,针对飞机维修编排建立考虑计划微调、机型重指派和航班延误传播因素在内的优化模型是解决上述问题的关键。

当前针对一体化飞机排班优化的理论研究受制于求解算法的可扩展性不足,通常无法较好权衡航班计划的盈利性与实际运行的平稳性,一体化模型考虑因素较少。部分研究针对确定性航班延误传播进行优化,忽视了战术规划时间窗内延误的不确定性;部分研究则针对旅客错失中转概率与实际航班中转时间的非线性关系进行了简单的条件概率建模,从而遗漏了因飞机执飞航班路径引起的延误传播对旅客中转的影响。因此,从提高航班运行平稳性和旅客中转体验的角度出发,有必要深入挖掘航班链式延误传播的机理并对应性优化相关排班计划。

本章旨在从战术规划层面解决航空公司运行优化问题,在确定航空公司的航班时刻表和旅客需求后,有针对性地重新调整航班执飞机型、新增或删减部分航班及规划飞机维修路径,从而平衡收益和成本。具体来说,航空公司一体化鲁棒优化排班问题整合了增量式航班计划制定、机型指派和飞机维修路径编排问题。通过联合优化机型指派和飞机路径编排决策,可准确匹配基于行程的旅客需求与具体机型容量,并考虑延误对准点率和旅客换乘的影响。在进一步整合航班计划制定问题后,可更灵活地调整航班计划,为降低航班延误和提高收益提供更多的可能。本章提出了两类航空公司一体化鲁棒排班模型,以确定待执行的可选航班、航班起飞时刻、飞机维修路径计划及具体航班分配旅客人数以最大化利润,降低运行成本和航班链式延误传播,并降低旅客衔接错失风险。这两类模型包含了三个子问题,同时由于包含建模要素的差异性而具备不同的复杂度。上述复杂模型给传统的精确分解算法求解带来了极大的困难,因此本章还提出了一种变邻域启发式搜索算法,可快速且准确地生成整数解;同时,为了解决启发式算法易陷入局部最优解的问题,进一步结合了列生成算法,从而使得综合求解算法可跳出局部最优解局限,显著提高求解质量。

8.1　一体化鲁棒排班优化建模

　　航空公司一体化鲁棒飞机排班优化问题旨在通过整体调整航班计划、执飞机型和飞机路径而提高航空公司收益,降低运营成本与航班延误。本节构建了两类模型,第一类模型 I 在传统飞机维修编排和机型指派问题的基础上包含了航班起飞时间调整和延误传播相关决策(见第 8.1.1 小节),线性松弛性较好。而第二类模型 II 在此基础上进一步涵盖了备选航班、旅客溢出重捕获和旅客衔接错失的决策,复杂度更高的同时也可更为准确地把握供需关系(见第 8.1.4 小节),两模型间的关系与差异如图 8-1 所示。

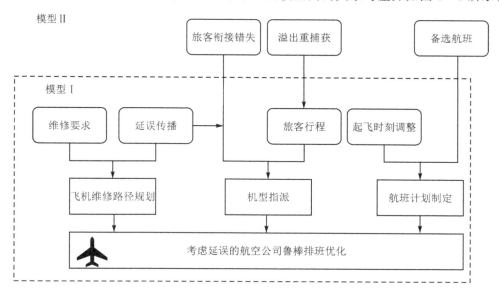

图 8-1　航空公司一体化鲁棒排班优化模型结构

8.1.1　模型公式

　　首先定义模型相关参数变量如表 8-1 所列,根据上述参数和决策变量可定义如下航空公司一体化鲁棒排班模型 I。其中,每个航班包含多个航班复制边以表征多种可行的航班起飞时刻,实现对航班起飞时刻的微调,旅客行程涉及的航班联程中转同样需要选择合适的航班复制边以确保中转时间充足。

表 8-1　航空公司一体化鲁棒排班模型集合、参数及决策变量

	集　合		
I	旅客行程,$i \in I$	F	航班,$f \in F$
A	飞机,$a \in A$	I^C	中转旅客行程

集 合			
F^M	必选航班	F^O	可选航班
I_i^R	从行程 i 中溢出旅客重捕获可选行程	F_i	旅客行程 i 中涉及航班
F_i^O	旅客行程 i 中涉及可选航班	R_a	飞机 a 的路径，$r \in R_a$
P_f	航班 f 的复制边集合，$p \in P_f$		

参 数			
D_i	旅客行程 i 的需求	$\overline{D}_i$	旅客行程 i 考虑重捕获在内的最大需求
c_r	飞机路径 r 的运行成本和延误成本	Cap_a	飞机 a 的座位数（容量限制）
Fare_i	行程 i 的平均票价	STD_f	航班 f 的计划起飞时间
MPT	最小旅客换乘时间	MTT	最小飞机过站时间
FT_f	航班 f 的轮挡时间	$\mathrm{EPD}_{r,f}$	航班 f 在飞机路径 r 中的期望累积延误
M_{f_1,f_2}	航班 f_1,f_2 间最小时间间隔	b_i^j	从旅客行程 i 换至旅客行程 j 的重捕获率，$b_i^i=1$
$\mathrm{dev}_{r,f}$	航班 f 在飞机路径 r 中的预计起飞时间偏移量	$\theta_{r,f,p}^1$	当航班 f 复制边 $p \in P_f$ 包含在飞机路径 r 中时取 1，否则取 0
$\theta_{i,f}^2$	当旅客行程 i 过航班 f 时取 1，否则取 0	$\theta_{r,i}^3$	当中转旅客行程 i 两段行程由同一架飞机执飞（路径为 r）时取 1，否则取 0
$\gamma_{f_1 p_1,f_2 p_2}^i$	当航班 f_1，复制边 p_1 以及航班 f_2 复制边 p_2 可用于旅客中转行程 $i \in I^C$ 时取 1，否则取 0		

决策变量			
$x_{a,r}$	当飞机 a 执飞路径 r 时取 1，否则取 0	$y_{f,p}$	当选中航班 f 复制边 p 时取 1，否则取 0
z_i	当选中旅客行程 i 时取 1，否则取 0	$w_{f_1 p_1,f_2 p_2}$	当选中航班复制边组合 $(f_1 p_1,f_2 p_2)$ 时取 1，否则取 0
h_i	航空公司从旅客行程 i 中搭载旅客的数量	t_i^j	航空公司试图将旅客行程 i 中溢出旅客重捕获到旅客行程 j 中的旅客数量
edt_f	航班 f 在预期累积延误下的期望起飞时间	tf_i	当旅客行程 i 无需换飞机中转时取 1，否则取 0

该一体化鲁棒排班模型如下：

$$\max \sum_{i \in I} \mathrm{Fare}_i h_i - \sum_{a \in A} \sum_{r \in R_a} c_r x_{a,r} \qquad (8.1)$$

$$\mathrm{s.\,t.} \quad y_{f,p} = \sum_{a \in A} \sum_{r \in R_a} \theta_{r,f,p}^1 x_{a,r} \quad \forall f \in F, \forall p \in P_f \qquad (8.2)$$

$$\sum_{p \in P_f} y_{f,p=1} \quad \forall f \in F \qquad (8.3)$$

$$\sum_{r \in R_a} x_{a,r} \leqslant 1 \quad \forall a \in A \tag{8.4}$$

$$h_i \leqslant D_i \quad \forall i \in I \tag{8.5}$$

$$\sum_{i \in I} \theta_{i,f}^2 h_i \leqslant \sum_{a \in A} \mathrm{Cap}_a \sum_{r \in R_a} \sum_{p \in P_f} \theta_{r,f,p}^{1} x_{a,r} \quad \forall f \in F \tag{8.6}$$

$$h_i \leqslant D_i \sum_{p_m \in P_{fm}} \sum_{p_n \in P_{fn}} y_{f_m,p_m} y_{f_n,p_n} \quad \forall i \in I^C, \theta_{i,f_m}^2 = 1, \theta_{i,f_n}^2 = 1 \tag{8.7}$$

$$x_{a,r} \in \{0,1\} \quad \forall a \in A, \forall r \in R_a \tag{8.8}$$

$$y_{f,p} \in \{0,1\} \quad \forall f \in F, \quad \forall p \in P_f \tag{8.9}$$

$$h_i \in \mathbf{Z}^+ \quad \forall i \in I \tag{8.10}$$

在该模型中,目标函数式(8.1)旨在最大化航空公司的利润(售票收益减去运行成本),其中,运行成本包括燃油消耗和航班延误。航班覆盖约束式(8.2)和式(8.3)共同保证了每个航班仅分配给了一架飞机且每个航班只选择一个航班复制边。约束式(8.4)则确保每架飞机只能执飞一条飞机路径,与旅客行程相关的约束式(8.5)和式(8.6)确保每个行程上搭载的旅客数不超过其最大需求和航班的座位数。非线性约束式(8.7)则针对中转行程的最小换乘时间进行约束,约束式(8.8)和式(8.10)限定了决策变量的取值范围。需要补充说明的是,在构造决策变量 $x_{a,r}$ 时,需在对应航班连接网络中构造对应飞机路径,该路径应满足包括最短站时间、维修前最大飞行时间及飞机初始位置等运行约束。可行的飞机路径数目随问题规模增大呈指数型增长,因此无法通过枚举法求解这一模型。

由于约束式(8.7)为非线性约束,为有效求解模型,可引入新变量 $w_{f_m p_m, f_n p_n}$ 表征选取航班复制边组合 $(f_m p_m, f_n p_n)$ 并借助线性化约束式(8.11)~式(8.14)替代原非线性约束。

$$h_i \leqslant D_i \sum_{p_m \in P_{fm}} \sum_{p_n \in P_{fn}} \gamma_{f_m p_m, f_n p_n}^i w_{f_m p_m, f_n p_n} \quad \forall i \in I, \forall f_m, f_n \in F_i, \theta_{i,f_m}^2 = 1, \theta_{i,f_n}^2 = 1 \tag{8.11}$$

$$w_{f_m p_m, f_n p_n} \leqslant y_{f_m, p_m} \quad \forall f_m, f_n \in F_i, \forall p_m \in P_{f_m}, \forall p_n \in P_{f_n} \tag{8.12}$$

$$w_{f_m p_m, f_n p_n} \leqslant y_{f_n, p_n} \quad \forall f_m, f_n \in F_i, \forall p_m \in P_{f_m}, \forall p_n \in P_{f_n} \tag{8.13}$$

$$w_{f_m p_m, f_n p_n} \geqslant y_{f_m, p_m} + y_{f_n, p_n} - 1 \quad \forall f_m, f_n \in F_i, \forall p_m \in P_{f_m}, \forall p_n \in P_{f_n} \tag{8.14}$$

8.1.2　航班连接网络

为了建模飞机路径,考虑引入航班连接网络 $G(V,E)$。其中,节点 $v \in V$ 代表航班或机场,而两航班间的连边 $e \in E$ 代表同一架飞机可连续执飞满足时空连接性的两个航班,即前序航班降落机场与后续航班起飞机场相同且两航班起降时间间隔大于最小过站时间。在图 8-2 中同时引入航班复制边,表示不同的起飞时间决策。此外,在飞行过程中可在维修基地机场为过站时间充足(超过最短维修时间)的飞机安排定检维修。

航班	起飞机场	降落机场	预计到达时间	预计降落时间
航班1	机场B	机场C	08:00	09:00
航班2	机场C	机场A	09:50	11:00
航班3	机场A	机场B	11:30	12:20

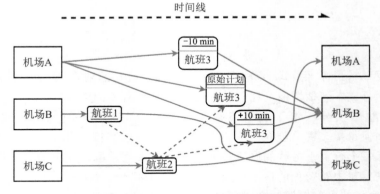

图 8-2　包含航班复制边的连接网络示意图

图 8-2 给出了一个包含三个机场和三个航班的例子,蓝色实线代表一架飞机可从机场起飞和降落以执行航班,红色实线代表一架飞机可连续执行两个航班,同时,航班 3 的两个复制边允许提前或推迟航班起飞 10 min。由于航班 2 和航班 3 复制边(提前 10 min)的中转时间小于 30 min 的最短过站时间,因此两节点间不存在连边。另一方面,将航班 3 推迟 10 min 可增加航班 2 和 3 之间的过站时间,在航班 2 延误的前提下可以吸收部分航班延误,提高计划的鲁棒性。

8.1.3　航班链式延误传播

本章提出的一体化模型在优化利润和运行成本的同时,旨在降低航班的延误损失。航班延误通常可分为独立延误(independent delay)和传播延误(propagated delay)[192]。独立延误指由非飞机排班相关的因素导致的延误,如:对流天气、旅客延误和飞机故障等;而由于航空公司航线网络相关结构性的影响[189]产生的延误称为传播延误,如因飞机/机组执行延误的前序航班导致的后续延误。由于独立延误通常不确定性较强,因此航空公司通常针对传播延误进行优化。

给定航班 f_1,f_2 之间的缓冲时间为 bt_{f_1,f_2}(即后序航班起飞时间与前序航班降落时间之差减去最短中转时间),记航班 f 的独立延误为 d_f 且对应的延误概率为 p_{d_f},则可按如下公式计算期望传播延误 EPD_f[193-194]:

$$\mathrm{EPD}_{r,j} = \sum_{d_i} \max\{\mathrm{EPD}_{r,i} + d_i - bt_{i,j}, 0\} p_{d_i} \quad \forall (i,j) \in r, \forall r \in R$$

(8.15)

其中,r 为多个航班对 i,j 组成的飞机路径,根据图 8 - 2 中的示例,可假定三个航班的独立延误均服从如下离散分布:30%(0 min),40%(10 min),20%(20 min),10%(30 min)。因此,对于如下飞机路径 r:航班 1(f_1)—航班 2(f_2)—航班 3(f_3),可根据式(8.15)计算其传播延误(设最短过站时间为 30 min)为 $\mathrm{EPD}_{r,f_2} = \sum_{d_{f_1} \in \{0,\cdots,30\}} \max\{d_{f_1} - (50 - 30),0\} p_{d_{f_1}} = 1$ min,$\mathrm{EPD}_{r,f_3} = \sum_{d_{f_2} \in \{0,\cdots,30\}} \max\{1 + d_{f_2} - (30 - 30),0\} p_{d_{f_2}} = 12$ min。如采用航班复制边将航班 3 的计划起飞时间推迟 10 min,则 EPD_{r,f_3} 将缩短到 4.1 min。因此,合理采用航班时刻重调整策略有助于降低延误的传播。

8.1.4　模型扩展

在模型Ⅰ的基础上,考虑到增加可选航班、旅客溢出重捕获和期望延误下的旅客联程中转等决策要素有助于进一步提高利润水平,增强计划的鲁棒性,进而提出扩展模型Ⅱ。其中,旅客溢出重捕获是指在航班座位数不足的前提下,部分购票被拒的旅客转向其他替代航班及其对应的行程上。本小节采用 QSI 模型或离散选择模型预先计算各行程间重捕获概率,作为模型输入参数,具体公式如下:

$$\max \sum_{i \in I} \mathrm{Fare}_i h_i - \sum_{a \in A} \sum_{r \in R_a} c_r x_{a,r} \tag{8.16}$$

$$\mathrm{s.t.} \ (8.2),(8.4)$$

$$\sum_{p \in P_f} y_{f,p} = 1 \quad \forall f \in F^M \tag{8.17}$$

$$\sum_{p \in P_f} y_{f,p} \leqslant 1 \quad \forall f \in F^O \tag{8.18}$$

$$\mathrm{edt}_f = \mathrm{STD}_f + \sum_{a \in A} \sum_{r \in R_a} \mathrm{dev}_{r,f} x_{a,r} \quad \forall f \in F \tag{8.19}$$

$$h_i \leqslant D_i - \sum_{j \in I_i^R} (t_i^j - b_i^j t_j^i) \quad \forall i \in I \tag{8.20}$$

$$z_i \leqslant \sum_{p \in P_f} y_{f,p} \quad \forall i \in I, \forall f \in F_i^O \tag{8.21}$$

$$tf_i = \sum_{a \in A} \sum_{r \in R_a} \theta_{r,i}^3 x_{a,r} \quad \forall i \in I^C \tag{8.22}$$

$$\mathrm{edt}_{f_2} - \mathrm{edt}_{f_1} - \mathrm{FT}_{f_1} \geqslant (-\mathrm{MPT} + \mathrm{MTT}) tf_i +$$
$$\mathrm{MPT}_{z_i} - M_{f_1,f_2}(1 - z_i) \quad \forall i \in I^C, \forall f_1,f_2 \in F(i) \tag{8.23}$$

$$\sum_{i \in I} \theta_{i,f}^2 h_i \leqslant \sum_{a \in A} \mathrm{Cap}_a \sum_{r \in R_a} \sum_{p \in P_f} \theta_{r,f,p}^1 x_{a,r} \quad \forall f \in F \tag{8.24}$$

$$h_i \leqslant \overline{D}_i z_i \quad \forall i \in I \tag{8.25}$$

$$x_{a,r} \in \{0,1\} \quad \forall a \in A, \forall r \in R \tag{8.26}$$

$$y_{f,p} \in \{0,1\} \quad \forall f \in F, \forall p \in P_f \tag{8.27}$$

$$z_i \in \{0,1\} \quad \forall i \in I \tag{8.28}$$

$$h_i \in \mathbf{Z}^+ \quad \forall i \in I \tag{8.29}$$

$$t_i^j \in \mathbf{Z}^+, t_i^j \leqslant D_i \quad \forall i \in I, \forall j \in I_i^R \tag{8.30}$$

$$\mathrm{edt}_f \geqslant 0 \quad \forall f \in F \tag{8.31}$$

目标函数式(8.16)同样旨在最大化利润,第一项代表包括重捕获利润在内的售票收入,第二项则代表运行成本和延误成本。约束式(8.17)和式(8.18)是针对可选航班和必选航班的航班覆盖约束。约束式(8.19)计算了航班的期望起飞时间,即预计起飞时间和期望累积延误之和。约束式(8.20)限制了溢出旅客数不超过该行程最大需求。约束式(8.21)确保包含备选航班的行程在备选航班取消的情况下不能成行。约束式(8.23)限制了当两航班间隔小于旅客最短换乘时间时,旅客无法出行。约束式(8.22)判断了旅客搭乘经停航班(through flight)的情况,并保证在此情况下无需遵循旅客最短换乘时间限制。航班容量约束式(8.24)确保搭载的旅客数目不超过机型最大座位数。约束式(8.25)确保旅客不会被分配到不可行旅客行程上且其最大需求 $\overline{D_i}$ 可通过公式 $D_i + \sum_{j \in I, i \in I_j^R} b_j^i D_j$ 计算得到。最后,约束式(8.26)~式(8.31)限制了决策变量类型和取值类型。

根据上述两类模型配合列生成算法生成航班路径集合 R,可以计算得到在给定航班时刻表、旅客需求和可用飞机类型情况下的一体化鲁棒解。由于模型复杂度高,可采用列生成分解算法配合变邻域搜索算法[307]快速寻找可行解并迭代改进。

8.2 基于列生成和变邻域搜索的求解算法

由于期望传播延误的计算依赖于具体的飞机路径且包含非线性项,因此采用紧凑模型无法准确刻画相关的计算。为求解模型Ⅰ和模型Ⅱ,一种可行方法是根据航班连接网络预先枚举所有可行的变量 $x_{a,r}$。但采用这种方式会导致模型规模过大,对应的可行飞机路径数目呈指数式增长趋势。因此,本章首先采用标准列生成算法以求解上述两类模型(见第 8.2.1 小节)。而为了提高算法的可扩展性,进一步提出了基于变邻域搜索的启发式算法(见第 8.2.2 小节)。

8.2.1 列生成算法

为求解航空公司一体化鲁棒排班模型,可为每个航班覆盖约束式(8.3)和式(8.17)添加目标函数值较大的人工变量以惩罚未被执行的航班,从而保证最优解对应的人工变量取值为 0。在每次列生成的迭代中,算法首先求解仅包含部分变量 $x_{a,r}$ 的限制主问题,并获得各约束对应的对偶变量取值。在此基础上,列生成算法依次求解每个飞机对应的定价子问题以寻找具有负既约费用系数(对于最小化问题)的变量 $x_{a,r}$,从而改进当前主问题的目标函数值,当通过求解定价子问题无法找寻到既约费用系数为负的新变量时,算法终止。

由于定价子问题通常是列生成算法的计算瓶颈[289]，而考虑到每次列生成迭代都要求解 $|A|$ 个飞机对应的子问题，因此本小节首先对子问题进行合并以减小子问题的规模。具体来说，可根据机队及初始机场将飞机划分为若干集合 A'，记 N^a 为集合 $a \in A'$ 包含的飞机数量，则可将约束式(8.4)替换为约束式(8.32)。

$$\sum_{r \in R_a} x_{a,r} \leqslant N^a, \quad \forall a \in A' \tag{8.32}$$

为方便后续阐述，本小节将目标函数由最大化问题转为最小化问题。由于模型 I 为模型 II 的特殊情况(无航班取消，不考虑延误传播对旅客中转的影响)，本小节将针对模型 II 介绍对应的算法细节。在求解线性松弛模型后，记约束式(8.2)和式(8.32)的对偶变量为 π^1_{fp} 和 π^2_a；约束式(8.19)，式(8.22)和式(8.24)对应的对偶变量为 $\pi^3_f, \pi^4_i, \pi^5_f$，则可计算飞机 a 执飞路径 r 的既约费用系数，如公式(8.33)所示。

$$\beta_{a,r} = c_r + \sum_{f \in F^r} \sum_{p \in P_f} (\theta^1_{r,f,p} \pi^1_{fp} + \text{Cap}_a \theta^1_{r,f,p} \pi^5_f) - \pi^2_a + \text{dev}_{r,f} \pi^3_f + \sum_{i \in I^C} \theta^3_{r,i} \pi^4_i \tag{8.33}$$

式(8.33)旨在寻找到满足 $\beta_{a,r} < 0$ 的航班路径 r(由航班 $f \in F^r$ 组成)，以降低目标函数值。由于需要考虑飞机的维修要求，定价子问题实质上为资源更新的最短路径问题(shortest path algorithm with resource replenishment)。为高效解决上述问题，采用了多标签算法(伪代码见算法 8-1)以处理多个飞机维修约束(维修前最长飞行时间，维修前最长总时间)。该算法类似 Dunbar et al. 提出的算法[290]且采用了相关的支配规则以剔除劣势标签，并修改了标签更新与访问机制。为建模飞机起始位置，连接网络中加入虚拟节点 s 和 t，分别连接从起始机场出发/至目的机场降落的航班。

算法 8-1　飞机定价子问题的多标签算法

1：**输入**：航班连接网络 G(V,E)，机型 a，对偶变量($\pi^1, \pi^2, \pi^3, \pi^4, \pi^5$)
2：**输出**：负既约费用系数的飞机路径
3：定义初始节点的标签为 $\{\langle -\pi^2, 0, 0, 0 \rangle\}$
4：**for** G 中按拓扑排序访问的节点 i **do**
5：　　**for** 节点 i 中标签集合的标签 $\langle \mu_i, \rho_i, \tau^1_i, \tau^2_i \rangle$ **do**
6：　　　　**for** 节点 i 的后继节点 j **do**
7：　　　　　　$\rho_j \leftarrow$ 式(8.15)(基于 ρ_i)
8：　　　　　　$\text{dev}_j \leftarrow \text{STD}_j + \rho_j$
9：　　　　　　**if** i,j 构成联程旅客行程 h **then**
10：　　　　　　　　$\theta^3_h \leftarrow 1$
11：　　　　　　**else**
12：　　　　　　　　$\theta^3_h \leftarrow 0$
13：　　　　　　$\mu_j \leftarrow$ 公式(8.33)
14：　　　　　　**if** i 降落机场为维修基地且在执飞 j 之前有足够以维修时间 **then**
15：　　　　　　　　$\tau^1_j \leftarrow \text{STA}_j - \text{STD}_j, \tau^2_j \leftarrow \text{STA}_j - \text{STD}_j$
16：　　　　　　**else**
17：　　　　　　　　$\tau^1_j \leftarrow \tau^1_i + \text{STA}_j - \text{STD}_j, \tau^2_j \leftarrow \tau^2_i + \text{STA}_j - \text{STA}_i$

18:     end if
19:    if $\langle \mu_j, \rho_j, \tau_j^1, \tau_j^2 \rangle$ 可行且未被节点 j 标签集中的标签支配 then
20:     将 $\langle \mu_j, \rho_j, \tau_j^1, \tau_j^2 \rangle$ 插入节点 j 的标签集
21:     删除被 $\langle \mu_j, \rho_j, \tau_j^1, \tau_j^2 \rangle$ 支配的标签
22:     记录标签 $\langle \mu_j, \rho_j, \tau_j^1, \tau_j^2 \rangle$ 的前序标签为 $\langle \mu_i, \rho_i, \tau_i^1, \tau_i^2 \rangle$
23:    end if
24:   end for
25: end for
26: end for
27: 选取目的节点 t 上费用 μ_t 最小的标签 l
28: 返回标签 l 对应的路径 r

具体来说,该算法从虚拟起始节点 s 出发,并初始化起始标签为 $\langle \mu_s, \rho_s, \tau_s^1, \tau_s^2 \rangle$,以分别记录既约费用系数、传播延误、维修前飞行时间和维修前总时间(飞行时间与地面等待时间之和)的变化情况。由于航班连接网络为无环图,算法可按照拓扑排序顺序迭代访问每个节点,并对该节点所属的标签集中依次进行扩展更新。在向当前节点的后继节点进行标签拓展时,需保证维修约束始终满足,若当前节点降落机场为维修基地且降落时间与后继节点的起飞时刻的时间间隔大于维修定检所需的最小时间,则重新更新维修条件为 $\tau^1 = 0, \tau^2 = 0$。最后,为删除劣势标签,提高算法收敛性,可定义相关支配关系,并保留帕累托最优标签。以二维标签为例,当 $a \leqslant c, b \leqslant d, (a,b), (c,d)$ 时,可称标签 $\langle a,b \rangle$ 支配标签 $\langle c,d \rangle$,此时可删除第二个标签而不会影响最优解。其中,劣势解定义为四维标签的所有元素都大于另一个标签的对应值。为求解得到整数解,在借助列生成求得线性松弛最优解后,可在限制主问题上调用分支定界算法。

8.2.2 变邻域搜索算法

考虑到航空公司一体化模型的高复杂度,即使采用分解算法如列生成及拉格朗日松弛高质量地求解这类问题,仍然难度较大。因此,本小节首先构建了基于变邻域搜索的启发式方法以迭代搜索邻域解空间并改进可行解。与 Ahuja 等提出的极大邻域搜索算法(Very Large Neighborhood Search,VLNS)[169]不同,前者依赖于一类改进图从而发现可能带来额外收益的航班交换对,进而可以高效解决机型指派问题;本章解决的一体化问题更为复杂,且涵盖了诸多决策(期望延误、运行成本、旅客受益),因此提出的算法也由多个子模块组合(包括列生成提升函数)以权衡求解时间和求解质量。

具体来说,为解决本章提出的考虑延误传播的航空公司一体化鲁棒排班模型问题,提出的变邻域搜索算法核心思想为,仅针对各飞机的路径进行邻域搜索而非针对所有决策(如起飞时间、旅客分配)进行枚举搜索。在介绍算法具体步骤前,预先定义如下名词:一条航班路径 $p = \{f_i, \cdots, f_k\}$ 为多个航班的组合(通过合理调整起飞时间,一架飞机可连续执飞上述航班)。而一条航班复制边路径 $s = \{f_{c_i}, \cdots, f_{c_k}\}$ 则是由航班复制边组成的路径(确定起飞时间),即航班路径通过调整起飞时间得到航班复制边路径。基于上述定义,一个基本的可行解由多个航班复制边路径或航班路径组成,进而构成航班

路径解 $P=\{p_1,\cdots,p_{|A|}\}$ 及航班复制边路径解 $S=\{s_1,\cdots,s|A|\}$。由于航班复制边路径解较航班路径解更为复杂,本小节定义了一个评估函数(evaluator),将航班路径解映射至航班复制边路径解,并同时计算运行成本、延误成本和利润;最后提出了一类列生成提升函数(CG-improver),用于改进变邻域搜索得到的解。

该变邻域搜索算法包含了顺序变邻域算法(Sequential VNS)的基本结构,通过顺序访问多个邻域结构,逐步搜索改进当前解,算法基本步骤如算法 8-2 所示。

首先采用 Parmentier et al.[228] 的紧凑飞机编排模型构建合适的初始解。由于该模型基于多商品流网络且仅搜寻可行解,因此可快速求解获得可行整数解。从初始解出发,算法依次搜索多个邻域结构(第 7 行),若当前邻域发现改进解(第 11 行),则更新当前路径解 S_1,P_1 和目标函数值 obj_1。若算法已访问所有邻域且无改进解生成,则达到局部最优解。算法可终止或调用列生成提升函数(第 17 行)。本小节将进一步分别对评估函数、邻域结构及提升函数加以说明。

算法 8-2 变邻域搜索算法

1: **输入**:初始航班路径解 P_1,邻域数量 N
2: **输出**:最优航班复制边路径解 S_1
3: $S_1,obj_1\leftarrow$evaluator(P_1)
4: while 未触发终止条件do
5:　　$k=1$
6:　　while $k\leqslant N$ do
7:　　　　$P_2\leftarrow$搜索邻域 k on P_1
8:　　　　$S_2,obj_2\leftarrow$evaluator(P_2)
9:　　　　if $obj_1>=obj_2$ then
10:　　　　　　$k=k+1$
11:　　　　else
12:　　　　　　$obj_1,P_1\leftarrow obj_2,P_2$
13:　　　　end if
14:　　　　存储 P_1
15:　　end while
16:　　if 算法陷入局部最优then
17:　　　　$S_1,P_1\leftarrow$CG-improver(S_1)
18:　　end if
19: end while
20: Return S_1

在给定输入的航班路径解 P_1 后,评估函数在最大化收益、最小化运行成本和延误成本的目标下选择合适的航班复制边,构成复制边路径解。其中,对于每架飞机 $a\in A$,可根据其执飞航班构建仅包含对应航班复制边 $p_a\in P$ 的简化图 G^r,图 8-3 给出了一个包含三个航班的飞机路径简化图示例。其中航班 1 和航班 3 包含多个可选航班复制边,可微调航班起飞时刻。同时该网络还包含虚拟起始/目的节点 s/t,以表征飞机的起始和终止运行位置。借助式(8.1)及无环图最短路径算法,可得到传播延误最

小的路径 $f_1p_1-f_2-f_3p_2$。

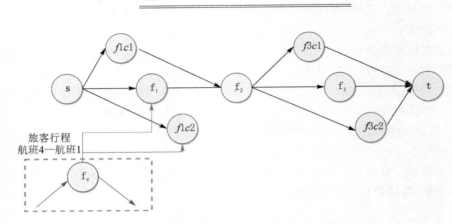

图 8-3　简化图 G' 示例

其次,直接运营成本可通过飞行小时与单位时间的平均油耗乘积近似估算。评估函数进一步根据旅客行程需求、飞机可用座位数和票价来分配旅客行程并估算旅客售票收益。该问题实质上为模型Ⅰ和模型Ⅱ中的子问题,具体公式如下:

$$\max \sum_{i \in I} \text{Fare}_i h_i \tag{8.34}$$

$$\text{s.t.} \sum_{j \in I_i^R} h_i \leqslant \overline{D}_i z_i \quad \forall i \in I \tag{8.35}$$

$$z_i \leqslant \sum_{p \in P_f} y_{f,p} \quad \forall i \in I, \forall f \in F_i^O \tag{8.36}$$

$$\text{edt}_{f_2} - \text{edt}_{f_1} - \text{FT}_{f_1} \geqslant (-\text{MPT} + \text{MTT})tf_i +$$
$$\text{MPT}_{z_i} - M_{f_1,f_2}(1 - z_i) \quad \forall i \in I^C, \forall f_1, f_2 \in F(i) \tag{8.37}$$

$$\sum_{i \in I} \theta_{i,f}^2 h_i \leqslant \text{Cap}_f \quad \forall f \in F \tag{8.38}$$

式中,Cap_f 为当前航班复制边路径解中航班 f 对应的执飞机型的可用座位数,edt, z 均为已知的值。由于该子问题计算复杂度依然较高,本小节采用如下步骤获得其可行下界解。

① 将直达旅客行程按平均票价降序排列。对每个旅客行程 i,记其对应航班的可用座位数为 remain,则分配给该旅客行程的座位数为 $h_i = \min(D_i, \text{remain})$,并更新对应航班的剩余可用座位数。

② 将中转一次的旅客行程按平均票价进行降序排列。对每个中转旅客行程 i,记其乘坐的航班为 f_1, f_2,两航班对应的直达旅客行程为 j, k。两航班剩余可用座位数为 $\text{remain}_1, \text{remain}_2$。不失一般性,可假设 $\text{Fare}_j > \text{Fare}_k$ 及 $\text{remain}_1 < \text{remain}_2$。若 $\text{Fare}_i > \text{Fare}_j + \text{Fare}_k$,则可分配旅客数为 $h_i = \min(\text{remain}_1 + t_i^j, \text{remain}_2 + h_k, D_i)$。而当 $\text{Fare}_i \leqslant \text{Fare}_j$ 时,分配的旅客数为 $h_i = \min(\text{remain}_1, D_i)$。否则,$h_i = \min(\text{remain}_2,$

$\text{remain}_1 + h_j$，$\text{remain}_2 + h_k$，D_i）。在分配完对应旅客行程后，需更新对应航班 f_1，f_2 的可用座位数。

③ 若求解模型 Ⅱ，则按照 $\max_{j \in I_i^R} \{\text{Fare}_j b_i^j\} - \text{Fare}_i$ 的降序排列所有旅客行程。对中转旅客行程 i，遍历其替代行程 $j \in I_i^R$，若 $\text{Fare}_j b_i^j > \text{Fare}_i$，则尝试将所有行程 i 上的旅客按步骤②转移至旅客行程 j 上（考虑行程 j 涉及航班），但不可额外占用相关航班上中转旅客的座位。

④ 最后，对模型 Ⅱ 涉及的直达旅客行程按步骤③进行遍历，并保护相关中转旅客已分配的座位，在此之后，可计算总旅客收益为 $\sum_{i \in I} \text{Fare}_i h_i$。

当调整航班的起飞时间以减缓延误传播时，部分中转旅客行程可能受到影响。因此，需要根据旅客行程信息重新调整起飞时间以提高利润。首先，在计算收益时可确定中断旅客行程，以及该中转旅客行程对应的两架航班执飞飞机。之后，调用图搜索算法计算两航班对应的航班路径解以得到航班复制边路径解。如图 8 - 3 所示，为增加两航班 f_1，f_2 间的缓冲时间，选择复制边 $f_1 p_1$。但航班 4 至航班 1 的中转旅客行程因中转时间不足而中断，为解决这一问题，可在保证两航班中转时间充裕的情况下，采用动态规划的方法以降低延误传播（即需选择航班 f_1 或 $f_1 p_2$）。

变邻域搜索算法的核心在于一系列邻域结构的设计，从而平衡求解速度与求解质量。本小节介绍了四种基于航班路径解的算子，分别是：交叉，插入，交换和删除。上述搜索深度不同的邻域结构有助于算法的快速迭代并改进当前解。为介绍上述邻域，预先定义如下参量：

$\text{dep}(f)$：航班 f 的起飞机场；

$\text{arr}(f)$：航班 f 的降落机场；

$\text{con}(f_i, f_j)$：航班 f_i 可与航班 f_j 相连。

由于高质量整数解通常充分考虑供需匹配，因此算法根据飞机空余座位数进行降序排列，并依次序选择相邻两飞机 a_1，a_2，对应的航班路径为 $p_1 = \{f_{1,1}, \cdots, f_{1,n}\}$ 和 $p_2 = \{f_{2,1}, \cdots, f_{2,m}\}$。交叉和插入邻域算子可用于两条航班路径解，而交换邻域算子则用于交换两个具体航班，删除邻域在求解模型 Ⅱ 时尝试取消部分可选航班。

① 交叉：给定 $p_1 = \{f_{1,1}, \cdots, f_{1,u-1}, f_{1,u}, \cdots, f_{1,n}\}$ 则寻找满足下列条件的路径解 $p_2 = \{f_{2,1}, \cdots, f_{2,v-1}, f_{2,v}, \cdots, f_{2,m}\}$：(i) $\text{con}(f_{1,u-1}, f_{2,v})$，(ii) $\text{con}(f_{2,v-1}, f_{1,u})$，并生成新的路径解对：

$$p_1 = \{f_{1,1}, \cdots, f_{1,u-1}, f_{2,v}, \cdots, f_{1,n}\} \tag{8.39}$$

$$p_2 = \{f_{2,1}, \cdots, f_{2,v-1}, f_{1,u}, \cdots, f_{2,m}\} \tag{8.40}$$

② 插入：给定 $p_1 = \{f_{1,1}, \cdots, f_{1,u-1}, f_{1,u}, \cdots, f_{1,n}\}$，寻找满足下列条件的路径解 $p_2 = \{f_{2,1}, \cdots, f_{2,v-1}, f_{2,v}, \cdots, f_{2,w}, f_{2,w+1}, \cdots, f_{2,m}\}$：(i) $\text{con}(f_{1,u-1}, f_{2,v})$，(ii) $\text{con}(f_{2,w}, f_{1,u})$，(iii) $\text{arr}(f_{2,v-1}) = \text{dep}(f_{2,w+1})$，并生成新的路径解对：

$$p_1 = \{f_{1,1}, \cdots, f_{1,u-1}, f_{2,v}, \cdots, f_{2,w}, f_{1,u}, \cdots, f_{1,n}\} \tag{8.41}$$

$$p_2 = \{f_{2,1}, \cdots, f_{2,v-1}, f_{2,w+1}, \cdots, f_{2,m}\} \tag{8.42}$$

③ 交换:给定 $p_1 = \{f_{1,1}, \cdots, f_{1,u-1}, f_{1,u}, f_{1,u+1}, \cdots, f_{1,n}\}$,寻找满足下列条件的路径解 $p_2 = \{f_{2,1}, \cdots, f_{2,v-1}, f_{2,v}, f_{2,v+1}, \cdots, f_{2,m}\}$:(i) $\mathrm{con}(f_{1,u-1}, f_{2,v})$,(ii) $\mathrm{con}(f_{2,v}, f_{1,u+1})$,(iii) $\mathrm{con}(f_{2,v-1}, f_{1,u})$,(iv) $\mathrm{con}(f_{1,u}, f_{2,v+1})$,并生成新的路径解对:

$$p_1 = \{f_{1,1}, \cdots, f_{1,u-1}, f_{2,v}, f_{1,u+1}, \cdots, f_{1,n}\} \tag{8.43}$$

$$p_2 = \{f_{2,1}, \cdots, f_{2,v-1}, f_{1,u}, f_{2,v+1}, \cdots, f_{2,m}\} \tag{8.44}$$

④ 删除:给定 $p_1 = \{f_{1,1}, \cdots, f_{1,u-1}, f_{1,u}, f_{1,u+1}, \cdots, f_{1,n}\}$,寻找路径解 $p_2 = \{f_{2,1}, \cdots, f_{2,m}\}$。若 $f_{1,u}$ 为可选航班,则建立包含路径解 p_1,p_2 中航班的简化图,并求解最小路径覆盖问题(转换为二部图并应用最大匹配算法求解),以得到不含航班 $f_{1,u}$ 的两条新路径解。

在应用上述邻域的基础上,还需同时考虑每架飞机的初始位置,保证在用航班 $f_{2,v}$ 交换另一路径的第一班航班 $f_{1,1}$ 时满足 $\mathrm{dep}(f_{1,1}) = \mathrm{dep}(f_{2,v})$。此外,算法还包含了一个简单的更换航班复制边的邻域操作(此时在评估函数中不再优化延误传播)以发掘更多改进解。

当变邻域搜索算法陷入局部最优时,算法结合列生成提升函数来变换搜索空间。由于列生成算法可求解得到线性松弛最优解,因此利用该提升函数能打乱并改进当前的路径解 S。此外,变邻域搜索产生的整数解(航班复制边路径)也可用于列生成算法的热启动,从而可更快寻找到改进解。产生新复制边路径解 S_{new} 的步骤如下:

① 收集在变邻域搜索算法中生成的航班复制边路径解,为降低模型规模,仅选择可提升目标函数值或导致目标函数值降低超过 0.24% 的解(共占比约 1/3),从而为列生成提供质量不一的初始解。

② 列生成算法执行不超过 $\lceil |F|/10 \rceil$ 次迭代,以平衡提升幅度与求解时间。提升函数还采用 Grönkvist 的对偶值重评估方法[293],以避免不同飞机产生相似航班路径的情况,每次求解列生成子问题时,可添加至多 10 个变量。

③ 在结束列生成后,算法固定变量 $x_{a,r}$,z_i,h_i 和 t_i^j 并采用分支下潜算法[227]和分支定界算法求解限制主问题的整数解。其中,分支下潜算法采用 follow-on 分支规则每次至多固定 3 个航班连接,上述过程最多进行 6 次迭代或无航班连接数值超过 0.85。上述步骤共同保证算法可快速找到高质量的整数解。

从提升函数产生的新整数解出发,变邻域搜索算法可在新搜索空间中寻找新解,直到没有新的改进解为止。此外,由于该提升函数为混合算法的主要计算瓶颈,算法进一步调整了定价子问题的求解算法,限制了多标签算法在每个网络节点可存储的最大标签数目。由于列生成除在后期需要寻找最小既约费用系数成本对应的飞机路径以判断算法终止与否外,限制标签数目可能产生的次优解不会对整数解质量产生较大影响。而变邻域算法在求解结束后,需调用求解器求解模型式(8.34)~式(8.38),更新旅客行程分配及售票利润值以进一步缩小最优解间隙(平均缩小 0.3%)。而在列生成提升函数计算结束后,同样需将旅客利润值替换为近似的利润值以保证变邻域算法仍能找到改进解。

8.3 实验评估与分析

本节报告了前述模型与算法的实验结果,列生成和变邻域搜索的主体部分算法由 Python 实现,定价子问题的多标签最短路径算法及变邻域搜索算法中的评估函数均采用 C++编写,并通过 Boost Python 模块调用。

8.3.1 实验配置

实验数据来自中国东方航空江苏分公司,包括三种机队:A319、A320 和 A321。实验选取 2018 年 12 月的航班计划数据构建 11 个实际算例,具体算例特征见表 8-2。表中 2~8 列分别对应规划周期、航班数量、飞机数量、连接网络节点/连边数量、起飞时间可调航班数量、旅客行程数量和可选航班数量。默认的单个航班复制边离散时间间隔为 5 分钟,每个可调节时刻的航班包含 4 个航班复制边(以及原有航班时刻边),单个航班复制边的时刻调整范围为 ±10 分钟。选取在基地机场起降的航班进行时刻调整,并随机挑选部分航班作为可选航班。

表 8-2 11 个算例的特征

序号	周期	航班	飞机	节点	连边	调时	行程	可选航班
1	一天	167	24	551	14 985	104	253	16
2	一天	215	49	683	23 742	117	302	21
3	两天	319	36	1 051	60 405	196	410	31
4	两天	451	50	1 407	102 174	255	626	45
5	三天	544	41	1 764	132 922	325	781	54
6	三天	680	51	2 127	187 710	388	949	52
7	四天	701	39	2 173	155 596	387	904	32
8	四天	922	51	2 886	269 388	522	1 298	112
9	五天	1 137	51	3 549	347 235	648	1 609	225
10	六天	1 392	51	4 303	422 598	784	1 951	268
11	一周	1 607	51	4 986	500 432	910	2 263	172

根据航空公司的历史运行数据,可得出不同机场对应的独立到达延误分布,如图 8-4 所示,不同规模机场在小规模和大规模延误分布上差异明显。为更好刻画燃油消耗,本小节采用欧控(Eurocontrol)开发的 BADA 3 数据集(Base of Aircraft Data)[308]以得到不同机型的巡航成本,该数据集广泛应用于航迹优化和空中交通管制仿真中。实验涉及的不同航空公司的旅客行程票价数据来自携程网,并采用多项 Logit 模型预先计算不同航班上旅客行程转移至替代行程的重捕获概率。该 Logit 模型的效

用函数考虑各旅客行程的平均票价、飞行时间及对应旅客原计划出发时间的偏移量。最后,本小节实验选取欧洲航空公司延误成本参考值[309]作为各机型的小时延误成本。

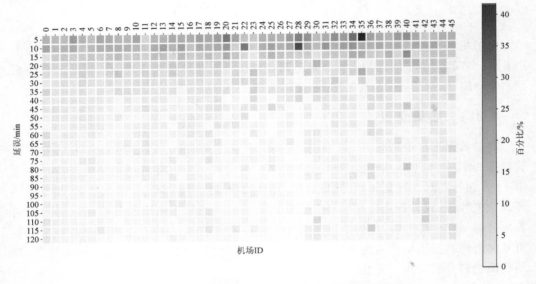

图 8-4 国内主要机场航班延误离散分布概率热力图

8.3.2 算法可扩展性对比实验

为凸显航空公司一体化鲁棒排班问题的高复杂度,本小节首先报告了两类求解算法在三个分别包含 10、53 和 96 个航班的小规模算例上的实验结果,具体实验数据如表 8-3 所列。

表 8-3 两类求解算法的复杂度比较

算 例	模 型	穷举法			列生成		
		变 量	时间/s	目标值	变 量	时间/s	目标值
t1	模型 I	4 711	1.45	365 113	135	0.04	365 113
	模型 II	4 671	1.46	365 113	86	0.06	365 113
t2	模型 I	81 810	25.61	1 821 009	499	0.39	1 821 002
	模型 II	81 759	25.26	1 822 831	459	0.62	1 822 829
t3	模型 I	409 917	144.25	4 486 583	1 369	1.57	4 486 196
	模型 II	409 593	191.32	4 496 307	894	1.79	4 495 473

首先,穷举法通过枚举连接网络内所有可行无环路径对应的变量 $x_{a,r}$ 并调用分支定界算法获得精确解。其次,第二类算法先采用列生成算法求得线性松弛最优解,在此基础上算法调用分支定界算法求解得到启发式整数解。由计算结果可知,穷举法对应的模型规模增长极为迅猛,而列生成结合分支定界算法则可以在 1.79 s 内得到高质量

解(相对误差在 0.02% 范围内),且列生成算法在算例 t3 仅产生了 894 条航班路径。因此,上述实验表明穷举法不适用于求解中大规模的一体化优化问题。

实验以 11 个算例分析比较了列生成算法和变邻域搜索算法。对于第 8.2.1 小节涉及的列生成算法,设置其最大求解时间为 24 小时(列生成算法最大求解时间为 12 小时,分支定界算法最大求解时间为 12 小时)。表 8-4 汇总了列生成算法相关计算数据结果,其中 CG 迭代表征列生成算法的迭代次数,总时间为列生成与分支定界算法的总耗时,松弛则报告了线性松弛解与整数解间的相对误差。

表 8-4　列生成算法求解航空公司一体化鲁棒排班模型的计算结果

算 例	模 型	CG 迭代	变 量	LP 目标值	LP 时间/s	分支定界目标值	总时间/s	松弛/%
1	模型Ⅰ	113	3 975	8 660 316	7.27	8 639 770	8.87	0.24
	模型Ⅱ	76	2 092	8 704 574	25.94	8 673 528	27.23	0.36
2	模型Ⅰ	153	5 009	10 772 266	17.71	10 740 906	18.49	0.29
	模型Ⅱ	100	2 814	10 866 475	43.52	10 812 602	45.71	0.50
3	模型Ⅰ	524	9 893	16 349 236	169.98	16 318 025	233.23	0.19
	模型Ⅱ	290	5 622	16 479 887	278.27	16 329 951	43 478.27	0.91
4	模型Ⅰ	982	19 681	23 412 351	1 019.36	23 336 955	44 219.36	0.32
	模型Ⅱ	498	9 814	23 631 934	1 068.58	22 759 730	44 268.58	3.69
5	模型Ⅰ	3 070	46 644	28 387 415	28 533.15	24 905 014	71 733.15	12.27
	模型Ⅱ	3 026	42 978	28 552 435	38 450.74	27 597 521	86 400.00	3.34
6	模型Ⅰ	2 225	41 608	34 797 573	43 200.00	29 178 443	86 400.00	16.15
	模型Ⅱ	2 222	36 241	35 167 733	43 200.00	25 108 435	86 400.00	28.60
7	模型Ⅰ	1 950	36 193	34 653 663	43 200.00	24 404 235	86 400.00	29.58
	模型Ⅱ	2 366	38 032	35 021 742	43 200.00	24 858 059	86 400.00	29.02
8	模型Ⅰ	1 572	39 582	47 467 894	43 200.00	13 103 108	86 400.00	72.40
	模型Ⅱ	2 314	42 271	48 191 263	43 200.00	18 436 388	86 400.00	61.74
9	模型Ⅰ	2 158	48 283	59 005 781	43 200.00	−4 276 321	86 400.00	107.25
	模型Ⅱ	3 161	53 258	59 889 434	43 200.00	4 787 879	86 400.00	92.01
10	模型Ⅰ	1 868	51 501	72 232 447	43 200.00	−14 551 855	86 400.00	120.15
	模型Ⅱ	1 858	40 830	73 510 313	43 200.00	−34 281 903	86 400.00	146.64
11	模型Ⅰ	1 780	49 988	81 533 631	43 200.00	−34 379 566	86 400.00	142.17
	模型Ⅱ	1 825	38 327	82 533 232	43 200.00	−51 580 890	86 400.00	162.50

从表 8-4 可看出,列生成算法在求解大规模模型Ⅰ和模型Ⅱ时效果不佳,由于对应的航班连接网络规模和可行飞机路径数量增长较快(见表 8-2),求解时间过长。因此,在求解大规模问题时常常会遇到退化情形,且分支定界算法在处理集合分割问题时

易出现搜索树不平衡的情况。此外,模型 I 因引入了航班连接变量 w 及未考虑旅客重捕获,其线性松弛性要好于模型 II。

基于上述标准列生成算法产生的基准解,本小节进一步验证了基于变邻域算法的求解性能(见表 8-5),重点比较了列生成提升函数在提高目标函数值方面的效果和对应求解时间,表中的解间隙列报告了算法得到的整数解与表 8-4 中的列生成整数解的相对误差。

表 8-5　变邻域算法求解航空公司一体化鲁棒排班模型的计算结果

算　例	模　型	无列生成提升函数			有列生成提升函数		
		目标值	时间/s	解间隙/%	目标值	时间/s	解间隙/%
1	模型 I	8 623 235	1.72	0.19	8 638 370	5.70	0.02
	模型 II	8 649 564	1.66	0.28	8 673 478	7.01	0.00
2	模型 I	10 715 951	1.97	0.23	10 741 585	8.70	−0.01
	模型 II	10 780 143	4.52	0.30	10 811 828	12.96	0.01
3	模型 I	16 273 735	8.29	0.27	16 279 245	30.94	0.24
	模型 II	16 327 518	6.51	0.01	16 356 498	35.95	−0.16
4	模型 I	23 275 072	25.84	0.27	23 280 336	95.60	0.24
	模型 II	23 411 927	25.45	−2.87	23 413 567	90.43	−2.87
5	模型 I	28 201 640	37.37	−13.24	28 248 308	376.16	−13.42
	模型 II	28 361 456	60.43	−2.77	28 384 773	436.82	−2.85
6	模型 I	34 579 184	56.92	−18.51	34 580 355	1 163.08	−18.51
	模型 II	34 825 310	106.17	−38.70	34 846 878	588.93	−38.79
7	模型 I	34 370 962	46.87	−40.84	34 384 621	222.31	−40.95
	模型 II	34 658 225	154.74	−39.42	34 662 213	258.54	−39.44
8	模型 I	47 143 831	196.07	−259.79	47 158 135	1 047.19	−259.90
	模型 II	47 549 566	369.60	−157.91	47 568 657	1 632.39	−158.02
9	模型 I	58 637 562	340.22	−1 471.22	58 668 091	2 179.44	−1 471.45
	模型 II	58 953 151	650.46	−1 131.30	59 005 460	4 006.89	−1 132.39
10	模型 I	71 997 154	611.16	−594.76	72 039 836	4 970.75	−595.06
	模型 II	72 721 677	1 931.98	−312.13	72 748 443	9 391.70	−312.21
11	模型 I	81 796 291	827.30	−337.92	81 817 339	3 385.42	−337.98
	模型 II	82 341 088	3 459.99	−259.63	82 369 749	16 119.09	−259.69

计算结果表明,不采用列生成提升函数的变邻域搜索算法求解时间几乎随问题规模的增大线性增长,相比于列生成算法,其在大规模问题上的提速比可达两个数量级(如算例 8 和算例 9)。另外,基于变邻域搜索的启发式算法求解精度也较高,采用提升

函数可保证解间隙不超过 0.25%,而不采用提升函数的解间隙也可保证不超过 0.3%。由表 8-5 可看出,提升函数可稳定改进单纯的变邻域搜索算法求解质量,进一步靠近最优解,且增加的求解时间也较为合理(战术规划问题求解对实时性要求相对较低)。因此,变邻域搜索算法在求解大规模一体化优化问题时对比较精确的列生成算法在求解时间和求解质量上有优势。

分析比较前三个算例中采用变邻域搜索算法的解间隙随时间的动态变化情况,相关收敛曲线如图 8-5 所示,其中解间隙的计算与表 8-5 相同。由图 8-5 可看出,当变邻域搜索抵达局部最优解后,算法采用列生成提升函数以进一步提高解的质量,降低解间隙。值得注意的是,当发现局部最优解后,算法会重新采用精确模型计算准确的旅客利润值,因此在图中会出现较为明显的波动。

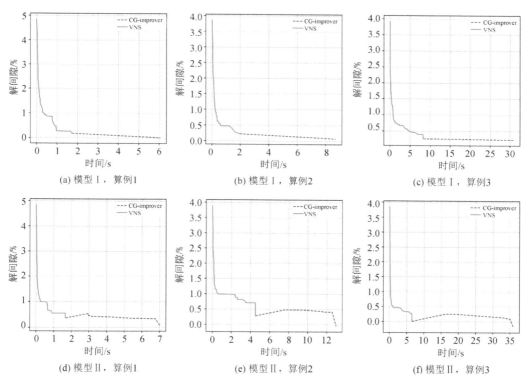

图 8-5　列生成提升函数对解间隙随时间变化态势影响的探究

8.3.3　求解质量相似度分析

上一小节分析了变邻域搜索算法的启发式解与列生成算法的近优解在解间隙和求解时间上的差异程度,本小节则以表 8-5 中前三个小规模算例为例分析了两类结果在飞机执飞路径和目标函数构成上的相似度。首先,可将目标函数值分解为运行成本、延误成本和旅客收益三个部分,并进行归一化;随后,通过收集变邻域算法中搜索到的改进解及列生成的近优解,将对应的数值点可视化,如图 8-6 所示(包含延误、利润和运营成本三个维度）。

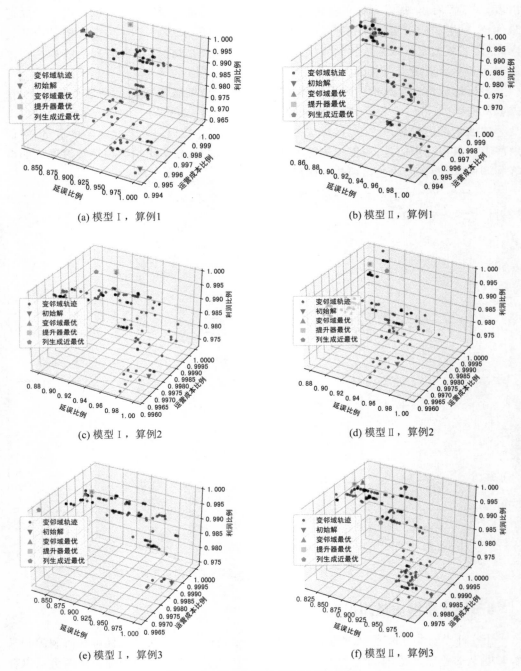

图 8-6　变邻域算法搜索空间可视化

图中，初始解为变邻域搜索算法的起始可行解，从这一起点出发，变邻域搜索算法通过不同的邻域结构遍历访问了解空间，其路径上涉及的改进可行解记为变邻域轨迹。

在达到变邻域局部最优解后,算法调用列生成提升函数,可进一步改进局部最优解并逐步靠近采用列生成和分支定界算法得到的列生成近最优解(见图 8 - 6(b)和图 8 - 6(d))。结果表明,变邻域可行解在一定程度上过度优化了航班延误传播,因而对应的旅客售票收益相较列生成近优解有一定的差距。

将目标函数分解并可视化后,本小节从飞机执飞航班路径角度分析了启发式变邻域算法得到的解与列生成产生的近最优解之间的距离和相似度,每条飞机路径包含飞机编号、起降机场和起降时间信息,因此可借助上述路径具体化分析不同质量解之间的相似性。

由于飞机路径可表示为如下形式的字符串:"计划起飞时间 1—起飞机场 1—计划降落时间 1—降落机场 1—计划起飞时间 2...",可采用 Li 等发表的文章中归一化压缩距离(Normalized Compression Distance,NCD)[310]度量由一条飞机路径转移至另一条所需的冗余信息,借助式(8.45)可计算两飞机路径 x,y 在压缩核 Z 下的相似度。其中,压缩核 Z 通过搜寻两飞机路径串的局部相似度(即公共子飞机路径)而实现压缩,两路径相似度越高则压缩后的表达式越短。

$$\text{NCD}_Z(x,y) = \frac{Z(xy) - \min\{Z(x),Z(y)\}}{\max\{Z(x),Z(y)\}} \tag{8.45}$$

采用 Ukkonen 算法[311]构建压缩核 Z,并搭建不同飞机路径对应的后缀树(suffix-tree),可构建对应压缩核。这类后缀树可在线性时间内查找子路径的匹配项,并压缩各路径(将重复出现的飞机子路径编码为先前子路径的组合)。在极端情况下,后一条路径可被与其完全相同的路径完整表示,更多有关该压缩算法的实现细节可参考文献[312]。通过计算每对飞机路径之间的相似性,得到规模为 $|A| \times |A|$ 的相似度矩阵。由于本章提出的一体化模型并未限制对称性,即同机型飞机可执飞相同航班路径,因此可选取该矩阵每行中的最大相似度以尽可能考虑变邻域解与列生成解之间的相似程度,进而构成长度为 $|A|$ 的相似性数组。因此针对前四个小规模算例收集对应的相似性如图 8 - 7 所示。

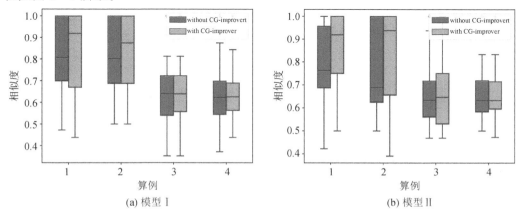

(a) 模型 Ⅰ   (b) 模型 Ⅱ

图 8 - 7　变邻域解与列生成解的飞机路径相似度比较

由图 8-7 可以看出，采用列生成提升函数并未对变邻域搜索算法解和列生成算法解的相似度产生较大的影响。平均来看，73%的飞机路径在起降机场和起降时间上保持了一致，而采用列生成提升函数求得的飞机路径解的相似度略高于未采用列生成提升函数的解。对于算例 3 和算例 4 来说，由于变邻域算法得到的启发式解质量略优于列生成算法得到的近最优解，因此，其平均相似度低于算例 1 和算例 2 对应解的相似度。综上，飞机路径相似度为衡量算法解间隙提供了一个不同于数值差异性的全新角度。

8.3.4　航班复制边灵敏度分析

本小节针对航班起飞时间调整策略进行灵敏度分析，以探究其在中转旅客行程和延误传播方面的影响，并对比分析模型Ⅰ和模型Ⅱ的差异性。因此，实验基于算例 4，比较了不同的航班复制边数量（单边数量 c，即总航班复制边数量为 $2c+1$）和相邻复制边的时间间隔（单位：min）的影响，具体实验结果如表 8-6 所列。

表 8-6　有关航班起飞时间调整的灵敏度分析

复制边数	时间间隔/min	旅客行程	模型	收益	短中转	期望传播延误			
						总时间/min	[0,5]/%	[5,10]/%	[10,15]/%	[15,inf]/%
0	0	759	模型Ⅰ	36 213 558	23	1 331.77	79.82	15.08	3.99	1.11
			模型Ⅱ	36 369 724	16	1 340.06	79.16	15.08	5.10	0.66
	5	778	模型Ⅰ	36 231 643	13	1 136.45	84.48	11.75	3.55	0.22
			模型Ⅱ	36 404 856	13	1 212.60	82.93	13.08	3.10	0.89
2	10	795	模型Ⅰ	36 333 341	9	1 105.40	87.14	9.53	2.66	0.67
			模型Ⅱ	36 535 241	5	1 087.73	87.58	8.87	2.88	0.67
	15	809	模型Ⅰ	36 417 396	9	1 174.79	84.70	10.20	3.77	1.33
			模型Ⅱ	36 672 538	5	1 039.66	87.58	8.43	3.77	0.22
4	5	795	模型Ⅰ	36 344 420	11	1 120.28	86.03	10.64	2.88	0.45
			模型Ⅱ	36 477 252	9	1 069.01	88.25	8.65	2.66	0.44
	10	823	模型Ⅰ	36 545 176	10	981.70	89.36	6.43	3.77	0.44
			模型Ⅱ	36 717 249	8	1 014.61	87.36	8.43	3.55	0.66
	15	862	模型Ⅰ	36 631 224	8	973.62	88.91	6.87	3.33	0.89
			模型Ⅱ	36 669 078	6	935.11	89.14	7.10	3.33	0.43
6	5	809	模型Ⅰ	36 420 189	11	1 041.69	88.03	8.87	2.66	0.44
			模型Ⅱ	36 683 792	12	1 096.92	86.70	8.65	3.55	1.10
	10	862	模型Ⅰ	36 597 310	8	889.02	89.14	7.32	3.33	0.21
			模型Ⅱ	36 782 967	7	947.79	88.25	7.10	4.21	0.44
	15	876	模型Ⅰ	36 710 595	8	753.16	91.13	5.54	3.33	0.00
			模型Ⅱ	37 018 791	3	896.37	91.57	4.21	3.33	0.89

从表 8-6 中可看出,随着航班复制边数量和时间间隔的增大,模型目标函数值受益于精细化运行调控和旅客中转机会的增加而逐步增大,此外整体的延误传播也可因过站时间的逐步延长而相应降低。进一步观察延误在四个离散区间内(即 0～5 min,5～10 min,10～15 min,以及＞15 min)的分布情况可知,模型在起飞时间调整颗粒度降低的情况下对应的延误传播下降幅度分布不均匀。举例来说,在复制边数量为 4,时间间隔为 10 min 时,虽然模型 Ⅰ 的总体延误相较模型 Ⅱ 小,但其在 10～15 min 内较大的延误分布可能仍会导致旅客衔接错失,通过短中转这一指标以衡量在期望延误下中转缓冲时间较短(短于 5 min)的旅客行程数量,进而区分两模型得到航班计划的差异性。实验结果表明:由于模型 Ⅱ 直接考虑了旅客衔接错失的时空条件及旅客溢出重捕获的可能性,其计划对应的短时中转旅客数量明显小于模型 Ⅰ,因而也具备更高的利润水平和较低的潜在退票与改签成本。

图 8-8 进一步展示了不同航班复制边配置方案及优化模型对航空公司收益和总体延误时间的影响,其中横坐标表示复制边数量(C)与时间间隔(I)的组合。两类一体化鲁棒优化模型整体上可显著降低延误并提高航空公司收益,但随着复制边时间调整间隔颗粒度的增大,上述过程并非单调递增或递减,因此航班复制边的选择需合理考量计算复杂度及决策颗粒度。同时,图 8-8 也更为直观地展现了模型 Ⅱ 相较模型 Ⅰ 在提高收益水平方面的优势,对比无航班复制边,整体利润率可显著提高 1.78%,保证了航空公司航班计划的盈利水平与鲁棒性。

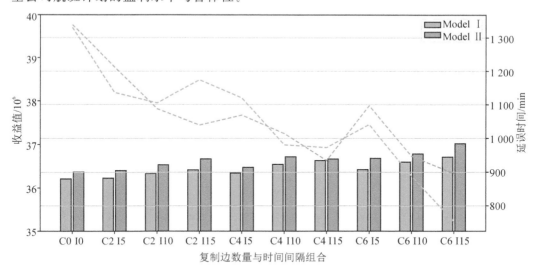

图 8-8　航班复制边对航空公司收益及延误的影响比较

8.4　小　结

本章为航空公司战术规划层面考虑延误传播的一体化鲁棒排班问题提出了两类优

化模型,模型Ⅰ考虑了航班起飞时间调整、直达和中转旅客行程、飞机维修要求及航班延误传播。而为了进一步考虑更为现实灵活的旅客中转与增量式航班设计问题,在模型Ⅰ的基础上,本章提出模型Ⅱ并包含了可选航班、旅客需求溢出重捕获和旅客衔接错失。由于模型结合了多个 NP 难子问题,且涉及期望传播延误计算,因而求解上述两个模型较为困难,由此针对性地提出了包含多种邻域结构及改进算子的变邻域搜索算法从而快速求解可行整数解。对比传统列生成算法,混合求解算法可缩短求解时间达两个数量级。此外,为克服变邻域搜索算法易陷入局部最优的问题,对应性结合了精确的列生成提升函数,从而进一步降低了最优解间隙。最后,基于中国东方航空的实际算例展开了灵敏度分析,论证了模型通过航班复制边在提高效益、降低延误风险并保证旅客联程成功率等方面的优势,提出的两类模型可为航空公司调整航班计划、提高服务水平提供快速可靠的决策支持。

第9章　面向公共卫生安全事件的一体化不正常航班恢复

受恶劣天气、飞机故障、机场服务容量下降等突发不确定因素的影响,航空公司在战略及战术规划阶段制定的航班计划经常无法正常执行,从而导致航班延误、取消及旅客退票等事件,造成经济损失。因此,在距离航班起飞前的一天或数天内,需根据实际的计划扰动,从运行层面调整航班计划,降低航空公司运营成本和不正常航班的负面影响。此外,航空交通运输在迅猛发展、显著促进跨地区旅客出行的同时,也客观上加大了疫情加速传播扩散的风险。诸多调查研究已经证实了以流感、SARS、MERS 等为代表的流行性疾病相关感染者可在飞机运行过程中通过接触、气溶胶、媒介等途径传播,感染邻近旅客[313]。特别是自 2020 年以来,全球性的新冠疫情大流行,史无前例地重创了航空业[314],也促使业界在后疫情时代的恢复中需针对性地考虑由于突发公共卫生安全事件可能引起的运行中断和不正常航班风险,进而遏制航空运输在流行病传播和扩散上的负面影响[315]。

目前学术界在航空公司恢复问题上已针对运行资源相关的常见不正常情景展开了广泛深入的研究,但尚未涉及疫情感染传播相关的不正常航班恢复;同时针对飞机、机组及旅客资源的综合恢复优化研究存在求解复杂度较高的问题。考虑到机组感染病毒可能导致人员短缺进而影响航班计划的正常执行,航空公司应针对性地优化排班计划,降低机组和旅客在飞机上感染的风险,提高旅客出行意愿并保障航空公司的运行效率。因此,本章在运行调配层面解决了突发公共卫生安全事件下的航空公司一体化不正常航班恢复问题,以降低机组、旅客的感染风险和航空公司的运行成本。

该一体化问题统筹考虑了飞机恢复、机组恢复、旅客恢复与疫情机上传播相关信息,以实现精细化的不正常航班综合恢复决策,从而有效应对包括机场关闭、飞机故障、机组不到位及疾病传播等不正常场景。虽然流行病的传播风险可通过基本传染数 $R0$ 描述,但具体的传播情形取决于不同环境和个体病理特征,具备较强的不确定性[316-318],因而基于机上疾病传播风险相关数据,模型进一步采用了分布式鲁棒优化中的 Wasserstein 不确定集,建模疾病传播的不确定性,提出了考虑机组与旅客间疫情传播风险的航空公司一体化不正常航班恢复优化模型,开创性地将疫情传播风险融入飞机、机组和旅客的恢复决策中。由于潜在疾病传播路径依赖于具体旅客和机组的计划,且其数量随问题规模的扩大而激增,较难通过确定性模型优化;本章还提出了一种分支切割算法,从而可以动态添加割平面,逐步改进飞机、机组与旅客的相关运行决策;在此基础上进一步结合了大邻域搜索算法,从而逐步遍历解空间并获得改进解;最后,本章整合了新冠疫情背景下的开源数据集,构建针对美国主流全服务航空公司的不正常航班运行场景,对模型和算法进行了详尽的验证实验。

9.1　公共卫生安全事件下不正常航班恢复建模

如图 9-1 所示,本章的建模框架围绕公共卫生安全事件下航空公司一体化不正常航班恢复模型(Pandemic Airline Integrated Recovery,PAIR)展开。该框架的输入包括航空公司的飞机、机组与旅客行程信息,并基于此为每架飞机/每个机组构建独立的航班连接网络和旅客重分配集合。模型对应的求解算法涉及主问题和子问题之间的迭代交互,其中子问题基于疾病传播网络求解动态产生对应当前机组和旅客计划的感染路径和感染概率,并添加相关约束至主问题中。疾病传播网络的连边权重由飞机上疾病传播风险评估模型生成,该随机评估预测模型综合考虑了舱位分布、病毒特性、口罩佩戴比例等多种因素及其不确定性,因而可进一步生成风险定义在模糊集上的疾病感染传播路径。

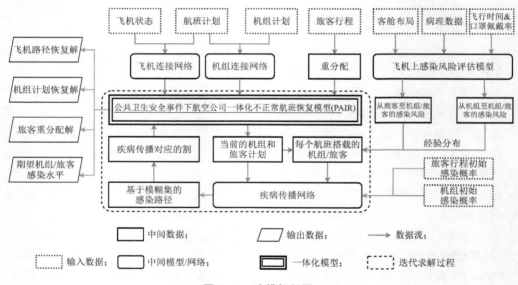

图 9-1　建模框架图

PAIR 模型的核心创新点在于内嵌了一个疾病传播子问题,以最小化当前机组与旅客计划对应的最大期望感染成本。其中,根据旅客行程和机组执飞航班可确定搭乘同一航班的密切接触实体(指机组或旅客行程),而由于机组或旅客会继续执飞或乘坐后续航班,疾病有进一步传播扩散至其他航班的可能性。考虑到不同实体在座位分布、人数规模上的差异性(旅客行程对应多个旅客),借助疾病机上传播预测模型生成了四类机上传播过程对应的风险值作为经验分布,即:机组-机组,机组-旅客,旅客-旅客和旅客-机组。

出于降低问题复杂度的考量,模型采用不同的粒度以针对机组(个体)和旅客(行程)的重调度决策及疾病传播进行建模。举例来说,一个包含 81 个航班的算例涉及 69 名飞行员和 12 764 名旅客,因而将旅客按行程进行合并有助于显著降低问题规模和求解难度,但也不可避免地忽略了隶属于同一个行程的旅客间疾病传播效应。

本节安排如下:第 9.1.1 小节介绍了建模所需的航班连接网络及流行病传播网络。第 9.1.2 节刻画了问题对应的分布式鲁棒优化数学模型和基于 Wasserstein 距离的模糊集。第 9.1.3 节通过示例比较 PAIR 模型相较不考虑感染传播模型的效果。

9.1.1 网络结构

为建模飞机和机组路径决策,本小节为每位机组和每架飞机都构建了对应的航班连接网络 $G(V,E)$。网络中每个节点 $v \in V$ 代表了一个航班,每条连边则对应了一个可行的航班连接。为增强航班恢复的灵活度,可行航班连接的充要条件为前序航班的降落机场为后序航班的起飞机场,且前序航班到达时间与时间常量阈值 φ(如 50 min)之差小于后续航班的起飞时间。因而,在部分航班延误的情况下,航空公司仍能通过延误其他航班从而找到更多可行飞行路径。

为表示飞机和机组的起始和终止位置,连接网络还包含一个虚拟的起始节点和一个目的节点分别与从起始机场起飞和到目的机场降落的航班相连。图 9-2(a) 表示了机组 C_1 的航班连接网络,该网络包含 4 个航班节点(从 $F_1 \sim F_4$)及两个虚拟节点 S 和 T。图中红线表示机组 C_1 的一种可行排班方案,该机组按时间线顺序连续执飞航班 F_1 和 F_2。

在给定包含机组执勤计划和旅客行程的完整的航班计划后,可构建流行病传播网络,该网络的节点表示一个航班和机组成员/旅客行程的组合,或是机组成员/旅客行程的虚拟起点/终点。其中,本章仅考虑涵盖绝大部分情形(97.5%)的直达及一次换乘的旅客行程。流行病传播网络的连边可分为两类,对应的连边权值表示在航班上接触风险人员(阳性患者或密接人员等)的感染概率。第一类连边连接同一个实体(机组成员或旅客行程),对应的感染概率为 1;第二类连边连接两个不同实体的节点,表示发生在两个个体之间的不确定感染传播过程。例如,实体(机组或旅客行程)i 感染实体 j 的概率可通过 $\tau_i^f \beta_{e_1 e_2}$ 计算,其中常量 $\tau_i^f = N_i \dfrac{ET_f^{k_1}}{60}$ 表征实体 e_1 的感染人数及航班 f 飞行时间的增益作用,$\beta_{e_1 e_2}$ 则代表实体 e_1 中的单个感染者在一小时的航班上感染实体 e_2 的概率。由于这一概率取值不仅与社会接触方式相关,也取决于具体病理学特性,因此本章采用 Barnett 等提出的机上感染概率预测模型[319]以生成相关数据。

图 9-2(b) 包含 4 个机组成员 $C_1 \sim C_4$ 和两个旅客行程 P_1, P_2,图中圆圈及方框内颜色表示疾病传播的先后次序,且两类连边分别用黑色实线和蓝色虚线表示。假定机组成员 C_1 先前密切接触了确诊病例具有较高的传播风险,则机组 C_2 可能通过蓝色连边接触 C_1 从而进一步传播疾病至同处航班 F_4 上的机组成员 C_4。同样的,病毒可能通过机组成员 C_1 进一步传播至 C_3,而中转旅客行程也可将病毒由航班 F_1 传播至航班 F_3,因而在这种情形下病毒可借由机组和旅客路径大范围传播。

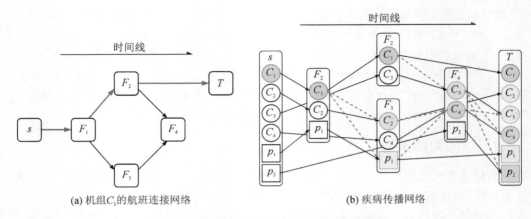

(a) 机组C_1的航班连接网络　　　　　　　　(b) 疾病传播网络

图 9 - 2　PAIR 数学模型相关的时空网络结构

在航班计划正常执行过程中,同一机组通常共同执行多个航班,因此一个完整的机组执勤环一般不会导致过多的机组间接触(置位)。但当机组不能及时到位及机组感染疾病进而导致机组短缺时,可能需要更为灵活的机组排班计划以充分利用机组资源,减少不正常航班。根据先前阐述的病毒传播路径,可列出从起点$\langle S,C_1\rangle$至机组C_3节点($\langle T,C_3\rangle$)的完整感染路径$r\in R_{C_3}$如下:

$$\{\langle S,C_1\rangle,\langle F_1,C_1\rangle,\langle F_2,C_1\rangle,\langle F_4,C_3\rangle,\langle T,C_3\rangle\},$$
$$\{\langle S,C_1\rangle,\langle F_1,C_1\rangle,\langle F_3,C_2\rangle,\langle F_4,C_4\rangle,\langle T,C_3\rangle\}.$$

此外,记$(f,e_1,e_2)\in r$为路径r中实体e_1,e_2在航班f处接触的事件,则两条感染路径可表示为$r_1=\{(F_2,C_1,C_3)\}$和$r_2=\{(F_1,C_1,C_2),(F_3,C_2,C_4),(F_4,C_4,C_3)\}$。

在上述定义的基础上,实体e的感染风险可由式(9.1)计算。

$$\eta_e=\max_{r\in R_e}\beta_r^0\prod_{(f,e_1,e_2)\in r}\tau_{e_1}^f\beta_{e_1,e_2} \tag{9.1}$$

其中,β_r^0为路径r中第一个实体的初始感染概率,而r则是一条终点至$\langle T,e\rangle$的感染传播路径,由多个访问过的机组/旅客行程及其搭乘的航班构成。

对于旅客相关的感染传播建模,由于机组C_1与旅客行程P_1共同搭乘航班F_1,可通过计算机组C_1的初始感染概率、机组至旅客的传染概率β_{C_1,P_1}及常量$\tau_{C_1}^f$的乘积,求得旅客行程P_1的感染风险。随后,该旅客行程与机组C_4的密接又进一步产生了旅客感染机组的风险,具体风险概率取决于旅客至机组的传播概率β_{P_1,C_4}和常量$\tau_{C_1}^f$(给定旅客行程P_1的需求为D_{P_1},则有$N_{P_1}=D_{P_1}$)。由于机组C_4可能被机组C_2或旅客行程P_1感染,其感染风险按照式(9.1)定义取不同实体间传播风险的最大值。

因而通过统一定义实体和感染连边,疾病传播网络得以刻画机组和旅客行程间不同类别的流行病传播过程,并对机上疾病传播进行微观层面的建模。

9.1.2　数学模型公式

在 Arıkan et al. 提出的紧凑模型[254]基础上,本章提出的 PAIR 模型可运用航班延误、取消、飞机交换和机组路径重调度决策以恢复航班计划。此外，该模型还涵盖了机组执勤期约束、旅客重分配和相关的旅客/机组感染传播等新的考量因素。其中，借助分布式鲁棒优化，研究建模不确定的感染概率 β。在定义了模型相关的集合、参数和决策变量后（见表 9-1），可定义 PAIR 模型的数学公式如下：

$$\min \sum_{f \in F}(\mathrm{tc}_f^1 z_f + \mathrm{tc}_f^2 d_f + \mathrm{tc}_f^3 u_f) + \sum_{i \in I}\mathrm{tc}_i^4\Big(D_i - \sum_{j \in I_i^R}b_i^j\Big) +$$

$$\sum_{e \in C \cup I}\Big(\mathrm{tc}_e^5 \max_{r \in R_e(x,s)}\beta_r^0 \sup_{\mathbf{P}\in\mathscr{P}}\mathbb{E}\Big[\prod_{(f,e_1,e_2)\in r}\tau_{e_1}^f \beta_{e_1 e_2}\Big]\Big) \tag{9.2}$$

$$\sum_{f:(f,g)\in E}x_{fg}^t - \sum_{f:(g,f)\in E}x_{gf}^t = \begin{cases} -1 & g = S^t \\ +1 & g = T^t \\ 0 & \text{o/w} \end{cases} \quad \forall t \in T \cup C, g \in V \tag{9.3}$$

$$\sum_{t\in T}\sum_{g:(f,g)\in E}x_{fg}^t = 1 - z_f \quad \forall f \in F \tag{9.4}$$

$$\sum_{c\in C}\sum_{g:(f,g)\in E}x_{fg}^c - u_f = (1-z_f)\mathrm{Req}_f \quad \forall f \in F \tag{9.5}$$

$$\sum_{c\in C}\sum_{g:(f,g)\in E}x_{fg}^c \leqslant M_f(1-z_f) \quad \forall f \in F \tag{9.6}$$

$$\mathrm{at}_f = \mathrm{dt}_f + \sum_{t\in T}\sum_{g:(f,g)\in E}x_{fg}^t \mathrm{FT}_f \quad \forall f \in F \tag{9.7}$$

$$\mathrm{dt}_g \geqslant \mathrm{at}_f + \mathrm{CT}_{fg}x_{fg}^t - (\mathrm{AT}_f + \mathrm{MD})(1-x_{fg}^t) \quad \forall t \in T \cup C,(f,g)\in E \tag{9.8}$$

$$d_f \geqslant \mathrm{at}_f - \mathrm{AT}_f - M_f z_f \quad \forall f \in F \tag{9.9}$$

$$\sum_{f\in F}\sum_{f:(f,g)\in E}\mathrm{FT}_f x_{fg}^c \leqslant \mathrm{MFT}_c \quad \forall c \in C \tag{9.10}$$

$$\sum_{f\in F}\sum_{f:(f,g)\in E}x_{fg}^c \leqslant \mathrm{MLN}_c \quad \forall c \in C \tag{9.11}$$

$$\sum_{c\in C}\sum_{g:(f,g)\in E}x_{fg}^c \geqslant u_f \quad \forall f \in F \tag{9.12}$$

$$\sum_{i\in I}\sum_{j\in I_f, j\in I_i^R}b_i^j \leqslant S(1-z_f) \quad \forall f \in F \tag{9.13}$$

$$\sum_{j\in I_i^R}b_i^j \leqslant D_i \quad \forall i \in I \tag{9.14}$$

$$\sum_{i\in I, i\in I_j^R}b_i^j \leqslant \mathrm{Ss}_j \quad \forall j \in I \tag{9.15}$$

$$b_i^i \geqslant D_i s_i \quad \forall i \in I \tag{9.16}$$

$$\mathrm{dt}_g - \mathrm{at}_f \geqslant \mathrm{PCT}_{fg} - M_{fg}^1(1-w_{fg}) \quad \forall i \in I,(f,g)\in FP_i \tag{9.17}$$

$$\mathrm{dt}_g - \mathrm{at}_f \leqslant \mathrm{PCT}_{fg} + M_{fg}^2 w_{fg} \quad \forall i \in I,(f,g)\in FP_i \tag{9.18}$$

$$s_i \leqslant 1 - z_f \quad \forall i \in I, f \in F_i \tag{9.19}$$

$$s_i \leqslant w_{fg} \quad \forall i \in I,(f,g)\in FP_i \tag{9.20}$$

$$s_i \geqslant \sum_{(f,g)\in FP_i}(w_{fg}-1) - \sum_{f\in F_i}z_f + 1 \quad \forall i \in I \tag{9.21}$$

表 9 - 1　PAIR 模型涉及的集合、参数和决策变量

集 合		
F	航班，$f \in F$	T	飞机，$t \in T$
C	机组成员，$c \in C$	I	旅客行程，$i \in I$
S^t/T^t	飞机（机组）t 对应连接网络的起点和终点	F_i/FP_i	旅客行程 i 包含的航班/航班对
E	连接网络的连边，$(f,g) \in E$	I_i^R	旅客行程 i 可替代的行程
I_f	包含航班 f 的旅客行程	$R_e(x,s)$	实体 e 在 x,s 解下的疾病传播路径

参 数		
Req_f	执飞航班 f 所需的机组人数.	FT_f	航班 f 的飞行时间
CT_{fg}	连续执飞航班 f 和 g 所需的最短过站时间	DT_f	航班 f 的计划起飞时间
AT_f	航班 f 的计划降落时间	MD	最大延误时间
tc_f^1	航班 f 的取消成本	tc_f^2	航班 f 的延误成本
tc_f^3	机组在航班 f 上置位的成本	tc_i^4	旅客行程 i 中未被分配的旅客损失
tc_e^5	实体 e 的感染疾病成本	MFT_c	机组 c 在执勤期间的最大飞行时间
MLN_c	机组 c 在执勤期间的最大起降次数	D_i	旅客行程 i 上的需求
S	飞机的可用座位数	PCT_{fg}	在航班 f 和 g 间进行中转的旅客最小中转时间
$M/M^1/M^2$	任意大数		

决策变量		
$dt_f \geqslant DT_f$	航班 f 的实际起飞时间	$at_f \geqslant AT_f$	航班 f 的实际降落时间
$x_{fg}^c/x_{fg}^t \in \{0,1\}$	当机组 c/飞机 t 路径经过连边(f,g)时取 1，否则取 0	$z_f \in \{0,1\}$	当取消航班 f 时取 1，否则取 0
$d_f \geqslant 0$	航班 f 的延误时间	$u_f \geqslant 0$	航班 f 搭载的置位人数
$b_i^j \geqslant 0$	由旅客行程 i 转移至行程 j 上的旅客人数	$s_i \in \{0,1\}$	当行程 i 可行时取 1，否则取 0
$w_{fg} \in \{0,1\}$	当航班 f 和 g 可构成旅客中转时取 1，否则取 0		

　　目标函数式(9.2)旨在最小化一系列恢复成本，包括：航班取消、延误、置位、旅客未分配及旅客/机组感染病毒的损失成本。其中，目标函数第三项最小化在模糊集 $\mathscr{F}$ 下的最大期望疾病感染成本，该成本由机组和旅客行程组成的传染路径决定，相关具体公式将在后文详细阐述。流平衡约束式(9.3)保证了机组和飞机路径的可行性。航班覆盖约束式(9.4)和式(9.5)保证每个未取消航班都有充足的机组（Req_f）和飞机执飞，同时航班允许置位以增加恢复方案的灵活度。若取消对应航班，则约束式(9.6)保证无法

通过该航班进行置位。约束式(9.7)保证航班 f 的起降时间间隔为计划飞行时间,而两航班间的最短过站时间则由约束式(9.8)表示。约束式(9.9)计算了在航班没有取消情形下的延误时间,否则延误为 0。而对机组执勤期相关约束,约束式(9.10)和式(9.11)分别限制了最大飞行时间和最大起降次数。约束式(9.12)保证了在采用某航班进行置位时,该航班必须被包含在机组和飞机路径中。

约束式(9.13)～式(9.21)建模了旅客重分配相关决策,通过预先建立旅客行程 i 的重分配集合 $I_i^R (i \in I_i^R)$,可首先通过约束式(9.13)保证分配到每个航班的旅客数不超过其可用座位数。约束式(9.14)限制了从旅客行程 i 转移出的旅客数不超过其计划需求人数。旅客行程 i 的可行性 s_i 依赖于其组成航班的取消情况 z_f 及中转航班之间的中转时间 w_{fg}。具体来说,约束式(9.15)确保当旅客行程不可行时,无旅客可分配至该旅客行程;而当行程可行时,约束式(9.16)保证所有该行程上的旅客不可退票或改签至其他旅客行程。约束式(9.17)和式(9.18)判断了航班对之间的时间间隔是否允许旅客中转:当 $w_{fg}=1$ 时,约束式(9.17)要求后序航班的起飞时间与前序航班的到达时间间隔大于最短旅客中转时间;而当 $w_{fg}=0$ 时,约束式(9.18)则确保时间间隔小于最短中转时间,两约束的可行性由 M 约束保证。最后,约束式(9.19)～式(9.21)计算了旅客行程可行变量 s_i 的值,即 $s_i = \min\{\min_{f \in F_i}\{1-z_f\}, \min_{(f,g) \in FP_i}\{w_{fg}\}\}$。

该模型的复杂度在于疾病传播相关的决策,即内嵌了计算最大期望感染成本的子问题,具体涉及感染路径集合 $R_e(x)$ 的建立及基于模糊集的最大期望值计算。根据机组和旅客的可行解 x 和 s,可构建疾病传播网络,并采用无环图搜索算法,得到多条的传播路径 r 及其值 $\sup_{\mathbf{P} \in \mathscr{F}} \mathbb{E}\left[\prod_{(f,e_1,e_2) \in r} \tau_{e_1,e_2}^f \beta_{e_1}\right]$。对于每条路径 r,目标函数式(9.2)中的感染费用可表示为 $\exp\left\{\sum_{(f,e_1,e_2) \in r} \ln \tau_{e_1}^f + \ln \beta_{e_1 e_2}\right\}$。根据前文所述,疾病传播感染的概率具有一定的不确定性,为合理考量这些随机变量,本小节采用分布式随机优化方式建模。记 $\alpha_{e_1 e_2} = \ln \beta_{e_1 e_2}$,为高效率计算 $\prod_{(f,e_1,e_2) \in r} \tau_{e_1}^f \beta_{e_1 e_2}$,可近似计算 $\exp\left\{\sum_{(f,e_1,e_2) \in r} \widetilde{\alpha}_{e_1 e_2}\right\} \cdot \exp\left\{\sum_{(f,e_1,e_2) \in r} \ln \tau_{e_1}^f\right\}$。相较于样本近似估计和鲁棒优化,分布式鲁棒优化既可以避免针对经验分布的过拟合,也可以避免得到的鲁棒解过于保守。

为求解上述分布式鲁棒优化问题,本小节考虑了基于 Wasserstein 距离的模糊集。该模糊集有效衡量了不同分布间的距离且无需假设分布绝对连续[320],适用于离散历史观察经验样本,因此采用该模糊集可构建数据驱动的不确定性优化模型,即基于历史数据或感染预测模型获得感染概率随机变量 $\widetilde{\alpha}$ 的经验分布,并优化在一定分布距离内涵盖真实分布的不正常航班恢复决策。记 $\omega \in \Omega$ 为情景 ω 下对应的对数感染概率,则经验分布 $\mathbb{P}^\dagger$ 可由历史数据(N 个样本)构成,即为式(9.22):

$$\mathbb{P}^\dagger[\widetilde{\alpha} = \hat{\alpha} \omega] = \frac{1}{N} \tag{9.22}$$

随后可定义基于参数 θ 的模糊集如式(9.23)和式(9.24)所示：

$$\mathcal{F}(\theta) = \{\mathbb{P} \in \mathscr{P}(W) \mid \tilde{\alpha} \sim \mathbb{P}, \tilde{\alpha}^{\dagger} \sim \mathbb{P}^{\dagger}, d_{\mathscr{W}}(\mathbb{P}, \mathbb{P}^{\dagger}) \leqslant \theta\} \quad (9.23)$$

$$d_{\mathscr{W}}(\mathbb{P}, \mathbb{P}^{\dagger}) = \inf_{\overline{\mathbb{P}}} \mathbb{E}_{\overline{\mathbb{P}}}[\|\tilde{\alpha} - \hat{\alpha}^{\dagger}\|_p] \quad (9.24)$$

在式(9.23)定义的模糊集中，$\mathscr{P}(W)$ 代表在支撑集 W 上定义的所有可能的概率分布，参数 θ 则控制了以经验分布 $\mathbb{P}^{\dagger}$ 为中心一定距离范围内的分布域。该距离可通过式(9.24)定义的运输费用函数 $d_{\mathscr{W}}$ 量化，该函数计算了在给定联合分布 $\overline{\mathbb{P}}$ 下的最小期望的 p 范数值。该联合分布定义在支撑集 $\mathscr{W} \times \mathscr{W}, \mathscr{W} = \{\tilde{\alpha}_e \geqslant \underline{\alpha}_e\}$ 上，且边缘分布分别为随机变量的真实分布 $\mathbb{P}$ 和经验分布 $\mathbb{P}^{\dagger}$。

记 $\sum_e v_e \tilde{\alpha}_e = \boldsymbol{v}^{\mathrm{T}} \tilde{\alpha}$，其中当 $e \in r$ 时 $v_e = 1$，否则取 0，可将最大期望感染成本的计算转化为如下问题：

$$Z = \sup \mathbb{E}_{\mathbb{P}}[\boldsymbol{v}^{\mathrm{T}} \tilde{\alpha}] \quad (9.25)$$

$$\text{s.t. } \mathbb{E}_{\overline{\mathbb{P}}}[\|\tilde{\alpha} - \tilde{\alpha}^{\dagger}\|_p] \leqslant \theta \quad (9.26)$$

$$(\tilde{\alpha}, \tilde{\alpha}^{\dagger}) \sim \overline{\mathbb{P}} \quad (9.27)$$

$$\tilde{\alpha} \sim \mathbb{P} \quad (9.28)$$

$$\tilde{\alpha}^{\dagger} \sim \mathbb{P}^{\dagger} \quad (9.29)$$

$$\overline{\mathbb{P}}[(\tilde{\alpha}, \tilde{\alpha}^{\dagger}) \in \mathscr{W} \times \mathscr{W}] = 1 \quad (9.30)$$

式中，约束式(9.26)为模糊集中两类分布距离的定义，约束式(9.27)定义了由经验分布和真实分布构成的联合概率分布，而该联合分布的边缘分布如约束式(9.28)和式(9.29)所示。最后，约束式(9.30)保证联合分布在测度空间上的总测度为1。根据经验分布及条件概率定义，上述问题可进一步转化为如下模型：

$$Z = \sup \frac{1}{N} \sum_{\omega \in \Omega} \int_{\mathscr{W}} \boldsymbol{v}^{\mathrm{T}} \alpha \, \mathrm{d}F_{\omega}(\alpha) \quad (9.31)$$

$$\text{s.t. } \frac{1}{N} \sum_{\omega \in \Omega} \int_{\mathscr{W}} \|\tilde{\alpha} - \tilde{\alpha}^{\dagger}\| \, \mathrm{d}F_{\omega}(\alpha) \leqslant \theta \quad (9.32)$$

$$\frac{1}{N} \int_{\mathscr{W}} \mathrm{d}F_{\omega}(\alpha) = \frac{1}{N} \quad \forall \omega \in \Omega \quad (9.33)$$

$$\mathrm{d}F_{\omega}(\alpha) \geqslant 0 \quad (9.34)$$

式中，$\mathrm{d}F_{\omega}(\alpha)$ 为感染概率在场景 ω 下的累积概率分布函数。约束式(9.33)表示概率分布的支撑集，两端分别乘以 $\frac{1}{N}$ 以便后续的求解推导。上述问题的闭式解由定理 9.1 给出。

定理 9.1：对于路径 r，模型 Z 的最优闭式解 Z^* 为

$$Z^* = \theta \mid r \mid^{\frac{p-1}{p}} + \frac{1}{N} \sum_{\omega \in \Omega} \boldsymbol{v}^{\mathrm{T}} \hat{\alpha}_{\omega} \quad (9.35)$$

证明 为求解模型 Z(9.31)～(9.34)，可根据拉格朗日对偶理论得到其对偶问题 D。记 m, n_{ω} 为约束式(9.32)和式(9.33)对应的对偶变量，则有

$$D = \inf m\theta + \frac{1}{N}\sum_{\omega \in \Omega} n_\omega \tag{9.36}$$

$$\text{s.t. } n_\omega + m\|\alpha - \hat{a}_\omega\|_p \geqslant \boldsymbol{v}^{\mathrm{T}}\alpha \quad \forall \omega \in \Omega, \alpha \in \mathcal{W} \tag{9.37}$$

$$m \in \mathbb{R}^+, n_\omega \in \mathbb{R} \tag{9.38}$$

由于约束式(9.37)的数量取决于连续集 $\mathcal{W}$ 和离散集 Ω,直接求解上述问题极为困难,因此进一步将高维度约束按如下公式进行转化

$$n_\omega + m\|\alpha - \hat{a}_\omega\|_p \geqslant \boldsymbol{v}^{\mathrm{T}}\alpha \quad \forall \omega \in \Omega, \alpha \in \mathcal{W} \tag{9.39}$$

$$\Leftrightarrow n_\omega \geqslant \sup_{\alpha \in \mathcal{W}}(\boldsymbol{v}^{\mathrm{T}}\alpha - m\|\alpha - \hat{a}_\omega\|_p) \quad \forall \omega \in \Omega \tag{9.40}$$

$$\Leftrightarrow n_\omega \geqslant \sup_{\alpha \in \mathcal{W}}(\boldsymbol{v}^{\mathrm{T}}\alpha - \max_{\|\boldsymbol{t}_\omega\|_{\frac{p}{p-1}} \leqslant m} \boldsymbol{t}_\omega^{\mathrm{T}}(\alpha - \hat{a}_\omega)) \quad \forall \omega \in \Omega \tag{9.41}$$

$$\Leftrightarrow n_\omega \geqslant \min_{\|\boldsymbol{t}_\omega\|_{\frac{p}{p-1}} \leqslant m} \sup_{\alpha \in \mathcal{W}}(\boldsymbol{v}^{\mathrm{T}}\alpha - \boldsymbol{t}_\omega^{\mathrm{T}}\alpha) + \boldsymbol{t}_\omega^{\mathrm{T}}\hat{a}_\omega \quad \forall \omega \in \Omega \tag{9.42}$$

$$\Leftrightarrow \begin{cases} n_\omega \geqslant \sup_{\alpha \in \mathcal{W}}(\boldsymbol{v}^{\mathrm{T}}\alpha - \boldsymbol{t}_\omega^{\mathrm{T}}\alpha) + \boldsymbol{t}_\omega^{\mathrm{T}}\hat{a}_\omega & \forall \omega \in \Omega \\ \|\boldsymbol{t}_\omega\|_{\frac{p}{p-1}} \leqslant m & \forall \omega \in \Omega \end{cases} \tag{9.43}$$

$$\Leftrightarrow \begin{cases} n_\omega \geqslant \boldsymbol{t}_\omega^{\mathrm{T}}\hat{a}_\omega - \inf \alpha^{\mathrm{T}}\boldsymbol{q}_\omega & \forall \omega \in \Omega \\ -\boldsymbol{q}_\omega = \boldsymbol{v} - \boldsymbol{t}_\omega & \forall \omega \in \Omega \\ \boldsymbol{q}_\omega \geqslant \boldsymbol{0} & \forall \omega \in \Omega \\ \|\boldsymbol{t}_\omega\|_{\frac{p}{p-1}} \leqslant m & \forall \omega \in \Omega \end{cases} \tag{9.44}$$

$$\Leftrightarrow \begin{cases} n_\omega \geqslant \boldsymbol{v}^{\mathrm{T}}\hat{a}_\omega - (\hat{a}_\omega - \alpha)^{\mathrm{T}}\boldsymbol{q}_\omega & \forall \omega \in \Omega \\ \boldsymbol{q}_\omega \geqslant \boldsymbol{0} & \forall \omega \in \Omega \\ m \geqslant \|\boldsymbol{v} + \boldsymbol{q}_\omega\|_{\frac{p}{p-1}} & \forall \omega \in \Omega \end{cases} \tag{9.45}$$

其中,约束式(9.40)通过求解右端项的上确界将无穷维问题转化为有限维问题。约束式(9.41)则根据 p 范数的定义进一步转换上述等式,按照 minmax 定理,得到约束式(9.42)。最后,再次采用对偶定理定义对偶变量 $\boldsymbol{q}_\omega$,将约束式(9.43)转换为约束式(9.44)。$\sup_{\alpha \in \mathcal{W}}(\boldsymbol{v}^{\mathrm{T}}\alpha - \boldsymbol{t}_\omega^{\mathrm{T}}\alpha)$,$\mathcal{W} = \{\alpha \geqslant \alpha\}$ 为优化式(9.36)对应的目标函数,注意到变量 m 和 n_ω 随 $\boldsymbol{q}_\omega$ 单调递增,则令 $\boldsymbol{q}_\omega = 0$,以得到最优条件如下:

$$\begin{cases} n_\omega \geqslant \boldsymbol{v}^{\mathrm{T}}\hat{a}_\omega & \forall \omega \in \Omega \\ m \geqslant \|\boldsymbol{v}\|_{\frac{p}{p-1}} & \forall \omega \in \Omega \end{cases} \tag{9.46}$$

因而根据几何范数的定义,得到对偶问题的最优闭式解为 $D^* = \theta|r|^{\frac{p-1}{p}} + \frac{1}{N}\sum_{\omega \in \Omega}\boldsymbol{v}^{\mathrm{T}}\hat{a}_\omega$。根据线性规划的强对偶定理,原问题的最优解 Z^* 与 D^* 相同,从而该定理得证。

9.1.3 包含 10 班航班的示例

为更好地说明 PAIR 模型在降低疾病传播方面的效果,提出了包含 10 班航班(从 F1 到 F10)的综合示例,具体机组、飞机计划和旅客行程见图 9-3。图左侧展示了基于航班计划的时空网络,横向表示单一机场的时间线,纵向则代表空间上的机场分布,箭头代表航班。8 个机组成员 C1~C8 和 13 个旅客行程(直达和一次中转)被分配至上述航班。其中直达旅客行程需求为 100,一次中转旅客行程需求为 20,旅客可被转移至同属一个 OD 对且起飞时间较晚的其他行程。假设机组成员 C3 为确诊病例,C4 因先前密切接触过 C3,其初始感染风险为 0.65。最后,假设机场 C 所在城市新冠疫情确诊病例增长较快,从 C3 出发的旅客行程 P4,P6,P12 和 P13 初始感染概率为 0.05。为简化问题,该示例问题中的飞机最短过站时间、机组最短换飞机时间和旅客最短中转时间均设置为 30 min。

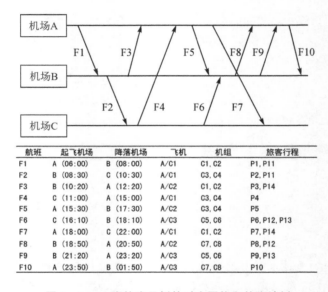

航班	起飞机场	降落机场	飞机	机组	旅客行程
F1	A (06:00)	B (08:00)	A/C1	C1, C2	P1, P11
F2	B (08:30)	C (10:30)	A/C1	C3, C4	P2, P11
F3	B (10:20)	A (12:20)	A/C2	C1, C2	P3, P14
F4	C (11:00)	A (15:00)	A/C1	C3, C4	P4
F5	A (15:30)	B (17:30)	A/C2	C3, C4	P5
F6	C (16:10)	B (18:10)	A/C3	C5, C6	P6, P12, P13
F7	A (18:00)	C (22:00)	A/C1	C1, C2	P7, P14
F8	B (18:50)	A (20:50)	A/C2	C7, C8	P8, P12
F9	B (21:20)	A (23:20)	A/C3	C5, C6	P9, P13
F10	A (23:50)	B (01:50)	A/C3	C7, C8	P10

图 9-3 10 班航班示例的时空网络和航班计划

对于未考虑机组/旅客感染的传统航空公司不正常航班恢复问题,求解上述示例得到的恢复方案通过重调度机组路径保证无航班取消。具体的机组执行航班路径和自机组 C6 开始的疫情传播链条如图 9-4(a)所示,不同颜色的圆形和方形实体代表感染的先后次序。具体来说,新生成的航班计划中维持了机组 C1,C2 原有的执飞计划。而潜在的感染者 C6 分别与 C7 及 C8 搭档以执飞航班 F6 和 F8。因而这一机组飞行计划可能导致疾病大范围二次传播,同时机组 C4 与较多的机组/旅客进行了密切接触或二次接触,因此整体感染率也较高。此外,从机场 C 出发的 4 个旅客行程也增加了较大范围的疫情传播风险,因此传统航空公司恢复模型不能有效解决大范围流行性疾病影响下的不正常航班恢复问题。

相比之下,本章提出的 PAIR 模型针对性地避免了疾病的大范围传播,得到的恢复解取消了航班 F2 和 F6 以保证机组资源平衡,同时切断了部分传播路径。此外,不正常航班恢复计划采用航班 F10 搭载 3 名机组成员(包括置位机组),以运输其返回预定过夜机场。而对于高风险机组成员 C6 来说,新的航班计划分配其执行飞行时间较长的航班 F4(包含高风险旅客行程 P4)。

由图 9-4(b)刻画的疾病传播网络可知,只有机组 C5 和旅客行程 P4 及 C6 密切接触,C5 的感染概率为 0.42。其余机组和旅客的最大感染概率分别为 0.042 和 0.003,整体机上感染风险较低。上述排班策略与传统隔离运行策略不同,在充分利用机组资源的前提下,将风险较高的机组和旅客行程结合,同时允许混合低风险与中等感染风险的机组,保证整体风险水平可控。

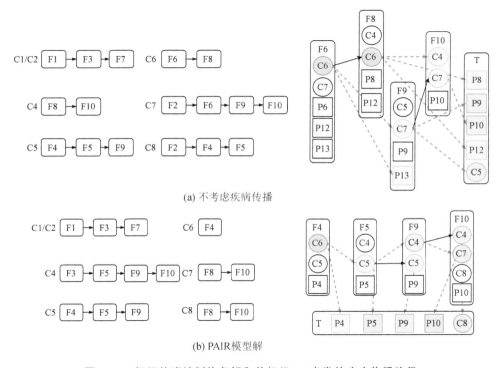

(a) 不考虑疾病传播

(b) PAIR模型解

图 9-4   机组航班计划恢复解和从机组 C6 出发的疾病传播路径

为进一步说明分布式鲁棒优化的潜在影响,将模糊集距离参数 θ 从 0.5 提高至 1.0,即假设真实分布与经验分布差距较大。在上述情况下,机组/旅客感染的概率可能被高估进而得到过于保守的恢复策略。具体来说,该策略下航空公司取消了三班航班:F6,F7 和 F8,从而导致了大范围的旅客行程取消(P6~P8,P12~P14),见图 9-5。因此,虽然整体感染风险进一步降低,但航空公司计划和盈利受扰动较大。事实上,恢复方案的保守程度与 θ 并无严格正相关关系,当 θ 过大时经验分布的参考价值实际上逐渐降低,后续将通过样本外验证实验以选择合适的 θ 值。

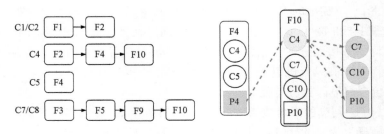

图 9-5　PAIR 模型在 $\theta = 1.0$ 时的解

9.2　基于分支切割及大邻域搜索的求解算法

9.2.1　分支切割算法

根据定理 9.1 求解 PAIR 模型,原始模型式(9.2)可转化为如下混合整数规划问题:

$$\min \sum_{f \in F} (\mathrm{tc}_f^1 z_f + \mathrm{tc}_f^2 d_f + \mathrm{tc}_f^3 u_f) + \sum_{i \in I} \mathrm{tc}_i^4 \Big(D_i - \sum_{j \in I_i^R} b_i^j\Big) + \sum_{e \in C \cup I} \mathrm{tc}_e^5 \eta_e \quad (9.47)$$

s. t. 式(9.3)~式(9.21)

$$\Big(\sum_{x \in E_{r_e}^x} (x_{fg}^e - 1) + \sum_{s \in E_{r_e}^s} (s_i - 1) + 1 \Big) \rho_e(\boldsymbol{x}', \boldsymbol{s}', \widetilde{\alpha}) \leqslant \eta_e \quad \forall e \in C \cup I, \boldsymbol{x}' \in \boldsymbol{X}, \boldsymbol{s}' \in \boldsymbol{S}$$

$$(9.48)$$

式中,$E_{r_e}^x$,$E_{r_e}^s$ 表示实体 e 的传染路径 r_e 涉及的相关变量 x,s 集合。$\rho_e(\boldsymbol{x}', \boldsymbol{s}', \widetilde{\alpha}) = \exp\Big\{ Z^* + \sum_{(f, e_1, e_2) \in r_e} \ln \tau_{e_1, e_2}^f \Big\}$ 表示实体 e 的感染概率,其中 Z^* 为根据 $\boldsymbol{x}', \boldsymbol{s}'$ 的解得到的最优闭式解。约束式(9.48)为 no-good 割,确保了在当前解下的下界,当 $\boldsymbol{x} = \boldsymbol{x}'$,$\boldsymbol{s} = \boldsymbol{s}$ 时,左端项为 $\rho_e(\boldsymbol{x}', \boldsymbol{s}', \widetilde{\alpha})$,否则左端项严格非正,即此时约束冗余。

基于上述模型形式,本章采用分支切割算法结合求解器的回调(callback)函数求解,从而避免枚举所有可行的感染路径。当算法搜索得到一个可行整数解后,可建立第 9.1.1 小节介绍的疾病传播网络。由于该网络按照时间顺序构建连边,因此疾病传播网络为无环图,可采用 Xu et al. 研究中建立的多标签图搜索算法[233]求得自起始节点 S 经过节点 $\langle S, e \rangle$,$\forall e \in C \cup I$ 至所有机组/旅客行程的终止节点 $\langle T, e \rangle$ 的疾病传播路径。

具体来说,算法按拓扑排序方式访问各节点,并维护了一个二维标签以跟踪对数感染概率 $\frac{1}{N} \sum_{\omega \in \Omega} \boldsymbol{v}^{\mathrm{T}} \hat{\alpha}_\omega + \boldsymbol{v}^{\mathrm{T}} \ln \tau$ 之和及访问的实体数量 $|r|$,期望对数感染概率可表示为 $\theta |r|^{\frac{p-1}{p}} + \frac{1}{N} \sum_{\omega \in \Omega} \boldsymbol{v}^{\mathrm{T}} \hat{\alpha}_\omega + \boldsymbol{v}^{\mathrm{T}} \ln \tau$,同一实体之间的连边权重为 $\ln 1 = 0$,从起始节点至

各实体对应节点的连边权重设置为 $\ln \beta_e^0$。为进一步提高多标签算法的速度，本章采用支配准则以保留帕累托最优标签(即删除各节点上感染概率值和访问实体数均较小的标签)。最终，算法得到实体 e 的最长路径值 v_e 对应的感染概率 $\rho = \exp v_e$。采用这一方法，每次迭代可同时得到多条疾病传播路径，从而可进一步加速分支切割算法收敛。

虽然上述 no-good 割实现了机组/旅客感染传播的建模和求解，但其自身收敛性差的特质决定了在实际求解大规模问题的低效率[321]。对此可引入中间变量 $y_f^c \in \{0,1\}$ 以判别机组 c 是否执飞了连接网络节点 f，变量 x 和 y 之间的关系由约束式(9.49)定义。

$$y_f^c = \sum_{g:(f,g)\in E} x_{fg}^c \quad \forall f \in V, \forall c \in C \tag{9.49}$$

按这种方式，可将针对实体 e 的割重写为约束式(9.50)：

$$\left(\sum_{y \in E_{r_e}^y} (y_f^e - 1) + \sum_{s \in E_{r_e}^s} (s_i - 1) + 1 \right) \rho_e(\boldsymbol{y'}, \boldsymbol{s'}, \widetilde{\alpha}) \leqslant \eta_e \quad \forall e \in C \cup I, \boldsymbol{y'} \in \boldsymbol{Y}, \boldsymbol{s'} \in \boldsymbol{S}$$

$$\tag{9.50}$$

如图 9-6 所示，假设从机组 c_1 开始到旅客行程 i_1 结束的疾病传播路径的感染概率为 $\eta_{i_1} = 0.5$，则其对应的约束式(9.48)为 $0.5[(x_{S,f_1}^{c_1} - 1) + (x_{f_1,f_2}^{c_1} - 1) + (x_{f_2,f_3}^{c_1} - 1) + (x_{f_3,f_4}^{c_2} - 1) + (x_{f_4,f_5}^{c_2} - 1) + (s_{i_1} - 1)] + 0.5 \leqslant \eta_{i_1}$。而这一约束极易因路径的微调而失效(见图 9-6 虚线)，例如当机组 c_1 顺序执飞航班 f_1, f_7, f_3 时，疾病仍可由机组 c_1 传染给机组 c_2。同样，机组 c_2 也可执飞航班 f_3 和 f_6 来保证感染概率 η_{i_1} 不变。而按改进的割约束，则可表示为：$0.5[(y_{f_3}^{c_1} - 1) + 0.5(y_{f_3}^{c_2} - 1) + 0.5(y_{f_5}^{c_2} - 1) + 0.5(s_{i_1} - 1)] + 0.5 \leqslant \eta_{i_1}$。如机组的感染路径仅包含一个机组成员 c_1，则该约束可写为 $0.5(y_S^{c_1} - 1) \leqslant \eta_{c_1}$。

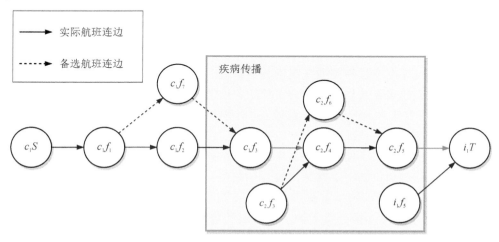

图 9-6 潜在感染路径示例

9.2.2 大邻域搜索算法

为进一步提高分支切割算法在求解大规模一体化恢复问题上的可扩展性,本小节还提出了一类大邻域搜索算法。该算法的设计思想与第 7.2.2 小节提出的启发式算法类似,由破坏和改进阶段组成以迭代改进整数可行解。具体来说,大邻域搜索算法按照航班起飞时间和机组初始的出发基地机场信息将原问题分为多个子问题,完整的算法流程归纳为如下几个步骤。

① 生成初始可行解:PAIR 模型始终可行(取消所有航班),因此可先采用分支切割算法在给定时间内(如 $|F|/2$ s)求解初始可行解。此后将子问题的最大求解时间设置为 $|F|/4$ s 以快速求解更新当前最优解。

② 固定及改进邻域结构:本章提出了一系列邻域结构以构造变量相关度高的优化子问题。考虑到来自同一个基地的机组替代性较强及规划周期之间的相关性,可首先将航班按计划起飞时间顺序排序,并定义时间窗长度为 $|F|/3$ 个航班。通过不断移动时间窗(步长 $|F|/6$),可构造出包含不同时间段内航班的邻域结构。相似的,将机组成员按基地机场聚合并随机组成一个序列,对应的时间窗和步长分别设置为 $|C|/3$ 和 $|C|/6$,构建出涵盖部分机组成员的邻域结构。

③ 改进当前可行解:为迭代求解上述子问题,根据邻域结构中涉及的航班和机组子集,可选取涉及的变量 y_f^c。而对于未选取变量,则将其取值固定为上一次迭代时的解值,随后保留先前生成的所有割,并采用分支切割算法求解该子问题。当连续三次迭代目标值无改进或当前解的目标函数值与初始解求解过程中得到的线性上界相对误差小于 0.5% 时终止算法。若在迭代计算中子问题未得到最优解,则将其时间窗长度或机组成员数范围减半并生成两个新的子邻域结构。

9.3 实验评估与分析

本节以新冠肺炎疫情为例展开案例分析,基于美国实际航空和疫情数据研究所提出的模型与算法的实际效果及航空公司的相关恢复决策。实验涉及的算法由 C++ 编写,并以单线程方式运行于 Linux 系统,同时调用了 CPLEX 提供的 Lazy constraint callback 添加割约束。

第 9.3.1 小节介绍了涉及的数据集、参数及基于真实航班计划的不正常航班场景;第 9.3.2 小节针对预设的不正常情景进行了数值实验以验证算法的求解性能;第 9.3.3 小节针对 PAIR 模型的两个重要参数展开灵敏度分析,从而平衡航空公司运行费用与感染成本;第 9.3.4 小节分析了确定性模型和鲁棒优化模型相比于分布式鲁棒优化模型的差异;第 9.3.5 小节探究了机组与旅客疫情相关不正常情景对航空公司恢复策略的影响。

9.3.1 实验配置

针对美国某大型网络型航空公司的实际运营数据,本小节设计了相关计算示例用以验证模型与算法的表现。该航空公司主运营基地位于达拉斯-沃思堡国际机场(IATA 代码:DFW),拥有包括 B737、A320 等的系列飞机达 933 架。后续小节首先介绍处理生成航班计划、旅客需求及机组计划的方法;其次介绍疫情传播预测模型和相关数据以搭建较为真实的机上传播场景;最后介绍模型的相关参数取值,相关数据及处理流程如图 9 - 7 所示。

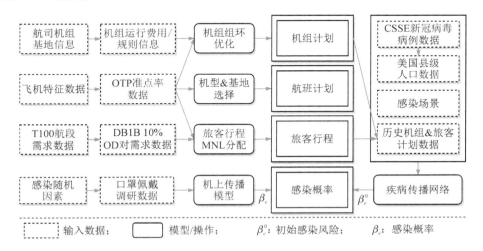

图 9 - 7 多源数据获取及处理流程示意图

为探究提出的模型在现实航班运行场景下的效果并了解算法的可扩展性,本小节采用了美国交通运输部提供的航班准点率统计数据(OTP)[322]并选取了 2021 年 11 月的航班运行数据,包括实际/计划起降时间、起降机场和飞机编号信息。基于美国联邦航空局提供的国内飞机注册信息,本章针对性地选取了典型的全服务航空公司美国航空(American Airlines,IATA 代码:AA)B737 - 800 机队(座位数 167)的相关航班计划。

在航段旅客需求数据集(T - 100 Domestic Segment)和 10% 抽样的航空公司 OD 对旅客需求调研数据集(DB1B)的基础上,本小节采用 Barnhart 等提出的分解方法[283]生成具体的旅客行程。具体来说,将 DB1B 数据集中的 OD 对需求按 T - 100 数据集中的完整航段数据进行缩放估计,并借助旅客多项 Logit 模型(MNL)将 OD 对需求分解到基于航班时刻表构建的具体旅客行程上(包含直达和一次中转行程),该 Logit 模型综合考虑了起飞时间、中转时间、可用座位数及机场所在时区等因素。

由于机组相关数据一般不公开,本小节采用了 Saddoune 等提出的机组组环优化模型[323]和分支下潜启发式算法以生成包含 4 天的机组计划。该模型考虑了包括最长组环时间、航前/航后时间、休息时间等因素在内的诸多组环和执勤约束;此外模型的目标函数还涵盖机组飞行时间和置位等在内的费用,因而生成的计划符合运营实际。

新冠疫情暴发后,许多学者开始关注飞行中的病毒传播风险,并提出了一系列基于气溶胶色散的感染风险量化方法[324-325]。为准确建模包括飞行时间、上座率和密接在内的传播风险,本小节采用了 Barnett 等提出的概率感染风险预测模型[319],并修改了部分参数。实体 e_1 感染实体 e_2 的概率 $P_{e_1 e_2}$ 可由 $\tau_{e_1}^f \beta_{e_1 e_2}$ 计算得到,其中参数 $\tau_{e_1}^f = N_{e_1} \left(\dfrac{\mathrm{FT}_f}{60} \right)^{k_1}$ 表示感染者数量(N_{e_1})和航班飞行时间(FT_f)对感染概率的增益影响。而实体 e_1 中单个感染者在 60 min 的飞行时间内对 e_2 的感染概率 $\beta_{e_1 e_2}$ 可由如下公式计算得到。

$$V_{S_1,S_2}^{e_1} = \pi_0^{e_1} e^{-\omega d} (1-\lambda)^R (1-p_{\mathrm{mask}}) \tag{9.51}$$

$$U_{S_1}^{e_1 e_2} = \frac{1}{N-1} \sum_{S_2 \in s_{e_2}, S_2 \neq S_1} \left[1 - (1 - V_{S_1,S_2}^{e_1})^{60} \right] \tag{9.52}$$

$$\beta_{e_1 e_2} = \frac{1}{N} \sum_{S_1 \in s_{e_1}} U_{S_1}^{e_1 e_2} \tag{9.53}$$

式(9.51)计算了个体 e_1 在座位 S_1 处每分钟感染位于座位 S_2 处个体的概率。这一概率与两位置间距离、相隔靠背的数目[326]、密接感染水平和口罩佩戴情况相关。其中,参数 $\pi_0^{e_1} \sim \mathrm{Beta}(1\ 520)$ 为零距离处的个体 e_1 的感染水平,该水平随曼哈顿距离的增大呈指数递减,衰减率 ω 服从对数正态分布,$\ln(\omega) \sim N(-0.703\ 0.318)$。参数 $\lambda \sim N(0.5, 0.1)$ 表示座椅靠背对病毒传播的阻碍作用,R 即代表两座位间相隔的靠背数量。最后,$p_{\mathrm{mask}} \sim N(0.7, 0.075)$ 代表口罩有效阻隔效率。为建模不同地区的口罩佩戴情况,本小节采用纽约时报的口罩佩戴情况调研数据[327],将佩戴口罩频率作为 p_{mask} 的乘子。

基于 $V_{S_1,S_2}^{e_1}$,可通过式(9.52)计算感染者位于座位 S_1,60 min 航班对实体 e_2 的平均感染风险。最后,通过对航班所有座位取平均,可借助式(9.53)得到实体 e_1 单个阳性患者感染实体 e_2 的平均风险 $\beta_{e_1 e_2}$。对于一条经过航班 f_1, f_2 的感染路径 $i—j—k$,可计算其感染概率为 $\beta_i^0 \tau_{ij}^{f_1} \beta_i \tau_{jk}^{f_2} \beta_j$,其中,每个实体的人数 N_i 可用于评估群体的感染风险,在本例中,即实体 i 的初始感染人数为 $\beta_i^0 \cdot N_i$。驾驶舱的机组人员默认坐在飞机前部,因此可对应计算对机组(C)和旅客(P)间的传染概率水平,即 C2C、C2P、P2C 和 P2P。由于数据的限制,本章未考虑客舱乘务员与旅客的直接接触造成的疾病传播事件。

相对于开源的城市/县新冠疫情新增和现存病例数据,较难从公开渠道获取飞机上新冠病毒感染传播的相关数据,这些数据包含具体座位号、界定初始病例、二次感染病例和旅客的个人特征信息[328]。航空公司则相对较容易获取和存储这类数据,特别是和客舱乘务员相关的数据,因此未来的研究可基于更为完备的数据对疾病传播模型的参数进行调整校正。根据已有研究,广泛传播的奥密克戎毒株的基本传染数 R_0 是德尔塔毒株的 3.19 倍[329],而本章中的机上感染概率预测模型参数估计采用的是 2020 年 Barnett 等人[319]的相关病例数据,因此调整其 beta 分布为 $\pi_0 \sim \mathrm{Beta}(3.195\ 20)$;此外通过非线性最小二乘估计,设置 $k_1 = 0.814$,进而建模航班飞行时间对疫情传播感染的影响。

为刻画旅客的初始感染概率水平,采用约翰·霍普金斯大学的县级新冠病毒确诊数据集[330],求得各机场所在县的新冠疫情感染率水平(过去七天内新增患者与人口之比)。而为评估机组初始感染率,可基于突发事件如一个或多个机组报告阳性并根据其历史排班计划构建完整的疾病传播网络,从而通过路径搜索算法得到初始机组期望感染概率。

基于上述航班计划数据,可构建一系列囊括航空公司中小规模机队的算例。表 9-2 给出了生成算例的特征,包括:航班数、飞机数、平均飞行时间(min)及旅客行程数。对应的航空公司机场网络如图 9-8 所示,其中连边粗细代表对应航段上的航班频次高低,方框文字为机场的 IATA 代码。

表 9-2 实验算例特征汇总

ID	航 班	机 组	飞 机	机 场	飞行时间/min	旅客行程
N1	81	69	27	35	149	84
N2	123	99	43	45	145	139
N3	159	124	58	50	147	189
N4	192	146	74	52	147	206
N5	211	158	93	52	152	234
N6	230	172	93	52	153	281

研究建立四类不正常运行场景:机场临时关闭、飞机机械故障、机组未及时到位和机组成员确诊感染新冠病毒(旅客行程初始感染率由前述美国各县新冠疫情确诊病例数据设定)。历史文献对前三类不正常场景研究较多,而第四类场景则为本章所要研究的典型应用场景。研究为每个算例随机生成了三种(SC1,SC2 和 SC3)混合四类扰动场景的综合式验证场景。其中,机场关闭场景随机关闭 DFW 机场(美国航空的枢纽机场)3～6 小时;飞机故障场景随机挑选一架飞机经历 1～12 小时的机械故障;机组不到位场景随机挑选 1%～10%的机组成员延迟 20 min～12 小时到位;最后,机组成员确诊场景挑选 1%～10%的机组成员在起飞前一天确诊感染新冠病毒(阳性)。同时假定前一天一班航班的 1%～10%旅客确诊阳性,进而影响部分机组成员的确诊概率。因此,基于三天内的机组计划和旅客行程可构建疾病传播网络,其中从虚拟终止节点到确诊病例(机组/旅客)的终止节点的连边权重为 ln 1=0。通过在反向图上进行无环最短(长)路搜索,可得到机组成员的初始感染概率(即在机组成员初始节点上的距离值)。

本章涉及多个参数以权衡航空公司不正常航班恢复决策的整体经济效益和社会效益,其中根据 Arıkan 等人研究,设置航班延误成本为 $tc_f^2 = \sum_{i \in I_f} D_i \times 1.024\,2$ 以估计旅客行程延误成本(为保证计算效率,不具体建模个体旅客的延误成本)[254];根据旅客历史平均票价,设置未分配旅客(退票)成本为 $tc_f^4 = \$457.8$,因此不再额外为航班取消分配相关成本,即 $tc_f^1 = 0$;参考 Petersen 等人文献[255],设置置位成本为 $tc_f^3 = \$1\,000$。

机上感染事件可导致相关航班延误、取消,航空公司进而可能因机组短缺而启用运

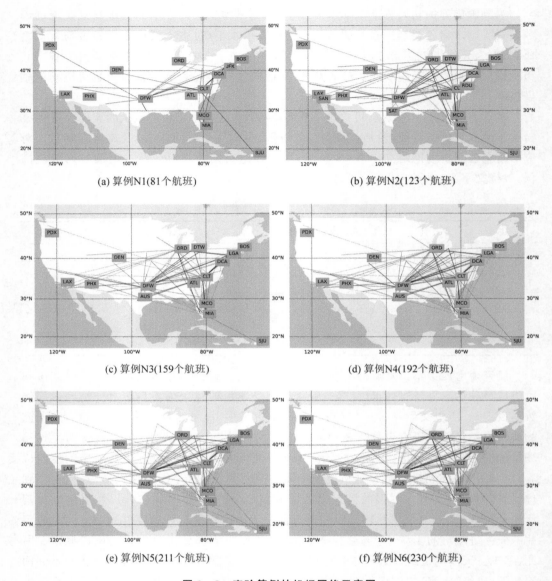

(a) 算例N1(81个航班)

(b) 算例N2(123个航班)

(c) 算例N3(159个航班)

(d) 算例N4(192个航班)

(e) 算例N5(211个航班)

(f) 算例N6(230个航班)

图 9 - 8   实验算例的机场网络示意图

营成本更高的后备机组[331]。虽然在参考文献[262]的研究中将后备机组的使用成本设置为单位延误时间成本的 25 倍,但这一参数值忽略了在机组感染并康复期间可能出现的机组短缺和航班取消,因此本小节将其设置为 Arıkan 等人文献研究中的航班取消成本 $tc_c^5 = \$ 20\,000$[254]。针对这一参数的取值与运行效率和感染风险的分析将在第 9.3.4 小节详细讨论。而对旅客感染新冠病毒的社会成本,本小节参考 Luttmann 选取旅客在机场滞留的补偿费用($\$ 42.7$/小时)作为旅客时间价值[332],进而估计两周康复期[333]的感染成本为 $tc_i^5 = D_i \cdot 14\,347$。

最后,可设置分布式鲁棒优化模型的样本数 N 为 50,从而构建经验分布。根据样本外的验证实验结果,进一步设置 Wasserstein 距离模糊集的距离参数 θ 为 0.5,从而可较好地贴近真实分布。

9.3.2 数值结果

本小节针对 18 种结合不同规模算例和运行扰动场景的恢复问题进行数值实验,重点比较分支切割算法及大邻域搜索算法的性能差异。本实验设置航班连接网络的衔接参数 φ 为 50 min,各飞机/机组连接网络的最大连边数设置为 500(采用 Arıkan 等人文献[254]中的网络规模控制算法),最大求解时间设置为 30 min。

实验结果汇总如表 9-3 所列,相关数据项包括约束数、变量数、目标函数值、求解时间和算法生成的割数量,实验还报告了大邻域搜索算法的目标函数值与分支切割算法目标值之间的相对解间隙,即 $\dfrac{\mathrm{Obj}_2 - \mathrm{Obj}_1}{\mathrm{Obj}_2} \times 100\%$ 。

表 9-3 基于分支切割和大邻域搜索算法的 PAIR 模型求解

序号	算例	场景	约束数	变量数	分支切割			大邻域搜索			解间隙/%
					目标值	时间/s	割	目标值	时间/s	割	
1		SC1	5 373	4 347	1 364 136.25	1.69	259	1 364 136.25	1.84	259	0.00
2	N1	SC2	5 402	4 347	1 515 235.19	0.57	174	1 515 235.19	0.64	174	0.00
3		SC3	5 383	4 349	1 542 879.54	1.89	286	1 542 879.54	2.08	286	0.00
4		SC1	12 240	10 089	1 448 413.56	1 800.00	769	1 448 417.28	172.84	873	0.00
5	N2	SC2	12 669	10 489	1 026 094.65	144.66	629	1 026 094.66	130.30	776	0.00
6		SC3	11 687	9 593	1 436 958.78	1 800.00	570	1 436 966.28	165.07	637	0.00
7		SC1	18 864	15 344	1 737 370.68	1 800.00	985	1 758 943.38	187.06	936	1.24
8	N3	SC2	19 433	15 970	1 450 262.27	1 800.00	1 160	1 449 935.74	421.61	1 268	−0.02
9		SC3	19 596	16 070	1 657 257.41	1 800.00	1 375	1 671 821.05	335.65	1 455	0.88
10		SC1	30 807	25 820	1 841 288.32	1 800.00	676	1 858 961.59	498.54	921	0.96
11	N4	SC2	30 832	25 820	1 834 082.75	1 800.00	774	1 849 601.55	629.82	1 212	0.85
12		SC3	26 316	21 713	2 589 018.32	1 800.00	775	2 589 018.29	265.39	734	0.00
13		SC1	36 997	31 073	2 798 900.44	1 800.00	1 360	2 800 866.87	460.52	1 924	0.07
14	N5	SC2	36 920	31 073	2 084 830.84	1 800.00	602	2 094 397.87	443.41	807	0.46
15		SC3	34 607	28 974	2 610 440.84	1 800.00	1 342	2 606 094.51	874.44	1 481	−0.17
16		SC1	36 331	30 267	3 283 965.87	1 800.00	367	3 323 532.87	504.50	347	1.20
17	N6	SC2	43 169	36 377	2 445 783.73	1 800.00	692	2 486 347.47	840.17	1 964	1.66
18		SC3	43 098	36 377	2 237 511.61	1 800.00	2 085	2 215 832.83	937.71	2 327	−0.97

表 9-3 表明,模型的变量数及约束数随算例规模的增大而稳步增加,对应的分支切割算法求解时间则快速延长,虽然在部分问题上分支切割算法具备求解精度优势,但对于较大规模的恢复问题(从算例网络 N3 开始),其求解时间均超过半个小时。一方面,考虑到不正常航班恢复问题对求解算法的实时性有较高的要求,单一分支切割算法不太适用于大中规模航空公司的实时恢复决策支持。另一方面,大邻域搜索算法可在 15 min 内求解所有实例,且解间隙不超过 1.7%。从生成的割数目来看,大邻域搜索算法可快速求解各类邻域子问题,因此生成的割数目显著多于分支切割算法,从而更易寻找到各类疾病传播途径,加快算法的收敛速度。对上述实验结果采用二次多项式进行拟合,按不同航班量算例对应求解时间的延长趋势,对于包含超过 200 架飞机的大规模一体化不正常航班恢复问题,大邻域搜索算法的求解时间可控制在 2 h 左右。因此,大邻域搜索算法可有效求解 PAIR 模型,为突发公共卫生事件下航空公司不正常航班恢复提供决策支撑。

9.3.3 关键参数灵敏度分析

现有研究工作深入探究了航班取消和延误对航空公司运行影响的经济成本,但尚未有研究涉及机组感染流行病对航空公司运行的经济影响。同时,模型中的参数 θ 调控了基于 Wasserstein 距离的模糊集的大小,当 $\theta \to 0$ 时,模型完全依据疫情传染风险的经验分布恢复计划,从而带来过拟合风险。而 θ 增大时,则无法充分获得经验分布的信息。因此本小节针对相关的成本参数进行了灵敏度分析,确定机组感染成本参数和模糊集距离参数的合理取值范围。

为选择合理的机组感染成本 tc_c^5,本小节首先计算确保无机组感染的最小成本。考虑机组的执勤期约束要求机组一天执飞不超过 4 班航班,而取消一班航班可能的最大损失为所有旅客均未分配(退票)的费用,因此最高费用可设置为 $4tc_c^4 \cdot S$,但上述成本过高且高于其他运行恢复成本,会产生过于保守的解,因而本小节设置基准成本为 $tc_c^5 = 80\,000 \approx tc_c^4 \cdot S$,并基于算例网络 N5 和随机的机组不正常场景(机组不及时到位,机组报告感染)展开一系列灵敏度实验。其中,Fraction 参数表示相对基准值的比例(即 $tc_c^5 = 80\,000 \cdot \text{Fraction}$),参数值取值范围为 $[0,2]$。相关实验结果汇总为一系列指标,包括:感染路径长度(传播路径中涉及的实体和航班对数量)、期望感染人数(机组与旅客)、取消航班量、航班延误时间、旅客行程取消数(因航班取消及中转时间不足)及未分配的旅客数。

计算结果汇总如图 9-9 所示,其中柱状图统计了不同机组感染成本下的航班延误与取消归一化值,归一化值由具体的取消航班数(取值范围:17~25)或航班延误时间(取值范围:216~403 min)除以各自最大值计算得到,而折线图则报告了预期感染人数的变动情况。由图中可看出,在感染成本为零时,预期感染人数高达 44 人次,而提高机组感染疾病成本有助于大幅降低整体的机上疾病传播风险,并且当 Fraction > 0.5 时,持续增加感染成本带来边际效应较小。因此,其较为合理的取值区间为 $[0.1, 0.5]$,而前述实验参数取值 $tc_c^5 = 20\,000$ 可以在维持较高服务水平的同时有效减少机上疾病传播。

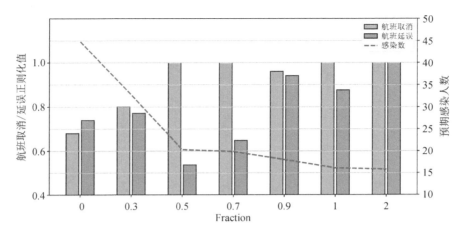

图 9 - 9　机组感染成本对航空运行及实体感染人数的影响

　　进一步可视化 PAIR 模型得到恢复方案在不同感染费用下的疾病传播路径如图 9 - 10 所示,结果表明,本小节提出的分布式鲁棒优化模型在降低疫情传播方面效果较好。其中红线表示疾病传播涉及的航班,着色亮度与感染概率呈正相关关系。随着感染成本的提高,恢复方案显著缩小了疫情的传播范围,涉及的感染也基本仅集中于三个枢纽机场。

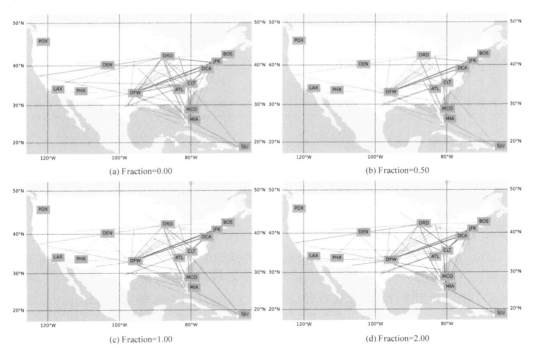

图 9 - 10　PAIR 模型在不同成本系数下的疾病传播路径

PAIR 模型的主要特点之一是采用了分布式鲁棒优化建模感染概率不确定性,对比易导致过拟合解的随机规划方法,该方法较好地刻画了真实分布与经验分布的差异性。基于上述不正常航班算例,本小节为每个机组和旅客行程生成 1 000 个感染概率 $\hat{\alpha}$ 样本作为样本外验证数据。

一般来说,当 $\theta = 0$ 时,分布式鲁棒优化忽略了分布的模糊性,实质上简化为样本平均近似法。相关样本外实验结果如表 9-4 所列,其中第 2~6 列分别汇总了参数值、取消航班数量、航班延误时间、由于航班取消或中转时间不足而取消的旅客行程数和预期感染人数;后 4 列则统计了机组和旅客感染概率的分布情况。

表 9-4 表明,预期感染人数随距离参数 θ 的增大整体呈先降后升的趋势。当 $\theta = 0.4$ 时,总体感染率较低,但相应的航班取消及延误水平较高因而运行成本也较高。同时,在这一标准下,感染概率分布在 0.2~0.4 区间的旅客/机组也较少,因此分布式鲁棒优化可缩小经验分布与真实分布之间的差距,同时计算复杂度适中。因此,默认参数设置 $\theta = 0.5$ 是降低过拟合风险的较好选择。

表 9-4　距离参数 θ 的灵敏度分析实验数据

θ	取消航班	延误/min	取消行程	感染人数	感染概率分布/%			
					[0.0,0.2)	[0.2,0.4)	[0.4,0.6)	[0.6,1]
0.0	18	261	23	74.33	84.58	6.91	0.01	7.62
0.2	17	298	22	67.29	83.29	7.50	0.02	9.19
0.4	20	321	25	38.94	90.59	5.29	0.00	4.14
0.6	18	331	22	61.87	86.15	6.53	0.00	7.32
0.8	18	497	23	68.21	85.79	6.76	0.01	7.45
1.0	19	375	23	74.59	85.78	6.85	0.00	7.37

9.3.4　模型性能评估

上述实验结果论证了优化机上疾病传播的必要性,本小节聚焦于不确定建模的有效性研究,即相比于其他替代性方案,分布式鲁棒优化的突出优势。因而选取了一个确定性模型(DETER)及鲁棒优化模型(RO),并针对航空公司运行效率及疾病传播扩散因素展开分析。

目前,航空公司针对机组感染的常见做法是采取隔离运行的方式,减少风险机组与其他机组及旅客的接触[334]。为构建基于这一策略的确定性模型(记为 DETER),本小节为每个机组和实体(机组/旅客行程)的组合引入额外的决策变量 $p_{c,e} \in \{0,1\}$,该变量在机组 c 与实体 e 搭乘同一班航班时取 1,否则取 0。随后,可定义额外的部分约束如下:

$$\eta_e \geqslant \beta_c^0 \bar{\beta} p_{c,e} \quad \forall c \in C, \zeta_{c,e} = 1 \tag{9.54}$$

$$p_{c_1,c_2} \geqslant y_f^{c_1} + y_f^{c_2} - 1 \quad \forall f \in F \tag{9.55}$$

$$p_{c,i} \geqslant y_f^c + s_i - 1 \quad \forall f \in F, i \in I_f \tag{9.56}$$

约束式(9.54)计算了实体 e 与风险机组 c 接触后的风险概率值,其中 β_c^0 为机组 c 的初始概率,$\bar{\beta}$ 为经验分布中感染疾病的平均概率值。$0-1$ 参数 $\zeta_{c,e}$ 在 $\beta_c^0 > \beta_e^0$ 时取 1,否则取 0,即鼓励风险较高的机组和旅客隔离运行。约束式(9.55)和式(9.56)则分别针对机组与机组、机组与旅客两种情况枚举共同乘坐任意航班的情形,确保变量 $p_{c,e}$ 的下界。对于最小化问题,该模型在不约束变量 p 上界的情形下仍能保证取到最优解。

基于相同的算例设置,针对 DETER 模型的机组感染成本参数进行了一系列实验以直观比较其与 PAIR 模型的异同,实验结果如图 9-11 所示。虽然确定性恢复模型客观上降低了高风险机组人员与其他低风险机组和旅客的密切接触频次,但由于其部分忽视了具体的疾病传播途径建模及由旅客引发的感染风险,得到的不正常航班恢复方案感染率较高,特别是在 Fraction $\leqslant 0.5$ 时感染率甚至略有升高。具体来说,在预设的机组恢复成本 Fraction $= 0.25$($tc_c^5 = 20\,000$)时,PAIR 模型的预期感染人数要比 DE-TER 模型低超过 45%,但两模型在感染人数上的差距因风险机组的利用率较低而在感染成本较大时较小。此外,当 Fraction $\leqslant 1$ 时,DETER 模型在航班延误水平上也较 PAIR 模型更高而航班取消比例则略低。总体来看,基于风险机组隔离策略的确定性模型无法很好地建模疫情传播风险,平衡运行效益与感染率,而需合理建模感染传播过程的不确定性。

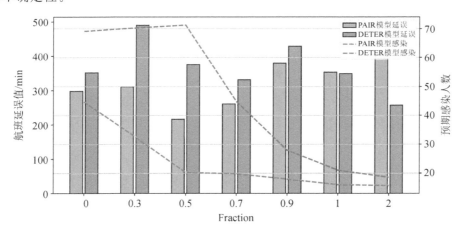

图 9-11　DETER 模型与 PAIR 模型解对应的航班延误与机上感染

本小节建立了一类不依赖于分布假设的鲁棒优化模型,该 RO 模型旨在根据预算不确定集(budget uncertainty set)内的最大感染成本得到不正常航班恢复方案。在给定疾病传播路径 r 时,对应的感染成本可表示为如下问题。

$$\max \sum_{i \in r} \alpha_i \tag{9.57}$$

$$\alpha_i \in [\alpha_i^L, \alpha_i^U] \quad \forall i \in r \tag{9.58}$$

$$\sum_{i \in B_l} \alpha_i \leqslant b_l \quad \forall l \in L \tag{9.59}$$

类似 Gounaris 等人研究的构造方法[335]，该不确定集根据机组与旅客始发机场的地理位置划分为 $|L|$ 个预算约束，表明在集合 B_l 涉及的机组/旅客行程的对数感染概率不超过特定的上界 b_l。基于相关经验分布数据，可获得每个实体对数感染概率的上下界 α^L,α^U 及平均值 α^0 和方差 σ^L。在此基础上，根据李亚普诺夫中心极限定理，采用 $\sum_{i\in B_l}\alpha_i^0 + \Phi^{-1}(\gamma)\sqrt{\sum_{i\in B_l}\sigma_i^2}$ 以估计 b_l[336]。其中，$\Phi^{-1}(\gamma)$ 为标准正态分布的逆累积概率分布函数。根据线性对偶定理，模型式(9.57)～式(9.59)的闭式解可计算为：

$$\sum_{i\in r}\alpha_i^U - \sum_{l\in L}\max\left\{0,\ \sum_{i\in r\cap B_l}(\alpha_i^U-\alpha_i^L)-\left(b_l-\sum_{i\in B_l}\alpha_i^L\right)\right\} \tag{9.60}$$

因而求解算法中可采用式(9.60)替换多标签算法中的分布鲁棒优化公式(9.35)以计算对应感染概率值。考虑到 γ 的减小直接对应于 b_l 的减小，且不确定集维度 $|B_l|$ 的变化对应于历史数据的利用率，本小节的对比实验在前述样本外测试数据的基础上选取两个 γ 值和三个 $|B_l|$ 值(不确定集维度)以确定合适的鲁棒性参数，相关结果如表 9-5 所列。

表 9-5　针对 RO 模型不同参数的计算结果

γ	$|B_l|$	取消航班	延误/min	取消行程	感染人数	感染概率分布/%			
						[0.0,0.2)	[0.2,0.4)	[0.4,0.6)	[0.6,1]
0.6	2.0	22	393	27	25.19	93.26	5.78	0.00	0.00
	4.0	29	282	35	16.63	95.96	4.04	0.00	0.00
	8.0	31	416	36	15.28	97.00	3.00	0.00	0.00
0.9	2.0	27	345	32	22.87	94.74	3.94	0.01	1.32
	4.0	33	329	40	13.51	96.97	3.03	0.00	0.00
	8.0	31	344	37	15.36	95.60	4.40	0.00	0.00

样本外结果表明，预测感染人数随距离参数 θ 的增大整体呈先降后升的趋势。当 $\theta=0.4$ 时，总体感染率较低，但相应的航班取消及延误水平较高因而运行成本也较高。同时，在这一标准下，感染概率分布在 $0.2\sim0.4$ 区间的旅客/机组也较少，因此分布式鲁棒优化可缩小经验分布与真实分布之间的差距，同时计算复杂度适中。

随后，为刻画鲁棒优化模型(RO)在本问题上的效果，还进行了 6 次实验以探究参数 $\gamma,|B_l|$ 的影响，实验结果如表 9-5 所列。由实验结果可看出，随着 $|B_l|$ 和 γ 的增加，不确定约束右端项 b_l 进一步增大，进而有助于获得更为鲁棒的恢复方案。虽然与 DRO 比，RO 方法可获得感染风险更低的恢复策略，但其方案明显更为保守，航班的取消和延误水平均较高。例如，当 $\gamma=0.6$，$|B_l|=8$ 时，得到恢复方案的预期感染人数与 DRO 方法在 Fraction=2.0，$\theta=0.5$ 时相近，但其取消的航班数量则明显高于后者。因此，在兼顾运行效率与感染风险的考量下，分布式鲁棒优化相比样本平均近似和鲁棒优化方法具有更好的性能。

9.3.5 感染中断的量化影响分析

从航空公司运行调控的角度出发,降低机组和旅客的机上感染风险需有针对性地调整飞机/机组航班计划并重新规划旅客行程,因此了解与机组或旅客感染相关的不正常情形对航班运行的定量影响至关重要。基于 N5 算例以及机场关闭与飞机机械故障的不正常航班运行场景,本小节分别对比分析了不同数量的机组与旅客感染对实际航班恢复决策的影响。为确保对比实验的公平性,当随机抽取 n 名机组成员作为感染者时,考虑到成本参数 tc_c^5 和 tc_i^5 之间的差异性,相应的旅客感染场景应选择 $\dfrac{tc_i^5}{D_i \cdot tc_c^5} n$ 名旅客作为感染者,并计算相应的初始感染概率值 β^0。在图 9 - 12 中展示了 5 次对比实验的计算结果,分别对应于 5(7)、10(14)、5(7)、20(28)、30(42) 名机组(旅客)感染。柱状图代表取消航班所占的航班比例(无感染情形对应的基准取消比例为 6.63%),而虚线则表征模型的目标函数变化情况。

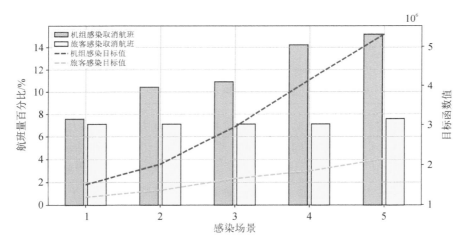

图 9 - 12 机组与旅客感染中断的计算结果比较

在航空公司面临其他常见运行扰动场景需要恢复时,有必要充分了解、考虑疫情传播风险给航空公司带来的额外成本。为研究这一问题,本小节在算例 N5 的基础上,预设了三大类运行不正常风险并叠加比较了无机组感染、10 名机组感染和 20 名机组感染的情景,从而得以量化疾病传播风险带来的额外运行成本。

① 枢纽机场关闭 3 h。

② 5 架飞机出现 1~12 h 的机械故障。

③ 10 名机组成员到位时间推迟了 20 min~12 h。

表 9 - 6 汇总了实验的计算数据,除前述的评价指标外,本小节还引入了两类量化指标用来刻画有机组感染情形下飞机/机组路径与无感染情形下的相似度。基于恢复方案中每架飞机/每个机组执行航班的实际起飞时间、起飞机场、降落时间和降落机场

构成的路径,定义通用的压缩器(Z)并构建后缀树进而可计算不同路径 r_1,r_2 间的正则化

压缩距离(Normalized Compression Distance,NCD)$\dfrac{Z(r_1r_2)-\min\{Z(r_1),Z(r_2)\}}{\max\{Z(r_1),Z(r_2)\}}$[233]。

随后,可计算路径 r_1 的 NCD 值为 $\max_{r_2}\{\text{NCD}_{r_1,r_2}\}$。

表 9-6 机上感染与其他不正常航班场景的比较分析

实 例	目 标	感染场景	取消航班	延误/min	取消行程	飞机相似度	机组相似度
1		—	15	502	19	1.00	1.00
2	机场	10 名机组	18	441	24	0.87	0.86
3		20 名机组	23	517	29	0.86	0.84
4		—	22	320	26	1.00	1.00
5	飞机	10 名机组	25	312	30	0.85	0.85
6		20 名机组	28	512	33	0.83	0.83
7		—	21	425	28	1.00	1.00
8	机组	10 名机组	26	495	33	0.83	0.85
9		20 名机组	31	329	38	0.84	0.86

结果表明,机组的感染不会对其他不正常情形的恢复方案产生很大的影响,新方案适度增加了航班的延误和取消(同比增长 13%～53%)以切断疾病传播链条,相关的航班取消与延误新增比例如图 9-13(a)所示。其中,第 6 个实例为保持原有飞机和机组航班计划,减少机组人员互换导致的疾病传播而维持了较高的延误水平(相比无感染情形增长 60%)。而在实例 9 中,机组人员的短缺导致大范围航班取消。此外,图 9-13(a)中还进一步记录了旅客至机组/机组至旅客的疾病传播发生的次数。可注意到,对于机组相关的中断场景,由于机组资源的短缺,同时其和旅客的接触机会更多,对应的疾病传播次数也因而更高。此外,旅客行程通常涵盖几十至上百名旅客,因此其传播疾病的能力要显著高于单一机组成员,相较而言机组感染旅客的概率小。

最后,平均机组/飞机路径的相似度数据表明,额外考虑感染的恢复方案与原始恢复方案的差异性在合理范围内。由图 9-13(b)可以看出,实例 9 对应的机组路径相似度因感染机组数目增加、解空间缩小而高于实例 8。综合考虑机组/旅客感染和其他不正常运行场景并不会大幅改变当前航空公司不正常航班的恢复策略,但航空公司需在航空疫情产生早期尽快控制总体感染水平,从而避免大范围感染传播造成的运行效率低下。

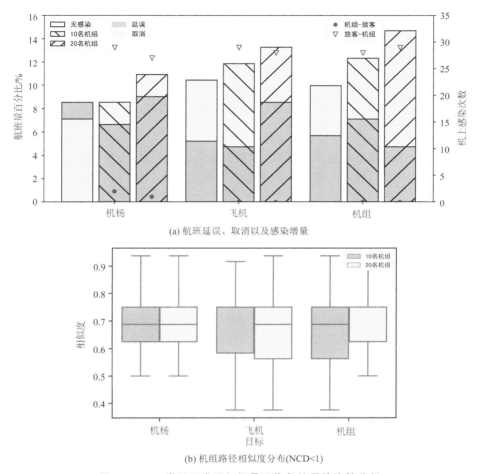

(a) 航班延误、取消以及感染增量

(b) 机组路径相似度分布(NCD<1)

图 9 - 13　9 类不正常运行场景下恢复结果的比较分析

9.4　小　结

　　本章在大规模公共卫生安全事件发生的背景下解决了航空公司不正常航班恢复问题,以降低机组与旅客机上感染与传播疾病的风险。问题对应的优化模型整合了飞机恢复、机组恢复与旅客恢复决策,并采用基于 Wasserstein 距离的模糊集建模感染概率的不确定性。为降低模型规模并求解这一不确定性模型,设计了综合分支切割和大邻域搜索的混合求解算法,以动态添加疾病传播感染路径。根据美国实际疫情感染数据和预设的机上感染场景展开实证分析,结果表明所提出的 PAIR 模型在降低感染风险方面对比确定性隔离运行模型具有明显优势,且得到的恢复计划不易过拟合或过保守。此外,针对疫情传播风险的恢复计划不会显著改变航空公司飞机/机组航班计划,因而能够为航空公司平衡运行效率与公共卫生安全提供一定的决策支持。

第 10 章　航空网络设施选址与运营优化总结及展望

　　近年来,我国民航运输业发展迅猛,客货运输量规模连续 15 年稳居世界第二,机队和航线规模逐步扩大,但我国航空公司的运行效率与资源利用率仍有待提升,特别是受到航班延误、高铁竞争等各类不确定复杂环境的影响,大中型航空公司的服务水平和盈利水平较欧美规模相近的航空公司仍有一定的差距。我国日益增长的旅客/货邮运输需求与当前不合理的航空网络规划极大地限制了民航业的进一步发展。对此,基于枢纽—辐射结构并考虑多种因素和其他交通模态的枢纽选址航空网络规划愈发重要。枢纽—辐射网络运输模式的核心是枢纽间大批量运输可以显著地降低成本,而这一结构在运行的过程中也能给旅客、航空公司、枢纽节点等各方面都带来益处。此外,航空公司的运行效率与正班客座率、飞机人员利用率,以及应对突发扰动的恢复能力等密切相关,因此高效求解针对复杂环境的航空公司运营优化问题极为关键。

　　本书的第一部分按照"全面基准对比—高效算法设计—实际选址验证"的思路,针对 12 类标准枢纽选址问题与 8 种常用求解算法的组合进行编码实现,并利用通用数据集对这些模型和算法的性能进行分析比较;提出基于网络设计的启发式迭代求解算法(HUBBI),以克服大部分常用算法对复杂枢纽选址问题求解拓展性不足的问题;提出基于压缩的高效求解算法(EHLC),以解决常用求解算法对一般枢纽选址问题求解拓展性和通用性欠缺的问题;将枢纽选址问题应用到实际的空铁多模态交通问题中,考虑枢纽容量约束、连边容量约束、枢纽级别、直连边、运输成本和时间、换乘成本和不确定运输需求,提出单配置和多配置空铁多模态枢纽选址模型,使用 Benders 分解算法、变邻域搜索算法、高效压缩算法和迭代网络设计算法来进行求解,在包含 346 个节点的中国交通数据集上验证模型和算法的性能,并分析该算例上的网络拓扑结构。

　　本书的第二部分按照"战略供需匹配—战术鲁棒增强—运行失效响应"的思路,针对航空公司计划运行一体化优化问题进行了完备的建模和求解算法研究,以快速且高质量地制定和恢复航班计划,提高航空公司的收益和资源利用率,增强航班计划抵御竞争和不正常运行风险的能力。相较于传统研究,本书在建模部分突出了一体化特点,结合了两个及以上子问题且细致把握了不同资源间的耦合性关系,如:旅客选择行为与航班频次和票价的非线性关系、航班延误传播和旅客中转间的依赖性、机组航班计划与机上疾病传播的时空传递性。但一体化模型带来的高复杂度和对现有航空公司规划运营模式的潜在重构性影响,使其仍局限于学术界的研究中,尚未实现业界大规模应用。为了解决传统精确分解算法在处理一体化模型时收敛速度慢及启发式算法求解质量无法保障的问题,结合了多种精确算法和启发式算法,在可接受的解间隙范围内(0.2%~

2%),大幅缩短了求解中大规模算例所需的求解时间,相比传统精确算法提速达 1～2 个数量级,进而为航空公司实际运用上述一体化模型解决相关计划与运行优化问题,特别是时效性要求较高的不正常运行恢复问题打下了基础。具体工作总结如下:

① 在对枢纽选址问题模型与算法的调研综述中,考虑了相关文献中出现的各类约束和因素,如单配置/多配置、容量约束/非容量约束、枢纽网络全连接/非全连接、p 枢纽中位问题/建设成本问题等,并最终总结了相关文献中的十二类标准枢纽选址问题(每个问题都有不同变量的两个模型)。同时,对文献中常用的求解算法进行归纳,其中包括 5 个精确算法(CPLEXn3、CPLEXn4、Benders 分解、Lagrangian 松弛、行生成算法)和 3 个启发式算法(变邻域搜索、遗传算法、禁忌搜索),并利用各个算法对上述 12 个枢纽选址问题尽可能多地进行编码求解,并基于求解时间、收敛速度、内存用量、解的模块结构、启发式算法的最优性和不确定性等对各模型算法进行评估。据研究者所知,到目前为止,相关文献中还极少出现针对枢纽选址问题如此规模的实验调研。

② 提出了迭代网络设计算法(HUBBI),以弥补常用算法在复杂枢纽选址问题求解可拓展性(求解更大规模的算例)方面的不足。该算法创造性地提出了枢纽性(hubbiness)的概念,为获得两枢纽解和后续的枢纽网络拓展提供了有力的指导。而算法中的树拓展和环拓展两个操作及逐步拓展枢纽网络的求解框架也为其他枢纽选址问题的求解提供了一个新颖的思路。该算法在实验中表现出的优越性能体现了其在求解复杂枢纽选址问题方面的优势,与原有算法相比,该算法用更短的时间得到了相同质量的解。

③ 提出了一个基于压缩的高效求解算法(EHLC),以弥补常用算法在一般枢纽选址问题求解可拓展性(求解更大的算例)和通用性(求解不同类的问题)方面的不足。该算法的“压缩—求解—重写—再求解”框架可以很容易地被应用于各类枢纽选址问题的求解,在保证解质量的同时大幅缩短了求解时间。该算法突破了传统算法的局限性,在可拓展性和通用性两方面作出了很大贡献,并使用该算法首次为大规模实际交通算例(包含中国 346 个城市)中多模态枢纽选址问题进行了求解。

④ 将枢纽选址问题应用到实际的多模态交通算例中,并考虑了枢纽容量约束、连边容量约束、枢纽级别、直连边、运输成本和时间、换乘成本和不确定运输需求等因素,从而提出了更加完备和贴近实际的航空-铁路多模态枢纽选址模型,弥补了以往研究模型过于简化的不足。本研究使用包含我国 346 个城市的航空-铁路数据集作为案例,并定量分析了直连边上运输成本系数与运输时间标准化系数的取值对所得网络拓扑结构的影响。

⑤ 设计了涵盖综合计划制定、机型指派和定价的动态博弈问题,可针对新成立航空公司及航空公司大规模计划调整等情景,构建准确把控供需关系和竞争关系的航班时刻表,将定价、竞争及基于前景理论的离散选择决策融入整体模型及博弈框架中。上述模型复杂度极高,因此采用了线性化技巧及混合求解算法。相比于分支定界算法和分支定价算法,结合列生成和大邻域搜索的混合算法可在短时间内得到解间隙在 2%范围内的高质量整数解,且算法在无高质量初始解时同样表现较好。针对我国部分航

空市场展开案例分析,实验结果表明,本书提出的计划制定模型框架,可准确预测既有市场的平均机票价格和航班频次趋势,以武汉为枢纽的低成本航空公司可促进航空服务向偏远地区延伸并降低平均票价,同时高速铁路票价对航空公司航线运营规划及消费者剩余价值均有显著影响。

⑥ 在战术规划层面,为航空公司应对航班延误传播的鲁棒排班问题提出了两类优化模型,从而为基于既有时刻表的航班计划调整、飞机维修计划编排提供决策支持,提高航班计划的鲁棒性和服务水平。其中,模型Ⅰ考虑了航班起飞时间调整、直达和中转旅客行程、飞机维修要求和航班延误传播。而扩展模型Ⅱ则进一步包含了可选航班、旅客需求溢出重捕获和旅客衔接错失等因素,因而在提高求解复杂度的同时,具备更为鲁棒的旅客中转规划及飞机路径调整能力。由于两类模型结合了多个 NP 难子问题,且期望传播延误计算具有非线性特征,求解难度极大。针对性地提出了包含多种邻域结构及改进算子的变邻域搜索算法,以快速求解得到高质量可行解(对比分支定界算法,提速达两个数量级)。此外,为克服变邻域搜索算法易陷入局部最优的缺点,将其与精确列生成提升函数相结合以进一步降低最优解间隙。最后,研究基于中国东方航空的实际算例展开了灵敏度分析,论证了模型通过航班复制边调整起飞时间和旅客中转进而提高效益、降低延误等方面的优势,有助于航空公司快速且精准地调整航班计划并提高服务水平。

⑦ 在运行调度层面,为航空公司中等规模的精细化不正常航班恢复,降低航班运行中的疾病传播风险提供了实际建模和求解方案,以保证飞机、机组与旅客计划的一致性。同时在机组和旅客计划决策的基础上,构建疾病传播时空网络以刻画疾病传播途径与感染风险不确定性,对应的分布式鲁棒优化模型(基于 Wasserstein 模糊集)整合了飞机恢复、机组恢复与旅客恢复决策并建模感染概率的不确定性。考虑到感染路径与机组/旅客计划的关联性及高维度,设计了综合分支切割和大邻域搜索的混合求解算法,以动态搜索疾病传播感染路径,降低求解难度。针对新冠肺炎疫情的机上传播展开案例分析,实验结果表明,启发式算法相较于分支切割算法,可在 1.7% 的相对误差下显著缩短模型的求解时间。此外,所提出的不正常航班恢复模型在降低疾病感染风险方面对比确定性隔离运行模型具有明显优势,且得到的恢复计划不易过拟合(对比抽样平均近似)或过保守(对比鲁棒优化)。由于额外考虑机上疫情传播成本对平均航班取消率影响较小,因而不会大幅改变航空公司现行不正常航班恢复决策,从而为航司提高运行效率、保证旅客健康安全提供有力支撑并革新运行理念。

在后续的研究工作中,可以从以下几个方面进一步完善航空网络枢纽选址与运营优化方面的相关问题:

① 在对枢纽选址问题模型与算法的调研综述中,本研究选择了 12 类标准问题,而后续工作中还可以对其他多种枢纽选址问题进行拓展,如不同目标函数问题(利润最大化)[153]、额外的网络元素(直连边)[14],以及其他因素(运输需求不确定性和旅客敏感性参数)[19,154]等。在算法方面,本研究只选择了几个常用的求解算法,未来可以增加更多算法进行比较,如分支定界法[155]等。

② 迭代网络设计算法（HUBBI）通过增加枢纽个数来构造网络，因此该算法所需要的求解时间随着问题所需枢纽个数的增多而增加，在未来的研究中，可能需要对算法进行改进以适应多枢纽情境下的求解。另外，在本研究中 HUBBI 算法被用作求解第 3 章的非全连接枢纽选址问题和第 5 章的不确定需求多配置多模态枢纽选址问题，在未来的研究中，该算法可以被用于更多类型枢纽选址问题的求解。

③ 高效压缩求解算法（EHLC）在本研究中被用于求解 6 类标准枢纽选址问题，但由于其"压缩—求解—重写—再求解"的框架，研究者相信其可以很容易被应用到更多类型问题的求解。在求解压缩网络上的问题后，所得解被重写回原网络并作为再求解的初始解，但却没有对压缩网络上得到的信息进一步地深入利用。在未来的研究中，压缩网络上求解所得到的信息可以被用于帮助原网络上的再求解过程，以进一步缩短求解时间和提高求解质量。

④ 空铁多模态枢纽选址问题模型将广泛的限制因素纳入其中，但其中仍然存在一些局限性。比如，现有模型将运输时间标准化系数设置为一个值，这其实默认了所有旅客均采用相同的"时间成本"认知；在未来的研究中，可以根据人群的收入水平分布来为不同收入的人设置不同的运输时间标准化系数，以此贴近实际情况。同时，现有模型只考虑了运输需求的不确定性；在未来的工作中，其他参数的不确定性因素（如枢纽容量的不确定性等）也值得研究。

⑤ 在对竞争性航空公司计划制定与机型指派问题进行建模时，假设了各旅客行程之间的独立性以简化建模，虽然在构建前景理论的选择参考点时考虑了邻近时段航班或高铁车次的影响，但整体忽视了同一 OD 对不同出行时段旅客行程间的相关性，因此可在后续研究中构建更为精准且考虑出行时刻影响的离散选择模型，并相应地进行模型线性化及求解算法调整。

⑥ 在设计综合式及增量式航班时刻表时，未对旅客需求的不确定性进行建模分析，在机型指派层面可能出现座位虚耗或运力不足的情况，因而可基于历史售票数据构建随机场景或数据驱动的不确定性集，以提高模型针对旅客需求的鲁棒性。此外，由于机组更换飞机所需时间大于飞机最短过站时间，后续的一体化鲁棒排班模型可进一步包含机组排班相关决策，以优化机组更换飞机可能引起的延误传播。

⑦ 本书采用了飞机随机感染预测模型以生成不确定性机组/旅客感染概率，但考虑到飞机上的疫情传播数据，特别是与机组相关的数据较难获得，后续研究可围绕更为准确的预测模型或历史数据构建经验分布模型。考虑到因疾病传播引起的各类出行限制措施对航空旅客出行需求的负面影响，一体化不正常航班恢复模型可进一步拓展为计划排班类模型，以解决公共卫生安全事件下针对旅客需求不确定性的航班计划设计与机型指派模型。

参考文献

[1] Wandelt S, Sun X, Zhang J. Evolution of domestic airport networks: a review and comparative analysis[J]. Transportmetrica B: Transport Dynamics, 2019,7(1): 1-17.

[2] ICAO. The world of air transport in 2019[EB/OL]. (2019)[2023-11-04]. https://www.icao.int/annual-report-2019/Pages/the-world-of-air-transport-in-2019.aspx.

[3] 中国民用航空局. 2019 年民航行业发展统计公报[EB/OL]. (2020-06-13)[2023-11-04]. https://www.icao.int/annual-report-2019/Pages/the-world-of-air-transport-in-2019.aspx.

[4] 中国民用航空局. 2016 年民航行业发展统计公报[EB/OL]. (2017-05-08)[2023-11-04]. http://www.caac.gov.cn/XXGK/XXGK/TJSJ/201705/P020170508406147909874.pdf.

[5] IATA. Airline industry statistics confirm 2020 was worst year on record[EB/OL]. (2021-08-03)[2023-11-04]. https://www.iata.org/en/pressroom/pressroom-archive/2021-releases/2021-08-03-01/.

[6] IATA. Air passenger numbers to recover in 2024[EB/OL]. (2022-03-01)[2023-11-04]. https://www.iata.org/en/pressroom/2022-releases/2022-03-01-01/.

[7] 中国民用航空局. "十四五"民用航空发展规划[EB/OL]. 2022. http://219.238.82.130/cache/8/03/www.caac.gov.cn/2eef0844aac8941a9b6096ec13be7b38/P020220107443752279831.pdf.

[8] 朱金福. 航空运输规划[M]. 西安:西北工业大学出版社,2009.

[9] 中国民用航空局. 民航局关于印发新时代民航强国建设行动纲要的通知[EB/OL]. (2018-11-26)[2023-11-04]. http://www.caac.gov.cn/XXGK/XXGK/ZFGW/201812/t20181212_193447.html.

[10] O'Kelly M E. A quadratic integer program for the location of interacting hub facilities[J]. European journal of operational research, 1987, 32(3): 393-404.

[11] Campbell J F. Integer programming formulations of discrete hub location problems[J]. European Journal of Operational Research, 1994, 72(2): 387-405.

[12] Ernst A T, Krishnamoorthy M. Efficient algorithms for the uncapacitated single allocationp-hub median problem[J]. Location science, 1996, 4(3): 139-154.

[13] Campbell J F, O'Kelly M E. Twenty-five years of hub location research[J/OL]. TransportationScience, 2012, 46(2): 153-169. http://dx.doi.org/10.1287/trsc.

1120. 0410.

[14] de Camargo R S, de Miranda Jr G, O'Kelly M E, et al. Formulations and decomposition methods for the incomplete hub location network design problem with and withouthop-constraints[J]. Applied Mathematical Modelling, 2017, 51: 274-301.

[15] Alumur S A, Kara B Y, Karasan O E. Multimodal hub location and hub network design[J]. Omega, 2012, 40(6): 927-939.

[16] Alumur S A, Kara B Y, Karasan O E. The design of single allocation incomplete hub networks[J]. Transportation Research Part B: Methodological, 2009, 43(10): 936-951.

[17] O'Kelly M E, Campbell J F, Camargo R S, et al. Multiple allocation hub location model with fixed arc costs[J]. Geographical Analysis, 2015, 47(1): 73-96.

[18] Campbell J F, De Miranda G, De Camargo R S, et al. Hub location and network design with fixed and variable costs[C]//System Sciences (HICSS), 2015 48th Hawaii International Conference on. : IEEE, 2015: 1059-1067.

[19] de Sá E M, Morabito R, de Camargo R S. Benders decomposition applied to a robust multiple allocation incomplete hub location problem[J]. Computers & Operations Research, 2018, 89: 31-50.

[20] Ebery J, Krishnamoorthy M, Ernst A, et al. The capacitated multiple allocation hub location problem: Formulations and algorithms[J]. European Journal of Operational Research, 2000, 120(3): 614-631.

[21] Correia I, Nickel S, Saldanha-da Gama F. Single-assignment hub location problems with multiple capacity levels[J]. Transportation Research Part B: Methodological, 2010, 44(8): 1047-1066.

[22] Contreras I, Cordeau J F, Laporte G. Exact solution of large-scale hub location problems with multiple capacity levels[J/OL]. Transportation Science, 2012, 46(4): 439-459. https://doi.org/10.1287/trsc.1110.0398.

[23] Snyder L V, Daskin M S. Reliability models for facility location: the expected failure cost case[J]. Transportation Science, 2005, 39(3): 400-416.

[24] Li X, Ouyang Y. A continuum approximation approach to reliable facility location design under correlated probabilistic disruptions[J]. Transportation Research Part B: Methodological, 2010, 44(4): 535-548.

[25] An Y, Zhang Y, Zeng B. The reliable hub-and-spoke design problem: Models and algorithms[J]. Transportation Research Part B: Methodological, 2015, 77: 103-122.

[26] Yang T H. Stochastic air freight hub location and flight routes planning[J]. Applied Mathematical Modelling, 2009, 33(12): 4424-4430.

[27] Mohammadi M，Torabi S，Tavakkoli-Moghaddam R．Sustainable hub location under mixed uncertainty[J]．Transportation Research Part E：Logistics and Transportation Review，2014，62(Supplement C)：89-115.

[28] Habibzadeh Boukani F，Farhang Moghaddam B，Pishvaee M S．Robust optimization approach to capacitated single and multiple allocation hub location problems[J/OL]．Computational and Applied Mathematics，2016，35(1)：45-60. https://doi.org/10.1007/s403 14-014-0179-y.

[29] de Sá E M，Morabito R，de Camargo R S．Efficient benders decomposition algorithms for the robust multiple allocation incomplete hub location problem with service time requirements[J/OL]．Expert Systems with Applications，2018，93 (Supplement C)：50- 61．http://www. sciencedirect. com/science/article/pii/ S0957417417306802．DOI:https://doi. org/10.1016/j. eswa. 2017.10.005.

[30] Sun X，Zhang Y，Wandelt S．Air transport versus high-speed rail：an overview and research agenda[J]．Journal of Advanced Transportation，2017(1)：8426926.

[31] 中华人民共和国交通运输部. 2019 年铁道统计公报[EB/OL]．北京，2019. https://www. mot. gov. cn/tongjishuju/tielu/202005/t20200511_3323807. html.

[32] Alumur S A，Nickel S，Rohrbeck B，et al．Modeling congestion and service time in hub location problems[J]．Applied Mathematical Modelling，2018，55 (Supplement C)：13 -32．DOI：https://doi. org/10.1016/j. apm. 2017.10.033.

[33] Azizi N，Chauhan S，Salhi S，et al．The impact of hub failure in hub-and-spoke networks：Mathematical formulations and solution techniques[J]．Computers & Operations Research，2016，65：174-188.

[34] de Camargo R S，Miranda G d，Luna H．Benders decomposition for the uncapacitated multiple allocation hub location problem[J]．Computers & Operations Research，2008，35(4)：1047-1064.

[35] Contreras I，Cordeau J F，Laporte G．Benders decomposition for large-scale uncapacitated hub location[J]．Operations research，2011，59(6)：1477-1490.

[36] Pirkul H，Schilling D A．An efficient procedure for designing single allocation hub and spoke systems[J]．Management Science，1998，44(12-part-2)：S235-S242.

[37] Contreras I，Díaz J A，Fernández E．Branch and price for large-scale capacitated hub location problems with single assignment[J/OL]．INFORMS J. on Computing，2011，23(1)：41-55．http://dx. doi. org/10.1287/ijoc. 1100.0391.

[38] Zhang C，Xie F，Huang K，et al．Mip models and a hybrid method for the capac-itated air-cargo network planning and scheduling problems[J]．Transportation Research Part E：Logistics and Transportation Review，2017，103：158-173.

［39］Skorin-Kapov D，Skorin-Kapov J. On tabu search for the location of interacting hub facilities［J］. European Journal of Operational Research，1994，73（3）：502-509.

［40］Silva M R，Cunha C B. New simple and efficient heuristics for the uncapacitated single allocation hub location problem［J/OL］. Computers & Operations Research，2009，36（12）：3152-3165. http://www. sciencedirect. com/science/article/pii/S0305054809000033. DOI：https://doi. org/10. 1016/j. cor. 2008. 12. 019.

［41］Stanimirović Z. A genetic algorithm approach for the capacitated single allocation p-hub median problem［J］. Computing and Informatics，2012，29（1）：117-132.

［42］Damgacioglu H，Dinler D，Ozdemirel N E，et al. A genetic algorithm for the uncapacitated single allocation planar hub location problem［J］. Computers & Operations Research，2015，62：224-236.

［43］Ilić A，Urošević D，Brimberg J，et al. A general variable neighborhood search for solving the uncapacitated single allocation p-hub median problem［J］. European Journal of Operational Research，2010，206（2）：289-300.

［44］Todosijević R，Urošević D，Mladenović N，et al. A general variable neighborhood search for solving the uncapacitated r-allocation p-hub median problem［J/OL］. Optimization Letters，2017，11（6）：1109-1121. https://doi. org/10. 1007/s11590-015-0867-6.

［45］Gelareh S，Nickel S. A benders decomposition for hub location problems arising in public transport［M/OL］. Berlin，Heidelberg：Springer Berlin Heidelberg，2008：129-134. https://doi. org/10. 1007/978-3-540-77903-2_20.

［46］Aykin T. Networking policies for hub-and-spoke systems with application to the air transportation system［J］. Transportation Science，1995，29（3）：201-221. DOI：10. 1287/trsc. 29. 3. 201.

［47］Qu B，Weng K. Path relinking approach for multiple allocation hub maximal covering problem［J］. Computers & Mathematics with Applications，2009，57（11）：1890-1894.

［48］Menou A，Benallou A，Lahdelma R，et al. Decision support for centralizing cargo at a moroccan airport hub using stochastic multicriteria acceptability analysis［J］. European Journal of Operational Research，2010，204（3）：621-629.

［49］杜德林，王姣娥，王祎. 中国三大航空公司市场竞争格局及演化研究［J］. 地理科学进展，2020，39（3）：367-376.

［50］Fu X，Lei Z，Wang K，et al. Low cost carrier competition and route entry in an emerging but regulated aviation market-the case of china［J］. Transportation

Research Part A：Policy and Practice，2015，79：3-16.

［51］中华人民共和国交通运输部. 2021 年铁道统计公报［EB/OL］.（2022-04-28）
［2023-11-04］. https：//www. mot. gov. cn/tongjishuju/tielu/202205/P02022050
7531780768964. pdf.

［52］刘璐. 我国高速铁路对民航客运的影响研究［D］. 北京：北京交通大学，2018.

［53］United States Department of Transportation. On-time performance-reporting
operating carrier flight delays at a glance［EB/OL］.（2020）［2023-11-04］.
https：//www. transtats. bts. gov/homedril lchart. asp.

［54］Hertzberg V S，Weiss H，Elon L，et al. Behaviors，movements，and transmis-
sion of droplet-mediated respiratory diseases during transcontinental airline
flights［J］. Proceedings of the National Academy of Sciences，2018，115(14)：
3623-3627.

［55］Xu Y，Wandelt S，Sun X，et al. Stochastic tail assignment under recovery［C］//
Thirteenth USA/Europe Air Traffic Management Research and Development
Seminar，2019.

［56］O'Kelly M E. The location of interacting hub facilities［J］. Transportation sci-
ence，1986，20(2)：92-106.

［57］Gelareh S，Nickel S. Hub location problems in transportation networks［J］.
Transportation Research Part E：Logistics and Transportation Review，2011，
47(6)：1092-1111.

［58］Gelareh S，Monemi R N，Nickel S. Multi-period hub location problems in trans-
portation［J］. Transportation Research Part E：Logistics and Transportation
Review，2015，75：67-94.

［59］O'Kelly M E. Fuel burn and environmental implications of airline hub networks
［J］. Transportation Research Part D：Transport and Environment，2012，17
(7)：555-567.

［60］Yaman H，Carello G. Solving the hub location problem with modular link ca-
pacities［J］. Computers & Operations Research，2005，32(12)：3227-3245.

［61］Kim H，O'Kelly M E. Reliable p-hub location problems in telecommunication
networks［J］. Geographical Analysis，2009，41(3)：283-306.

［62］O'Kelly M E，Miller H J. The hub network design problem：A review and syn-
thesis［J］. Journal of Transport Geography，1994，2(1)：31-40.

［63］Klincewicz J G. Hub location in backbone/tributary network design：a review
［J］. Location Science，1998，6(1)：307-335.

［64］Bryan D L，O'kelly M E. Hub-and-spoke networks in air transportation：an an-
alytical review［J］. Journal of regional science，1999，39(2)：275-295.

［65］Alumur S，Kara B Y. Network hub location problems：The state of the art［J］.

European Journal of Operational Research，2008，190(1)：1-21.

［66］Farahani R Z，Hekmatfar M，Arabani A B，et al. Hub location problems：A review of models, classification, solution techniques, and applications[J]. Computers & Industrial Engineering，2013，64(4)：1096-1109.

［67］Contreras I，O'Kelly M. Hub location problems[M/OL]. Cham：Springer International Publishing，2019：327-363. https：//doi. org/10. 1007/978-3-030-32177-2_12.

［68］Meyer T，Ernst A T，Krishnamoorthy M. A 2-phase algorithm for solving the single allocation p-hub center problem[J]. Computers & Operations Research，2009，36(12):3143-3151.

［69］Sun X，Dai W，YuZhang，et al. Finding hub median locations：An empirical study on problems and solution techniques[J]. Journal of Advanced Transportation，2017，2017(1)：(9387302).

［70］Wandelt S，Dai W，Zhang J，et al. Towards a reference experimental benchmark for solving hub location problems[J]. Transportation Science，2022,56 (2)：543-564.

［71］Contreras I，Fernández E，Marín A. Tight bounds from a path based formulation for the tree of hub location problem[J]. Computers & Operations Research，2009，36(12):3117-3127.

［72］Ernst A T，Krishnamoorthy M. Exact and heuristic algorithms for the uncapacitated multiple allocation p-hub median problem[J]. European Journal of Operational Research，1998，104(1)：100-112.

［73］Ernst A T，Krishnamoorthy M. Solution algorithms for the capacitated single allocation hub location problem[J]. Annals of Operations Research，1999，86 (0)：141-159.

［74］de Sá E M，Contreras I，Cordeau J F. Exact and heuristic algorithms for the design of hub networks with multiple lines[J]. European Journal of Operational Research，2015，246(1)：186-198.

［75］Cui T，Ouyang Y，Shen Z J M. Reliable facility location design under the risk of disruptions[J]. Operations Research，2010，58(4-part-1)：998-1011.

［76］An Y，Zeng B，Zhang Y，et al. Reliable p-median facility location problem：two-stage robust models and algorithms[J]. Transportation Research Part B：Methodological，2014，64：54-72.

［77］Ghaffari-Nasab N，Ghazanfari M，Saboury A，et al. The single allocation hub location problem：a robust optimisation approach[J]. European Journal of Industrial Engineering，2015，9(2)：147-170.

［78］Calık H，Alumur S A，Kara B Y，et al. A tabu-search based heuristic for the hub covering problem over incomplete hub networks[J]. Computers & Operations Research, 2009, 36(12): 3088-3096.

[79] Karimi H. The capacitated hub covering location-routing problem for simultaneous pickup and delivery systems[J]. Computers & Industrial Engineering, 2018, 116: 47-58.

[80] Peiró J, Corberán Á, Martí R. GRASP for the uncapacitated r-allocation p-hub median problem[J]. Computers & Operations Research, 2014, 43: 50-60.

[81] Ernst A T, Hamacher H, Jiang H, et al. Uncapacitated single and multiple allocation p-hub center problems[J]. Computers & Operations Research, 2009, 36(7): 2230-2241.

[82] Yang K, Liu Y, Yang G. An improved hybrid particle swarm optimization algorithm for fuzzy p-hub center problem[J]. Computers & Industrial Engineering, 2013, 64(1): 133-142.

[83] Bashiri M, Mirzaei M, Randall M. Modeling fuzzy capacitated p-hub center problem and a genetic algorithm solution[J]. Applied Mathematical Modelling, 2013, 37(5): 3513-3525.

[84] Brimberg J, Mladenović N, Todosijević R, et al. General variable neighborhood search for the uncapacitated single allocation p-hub center problem[J]. Optimization Letters, 2017, 11(2): 377-388.

[85] Ghaffarinasab N, Kara B Y. Benders decomposition algorithms for two variants of the single allocation hub location problem[J/OL]. Networks and Spatial Economics, 2019, 19(1): 83-108. https://doi.org/10.1007/s11067-018-9424-z.

[86] Meier J F, Clausen U. Solving single allocation hub location problems on euclidean data[J]. Transportation Science, 2018, 52(5): 1141-1155.

[87] Contreras I, Díaz J A, Fernández E. Lagrangean relaxation for the capacitated hub location problem with single assignment[J/OL]. OR Spectrum, 2009, 31(3): 483-505. https://doi.org/10.1007/s00291-008-0159-y.

[88] Abyazi-Sani R, Ghanbari R. An efficient tabu search for solving the uncapacitated single allocation hub location problem[J]. Computers & Industrial Engineering, 2016, 93: 99-109. DOI: https://doi.org/10.1016/j.cie.2015.12.028.

[89] Rodriguez-Martin I, Salazar-Gonzalez J J. Solving a capacitated hub location problem[J/OL]. European Journal of Operational Research, 2008, 184(2): 468-479. http://www.sciencedirect.com/science/article/pii/S0377221706011647. DOI:https://doi.org/10.1016/j.ejor.2006.11.026.

[90] de Camargo R S, de Miranda G, Luna H P L. Benders decomposition for hub location problems with economies of scale[J]. Transportation Science, 2009, 43(1): 86-97. DOI:10.1287/trsc.1080.0233.

[91] de Camargo R S, Miranda G. Single allocation hub location problem under congestion:Network owner and user perspectives[J]. Expert Systems with Applications, 2012, 39(3): 3385-3391.

[92] Elhedhli S, Wu H. A Lagrangean heuristic for hub-and-spoke system design with capacity selection and congestion[J]. INFORMS Journal on Computing, 2010, 22(2): 282-296.

[93] Fisher M L. The Lagrangian relaxation method for solving integer programming problems[J]. Management science, 2004, 50(12_supplement): 1861-1871.

[94] Thomadsen T, Larsen J. A hub location problem with fully interconnected backbone and access networks[J/OL]. Computers & Operations Research, 2007, 34(8): 2520- 2531. http://www. sciencedirect. com/science/article/pii/ S0305054805003096. DOI:https://doi. org/10. 1016/j. cor. 2005. 09. 018.

[95] Labbé M, Yaman H, Gourdin E. A branch and cut algorithm for hub location problems with single assignment[J]. Mathematical Programming, 2005, 102 (2): 371-405. DOI:10. 1007/s10107-004-0531-x.

[96] Rodríguez-Martín I, Salazar-González J J, Yaman H. A branch-and-cut algorithm for the hub location and routing problem[J]. Computers & Operations Research, 2014, 50:161-174.

[97] Kratica J, Stanimirovic Z, Tosic D, et al. Genetic algorithm for solving uncapacitated multiple allocation hub location problem. [J]. Computing and Informatics, 2005, 24(4): 427-440.

[98] Cunha C B, Silva M R. A genetic algorithm for the problem of configuring a hub-andspoke network for a LTL trucking company in Brazil[J]. European Journal of Operational Research, 2007, 179(3): 747-758.

[99] Peker M, Kara B Y, Campbell J F, et al. Spatial analysis of single allocation hub location problems[J]. Networks and Spatial Economics, 2015: 1-27.

[100] Kratica J, Milanović M, Stanimirović Z, et al. An evolutionary-based approach for solving a capacitated hub location problem[J]. Applied Soft Computing, 2011, 11(2): 1858- 1866. DOI: https://doi. org/10. 1016/j. asoc. 2010. 05. 035.

[101] Corberán Á, Peiró J, Campos V, et al. Strategic oscillation for the capacitated hub location problem with modular links[J/OL]. Journal of Heuristics, 2016, 22(2): 221-244. https://doi. org/10. 1007/s10732-016-9308-7.

[102] Randall M. Solution approaches for the capacitated single allocation hub location problem using ant colony optimisation[J]. Computational Optimization and Applications, 2008, 39(2): 239-261. DOI: 10. 1007/s10589-007-9069-1.

[103] Hoff A, Peiró J, Corberán Á, et al. Heuristics for the capacitated modular hub location problem[J/OL]. Computers & Operations Research, 2017, 86: 94 -

109. http://www. sciencedirect. com/science/article/pii/S0305054817301144. DOI:https://doi. org/10. 1016/j. cor. 2017. 05. 004.

[104] Yaman H. The hierarchical hub median problem with single assignment[J]. Transportation Research Part B:Methodological,2009,43(6):643-658. DOI: https://doi. org/10. 1016/j. trb. 2009. 01. 005.

[105] Gelareh S,Pisinger D. Fleet deployment,network design and hub location of liner shipping companies[J]. Transportation Research Part E:Logistics and Transportation Review,2011,47(6):947-964.

[106] Vidović M,Zečević S,Kilibarda M,et al. The p-hub model with hub-catchment areas,existing hubs,and simulation:A case study of serbian intermodal terminals[J/OL]. Networks and Spatial Economics,2011,11(2):295-314. https://doi. org/10. 1007/s11067-009-9126-7.

[107] Zetina C A,Contreras I,Cordeau J F,et al. Robust uncapacitated hub location[J/OL]. Transportation Research Part B:Methodological,2017,106:393 -410. http://www. sciencedirect. com/science/article/pii/S0191261516308839. DOI:https://doi. org/10. 1016/j. trb. 2017. 06. 008.

[108] Mayer G,Wagner B. Hublocator:an exact solution method for the multiple allocation hub location problem[J]. Computers & Operations Research,2002, 29(6):715-739. DOI:https://doi. org/10. 1016/S0305-0548(01)00080-6.

[109] Kratica J,Stanimirović Z,Tošić D,et al. Two genetic algorithms for solving the uncapacitated single allocation p-hub median problem[J]. European Journal of Operational Research,2007,182(1):15-28.

[110] Dai W,Zhang J,Sun X,et al. HUBBI:Iterative network design for incomplete hub location problems[J/OL]. Computers & Operations Research, 2019, 104: 394-414. http://www. sciencedirect. com/science/article/pii/ S03050548183 02521. DOI:https://doi. org/10. 1016/j. cor. 2018. 09. 011.

[111] Derbel H,Jarboui B,Chabchoub H,et al. A variable neighborhood search for the capacitated location-routing problem[C]//2011 4th International Conference on Logistics. 2011: 514-519. DOI: 10. 1109/LOGISTIQUA. 2011. 5939452.

[112] Topcuoglu H,Corut F,Ermis M,et al. Solving the uncapacitated hub location problem using genetic algorithms[J]. Computers & Operations Research, 2005,32(4):967-984.

[113] Stanimirović Z. Solving the capacitated single allocation hub location problem using genetic algorithm[M] Recent Advances in Stochastic Modeling and Data Analysis. World Scientific,2007:464-471.

[114] Mladenović N,Hansen P. Variable neighborhood search[J/OL]. Computers

&. Operations Research, 1997, 24(11): 1097-1100. DOI: https://doi.org/10. 1016/S0305-0548(97)00031-2.

[115] Çetiner S. An iterative hub location and routing problem for postal delivery systems[D]. Citeseer, 2003.

[116] Sabre Airlines Solutions. Airport Data Intelligence (ADI)[J/OL]. URL: http://www.sabreairlinesolutions.com, 2017.

[117] Figueiredo R M A, O'Kelly M E, Pizzolato N D. A two-stage hub location method for air transportation in Brazil[J]. International Transactions in Operational Research, 2014, 21(2): 275-289.

[118] O'Kelly M E. A clustering approach to the planar hub location problem[J]. Annals of Operations Research, 1992, 40(1): 339-353.

[119] Dai W, Zhang J, Sun X, et al. General contraction method for uncapacitated single allocation p-hub median problems[C]//2017 IEEE Symposium Series on Computational Intelligence (SSCI). 2017: 1-8.

[120] Plastria F. On the choice of aggregation points for continuous p-median problems: A case for the gravity centre[J]. TOP: An Official Journal of the Spanish Society of Statistics and Operations Research, 2001, 9: 217-242.

[121] Francis R L, Lowe T J, Tamir A, et al. A framework for demand point and solution space aggregation analysis for location models[J/OL]. European Journal of Operational Research, 2004, 159(3): 574-585. DOI: https://doi.org/ 10.1016/S0377-2217(03)00433-8.

[122] Emir-Farinas H, Francis R L. Demand point aggregation for planar covering location models[J]. Annals of Operations Research, 2005, 136: 175-192.

[123] Rogers D, Plante R, Wong R, et al. Aggregation and disaggregation techniques and methodology in optimization[J]. Operations Research, 1991, 39(4): 553-582.

[124] Francis R L, Lowe T J, Tamir A. Demand point aggregation for location models[M]//Facility location. : Springer, Berlin, 2002: 207-232.

[125] Francis R L, Lowe T J, Rayco M B, et al. Aggregation error for location models: survey and analysis[J/OL]. Annals of Operations Research, 2009, 167 (1): 171-208. https://doi.org/10.1007/s10479-008-0344-z.

[126] Francis R L, Lowe T J, Tamir A. Aggregation error bounds for a class of location models [J]. Oper. Res. , 2000, 48(2): 294-307. DOI: 10.1287/opre.48. 2.294.12382.

[127] Hillsman E, Rhoda R. Error in measuring distances from populations to service centers [J]. The Annals of Regional Science, 1978, 12: 74-88. DOI: 10. 1007/BF01286124.

[128] Casillas P. Data aggregation and the p-median problem in continuous space[J]. Spatial Analysis and Location-Allocation Models，1987：327-344.

[129] Francis R L，Lowe T. On worst-case aggregation analysis for network location problems [J]. Annals of Operations Research，1993，40：229-246. DOI：10. 1007/BF02060479.

[130] Erkut E，Bozkaya B. Analysis of aggregation errors for the p-median problem [J]. Computers & Operations Research，1999，26(10-11)：1075-1096.

[131] Zhao P，Batta R. An aggregation approach to solving the network p-median problem with link demands[J]. Networks，2000，36(4)：233-241. DOI：10. 1002/(SICI)1097-0037(200005)35：3＜233：：AID-NET7＞3. 0. CO；2-F.

[132] Zhao P，Batta R. Analysis of centroid aggregation for the euclidean distance p-median problem[J]. European Journal of Operational Research，1999，113(1)：147-168. DOI：https://doi. org/10. 1016/S0377-2217(98)00010-1.

[133] Francis R，Lowe T，Rayco M，et al. Exploiting self-canceling demand point aggregation error for some planar rectilinear median problems[J]. Naval Research Logistics (NRL)，2003，50(6)：614-637. DOI：10. 1002/nav. 10079.

[134] Har-Peled S，Kushal A. Smaller coresets for k-median and k-means clustering [J]. Discrete & Computational Geometry，2007，37：3-19. DOI：10. 1007/s00454-006-1271-x.

[135] Torkestani S S，Seyedhosseini S M，Makui A，et al. The reliable design of a hierarchical multi-modes transportation hub location problems (hmmthlp) under dynamic network disruption (dnd)[J/OL]. Computers & Industrial Engineering，2018，122：39-86. http://www. sciencedirect. com/science/article/pii/S0360835218302365. DOI：https://doi. org/10. 1016/j. cie. 2018. 05. 027.

[136] Mokhtar H，Redi A P，Krishnamoorthy M，et al. An intermodal hub location problem for container distribution in Indonesia[J]. Computers & Operations Research，2019，104：415-432. DOI：https://doi. org/10. 1016/j. cor. 2018. 08. 012.

[137] He Y，Wu T，Zhang C，et al. An improved MIP heuristic for the intermodal hub location problem[J/OL]. Omega，2015，57：203-211. http://www. sciencedirect. com/science/article/pii/S0305048315000900. DOI：https://doi. org/10. 1016/j. omega. 2015. 04. 016.

[138] Osorio-Mora A，Núñez-Cerda F，Gatica G，et al. Multimodal capacitated hub location problems with multi-commodities：An application in freight transport [J]. Journal of Advanced Transportation，2020，2020(1)：2431763.

[139] Arnold P，Peeters D，Thomas I. Modelling a rail/road intermodal transportation system [J]. Transportation Research Part E：Logistics and Transportation

Review，2004，40（3）：255-270. DOI：https：//doi. org/10. 1016/j. tre. 2003. 08. 005.

[140] Racunica I，Wynter L. Optimal location of intermodal freight hubs[J]. Transportation Research Part B：Methodological，2005，39（5）：453-477. DOI：https：//doi. org/10. 1016/j. trb. 2004. 07. 001.

[141] Limbourg S，Jourquin B. Optimal rail-road container terminal locations on the european network[J]. Transportation Research Part E：Logistics and Transportation Review，2009，45（4）：551-563. DOI：https：//doi. org/10. 1016/j. tre. 2008. 12. 003.

[142] Gelareh S，Nickel S，Pisinger D. Liner shipping hub network design in a competitive environment[J/OL]. Transportation Research Part E：Logistics and Transportation Review，2010，46（6）：991-1004. http：//www. sciencedirect. com/science/article/pii/S1366554510000578. DOI：https：//doi. org/10. 1016/j. tre. 2010. 05. 005.

[143] Ishfaq R，Sox C R. Hub location-allocation in intermodal logistic networks[J]. European Journal of Operational Research，2011，210（2）：213-230. DOI：https：//doi. org/10. 1016/j. ejor. 2010. 09. 017.

[144] Gelareh S，Pisinger D. Fleet deployment，network design and hub location of liner shipping companies[J]. Transportation Research Part E：Logistics and Transportation Review，2011，47（6）：947-964. DOI：https：//doi. org/10. 1016/j. tre. 2011. 03. 002.

[145] Serper E Z，Alumur S A. The design of capacitated intermodal hub networks with different vehicle types[J/OL]. Transportation Research Part B：Methodological，2016，86：51-65. http：//www. sciencedirect. com/science/article/pii/S0191261516000205. DOI：https：//doi. org/10. 1016/j. trb. 2016. 01. 011.

[146] Ambrosino D，Sciomachen A. A capacitated hub location problem in freight logistics multimodal networks[J]. Optimization Letters，2016，10（5）：875-901.

[147] Yang K，Yang L，Gao Z. Planning and optimization of intermodal hub-and-spoke network under mixed uncertainty[J]. Transportation Research Part E：Logistics and Transportation Review，2016，95：248-266. DOI：https：//doi. org/10. 1016/j. tre. 2016. 10. 001.

[148] Liu L，Yi Z. Robust model for multimodal location of the hazmat under uncertainty [C]//Proceedings of the 2016 2nd International Conference on Artificial Intelligence and Industrial Engineering （AIIE 2016）. NetherLands Amsterdam：Atlantis Press，2016：20-23.

[149] Shang X，Yang K，Jia B，et al. The stochastic multi-modal hub location problem with direct link strategy and multiple capacity levels for cargo delivery sys-

tems[J]. Transportmetrica A: Transport Science, 2021, 17(4): 380-410.

[150] Simini F, González M C, Maritan A, et al. A universal model for mobility and migration patterns[J]. Nature, 2012, 484(7392): 96.

[151] Merakli M, Yaman H. Robust intermodal hub location under polyhedral demand uncertainty[J]. Transportation Research Part B: Methodological, 2016, 86: 66-85. DOI:https://doi.org/10.1016/j.trb.2016.01.010.

[152] Merakli M, Yaman H. A capacitated hub location problem under hose demand uncertainty[J]. Computers & Operations Research, 2017, 88: 58-70. DOI:https://doi.org/10.1016/j.cor.2017.06.011.

[153] Taherkhani G, Alumur S A. Profit maximizing hub location problems[J/OL]. Omega, 2019, 86: 1-15. http://www.sciencedirect.com/science/article/pii/S030504831731068X. DOI: https://doi.org/10.1016/j.omega.2018.05.016.

[154] Alumur S A, Nickel S, da Gama F S. Hub location under uncertainty[J]. Transportation Research Part B: Methodological, 2012, 46(4): 529-543. DOI: https://doi.org/10.1016/j.trb.2011.11.006.

[155] Alibeyg A, Contreras I, Fernández E. Exact solution of hub network design problems with profits[J]. European Journal of Operational Research, 2018, 266(1): 57-71. DOI:https://doi.org/10.1016/j.ejor.2017.09.024.

[156] 朱星辉, 朱金福, 高强. 基于航班纯度的鲁棒性机型指派问题研究[J]. 预测, 2011, 30(1): 71-74.

[157] Berge M E, Hopperstad C A. Demand driven dispatch: A method for dynamic aircraft capacity assignment, models and algorithms[J]. Operations research, 1993, 41(1): 153-168.

[158] Hane C A, Barnhart C, Johnson E L, et al. The fleet assignment problem: Solving a large-scale integer program[J]. Mathematical Programming, 1995, 70(1): 211-232.

[159] Rexing B, Barnhart C, Kniker T, et al. Airline fleet assignment with time windows[J]. Transportation science, 2000, 34(1): 1-20.

[160] Barnhart C, Kniker T S, Lohatepanont M. Itinerary-based airline fleet assignment[J]. Transportation Science, 2002, 36(2): 199-217.

[161] Jacobs T L, Smith B C, Johnson E L. Incorporating network flow effects into the airline fleet assignment process[J]. Transportation Science, 2008, 42(4): 514-529.

[162] Pilla V L, Rosenberger J M, Chen V C, et al. A statistical computer experiments approach to airline fleet assignment[J]. IIE transactions, 2008, 40(5): 524-537.

[163] Barnhart C, Farahat A, Lohatepanont M. Airline fleet assignment with en-

hanced revenue modeling[J]. Operations research，2009，57(1)：231-244.

[164] Liu M，Liang B，Zheng F，et al. Stochastic airline fleet assignment with risk a-version [J]. IEEE Transactions on Intelligent Transportation Systems，2018，20(8)：3081-3090.

[165] Abara J. Applying integer linear programming to the fleet assignment problem [J]. Interfaces，1989，19(4)：20-28.

[166] Rushmeier R A，Kontogiorgis S A. Advances in the optimization of airline fleet assignment[J]. Transportation science，1997，31(2)：159-169.

[167] Ioachim I，Desrosiers J，Soumis F，et al. Fleet assignment and routing with schedule synchronization constraints[J]. European Journal of Operational Research，1999，119(1)：75-90.

[168] Rosenberger J M，Johnson E L，Nemhauser G L. A robust fleet-assignment model with hub isolation and short cycles[J]. Transportation science，2004，38 (3)：357-368.

[169] Ahuja R K，Goodstein J，Mukherjee A，et al. A very large-scale neighborhood search algorithm for the combined through-fleet-assignment model[J]. IN-FORMS Journal on Computing，2007，19(3)：416-428.

[170] Subramanian R，Scheff R P，Quillinan J D，et al. Coldstart：fleet assignment at delta air lines[J]. Interfaces，1994，24(1)：104-120.

[171] Belanger N，Desaulniers G，Soumis F，et al. Periodic airline fleet assignment with time windows，spacing constraints，and time dependent revenues[J]. European Journal of Operational Research，2006，175(3)：1754-1766.

[172] Bélanger N，Desaulniers G，Soumis F，et al. Weekly airline fleet assignment with homogeneity[J]. Transportation Research Part B：Methodological，2006，40(4)：306-318.

[173] Smith B C，Johnson E L. Robust airline fleet assignment：Imposing station purity using station decomposition[J]. Transportation Science，2006，40(4)：497-516.

[174] Pilla V L，Rosenberger J M，Chen V，et al. A multivariate adaptive regression splines cutting plane approach for solving a two-stage stochastic programming fleet assignment model[J]. European Journal of Operational Research，2012，216(1)：162-171.

[175] Cadarso L，de Celis R. Integrated airline planning：Robust update of scheduling and fleet balancing under demand uncertainty[J]. Transportation Research Part C：Emerging Technologies，2017，81：227-245.

[176] Liang Z，Chaovalitwongse W A，Huang H C，et al. On a new rotation tour network model for aircraft maintenance routing problem[J]. Transportation

Science，2011，45(1)：109-120.

[177] Liang Z，Chaovalitwongse W A. A network-based model for the integrated weekly aircraft maintenance routing and fleet assignment problem[J]. Transportation Science，2013，47(4)：493-507.

[178] Clarke L，Johnson E，Nemhauser G，et al. The aircraft rotation problem[J]. Annals of Operations Research，1997，69(0)：33-46.

[179] Haouari M，Shao S，Sherali H D. A lifted compact formulation for the daily aircraft maintenance routing problem[J]. Transportation Science，2013，47(4)：508-525.

[180] Başdere M，Bilge Ü. Operational aircraft maintenance routing problem with remaining time consideration[J]. European Journal of Operational Research，2014，235(1)：315-328.

[181] Safaei N，Jardine A K. Aircraft routing with generalized maintenance constraints[J]. Omega，2018，80：111-122.

[182] Khaled O，Minoux M，Mousseau V，et al. A compact optimization model for the tail assignment problem[J]. European Journal of Operational Research，2018，264(2)：548-557.

[183] Cui R，Dong X，Lin Y. Models for aircraft maintenance routing problem with consideration of remaining time and robustness[J]. Computers & Industrial Engineering，2019，137：106045.

[184] Barnhart C，Boland N L，Clarke L W，et al. Flight string models for aircraft fleeting and routing[J]. Transportation science，1998，32(3)：208-220.

[185] Gopalan R，Talluri K T. The aircraft maintenance routing problem[J]. Operations Research，1998，46(2)：260-271.

[186] Sarac A，Batta R，Rump C M. A branch-and-price approach for operational aircraft maintenance routing[J]. European Journal of Operational Research，2006，175(3)：1850-1869.

[187] Maher S J，Desaulniers G，Soumis F. The daily tail assignment problem under operational uncertainty using look-ahead maintenance constraints[J]. European Journal of Operational Research，2018，264(2)：534-547.

[188] Sun X，Gollnick V，Wandelt S. Robustness analysis metrics for worldwide airport network：A comprehensive study[J]. Chinese Journal of Aeronautics，2017，30(2)：500-512.

[189] Sun X，Wandelt S. Complementary strengths of airlines under network disruptions[J]. Safety science，2018，103：76-87.

[190] Wandelt S，Shi X，Sun X. Estimation and improvement of transportation network robust-ness by exploiting communities[J]. Reliability Engineering &

System Safety，2021，206：107307.

[191] Sun X，Wandelt S. Robustness of air transportation as complex networks：Systematic review of 15 years of research and outlook into the future[J]. Sustainability，2021，13(11)：6446.

[192] Lan S，Clarke J P，Barnhart C. Planning for robust airline operations：Optimizing aircraft routings and flight departure times to minimize passenger disruptions[J]. Transportation science，2006，40(1)：15-28.

[193] Liang Z，Feng Y，Zhang X，et al. Robust weekly aircraft maintenance routing problem and the extension to the tail assignment problem[J]. Transportation Research Part B：Methodological，2015，78：238-259.

[194] Yan C，Kung J. Robust aircraft routing[J]. Transportation Science，2018，52 (1)：118-133.

[195] Froyland G，Maher S J，Wu C L. The recoverable robust tail assignment problem[J]. Transportation Science，2014，48(3)：351-372.

[196] Talluri K T. The four-day aircraft maintenance routing problem[J]. Transportation Science，1998，32(1)：43-53.

[197] Sriram C，Haghani A. An optimization model for aircraft maintenance scheduling and re-assignment[J]. Transportation Research Part A：Policy and Practice，2003，37(1)：29-48.

[198] Burke E K，De Causmaecker P，De Maere G，et al. A multi-objective approach for robust airline scheduling[J]. Computers & Operations Research，2010，37 (5)：822-832.

[199] Lavoie S，Minoux M，Odier E. A new approach for crew pairing problems by column generation with an application to air transportation[J]. European Journal of Operational Research，1988，35(1)：45-58.

[200] Hoffman K L，Padberg M. Solving airline crew scheduling problems by branch-and-cut [J]. Management science，1993，39(6)：657-682.

[201] Barnhart C，Hatay L，Johnson E L. Deadhead selection for the long-haul crew pairing problem[J]. Operations Research，1995，43(3)：491-499.

[202] Makri A，Klabjan D. A new pricing scheme for airline crew scheduling[J]. INFORMS Journal on Computing，2004，16(1)：56-67.

[203] Haouari M，Zeghal Mansour F，Sherali H D. A new compact formulation for the daily crew pairing problem [J]. Transportation Science，2019，53(3)：811-828.

[204] Schaefer A J，Johnson E L，Kleywegt A J，et al. Airline crew scheduling under uncertainty [J]. Transportation science，2005，39(3)：340-348.

[205] Yen J W，Birge J R. A stochastic programming approach to the airline crew

scheduling problem[J]. Transportation Science, 2006, 40(1): 3-14.

[206] Antunes D, Vaze V, Antunes A P. A robust pairing model for airline crew scheduling[J]. Transportation Science, 2019, 53(6): 1751-1771.

[207] Wen X, Ma H L, Chung S H, et al. Robust airline crew scheduling with flight flying time variability[J]. Transportation Research Part E: Logistics and Transportation Review, 2020, 144: 102132.

[208] Dawid H, König J, Strauss C. An enhanced rostering model for airline crews [J]. Computers & Operations Research, 2001, 28(7): 671-688.

[209] Doi T, Nishi T, Voß S. Two-level decomposition-based matheuristic for airline crew rostering problems with fair working time[J]. European Journal of Operational Research, 2018, 267(2): 428-438.

[210] Guo Y, Mellouli T, Suhl L, et al. A partially integrated airline crew scheduling approach with time-dependent crew capacities and multiple home bases[J]. European Journal of Operational Research, 2006, 171(3): 1169-1181.

[211] Medard C P, Sawhney N. Airline crew scheduling from planning to operations [J]. European Journal of Operational Research, 2007, 183(3): 1013-1027.

[212] Souai N, Teghem J. Genetic algorithm based approach for the integrated airline crewpairing and rostering problem[J]. European Journal of Operational Research, 2009, 199(3): 674-683.

[213] Saddoune M, Desaulniers G, Elhallaoui I, et al. Integrated airline crew pairing and crew assignment by dynamic constraint aggregation[J]. Transportation Science, 2012, 46(1):39-55.

[214] Zeighami V, Saddoune M, Soumis F. Alternating lagrangian decomposition for integrated airline crew scheduling problem[J]. European Journal of Operational Research, 2020, 287(1): 211-224.

[215] Maenhout B, Vanhoucke M. A hybrid scatter search heuristic for personalized crew rostering in the airline industry[J]. European Journal of Operational Research, 2010, 206(1): 155-167.

[216] Muteri, Birbil şi, Bülbül K, et al. Solving a robust airline crew pairing problem with column generation[J]. Computers & Operations Research, 2013, 40(3): 815-830.

[217] Lohatepanont M, Barnhart C. Airline schedule planning: Integrated models and algorithms for schedule design and fleet assignment[J]. Transportation Science, 2004, 38(1):19-32.

[218] Jiang H, Barnhart C. Dynamic airline scheduling[J]. Transportation Science, 2009, 43(3): 336-354.

[219] Pita J P, Adler N, Antunes A P. Socially-oriented flight scheduling and fleet

assignment model with an application to norway[J]. Transportation Research Part B: Methodological, 2014, 61: 17-32.

[220] Wei K, Vaze V, Jacquillat A. Airline timetable development and fleet assignment incorporating passenger choice[J]. Transportation Science, 2020, 54(1): 139-163.

[221] Haouari M, Sherali H D, Mansour F Z, et al. Exact approaches for integrated aircraft fleeting and routing at tunisair[J]. Computational Optimization and Applications, 2011, 49(2): 213-239.

[222] Sherali H D, Bae K H, Haouari M. An integrated approach for airline flight selection and timing, fleet assignment, and aircraft routing[J]. Transportation Science, 2013, 47(4): 455-476.

[223] 魏星,朱金福. 航空公司一体化飞机排班研究[J]. 武汉理工大学学报(信息与管理工程版), 2013, 35(1): 86-90.

[224] Faust O, Gon sch J, Klein R. Demand-oriented integrated scheduling for point-to-point airlines[J]. Transportation Science, 2017, 51(1): 196-213.

[225] Kenan N, Jebali A, Diabat A. The integrated aircraft routing problem with optional flights and delay considerations[J]. Transportation Research Part E: Logistics and Transportation Review, 2018, 118: 355-375.

[226] Papadakos N. Integrated airline scheduling[J]. Computers & Operations Research, 2009, 36(1): 176-195.

[227] Ruther S, Boland N, Engineer F G, et al. Integrated aircraft routing, crew pairing, and tail assignment: branch-and-price with many pricing problems[J]. Transportation Science, 2016, 51(1): 177-195.

[228] Parmentier A, Meunier F. Aircraft routing and crew pairing: updated algorithms at air france[J]. Omega, 2020, 93: 102073.

[229] Cacchiani V, Salazar-González J J. Optimal solutions to a real-world integrated airline scheduling problem[J]. Transportation Science, 2017, 51(1): 250-268.

[230] Shao S, Sherali H D, Haouari M. A novel model and decomposition approach for the integrated airline fleet assignment, aircraft routing, and crew pairing problem[J]. Transportation Science, 2017, 51(1): 233-249.

[231] Sherali H D, Bae K H, Haouari M. Integrated airline schedule design and fleet assignment: Polyhedral analysis and benders' decomposition approach[J]. INFORMS Journal on Computing, 2010, 22(4): 500-513.

[232] Jiang H, Barnhart C. Robust airline schedule design in a dynamic scheduling environment [J]. Computers & Operations Research, 2013, 40(3): 831-840.

[233] Xu Y, Wandelt S, Sun X. Airline integrated robust scheduling with a variable neighborhood search based heuristic [J]. Transportation Research Part B:

Methodological，2021，149：181-203.

[234] Le M，Wu C，Zhan C，et al. Airline recovery optimization research：30 years' march of mathematical programming—a classification and literature review [C]//Proceedings 2011 International Conference on Transportation，Mechanical，and Electrical Engineering (TMEE). ：IEEE，2011：113-117.

[235] Su Y，Xie K，Wang H，et al. Airline disruption management：A review of models and solution methods[J]. Engineering，2021,7(4)：435-447.

[236] Cao J M，Kanafani A. Real-time decision support for integration of airline flight cancellations and delays part i：mathematical formulation[J]. Transportation Planning and Technology，1997，20(3)：183-199.

[237] Nissen R，Haase K. Duty-period-based network model for crew rescheduling in european airlines[J]. Journal of Scheduling，2006，9(3)：255-278.

[238] Bratu S，Barnhart C. Flight operations recovery：New approaches considering passenger recovery[J]. Journal of Scheduling，2006，9(3)：279-298.

[239] Clausen J，Larsen A，Larsen J，et al. Disruption management in the airline industry—concepts，models and methods[J]. Computers & Operations Research，2010，37(5)：809-821.

[240] Jarrah A I，Yu G，Krishnamurthy N，et al. A decision support framework for airline flight cancellations and delays[J]. Transportation Science，1993，27 (3)：266-280.

[241] Yan S，Yang D H. A decision support framework for handling schedule perturbation[J]. Transportation Research Part B：Methodological，1996，30(6)：405-419.

[242] Thengvall B G，Bard J F，Yu G. Balancing user preferences for aircraft schedule recovery during irregular operations[J]. Iie Transactions，2000，32(3)：181-193.

[243] Bard J F，Yu G，Arguello M F. Optimizing aircraft routings in response to groundings and delays[J]. Iie Transactions，2001，33(10)：931-947.

[244] Rosenberger J M，Johnson E L，Nemhauser G L. Rerouting aircraft for airline recovery [J]. Transportation Science，2003，37(4)：408-421.

[245] Andersson * T，Värbrand P. The flight perturbation problem[J]. Transportation planning and technology，2004，27(2)：91-117.

[246] Eggenberg N，Salani M，Bierlaire M. Constraint-specific recovery network for solving airline recovery problems[J]. Computers & operations research，2010，37(6)：1014-1026.

[247] Liang Z，Xiao F，Qian X，et al. A column generation-based heuristic for aircraft recovery problem with airport capacity constraints and maintenance flexi-

bility[J]. Transportation Research Part B：Methodological，2018，113：70-90.

[248] Wei G，Yu G，Song M. Optimization model and algorithm for crew management during airline irregular operations[J]. Journal of Combinatorial Optimization，1997，1(3)：305-321.

[249] Medard C P，Sawhney N. Airline crew scheduling from planning to operations [J]. European Journal of Operational Research，2007，183(3)：1013-1027.

[250] Yu G，Argüello M，Song G，et al. A new era for crew recovery at continental airlines[J]. Interfaces，2003，33(1)：5-22.

[251] Stojković M，Soumis F. An optimization model for the simultaneous operational flight and pilot scheduling problem[J]. Management Science，2001，47(9)：1290-1305.

[252] Lettovský L，Johnson E L，Nemhauser G L. Airline crew recovery[J]. Transportation Science，2000，34(4)：337-348.

[253] Bratu S，Barnhart C. Flight operations recovery：New approaches considering passenger recovery[J]. Journal of Scheduling，2006，9(3)：279-298.

[254] Arıkan U，Gürel S，Aktürk M S. Flight network-based approach for integrated airline recovery with cruise speed control[J]. Transportation Science，2017，51 (4)：1259-1287.

[255] Petersen J D，Sölveling G，Clarke J P，et al. An optimization approach to airline integrated recovery[J]. Transportation Science，2012，46(4)：482-500.

[256] 乐美龙，黄文秀. 不正常航班恢复的飞机和乘客优化调配模型[J]. 计算机工程与应用，2014，50(7)：242-246.

[257] Cadarso L，Vaze V. Passenger-centric integrated airline schedule and aircraft recovery [J]. Transportation Science，2023，57(3)：813-837.

[258] Abdelghany K F，Abdelghany A F，Ekollu G. An integrated decision support tool for airlines schedule recovery during irregular operations[J]. European Journal of Operational Research，2008，185(2)：825-848.

[259] Sinclair K，Cordeau J F，Laporte G. Improvements to a large neighborhood search heuristic for an integrated aircraft and passenger recovery problem[J]. European Journal of Operational Research，2014，233(1)：234-245.

[260] Maher S J. Solving the integrated airline recovery problem using column-and-row generation[J]. Transportation Science，2016，50(1)：216-239.

[261] Thengvall B G，Bard J F，Yu G. A bundle algorithm approach for the aircraft schedule recovery problem during hub closures[J]. Transportation Science，2003，37(4)：392-407.

[262] Abdelghany A，Ekollu G，Narasimhan R，et al. A proactive crew recovery decision support tool for commercial airlines during irregular operations[J]. An-

nals of Operations Research，2004，127(1)：309-331.

[263] Maher S J. A novel passenger recovery approach for the integrated airline recovery problem[J]. Computers & Operations Research，2015，57：123-137.

[264] Zhang D，Lau H H，Yu C. A two stage heuristic algorithm for the integrated aircraft and crew schedule recovery problems[J]. Computers & Industrial Engineering，2015，87：436-453.

[265] Marla L，Vaaben B，Barnhart C. Integrated disruption management and flight planning to trade off delays and fuel burn[J]. Transportation Science，2017，51(1)：88-111.

[266] Lee J，Marla L，Jacquillat A. Dynamic disruption management in airline networks under airport operating uncertainty[J]. Transportation Science，2020，54(4)：973-997.

[267] Vink J，Santos B F，Verhagen W J，et al. Dynamic aircraft recovery problem-an operational decision support framework[J]. Computers & Operations Research，2020，117：104892.

[268] Huang Z，Luo X，Jin X，et al. An iterative cost-driven copy generation approach for aircraft recovery problem[J]. European Journal of Operational Research，2022，301(1)：334-348.

[269] Hu Y，Zhang P，Fan B，et al. Integrated recovery of aircraft and passengers with passengers'willingness under various itinerary disruption situations[J]. Computers & Industrial Engineering，2021，161：107664.

[270] Li T，Rong L，Yan K. Vulnerability analysis and critical area identification of public transport system：A case of high-speed rail and air transport coupling system in china[J]. Transportation Research Part A：Policy and Practice，2019，127：55-70.

[271] Guo J，Xu J，He Z，et al. Research on risk propagation method of multimodal transport network under uncertainty[J]. Physica A：Statistical Mechanics and Its Applications，2021，563：125494.

[272] Zhang Y，Hansen M. Real-time intermodal substitution：strategy for airline recovery from schedule perturbation and for mitigation of airport congestion [J]. Transportation research record，2008，2052(1)：90-99.

[273] Dray L，Marzuoli A，Evans A，et al. Air transportation and multimodal，collaborative decision making during adverse events[C]//Eleventh USA/Europe Air Traffic Management Research and Development Seminar (ATM2015). 2015.

[274] Marzuoli A，Boidot E，Colomar P，et al. Improving disruption management with multimodal collaborative decision-making：A case study of the asiana

crash and lessons learned[J]. IEEE Transactions on Intelligent Transportation Systems, 2016, 17(10):2699-2717.

[275] Sun F, Liu H, Zhang Y. Integrated aircraft and passenger recovery with enhancements in modeling, solution algorithm, and intermodalism[J]. IEEE Transactions on Intelligent Transportation Systems, 2021,23(7): 9046-9061.

[276] Jin J G, Teo K M, Odoni A R. Optimizing bus bridging services in response to disruptions of urban transit rail networks[J]. Transportation Science, 2016, 50(3): 790-804.

[277] Cadarso L, Vaze V, Barnhart C, et al. Integrated airline scheduling: considering competition effects and the entry of the high speed rail[J]. Transportation Science, 2017, 51(1):132-154.

[278] Yan C, Barnhart C, Vaze V. Choice-based airline schedule design and fleet assignment:A decomposition approach[J]. Transportation Science, 2022,56(6): 1410-1431.

[279] Avineri E, Ben-Elia E. Prospect theory and its applications to the modelling of travel choice[J]. Bounded Rational Choice behavior: Applications in Transport, 2015: 233.

[280] Kahneman D, Tversky A. Prospect theory: An analysis of decision under risk [J]. Econometrica, 1979, 47(2): 263-292.

[281] Lhéritier A, Bocamazo M, Delahaye T, et al. Airline itinerary choice modeling using machine learning[J]. Journal of choice modelling, 2019, 31: 198-209.

[282] Adler N, Fu X, Oum T H, et al. Air transport liberalization and airport slot allocation: The case of the northeast asian transport market[J]. Transportation Research Part A: Policy and Practice, 2014, 62: 3-19.

[283] Barnhart C, Fearing D, Vaze V. Modeling passenger travel and delays in the national air transportation system[J]. Operations Research, 2014, 62(3): 580-601.

[284] Swan W M, Adler N. Aircraft trip cost parameters: A function of stage length and seat capacity[J]. Transportation Research Part E: Logistics and Transportation Review, 2006, 42(2): 105-115.

[285] Adler N, Hashai N. The impact of competition and consumer preferences on the location choices of multinational enterprises[J]. Global Strategy Journal, 2015, 5(4): 278-302.

[286] Adler N. Hub-spoke network choice under competition with an application to western europe[J]. Transportation science, 2005, 39(1): 58-72.

[287] Hansen M, Liu Y. Airline competition and market frequency: A comparison of the scurve and schedule delay models[J]. Transportation Research Part B:

Methodological，2015，78：301-317.

[288] Vaze V，Barnhart C. The price of airline frequency competition[J]//Game Theoretic Analysis of Congestion，Safety and Security：Networks，Air Traffic and Emergency Departments，2015：173-217.

[289] Desaulniers G，Desrosiers J，Solomon M M. Column generation：volume[M]. 5thed. Berlin：Springer Science & Business Media，2006.

[290] Dunbar M，Froyland G，Wu C L. An integrated scenario-based approach for robust aircraft routing，crew pairing and re-timing[J]. Computers & Operations Research，2014，45：68-86.

[291] Pessoa A，Sadykov R，Uchoa E，et al. Automation and combination of linearprogramming based stabilization techniques in column generation[J]. INFORMS Journal on Computing，2018，30(2)：339-360.

[292] Ribeiro N A，Jacquillat A，Antunes A P. A large-scale neighborhood search approach to airport slot allocation[J]. Transportation Science，2019，53(6)：1772-1797.

[293] Grönkvist M. The tail assignment problem[M]. GOTHENBURG：Chalmers tekniska högskola，2005.

[294] Lübbecke M E，Desrosiers J. Selected topics in column generation[J]. Operations research，2005，53(6)：1007-1023.

[295] Trondent Development Corporation. Circular on the announcement of the capacity of the slot coordinated airports[EB/OL]. (2020)[2023-11-04]. https://www. trondent. com/business-trave l-statistics/.

[296] OAG. Oag take off 2021 essential metrics on the world's major airlines[EB/OL]. （2021-11-01）[2023-11-04]. https://www. oag. com/hubfs/take-off-2021. pdf? hsCtaTracking = 7393cfd4-1ad4-404e-8cd0-ed64bd741ad5％7C28f834ca-ed34-4a41-8efa-dd9a20068cbe.

[297] Federal Aviation Administration. Slot administration[EB/OL]. （2023-03-27）[2023-11-04]. https://www. faa. gov/about/office_org/headquarters_offices/ato/service_units/systemops/perf_analysis/slot_administration.

[298] Ryan D M，Foster B A. An integer programming approach to scheduling[J]. Computer scheduling of public transport urban passenger vehicle and crew scheduling，1981：269-280.

[299] 春秋航空. 春秋航空股份有限公司 2019 年年度报告[EB/OL]. （2020-04-30）[2023-11-04]. https://ajax. springairlines. com/content/invester/％E6％98％A5％E7％A7％8B％E8％88％AA％E7％A9％BA％EF％BC％9A2019％E5％B9％B4％E5％B9％B4％E5％BA％A6％E6％8A％A5％E5％91％8A. pdf.

[300] Wei W，Hansen M. Impact of aircraft size and seat availability on airlines'

demand and market share in duopoly markets[J]. Transportation Research Part E：Logistics and Transportation Review，2005，41(4)：315-327.

[301] 航班管家. 2018 中国民航旅客发展趋势洞察报告：国人全年飞行次数达 6.1 亿次[EB/OL]. (2019-04-28)[2023-11-04]. https：//www. traveldaily. cn/article/ 128884.

[302] Fridström L，Thune-Larsen H. An econometric air travel demand model for the entire conventional domestic network：the case of norway[J]. Transportation research part B：methodological，1989，23(3)：213-223.

[303] De Jong G，Daly A，Pieters M，et al. The logsum as an evaluation measure：Review of the literature and new results[J]. Transportation Research Part A：Policy and Practice，2007，41(9)：874-889.

[304] Graham A，Adler N，Niemeier H M，et al. Case studies in air transport and regional development[M]. London：Routledge，2020.

[305] Morrison S A. Actual，adjacent，and potential competition estimating the full effect of southwest airlines[J]. Journal of Transport Economics and Policy (JTEP)，2001，35(2)：239-256.

[306] Boguslaski C，Ito H，Lee D. Entry patterns in the southwest airlines route system[J]. Review of Industrial Organization，2004，25(3)：317-350.

[307] Xiao Y，Zhang R，Zhao Q，et al. A variable neighborhood search with an effective local search for uncapacitated multilevel lot-sizing problems[J]. European Journal of Operational Research，2014，235(1)：102-114.

[308] Nuic A，Poles D，Mouillet V. BADA：An advanced aircraft performance model for present and future atm systems[J]. International journal of adaptive control and signal processing，2010，24(10)：850-866.

[309] EUROCONTROL Performance Review Unit. European airline delay cost reference values[R/OL](2021)[2023-11-04]. https：//westminsterresearch. westminster. ac. uk/item/8zxq0/european-airline-delay-cost-reference-values.

[310] Li M，Chen X，Li X，et al. The similarity metric[J]. IEEE transactions on Information Theory，2004，50(12)：3250-3264.

[311] Ukkonen E. On-line construction of suffix trees[J]. Algorithmica，1995，14 (3)：249-260.

[312] Wandelt S，Leser U. Fresco：Referential compression of highly similar sequences[J]. IEEE/ACM Transactions on Computational Biology and Bioinformatics，2013，10(5)：1275-1288.

[313] Namilae S，Derjany P，Mubayi A，et al. Multiscale model for pedestrian and infection dynamics during air travel[J]. Physical review E，2017，95 (5)：052320.

[314] Suau-Sanchez P，Voltes-Dorta A，Cuguero-Escofet N. An early assessment of the impact of COVID-19 on air transport：Just another crisis or the end of aviation as we know it? [J]. Journal of Transport Geography，2020，86：102749.

[315] Sun X，Wandelt S，Zhang A. Delayed reaction towards emerging covid-19 variants of concern：Does history repeat itself? [J]. Transportation Research Part A：Policy and Practice，2021，152：203-215.

[316] Lau M S，Grenfell B，Thomas M，et al. Characterizing superspreading events and agespecific infectiousness of sars-cov-2 transmission in georgia, usa[J]. Proceedings of the National Academy of Sciences，2020，117（36）：22430-22435.

[317] Merow C，Urban M C. Seasonality and uncertainty in global covid-19 growth rates[J]. Proceedings of the National Academy of Sciences，2020，117（44）：27456-27464.

[318] Chen X，Li J，Xiao C，et al. Numerical solution and parameter estimation for uncertain sir model with application to covid-19[J]. Fuzzy optimization and decision making，2021，20(2)：189-208.

[319] Barnett A，Fleming K. Covid-19 infection risk on us domestic airlines[J]. Health Care Management Science，2022：25(3)：347-362.

[320] Zhang Y，Zhang Z，Lim A，et al. Robust data-driven vehicle routing with time windows [J]. Operations Research，2021，69(2)：469-485.

[321] Chu Y，Xia Q. Generating benders cuts for a general class of integer programming problems[C]//Integration of AI and OR Techniques in Constraint Programming for Combinatorial Optimization Problems：First International Conference，CPAIOR 2004，Nice，France April 20-22，2004. Proceedings 1. Springer Berlin Heidelberg，2004：127-141.

[322] United States Department of Transportation. Airline on-time statistics[EB/OL]. 2022. https：//www. transtats. bts. gov/ontime/.

[323] Saddoune M，Desaulniers G，Soumis F. Aircrew pairings with possible repetitions of the same flight number[J]. Computers & Operations Research，2013，40(3)：805-814.

[324] Wang Z，Galea E R，Grandison A，et al. Inflight transmission of covid-19 based on experimental aerosol dispersion data[J]. Journal of Travel Medicine，2021，28(4)：taab023.

[325] Barnett A，Fleming K. Covid-19 risk among airline passengers：Should the middle seat stay empty? [J]. MedRxiv，2020：2020. 07. 02. 20143826.

[326] United States Department of Transportation. Seat map of american airlines [EB/OL]. 2022. https：//www. seatguru. com/airlines/American_Airlines/in-

formation. php.

[327] The New York Times. Coronavirus (covid-19) data in the united states[DB/OL]. (2021)[2023-11-04]. https://github. com/nytimes/covid-19-data.

[328] Kelly D, Bambury N, Boland M. In-flight transmission of wild-type sars-cov-2 and the outbreak potential of imported clusters of covid-19: a review of published evidence[J]. Globalization and health, 2021, 17(1): 1-5.

[329] Ito K, Piantham C, Nishiura H. Relative instantaneous reproduction number of omicron sars-cov-2 variant with respect to the delta variant in denmark[J]. Journal of medical virology, 2022, 94(5): 2265-2268.

[330] Dong E, Du H, Gardner L. An interactive web-based dashboard to track covid-19 in real time[J]. The Lancet infectious diseases, 2020, 20(5): 533-534.

[331] Shebalov S, Klabjan D. Robust airline crew pairing: Move-up crews[J]. Transportation science, 2006, 40(3): 300-312.

[332] Luttmann A. Are passengers compensated for incurring an airport layover? estimating the value of layover time in the us airline industry[J]. Economics of Transportation, 2019, 17: 1-13.

[333] Johns Hopkins Medicine. Coronavirus diagnosis: What should i expect? [EB/OL]. (2022-01-24)[2023-11-04]. https://www. hopkinsmedicine. org/health/conditions-and-diseases/coronavirus/diagnose d-with-covid-19-what-to-expect.

[334] European Union Aviation Safety Agency. Guidance on the management of crew members in relation to the Covid-19 pandemic[R/OL]. (2020-6-30)[2023-11-04]. https://www. easa. europa. eu/en/document-library/general-publications/guidance-management-crew-members#group-easa-downloads.

[335] Gounaris C E, Wiesemann W, Floudas C A. The robust capacitated vehicle routing problem under demand uncertainty[J]. Operations Research, 2013, 61(3): 677-693.

[336] Subramanyam A, Repoussis P P, Gounaris C E. Robust optimization of a broad class of heterogeneous vehicle routing problems under demand uncertainty[J]. INFORMS Journal on Computing, 2020, 32(3): 661-681.